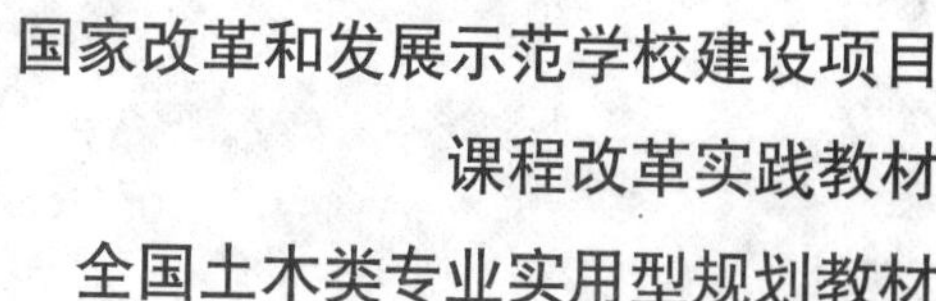
国家改革和发展示范学校建设项目
课程改革实践教材
全国土木类专业实用型规划教材

建筑工程制图与识图

JIANZHU GONGCHENG ZHITU YU SHITU

主　编　关惠君
副主编　卢慧姬　姜海丽　陈　曦
　　　　刘善华　李国昌　管　涛
编　者　邱海丽　霍莉芳　王丹丹
　　　　王丛敏　郝增锁　张　杰

哈爾濱工業大學出版社
HARBIN INSTITUTE OF TECHNOLOGY PRESS

内 容 简 介

全书除绪论外，共分为7个项目，主要包括：介绍了国家制图标准基本规定及应用的有关内容；制图仪器和工具的使用方法、图样的画法；形体投影图的绘制与识读；建筑施工图的绘制与识读；结构施工图的绘制与识读；建筑设备施工图的绘制与识读；施工图编排顺序和审核。

本书为满足建筑工程施工专业人才培养目标和教学改革的要求，以项目教学法为基础进行编排。本书突出职业技术教育特点，教材中以工程图纸和案例为载体，各项目附有同步训练和实训提升，以达到学、练同步的目的。

本书可作为各级职业院校土木类专业的教材，同时也可作为土建类相关技术人员的自学参考书。

图书在版编目(CIP)数据

建筑工程制图与识图/关惠君主编. —哈尔滨：哈尔滨工业大学出版社，2015.4

全国土木类专业实用型规划教材

ISBN 978-7-5603-5208-4

Ⅰ.①建… Ⅱ.①关… Ⅲ.①建筑制图—识别—中等专业学校—教材 Ⅳ.①TU204

中国版本图书馆CIP数据核字(2015)第006108号

责任编辑　范业婷　高婉秋
出版发行　哈尔滨工业大学出版社
社　　址　哈尔滨市南岗区复华四道街10号　邮编150006
传　　真　0451-86414749
网　　址　http://hitpress.hit.edu.cn
印　　刷　天津市蓟县宏图印务有限公司
开　　本　850mm×1168mm　1/16　印张17.5　字数510千字
版　　次　2015年4月第1版　2015年4月第1次印刷
书　　号　ISBN 978-7-5603-5208-4
定　　价　37.00元

PREFACE

前言

随着职业教育改革的不断深化，教育部在《国家中长期教育改革和发展规划纲要(2010—2020)》中指出要“增强社会服务能力”“重点扩大应用型、复合型、技能型人才培养规模”。根据教育部对职业教育的相关要求，为推进传统人才培养模式向技能型人才培养模式的发展，配合国家改革与发展示范院校建设进程，本书以职业学校土木类专业人才培养目标和教学基本要求为依据；遵循“以全面素质为基础，以能力为本位”的教育教学指导思想，以理论够用、实践灵活为准则，突出技能性、实用性，使学生更好地适应建筑工程一线作业对劳动者和专门技术人才的需求。

“建筑工程制图与识图”是一门实践性很强的专业基础课，本书坚持以知识、能力、素质协调发展，综合提高，着力培养学生的职业技能和技术服务能力。在教学内容、课程体系和教材编写上体现以下几点：

1. 采用项目教学进行编排。按基于施工过程的任务驱动、项目导向、现场教学等教学模式进行学习情境设计。

2. 贯彻国家最新制图标准。针对目前学生的知识需求采用最新的国家标准、规范、建筑标准设计(《房屋建筑制图统一标准》(GB/T 50001—2010)、《总图制图标准》(GB/T 50103—2010)、《建筑制图标准》(GB/T 50104—2010)、《建筑结构制图标准》(GB/T 50105—2010)、《建筑给水排水制图标准》(GB/T 50106—2010))，加强学生识读工程图的能力。

3. 注重能力的培养。在学习教材知识的过程中，通过案例分析和技术点睛，拓展专业技能；通过基础同步训练和实训提升题，达到学、练同步的目的。

本书的参考教学课时为102课时,课时分配如下：

序号	课程内容	合计	课时分配		
			理论教学	实践练习	现场教学
绪论	课程导入	2	2		
项目1	国家制图标准基本规定及应用	8	6	2	
项目2	几何绘图	6	4	2	
项目3	形体投影图的绘制与识读	32	20	8	4
项目4	建筑施工图的绘制与识读	22	12	8	2
项目5	结构施工图的绘制与识读	14	8	4	2
项目6	建筑设备施工图的绘制与识读	16	10	4	2
项目7	施工图编排顺序和审核	2			2
合计		102	62	28	12

本书由关惠君老师任主编。本书具体分工为:绪论、项目1和项目7由关惠君老师编写,项目2及附图由卢慧姬老师编写,项目3由姜海丽老师编写,项目4由霍莉芳老师编写,项目5由王丹丹老师编写,项目6由王丛敏老师编写,陈曦、刘善华、李国昌、管涛、邱海丽、郝增锁和张杰老师参与本书部分项目的编写以及资料的整理工作。

由于编者水平有限,书中疏漏和不足在所难免,恳请读者提出批评和改进意见。

编　者

目录

CONTENTS

绪论 课程导入

项目目标

【知识目标】

1.能熟练表述课程目标、学习方法和实验要求。

2.能正确表述课程的定位、作用、内容、发展状况和考核方法。

【技能目标】

1.能正确领悟课程的性质、目标及与其他课程和建筑工程间的关系。

2.能正确认识并接受课程的发展。

【课时建议】

2 课时

0.1 建筑工程的建造流程

工程项目建设程序是指工程项目从策划、评估、决策、设计、施工到竣工验收、投入生产或交付使用的整个建设过程中，各项工作必须遵循的先后工作次序。

工程项目划分为建设项目、单项工程、单位工程、分部工程和分项工程五个部分。

分部工程是单位工程的组成部分，指建筑工程和安装工程的各个组成部分。其按建筑工程的主要部位或工种工程及安装工程的种类划分，包括土石方工程、地基与基础工程、砌体工程、地面工程、装饰工程、管道工程、通风工程、通用设备安装工程、容器工程、自动化仪表安装工程和工业炉砌筑工程等分部工程；也可以按单位工程的部位构成来划分，包括基础工程、墙体工程、梁柱工程、楼地面工程、门窗工程、屋面工程等分部工程。

分项工程是分部工程的组成部分，也是施工图预算中最基本的计量单位。它是按照不同的施工方法、不同材料的不同规格等，将分部工程进一步划分的。例如，钢筋混凝土分部工程，可分为现浇和预制两种分项工程；预制楼板工程，可分为实心平板、空心板、槽形板等分项工程；砖墙分部工程，可分为眠墙（实心墙）、空心墙、内墙、外墙、一砖厚墙、一砖半厚墙等分项工程。

建设项目划分示意图如图 0.1 所示。

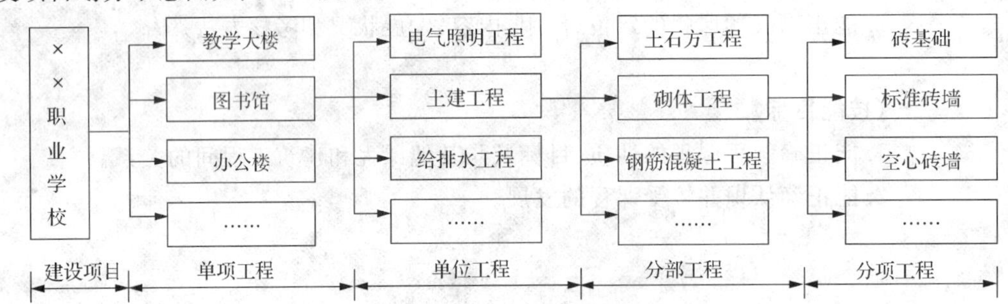

图 0.1　建设项目划分示意图

不论是分部工程，还是分项工程，在施工过程中，都需要技术人员认真阅读图纸，照图施工。

房屋建筑工程实施阶段的建造流程如图 0.2 所示。

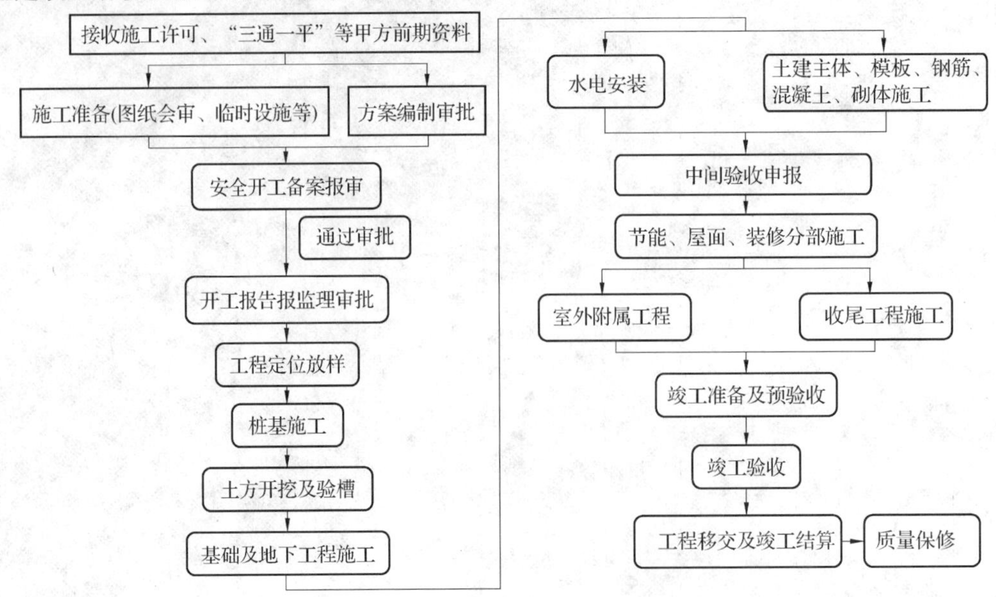

图 0.2　房屋建筑工程施工流程图

0.2　本课程的发展状况

几千年来，工程图样在人类认识自然、创造文明的过程中发挥着不可替代的重要作用。近年来，计算机绘图技术——计算机辅助设计(Computer Aided Design，CAD)。目前应用十分广泛的是美国AutoDesk公司出品的AutoCAD软件，以及由广州中望龙腾软件股份有限公司出品的中望CAD国产软件的发展，在很大程度上改变了传统的作图方法，提高了绘图质量和效率，降低了劳动强度，引起了传统理论和现代技术的争论。

任何复杂的三维形体均可用二维的方法准确、充分地表示，用其绘制的工程图样是工程信息的有效载体，计算机绘图只是一种绘图手段，传统的手工制图是我们学好"建筑工程制图与识图"课程的有效方法，通过手工制图是训练理解工程图样的一条有效途径。在今后的学习中，我们还要专门开设"建筑CAD"这门课程，学好"建筑工程制图与识图"这门课可以为我们学习计算机绘图打下良好的基础。

所以在内容编排上采取了国家制图标准介绍及应用→几何绘图→投影认知→工程图绘制与识读的顺序，加强投影认知训练及学生空间思维能力和空间构形能力的培养，同时加强阅读工程图样能力的训练。淡化对手工绘图质量的要求，适当减少手工绘图的训练，从传统的以仪器绘图为主发展到徒手草图、仪器绘图和计算机绘图三方面并举的新局面。

0.3　课程的定位和作用

0.3.1　课程的定位

工程图的绘制与识读是每个工程技术人员必须具备的能力，其绘制与识读的正确性与建筑物能否正确施工密切相关。其课程定位见表0.1。

表0.1　课程定位

课程性质	必修课程、核心课程
课程功能	以培养学生识图为主、绘图为辅的技能为主要目标，同时兼顾后续专业课程学习的需要
前导课程	无
平行课程	建筑材料与检测、建筑力学、建筑CAD、建筑法规
后续课程	建筑施工技术、建筑施工组织、建筑工程测量、建筑结构、地基与基础、建筑工程计量与计价、建筑工程质量与安全管理

0.3.2　课程的作用

建筑是人类生产、生活的场所，是一个社会科技水平、经济实力、物质文明的象征。表达建筑物形状、大小、构造以及各组成部分相互关系的图纸称为建筑工程图样。建筑工程图样是建筑工程中重要的技术资料之一，是工程技术人员表达设计思想、进行技术交流、组织现场施工不可缺少的工具，是工程界的语言，每个建筑工程技术人员都必须具备绘制和阅读建筑图样的能力。

在建筑工程的实施过程中，设计、预算、施工、管理、结算、维修等任何环节都离不开图纸，设计师把人们对建筑物的使用要求、空间想象和结构关系绘制成图样，工程师根据图样把建筑物建造出来。常见的建筑工程图样有建筑施工图、结构施工图、建筑设备施工图、钢结构施工图和装饰装修施工图。

0.3.3 课程目标

(1)能合理应用制图标准。

(2)能正确使用制图工具，规范选用线型、书写字体及尺寸标注等。

(3)能利用点、线、面和几何体的投影规律分析建筑物的构成。

(4)能正确绘制建筑构件的剖面图、断面图和轴测图。

(5)能正确表述工程图的类型及相应的图示方法和图示内容，会正确识读和绘制工程图。

(6)具有认真细致的工作作风、较好的协作精神和诚实、守信的优秀品质。

0.3.4 课程的内容

本课程重在培养学生的空间想象能力、空间构形能力和工程图样的绘制与识读能力。其主要内容有：

(1)“国家制图标准基本规定及应用”部分介绍制图的基础知识和基本规定。

(2)“几何绘图”部分培养学生手工绘图的操作技能。

(3)“形体投影图的绘制与识读”部分培养学生对点、线、面、体的投影认知能力和用投影图表达物体内外形状、大小的绘图能力，以及根据投影图想象出物体内外形状的读图能力。

(4)“××工程图的绘制与识读”部分培养学生对绘制和阅读各类建筑图样的基本能力。

0.4 课程的学习方法及学习要求

0.4.1 理论联系实际

在认知点、线、面和体的投影规律后，不断地由物画图，由图想物，分析和想象空间形体与图纸上图形之间的对应关系，逐步提高空间想象能力和空间分析能力。

0.4.2 主动学习

点→线→面→体，层层影响，前为后的基础，后为前的应用，因此，课程前后知识的关联程度较大，学生在课堂上应专心听讲，在小组活动中应积极发言和思考，跟着教师循序渐进，捕捉要点，记下重点。

0.4.3 及时复习

本课程作业量较大，且前后联系紧密，环环相扣，需做到每一次学习之后，及时完成相应的练习和作业，否则将直接影响下次学习效果。

0.4.4 遵守国家标准的有关规定

按照《房屋建筑制图统一标准》(GB/T 50001—2010)、《总图制图标准》(GB/T 50103—2010)、《建

筑制图标准》(GB/T 50104—2010)、《建筑结构制图标准》(GB/T 50105—2010)、《建筑给水排水制图标准》(GB/T 50106—2010)等正确的方法和步骤作图,养成正确使用绘图工具和仪器的习惯。

0.4.5 认真负责、严谨细致

建筑图纸是施工的根据,图纸上一根线条的疏忽或一个数字的差错均会造成严重的错误或返工浪费,因此应严格要求自己,养成认真负责的工作态度和严谨细致的工作作风。

0.5 课程相关的职业资格证

根据《建筑与市政工程施工现场专业人员职业标准》(JGJ/T 250—2011)的规定,施工现场八大员中与"建筑工程制图与识图"课程相关的岗位要求、专业技能及主要工作内容等见表0.2。

表0.2　八大员中与课程相关的主要工作内容

岗位	要求	分类	主要工作内容
质量员	工作职责	工序质量控制	参与施工图会审和施工方案审查
	专业技能	工序质量控制	能够识读施工图
	专业知识	通用知识	掌握施工图识读、绘制的基本知识
施工员	工作职责	施工技术管理	参与图纸会审、技术核定
	专业技能	施工技术管理	能够识读施工图和其他工程设计、施工等文件
	应知能力	制图与识图的基本知识	了解建筑施工图的成图原理 熟悉有关制图标准和标准图 掌握施工图中常用构配件代号 掌握建筑工程图的组成及作用 了解建筑模数制及其要求 熟悉计算机制图的基本操作
	应会能力	识读和绘制建筑施工图的能力	正确识读各类建筑工程施工图 能准确清楚地向班组工人进行施工技术交底 能及时整理隐蔽工程记录 能及时、准确绘制竣工图,为工程竣工结算提供依据
安全员	专业知识	通用知识	熟悉施工图识读的基本知识
标准员	工作职责	施工前期标准实施	参与施工图会审,确认执行标准的有效性
	专业技能	施工前期标准实施	能够识读施工图
	专业知识	通用知识	掌握施工图绘制、识读的基本知识
材料员	专业知识	通用知识	了解施工图识读的基本知识
机械员	专业知识	通用知识	了解施工图识读的基本知识
劳务员	专业知识	通用知识	了解施工图识读的基本知识
资料员	专业知识	通用知识	熟悉施工图绘制、识读的基本知识

技术点睛

工程图样是工程技术界的通用语言,也是施工的基础,是施工技术人员必备的入门知识和技能。任何一项土木建筑工程,从设计、预算、审批、备料、施工一直到竣工验收和建成后的维修,都离不开工程图。由此可知,土木建筑工程图是工程建设不可缺少的重要技术文件资料。

作为建筑行业的准职工,既要树立"安全生产、质量第一"的意识,又要读懂施工图纸,照图施工,献身建筑事业,认真履行岗位职责,做到优质、守信,使用户满意。

基础同步

一、填空题

1. 工程项目划分为建设项目、单项工程、________、________和分项工程。

2. 表达建筑物形状、大小、构造以及各组成部分相互关系的图纸称为________。

二、选择题

1. 下列属于分部工程的是(　　)。

A. 预制混凝土门窗过梁　　B. 空心砖墙

C. 砌体工程　　D. 槽形板

2. 下列不属于工程图样的是(　　)。

A. 结构施工图　　B. 施工图总说明

C. 深基坑支护方案　　D. 装饰施工图

三、简答题

结合自己的学习情况,谈谈如何学好"建筑工程制图与识图"这门课程。

仔细观察所在的教室,并对房间的大小进行测量,列出房间的构造尺寸和构造组成。

项目1 国家制图标准基本规定及应用

项目目标

【知识目标】

1.熟悉并遵守国家制图标准的基本规定。

2.熟悉平面图形的尺寸标注方法及步骤。

【技能目标】

能正确使用绘图工具及仪器，按照国家制图标准的基本规定正确完成平面图形的绘制，并进行尺寸标注。

【课时建议】

8课时

1.1 图幅、标题栏及会签栏

图样是设计和制造产品的重要技术文件，是工程界表达和交流技术思想的通用语言。因此，图样的绘制必须遵守统一的规范——技术制图和机械制图的中华人民共和国标准，简称国标，用 GB 或 GB/T(GB 为强制性国家标准，GB/T 为推荐性国家标准)表示，通常统称为制图标准。目前常用的制图标准有：《房屋建筑制图统一标准》(GB/T 50001—2010)、《总图制图标准》(GB/T 50103—2010)、《建筑制图标准》(GB 50104—2010)、《建筑结构制图标准》(GB/T 50105—2010)、《建筑给水排水制图标准》(GB/T 50106—2010)等，工程技术人员在绘制工程图样时必须严格遵守，认真贯彻国家标准。

1.1.1 图纸幅面尺寸

图纸的基本幅面有五种，分别用幅面代号 A0，A1，A2，A3，A4 表示，绘制技术图样时，应优先采用表 1.1 规定的基本幅面尺寸。必要时，可以按规定加长幅面，但加长后的幅面尺寸是由基本幅面短边的整数倍增加后形成的，图纸长边加长尺寸见表 1.2。A1 是 A0 的一半(以长边对折裁开)，其余后一号是前一号幅面的一半，一张 A0 图纸可裁 $2n$ 张 n 号图纸。绘图时图纸可以横放或竖放。

表 1.1 图纸幅面代号和尺寸 mm

幅面代号	A0	A1	A2	A3	A4
$B\times L$	841×1 189	594×841	420×594	297×420	210×297
e	20		10		
c	10			5	
a	25				

图纸的短边不应加长，A0～A3 幅面长边尺寸可加长，但应符合表 1.2 的规定。

表 1.2 图纸长边加长尺寸 mm

幅面尺寸	长边尺寸	长边加长后尺寸
A0	1 189	1 486(A0+1/4l)，1 635(A0+3/8l)，1 783(A0+1/2l)，1 932(A0+5/8l)，2 080(A0+3/4l)，2 230(A0+7/8l)，2 378(A0+l)
A1	841	1 051(A1+1/4l)，1 261(A1+1/2l)，1 471(A1+3/4l)，1 682(A1+l)，1 892(A1+5/4l)，2 102(A1+3/2l)
A2	594	743(A2+1/4l)，891(A2+1/2l)，1 041(A2+3/4l)，1 189(A2+l)，1 338(A2+5/4l)，1 486(A2+3/2l)，1 635(A2+7/4l)，1 783(A2+2l)，1 932(A2+9/4l)，2 080(A2+5/2l)
A3	420	630(A3+1/2l)，841(A3+l)，1 051(A3+3/2l)，1 261(A3+2l)，1 471(A3+5/2l)，1 682(A3+3l)，1 892(A3+7/2l)

注：有特殊需要的图纸，可采用 $B\times L$ 为 841 mm×891 mm 与 1 189 mm×1 261 mm 的幅面

1.1.2 图框格式尺寸

在图纸上必须用粗实线画出图框。图框有不留装订边和留有装订边两种格式。同一产品中所有图样均应采用同一种格式。不留装订边的图纸，其图框格式如图 1.1 所示；留有装订边的图纸，其图框格式如图 1.2 所示。

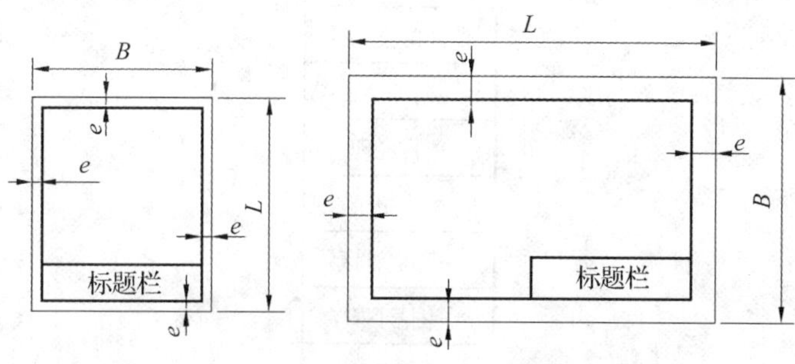

图 1.1 不留装订边的图框格式

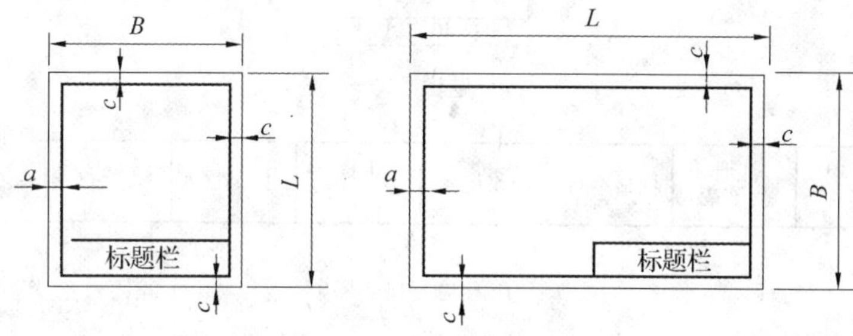

图 1.2 留有装订边的图框格式

为了复印和缩影时定位方便，可采用对中符号。对中符号是从周边画入图框内约 5 mm 的一段粗实线，如图 1.3 所示。

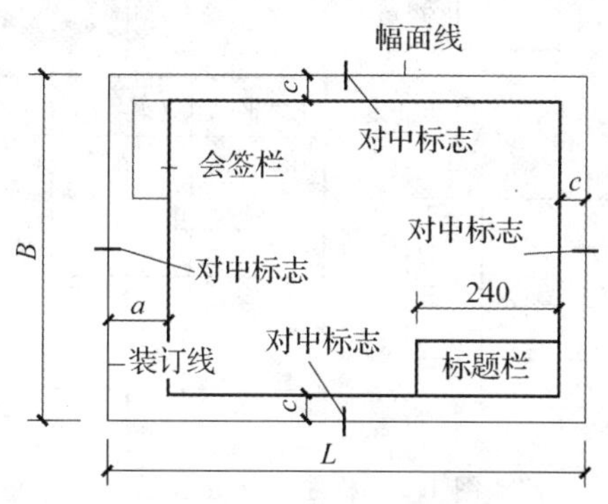

图 1.3 对中符号和方向符号

1.1.3 标题栏(GB/T 10609.1—2008)和会签栏

1. 标题栏的画法

每张技术图样中均应画出标题栏。标题栏一般应位于图纸的右下角，底边与下图框线重合，右边与右图框线重合，如图 1.1 和图 1.2 所示。当标题栏的长边置于水平方向并与图纸的长边平行时，则构成 X 型图纸。当标题栏的长边与图纸的长边垂直时，则构成 Y 型图纸。

注：在最新的国家标准中新增了一个投影符号，分别为第一视角和第三视角投影识别符号。

《技术制图 标题栏》(GB/T 10609.1—2008)对标题栏的格式已做了统一规定，在生产设计中应遵守该规定，如图 1.4 所示。为简便起见，学生制图作业建议采用如图 1.5 所示的标题栏。图纸标题栏和会签栏的尺寸、格式如图 1.5 所示。

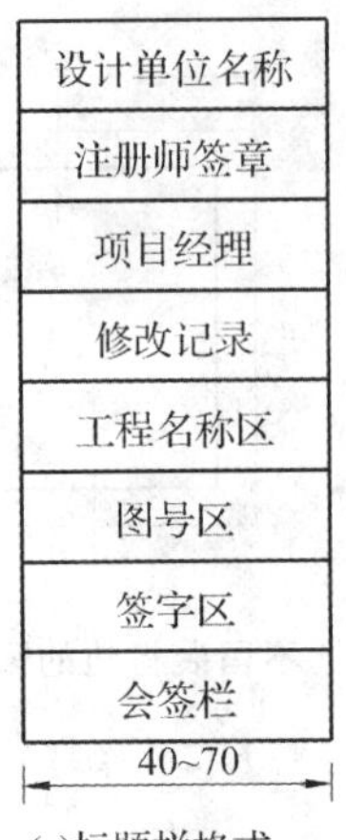

(a)标题栏格式一

设计单位位名称 | 注册师签章 | 项目经理 | 修改记录 | 工程名称区 | 图号区 | 签字区 | 会签栏 (30~50)

(b)标题栏格式二

图 1.4　标题栏格式

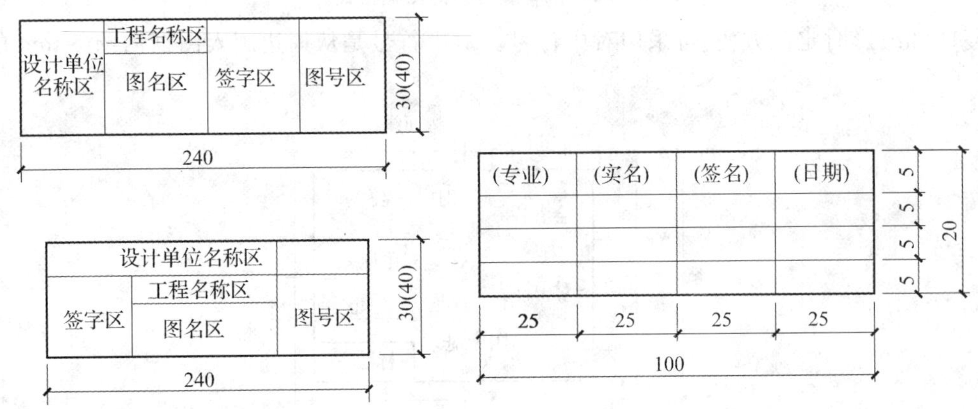

图 1.5　标题栏和会签栏

2. 标题栏的方位和看图方向

看图方向可分为两种情况：

(1)按标题栏的方向看图，即以标题栏中的文字方向为看图方向。

(2)按"方向符号"指示的方向看图，即令画在对中符号上的等边三角形(即方向符号)位于图纸下边看图。

一般情况，看图的方向与看标题栏的方向一致，即标题栏中的文字方向为看图方向。

技术点睛

图纸分为横式使用的图纸和立式使用的图纸，A0～A3 图纸宜横式使用，必要时，也可立式使用。A4 图纸宜横式使用。请同学们查阅《房屋建筑制图统一标准》(GB/T 50001—2010)，熟悉图纸幅面的四种布置形式，并注意标题栏、会签栏在图幅中的位置关系。对于涉外工程的标题栏内，各项主要内容的中文下方应附有译文，设计单位的上方或左方，应加"中华人民共和国"字样。

1.2 图　线

1.2.1 线型和线宽

图线的宽度 b，宜从 1.4 mm、1.0 mm、0.7 mm、0.5 mm、0.35 mm、0.25 mm、0.18 mm、0.13 mm 线宽系列中选取。图线宽度不应小于 0.1 mm，每个图样应根据复杂程度与比例大小，先选定基本线宽 b，再选用表 1.3 中相应的线宽组。

表 1.3　线宽组　mm

线宽比	线宽组			
b	1.4	1.0	0.7	0.5
$0.7b$	1.0	0.7	0.5	0.35
$0.5b$	0.7	0.5	0.35	0.25
$0.25b$	0.35	0.25	0.18	0.13

注：①需要微缩的图纸，不宜采用 0.18 mm 及更细的线宽

②同一张图纸内，各不同线宽中的细线，可统一采用较细线宽组的细线

同一张图纸内，相同比例的各图样应选用相同的线宽组。

各种图线的名称、线型、线宽及一般用途见表 1.4。

表 1.4　图线的名称、线型、线宽及一般用途

名称		线型	线宽	一般用途
实线	粗	————	b	主要可见轮廓线
	中粗	————	$0.7b$	可见轮廓线
	中	————	$0.5b$	可见轮廓线、尺寸线、变更云线
	细	————	$0.25b$	图例填充线、家具线
虚线	粗	-------	b	见各有关专业制图标准
	中粗	-------	$0.7b$	不可见轮廓线
	中	-------	$0.5b$	不可见轮廓线、图例线
	细	-------	$0.25b$	图例填充线、家具线
单点画线	粗	—·—·—	b	见各有关专业制图标准
	中	—·—·—	$0.5b$	见各有关专业制图标准
	细	—·—·—	$0.25b$	中心线、对称线、轴线等
双点画线	粗	—··—··—	b	见各有关专业制图标准
	中	—··—··—	$0.5b$	见各有关专业制图标准
	细	—··—··—	$0.25b$	假想轮廓线、成形前原始轮廓线
折断线		—\/—\/—	$0.25b$	断开界线
波浪线		～～～	$0.25b$	断开界线

【案例实解】

几种常用图线的应用实例如图1.6所示。

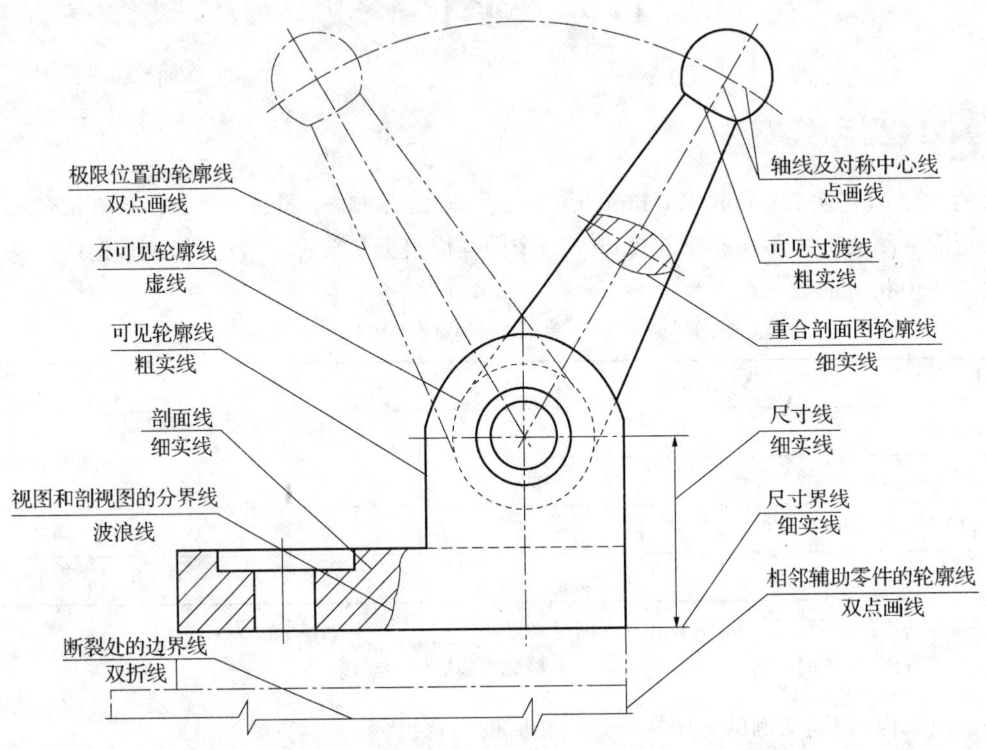

图1.6　图线应用实例

1.2.2 图线的画法

(1)同一张图纸内,相同比例的各图样应选用相同的线宽组。

(2)相互平行的图例线,其净间隙或线中间隙不宜小于0.2 mm。

(3)虚线、单点画线或双点画线的线段长度和间隔,宜各自相等。

(4)单点画线或双点画线,当在较小图形中绘制有困难时,可用实线代替。

(5)单点画线或双点画线的两端,不应是点。点画线与点画线交接或点画线与其他图线交接时,应是线段交接。

(6)虚线与虚线交接或虚线与其他图线交接时,应是线段交接。虚线为实线的延长线时,不得与实线连接,应留有空隙。

(7)图线不得与文字、数字或符号重叠、混淆,不可避免时,应首先保证文字等的清晰。

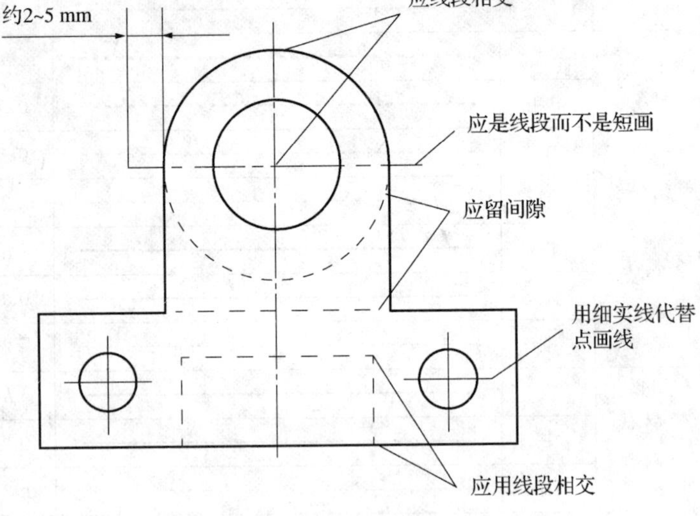

图1.7　图线画法举例

【案例实解】

图线画法举例如图1.7所示。

1.3 字体（汉字、数字和字母）

在图样中除了表达实物形状的图形外，还应有必要的文字、数字、字母，以说明实物的大小、技术要求等。文字的字高应从如下系列中选用：3.5 mm、5 mm、7 mm、10 mm、14 mm、20 mm。如需书写更大的字，其高度应按$\sqrt{2}$的比值递增。

1.3.1 汉字

图样上的汉字应采用长仿宋字，字号不能小于 3.5 mm。

图纸上所需书写的文字、数字或符号等，均应笔画清晰、字体端正、排列整齐；标点符号应清楚正确。

书写长仿宋体的要领是：横平竖直、起落有锋、填满方格、结构均匀，如图 1.8 所示。

10号字

字体工整　笔画清晰　间隔均匀　排列整齐

7号字

横平竖直　注意起落　结构均匀　填满方格

5号字

技术制图机械电子汽车航空船舶土木建筑矿山井坑港口纺织服装

图 1.8　长仿宋字汉字示例

技术点睛

汉字应写成长仿宋字，汉字的高度 h 不应小于 3.5 mm，其字宽一般为 $h/\sqrt{2}$。目前工程图的绘制使用计算机软件来完成(Computer Aided Design，CAD)，但作为工程制图的基本能力，练习长仿宋字的书写仍是必要的。仿宋字的书写要横平竖直、排列均匀、注意起落、填满方格、笔画竖挺、结构匀称、起落带锋、整齐秀丽。写仿宋字有四个特点："满""锋""匀""劲"。"满"是充满方格，"锋"是笔端做锋，"匀"是结构匀称，"劲"是竖直横平(横宜微向右上倾)。

1.3.2 字母和数字

在图样中，拉丁字母、阿拉伯数字与罗马数字，如需写成斜体字，其斜度应是从字的底线逆时针向上倾斜 75°。斜体字的高度和宽度应与相应的直体字相等。

拉丁字母、阿拉伯数字与罗马数字的字高，不应小于 2.5 mm。

如图 1.9 所示是字母和数字书写示例。

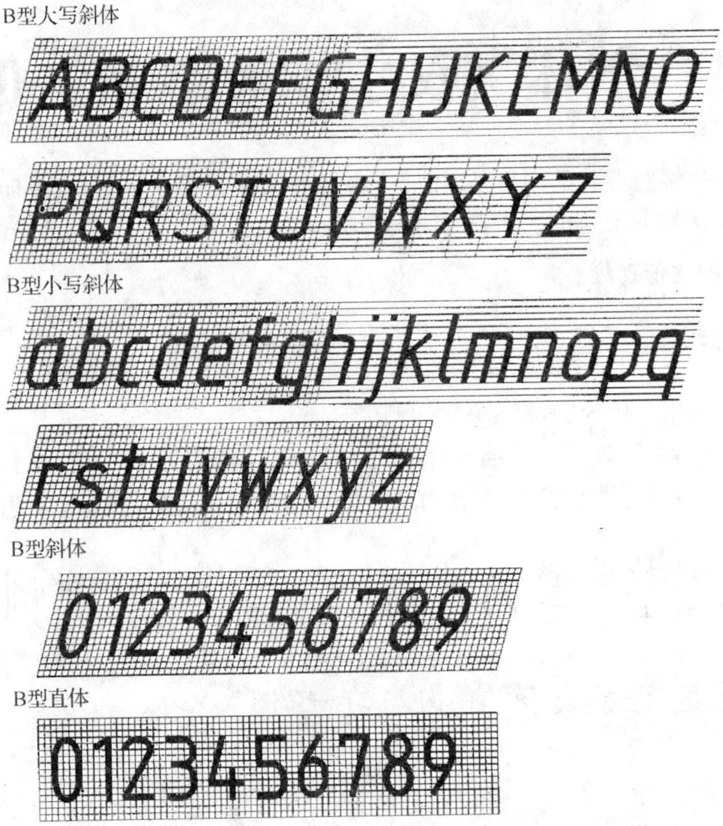

B型大写斜体

ABCDEFGHIJKLMNO

PQRSTUVWXYZ

B型小写斜体

abcdefghijklmnopq

rstuvwxyz

B型斜体

0123456789

B型直体

0123456789

图 1.9　字母和数字书写示例

1.4　比　例

图样的比例应为图形与实物相对应的线性尺寸之比。比例分为原值、缩小和放大三种。画图时，应尽量采用原值的比例画图，但所用比例应符合表 1.5 中规定的系列。

表 1.5　绘图所用的比例

常用比例	1∶1, 1∶2, 1∶5, 1∶10, 1∶20, 1∶30 ,1∶50, 1∶100, 1∶150 ,1∶200, 1∶500, 1∶1 000, 1∶2 000
可用比例	1∶3, 1∶4 ,1∶6 , 1∶15, 1∶25, 1∶40, 1∶60, 1∶80 , 1∶250, 1∶300, 1∶400, 1∶600, 1∶5 000, 1∶10 000, 1∶20 000, 1∶50 000, 1∶100 000, 1∶200 000

比例的大小，是指其比值的大小，如 1∶50 大于 1∶100。比例的符号为“∶”，比例应以阿拉伯数字表示，如 1∶1,1∶2,1∶100 等。

无论采用缩小还是放大比例绘图，在图样上标注的尺寸均为实物设计要求的尺寸，而与比例无关，如图 1.10 所示。

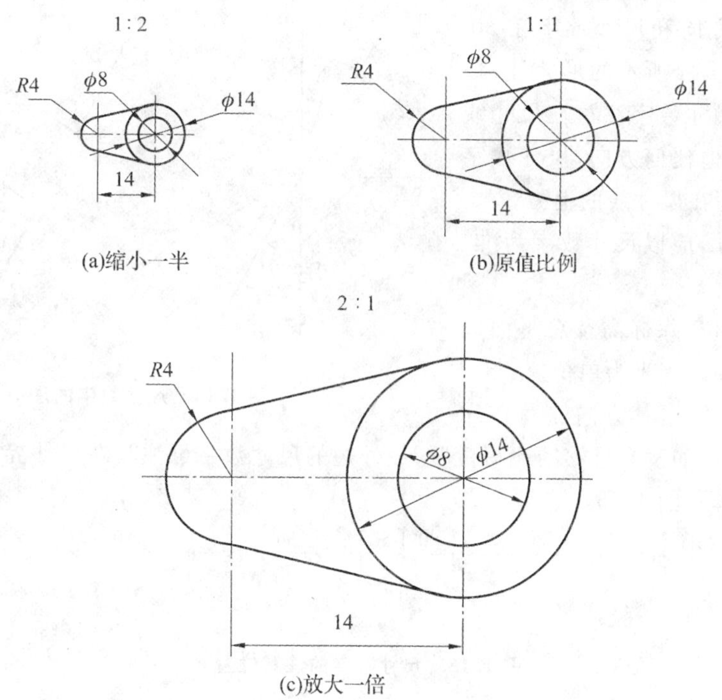

(a)缩小一半　(b)原值比例　(c)放大一倍

图 1.10　用不同比例画出的图形

比例一般应注写在标题栏的比例栏内，必要时，可在视图名称的下方或右侧标注比例。

1.5　尺寸标注

1.5.1　尺寸的组成与标注

1. 尺寸的组成

图样上的尺寸，包括尺寸界线、尺寸线、尺寸起止符号和尺寸数字(图 1.11)。

2. 基本规定

(1)尺寸界线应用细实线绘制，一般应与被注长度垂直，其一端应离开图样轮廓线不小于 2 mm，另一端宜超出尺寸线 2～3 mm。图样轮廓线可用作尺寸界线，如图 1.12 所示。

(2)尺寸起止符号一般用中粗斜短线绘制，其倾斜方向应与尺寸界线顺时针呈 45°角，长度宜为 2～3 mm。半径、直径、角度与弧长的尺寸起止符号，宜用箭头表示(图 1.13)。

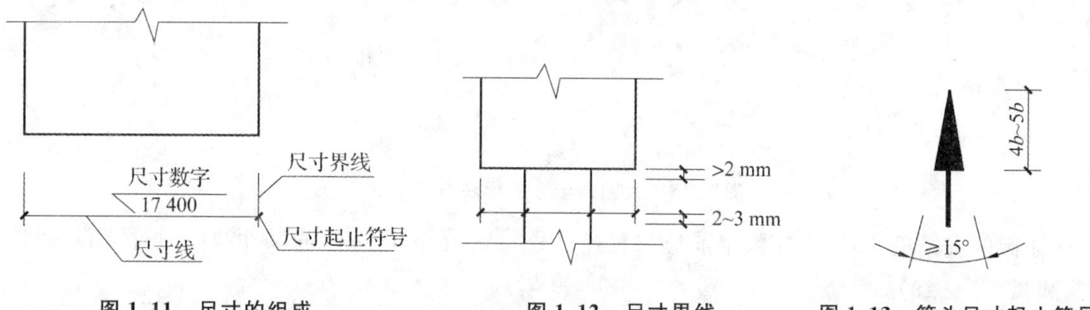

图 1.11　尺寸的组成　　**图 1.12　尺寸界线**　　**图 1.13　箭头尺寸起止符号**

(3)尺寸数字的方向和尺寸数字在 30°斜线区内，宜按如图 1.14 所示的形式注写。当尺寸线为竖直时，尺寸数字注写在尺寸线的左侧，字头朝左；其他任何方向，尺寸数字也应保持向上，且注写在尺寸线的上方。

(4)图样上的尺寸，应以尺寸数字为准，不得从图上直接量取。

图样上的尺寸单位，除标高及总平面以米为单位外，其他必须以毫米为单位。

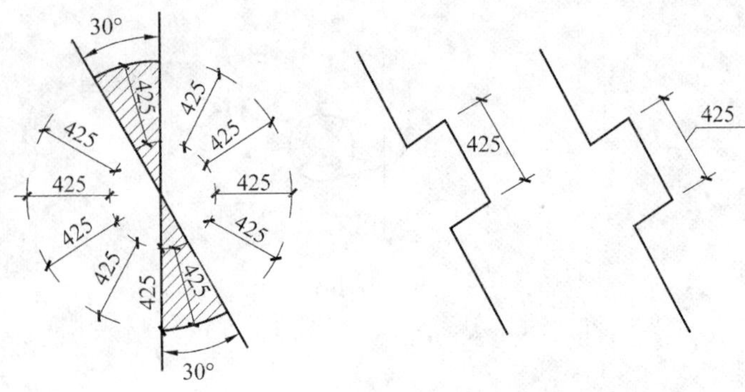

图 1.14　尺寸数字的注写方向

尺寸数字一般应依据其方向注写在靠近尺寸线的中部上方。如没有足够的注写位置，最外边的尺寸数字可注写在尺寸界限的外侧，中间相邻的尺寸数字可错开注写(图 1.15)。

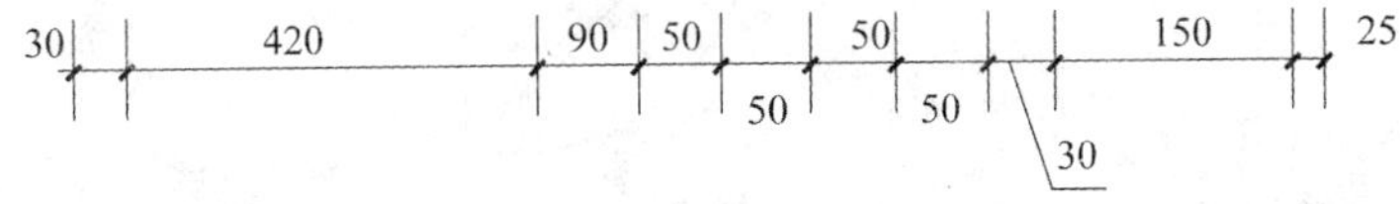

图 1.15　尺寸数字的注写位置

3. 尺寸的排列与布置

尺寸宜标注在图样轮廓以外，不宜与图线、文字及符号等相交。图样轮廓线以外的尺寸界线，距图样最外轮廓之间的距离，不宜小于 10 mm。平行排列的尺寸线的间距，宜为 7～10 mm，并应保持一致。

4. 半径、直径、球的尺寸标注

(1)半径的尺寸线应一端从圆心开始，另一端画箭头指向圆弧。半径数字前应加注半径符号“*R*”(图 1.16)。

(2)较小圆弧的半径，可按如图 1.17 所示形式标注。

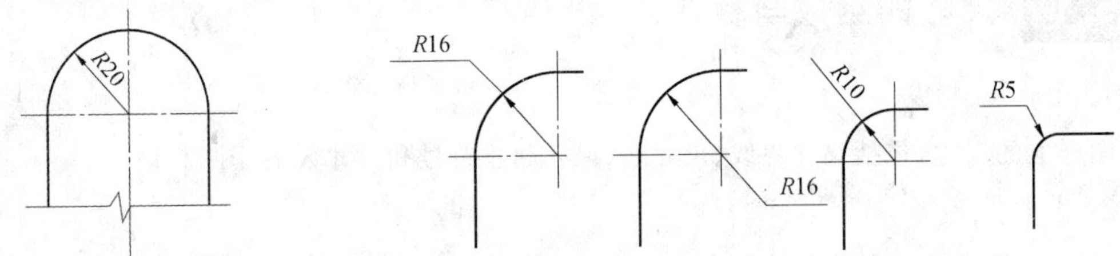

图 1.16　半径标注方法　　图 1.17　小圆弧半径的标注方法

(3)较大圆弧的半径，可按如图 1.18 所示形式标注。

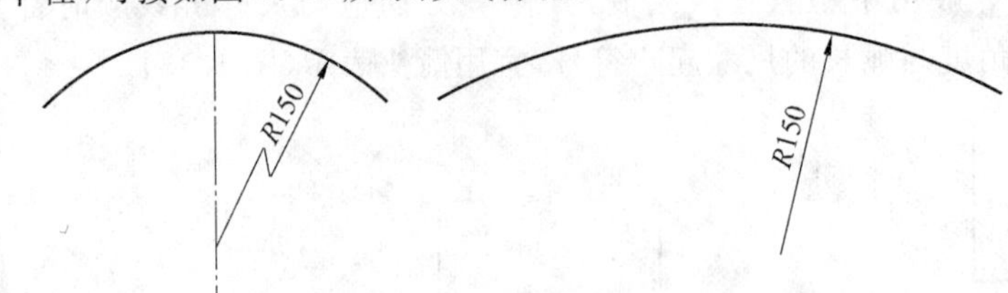

图 1.18　大圆弧半径的标注方法

(4)标注圆的直径尺寸时，直径数字前应加直径符号“ϕ”。在圆内标注的尺寸线应通过圆心，两端画箭头指至圆弧(图 1.19)。

(5)较小圆的直径尺寸可标注在圆外(图 1.20)。

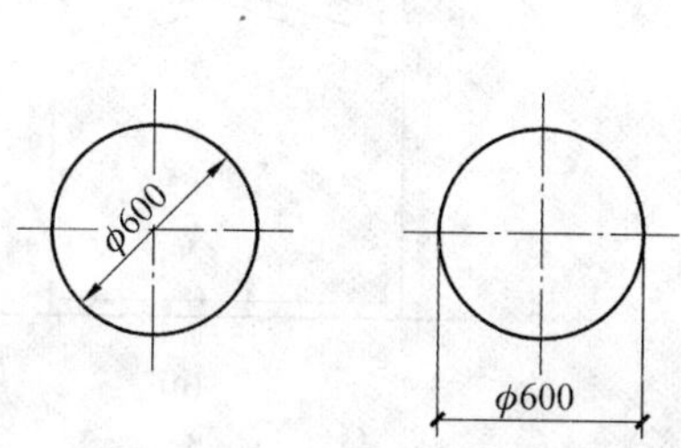

图 1.19　圆直径的标注方法

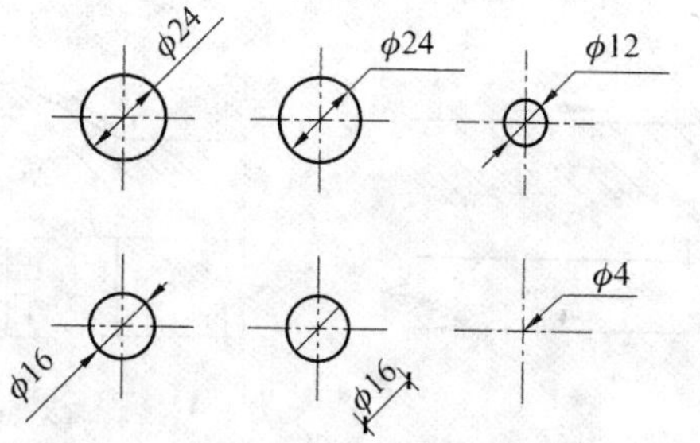

图 1.20　小圆直径的标注方法

(6)标注球的半径尺寸时，应在尺寸前加注符号“*SR*”。标注球的直径尺寸时，应在尺寸数字前加注符号“Sφ”。注写方法与圆弧半径和圆弧直径的尺寸标注方法相同。

5. 角度、弧度、弧长的标注

(1)角度的尺寸线应以圆弧表示。该圆弧的圆心应是该角的顶点，角的两条边为尺寸界线。起止符号应以箭头表示，如没有足够位置画箭头，可用圆点代替，角度数字应按水平方向注写(图 1.21)。

(2)标注圆弧的弧长时，尺寸线应以与该圆弧同心的圆弧线表示，尺寸界线应垂直于该圆弧的弦，起止符号用箭头表示，弧长数字上方应加注圆弧符号“⌒”(图 1.22)。

(3)标注圆弧的弦长时，尺寸线应以平行于该弦的直线表示，尺寸界线应垂直于该弦，起止符号用中粗斜短线表示(图 1.23)。

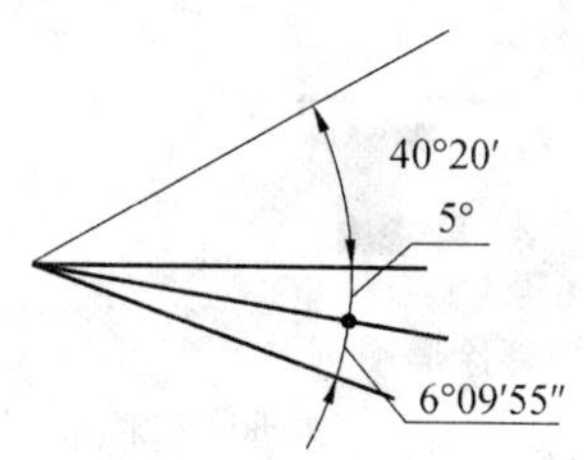

图 1.21　角度标注方法

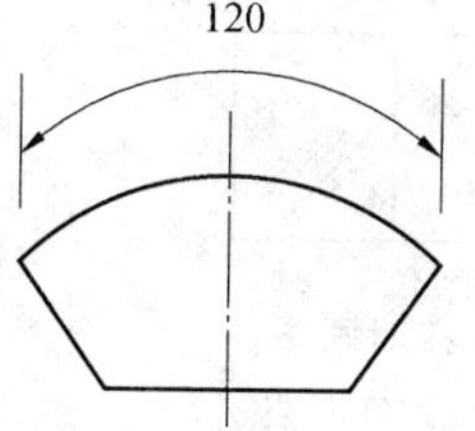

图 1.22　弧长标注方法

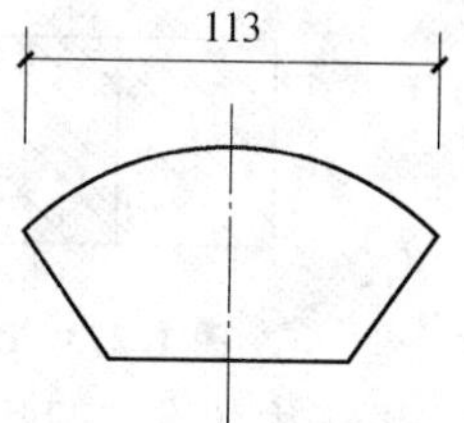

图 1.23　弦长标注方法

6. 其他尺寸标注

(1)在薄板板面标注板厚尺寸时，应在厚度数字前加厚度符号“*t*”(图 1.24)。

(2)标注正方形的尺寸，可用“边长×边长”的形式，也可在边长数字前加正方形符号“□”(图1.25)。

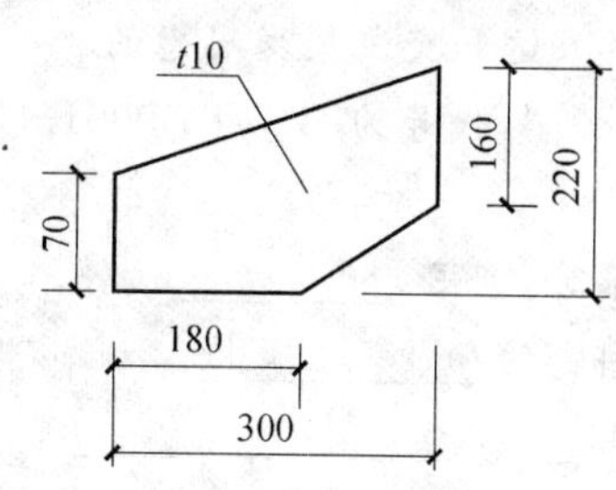

图 1.24　薄板厚度标注方法

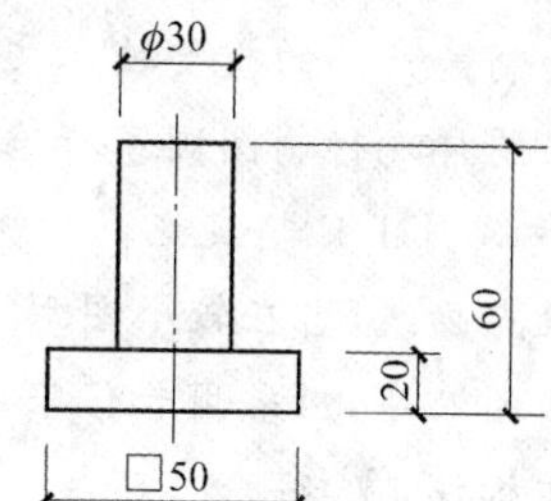

图 1.25　标注正方形尺寸

(3)标注坡度时，应加注坡度符号“↽”，该符号为单面箭头，箭头应指向下坡方向(图 1.26(a))。坡度也可用直角三角形形式标注(图 1.26(b))。

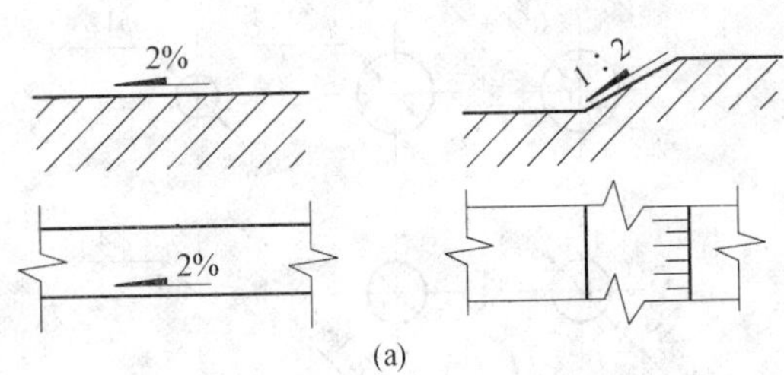

(a)

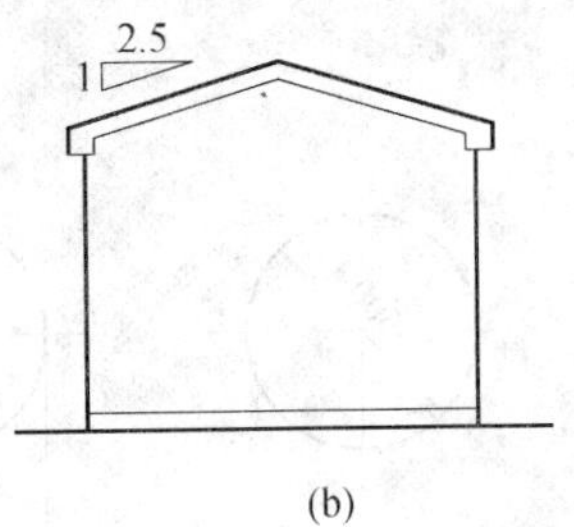

(b)

图 1.26 坡度标注方法

1.5.2 常用建筑材料图例

当建筑物或建筑配件被剖切时，通常应在图样中的断面轮廓线内画出建筑材料图例。应注意下列事项：

(1)图例线应间隔均匀，疏密适度，做到图例正确，表示清楚。

(2)不同品种的同类材料使用同一图例时(如某些特定部位的石膏板必须注明是防水石膏板时)，应在图上附加必要的说明。

(3)两个相同的图例相接时，图例线宜错开或使倾斜方向相反(图 1.27)。

(4)两个相邻的涂黑图例(如混凝土构件、金属件)间，应留有空隙。其宽度不得小于 0.7 mm (图 1.28)。

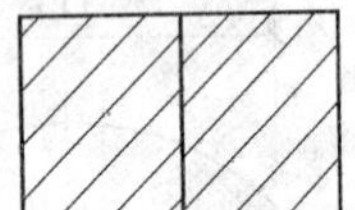

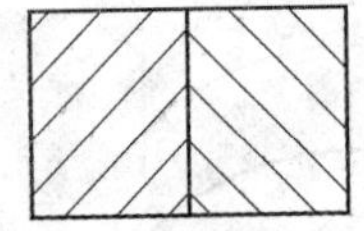

图 1.27 相同的图例相接时画法

图 1.28 相邻涂黑图例的画法

当一张图纸内的图样只用一种图例或图形较小无法画出建筑材料图例时，可不加图例，但应加文字说明。

一、填空题

1. 图样是设计和制造产品的重要技术文件，是工程界表达和交流技术思想的__________。

2. 房屋建筑工程图样现行制图国家标准是《__________》，代号为 GB/T 50001—2010，2010 年 8 月 18 日发布，自 2011 年 3 月 1 日起实施。

3. 单点画线或双点画线，当在较小图形中绘制有困难时，可用__________代替。

4. 图样上及说明的汉字，应采用长仿宋字。字高为字宽的__________倍。

5. 图样上的尺寸标注，包括__________、__________、__________和__________。

二、选择题

1.《房屋建筑制图统一标准》(GB/T 50001—2010)中规定 A2 图纸幅面尺寸是(   )。

A. 210 mm×297 mm B. 420 mm×594 mm C. 841 mm×1 189 mm D. 297 mm×420 mm

2. 相互平行的图例线，其净间隙或线中间隙不宜小于(   )。

A. 0.2 mm B. 0.5 mm C. 0.7 mm D. 0.9 mm

3. 在《房屋建筑制图统一标准》(GB/T 50001—2010)中规定 A2 图纸中的 c 取值为(   )mm。

A. 25 B. 20 C. 10 D. 5

4. 半径、直径、角度与弧长的尺寸起止符号，宜用(　　)表示。

A. 中粗斜短线　　B. 小黑圆点　　C. 箭头　　D. 小黑矩形

5. 工程图纸上，拉丁字母、阿拉伯数字与罗马数字的字高，不应小于(　　)mm。

A. 2.5　　B. 3.5　　C. 5　　D. 7

三、简答题

1. 图纸幅面的规格有哪几种？它们的边长之间有何关系？

2. 简述坡度的标注方法。

查阅《房屋建筑制图统一标准》(GB/T 50001—2010)相关内容，画出沙土、碎砖三合土、石材、普通砖、钢筋混凝土、木材、石膏板、金属、防水材料、粉刷常用建筑材料的图例。

项目2 几何绘图

项目目标

【知识目标】

1. 能正确表述徒手绘制直线、圆、圆弧和椭圆的一般方法。
2. 能正确表述绘图仪器的种类与作用。
3. 能正确陈述几何绘图中几种几何体的绘制与连接原理。

【技能目标】

1. 能利用徒手绘图的方法绘制基本的图形。
2. 能使用坐标网格绘图。
3. 能正确利用几何绘图的方法绘制较复杂的几何体。

【课时建议】

6 课时

2.1 徒手绘图

徒手图又称草图，是一种不用绘图工具而以目测大小徒手绘制的图形。绘制草图时，无须精准地符合物体的尺寸，也没有比例规定，只要求物体各部分比例协调即可。绘制草图在产品设计及现场测绘中占有重要的地位，是工程技术人员构思、创作、记录、交流的有力工具，也是工程技术人员必须掌握的一项重要的基本技能。

但徒手绘图也应做到：图形正确、比例匀称、线型分明、字体工整。

绘制草图一般用 HB，B 铅笔，铅心削成圆锥形。

2.1.1 工程图样的徒手绘图要求

如图 2.1 所示，工程图样的徒手绘图要做到以下几点：

(1)分清线型。粗实线、细实线、虚线、单点画线等要能清楚地区分。

(2)图形不失真。图形基本符合比例，线条之间关系正确。

(3)符合制图标准规定。

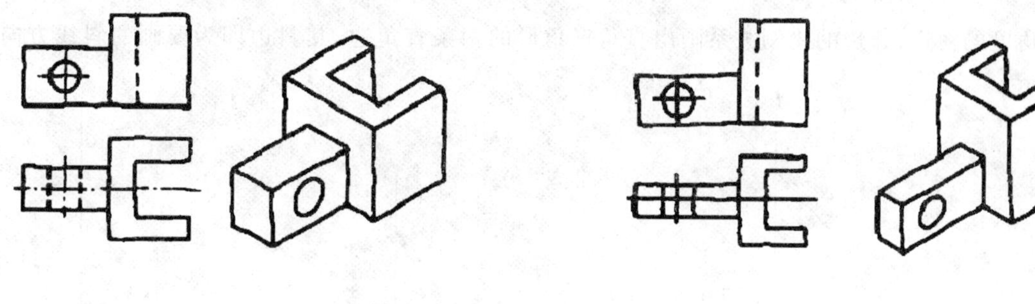

(a)好　　(b)不好(线型分不清，图形失真)

图 2.1　徒手绘图

2.1.2 徒手绘图的工具

除图纸、坐标网格纸或橡皮外，使用的铅笔有 2H，H 和 HB 铅笔。其用途分别为：2H 铅笔，削尖，用于画底稿；H 铅笔，削尖，用于加深宽度为 0.25b 的图线；HB 铅笔，削钝（一字形），用于加深宽度为 0.5b和 b 的图线。

铅笔的正确削法如图 2.2 所示。

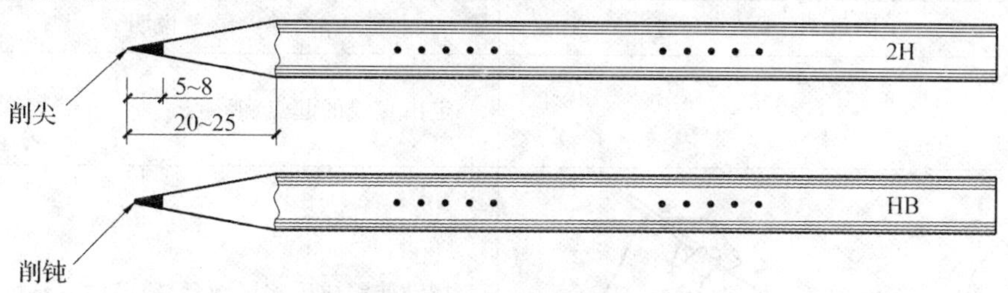

图 2.2　铅笔的正确削法

2.1.3 徒手画直线

1. 手势

画不同方向直线的手势如图 2.3 所示。

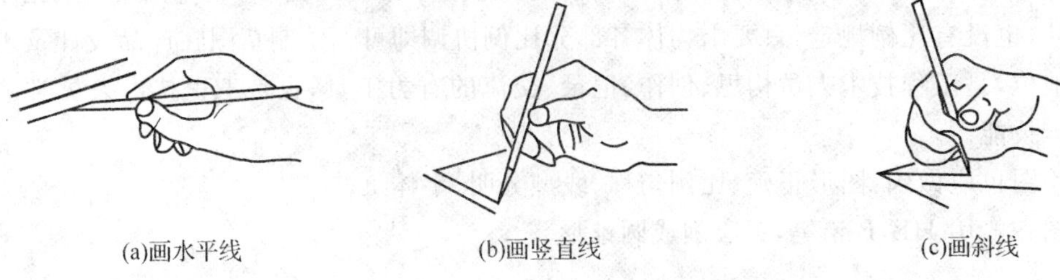

(a)画水平线　　(b)画竖直线　　(c)画斜线

图 2.3　徒手画直线

2. 运笔要求

运笔力求自然,小指靠向纸面,能清楚地看出笔尖前进方向。画短线摆动手腕,画长线摆动前臂,眼睛注视终点。

3. 45°,30°,60°斜线方向的确定

先按角度的对边、邻边的比例关系画出直角三角形的两条直角边,其斜边即为要画的斜线方向,如图 2.4 所示。

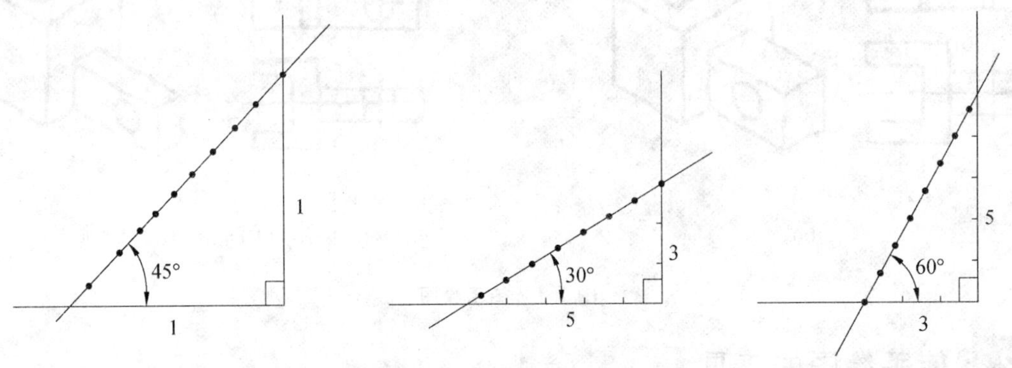

图 2.4　45°,30°,60°斜线方向的确定

4. 要领

徒手画直线的要领见表 2.1。

表 2.1　徒手画直线要领

图示	说明
起点　终点	定出直线的起点和终点
眼看终点	摆动前臂或手腕试画,但铅笔尖不要触及图纸

续表 2.1

图示	说明
眼看终点	眼睛注视终点，从起点开始，沿直线方向，轻轻画出一串衔接的短线
	将线条按规定线型加深为均匀连续直线

2.1.4 徒手画圆周、圆弧

1. 手势

如图 2.5 所示，以小指或手腕关节为支点，旋转铅笔。

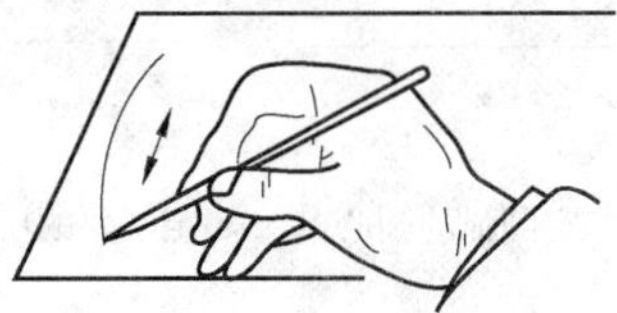

图 2.5 画圆弧的手势

2. 画圆周

画圆周的步骤如图 2.6 所示，小圆周可不画 45°直径线。

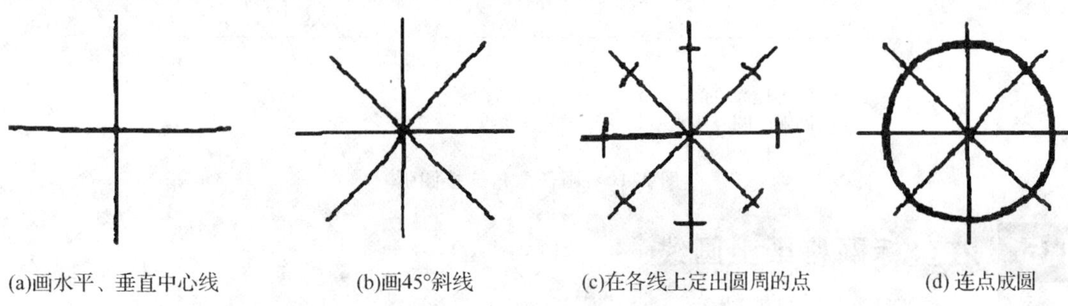

(a)画水平、垂直中心线　(b)画45°斜线　(c)在各线上定出圆周的点　(d)连点成圆

图 2.6 徒手画圆要领

3. 画椭圆

画椭圆时，可利用长、短轴作椭圆，先在互相垂直的中心线上定出长、短轴的端点，过各端点作一矩形，并画出其对角线。按目测把对角线分为 6 等份，如图 2.7(a)所示。以光滑曲线连接长、短轴的各端点和对角线上接近 4 个角顶的等分点(稍外一点)，如图 2.7(b)所示。

由共轭直径作椭圆的方法如图 2.8(a)所示，AB，CD 为共轭直径，过共轭直径的端点作平行四边形及其对角线，目测把对角线分为 6 等份，用光滑曲线连接共轭直径的端点 A，B，C，D 和对角线上接近四个角顶的等分点(稍外一点)，如图 2.8(b)所示。

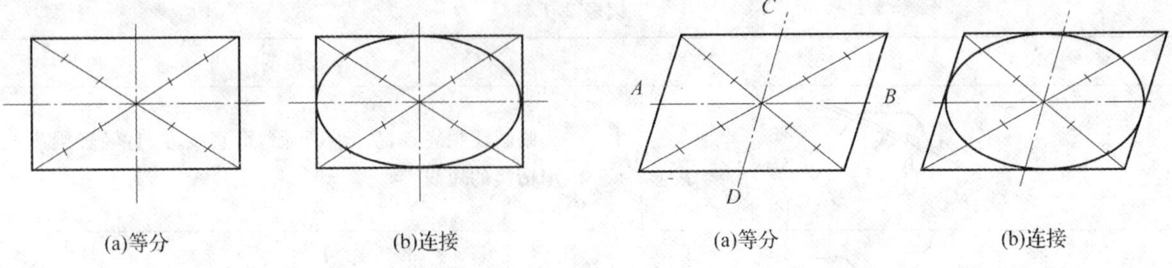

(a)等分　(b)连接

图 2.7　由长、短轴作椭圆

(a)等分　(b)连接

图 2.8　由共轭直径作椭圆

4. 画圆弧连接两直线

画 90°连接圆弧的方法如图 2.9 所示，画任意角连接圆弧的方法如图 2.10 所示。

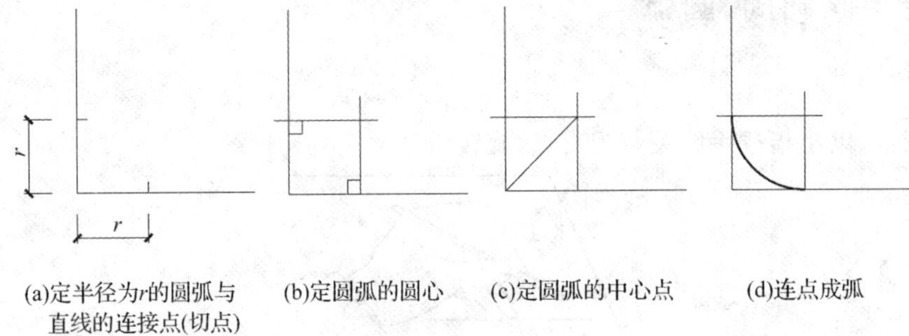

(a)定半径为r的圆弧与直线的连接点(切点)　(b)定圆弧的圆心　(c)定圆弧的中心点　(d)连点成弧

图 2.9　画 90°连接圆弧

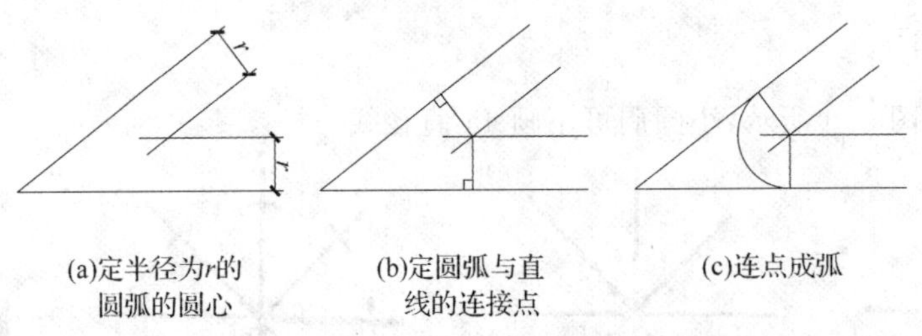

(a)定半径为r的圆弧的圆心　(b)定圆弧与直线的连接点　(c)连点成弧

图 2.10　画任意角连接圆弧

2.1.5　在坐标网格纸上画线

在坐标网格纸上画线的方法基本上与在白纸上画线相同，但利用坐标网格更方便，网格线可作底稿线，格的大小可作为图形尺寸大小的依据，如图 2.11 所示。

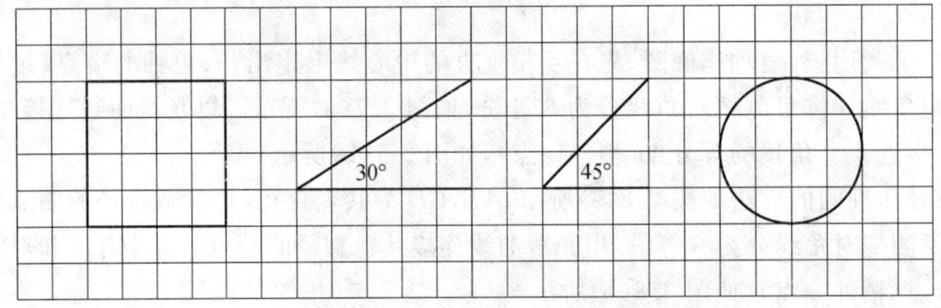

图 2.11　在坐标网格纸上画线

初学者画线时，最好在坐标网格纸上进行，以便控制图线的平直。但经过一段时间的练习以后，就应逐步脱离坐标网格纸，最后达到在折纸上也能画出平直、均匀的图线。

2.2 手工仪器绘图

2.2.1 制图工具和仪器应用

常用的绘图工具和仪器有图板、丁字尺、三角板、比例尺、圆规、分规、曲线板、建筑模板、铅笔、直线笔、绘图小钢笔、绘图墨水笔等。

制图时还应准备好图纸、橡皮、小刀、胶带、擦图片、软毛刷和砂纸等制图用品。

正确使用绘图工具和仪器，既能提高绘图的准确性，保证绘图质量，又能加快绘图速度。下面介绍几种常用的绘图工具。

1. 图板、丁字尺和三角板

图板是铺放、固定图纸的垫板，它的工作表面必须平坦、光洁。图板左边用作导边，必须平直。

丁字尺主要用来画水平线。画图时，使尺头的内侧紧靠图板左侧的导边。画水平线必须自左向右画。绘图板和丁字尺如图 2.12 所示。

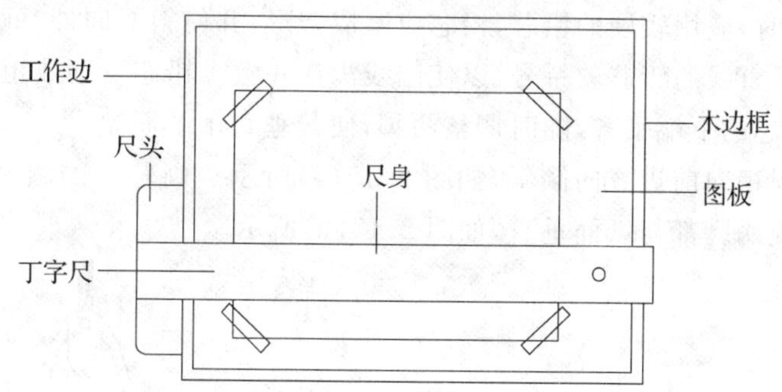

图 2.12　图板、丁字尺、三角板的使用方法

三角板与丁字尺配合使用，可以画铅垂线和与水平线成 30°，45°，60°的倾斜线，并且用两块三角板结合丁字尺可以画出与水平线成 15°，75°的倾斜线。

图板、丁字尺、三角板的使用方法如图 2.13 所示。

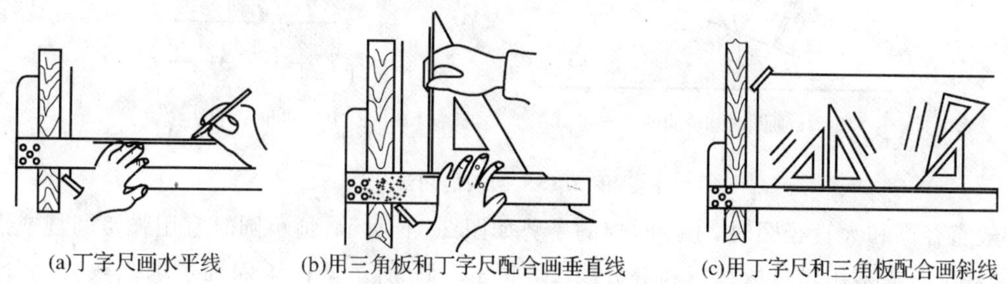

(a)丁字尺画水平线　(b)用三角板和丁字尺配合画垂直线　(c)用丁字尺和三角板配合画斜线

图 2.13　图板、丁字尺、三角板的使用方法

技术点睛

部分同学在绘图画铅垂线时，直接用丁字尺靠在与工作边相邻的木边框上，这样作图是不对的，也不能保证所画直线与水平线是垂直关系。

2. 圆规和分规

(1)圆规。圆规主要用来画圆和圆弧。常见的圆规是三用圆规,定圆心的一条腿是钢针,钢针一端是圆锥形,另一端有台肩,如图 2.14 所示。画圆时应将有台肩的一端放在圆心上。另一条腿的端部按照需要装上有铅芯的插腿,可绘制铅笔圆;装上墨线头的插腿,可绘制墨线圆;装上钢针的插腿(不用有台肩的一端),使两针尖齐平,可作分规使用。

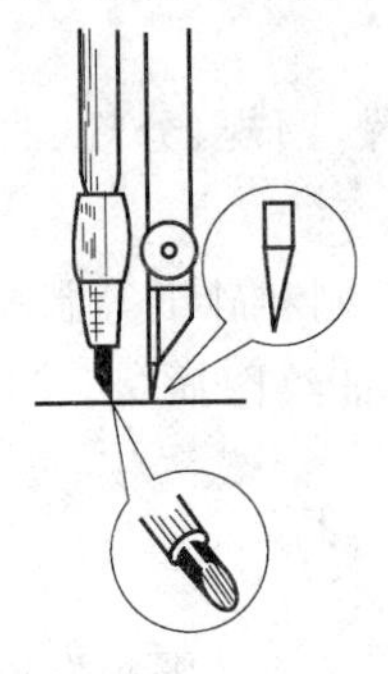

(a)普通尖(用于画细线圆)

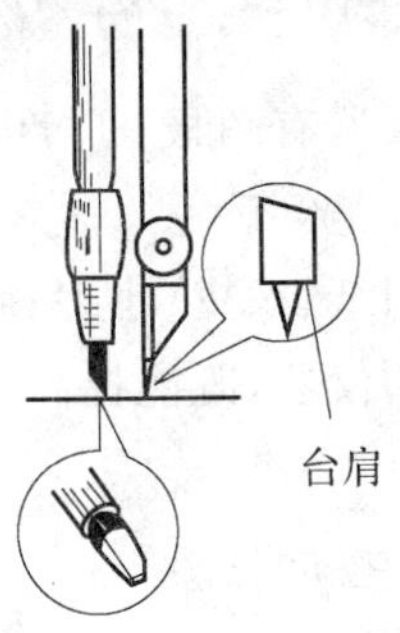

(b)台肩尖(用于描粗)

图 2.14 圆规

使用铅芯画细线圆时,应用较硬的铅芯,铅芯应磨成铲形,并使斜面向外。画粗实线圆时,应用较软的铅芯,该铅芯要比画粗直线的铅芯软一号,以使图线深浅一致。铅芯可磨成矩形。画圆时应将定圆心的钢针台肩调整到与铅芯的下端平齐,随时调整两脚,使其垂直于纸面。

用圆规画圆时,圆规稍向前进方向倾斜,如图 2.15(a)所示。画较大的圆时,可用加长杆来增大所画圆的半径,并且使圆规两脚都与纸面垂直,如图 2.15(b)所示。

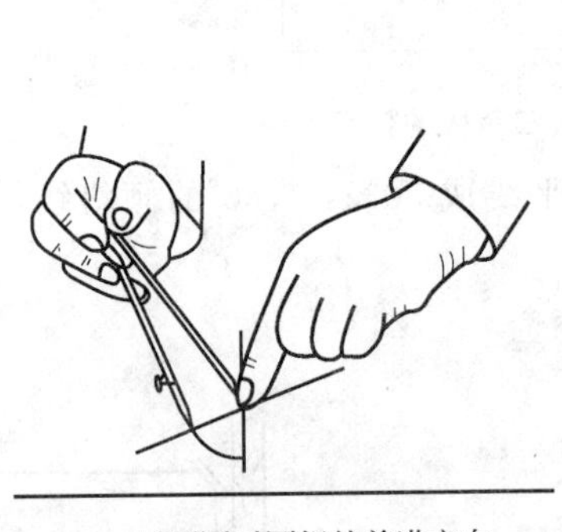

(a)画圆时圆规的前进方向

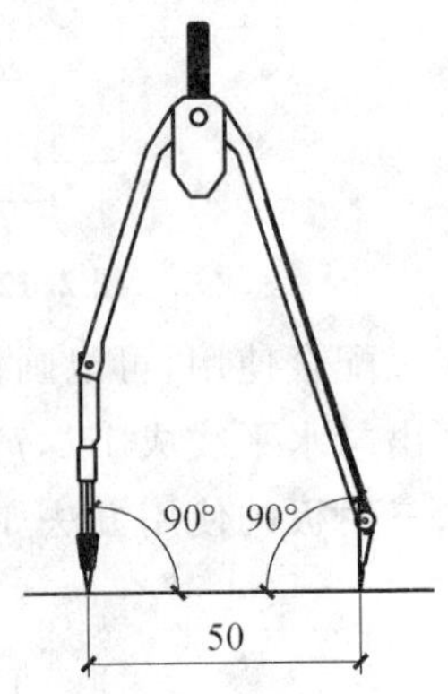

(b)画圆时两针尖位置

图 2.15 圆规的用法

画一般直径圆和大直径圆时,手持圆规的姿势如图 2.16 所示;画小圆时宜用弹簧圆规或点圆规。

(2)分规。分规多用于量取线段和等分线段,如图 2.17 所示。为了保证量取线段和等分线段的准确性,分规两个针尖并拢时必须对齐。

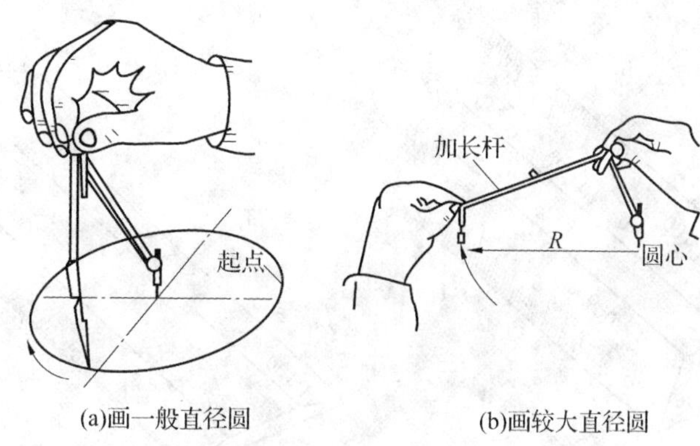

(a)画一般直径圆　　(b)画较大直径圆

图 2.16　用圆规画圆的姿势

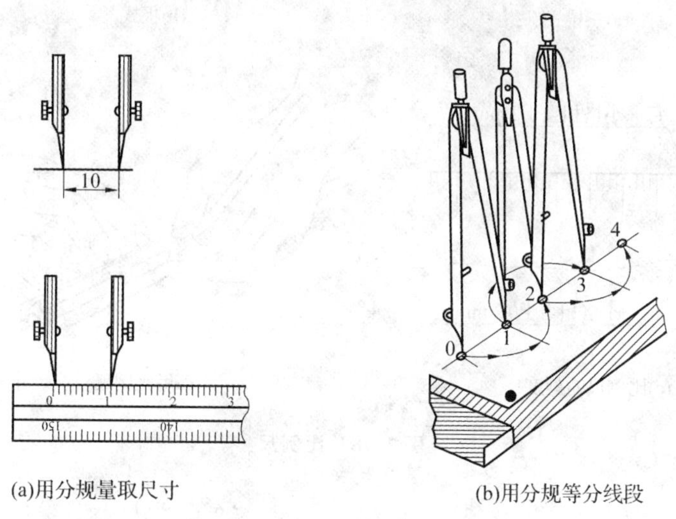

(a)用分规量取尺寸　　(b)用分规等分线段

图 2.17　分规的使用

3. 比例尺

比例尺是刻有不同比例的直尺，有三棱式和板式两种，如图 2.18(a)、(b)所示。如图 2.18(c)所示是刻有 1∶200 的比例尺。当它的每一小格(实长为 1 mm)代表 2 mm 时，比例是 1∶2；当它的每一小格代表 20 mm 时，比例是 1∶20；当它的每一小格代表 0.2 mm 时，比例则是 5∶1。尺面上有各种不同比例的刻度，每一种刻度可用作几种不同的比例。比例尺只能用来量取尺寸，不可用来画线，如图2.18(d)所示。

4. 曲线板

曲线板如图 2.19 所示，用来绘制非圆曲线。使用时，首先徒手用细线将曲线上各点轻轻地连成曲线；接着从某一端开始，找出与曲线板吻合且包含四个连续点的一段曲线，如图 2.20 所示，沿曲线板画 1～4 点之间的曲线；再由 3 点开始找出 3～6 四个点，用同样的方法逐段画出曲线，直到画出最后的一段。点越密，曲线准确度越高。

技术点睛

曲线板使用方法：

(1)至少保证四个点(或四个以上的点)与曲线板的边缘相吻合，这样才能连接这四个点(或四个以上的点)。

(2)两段之间应有重复。

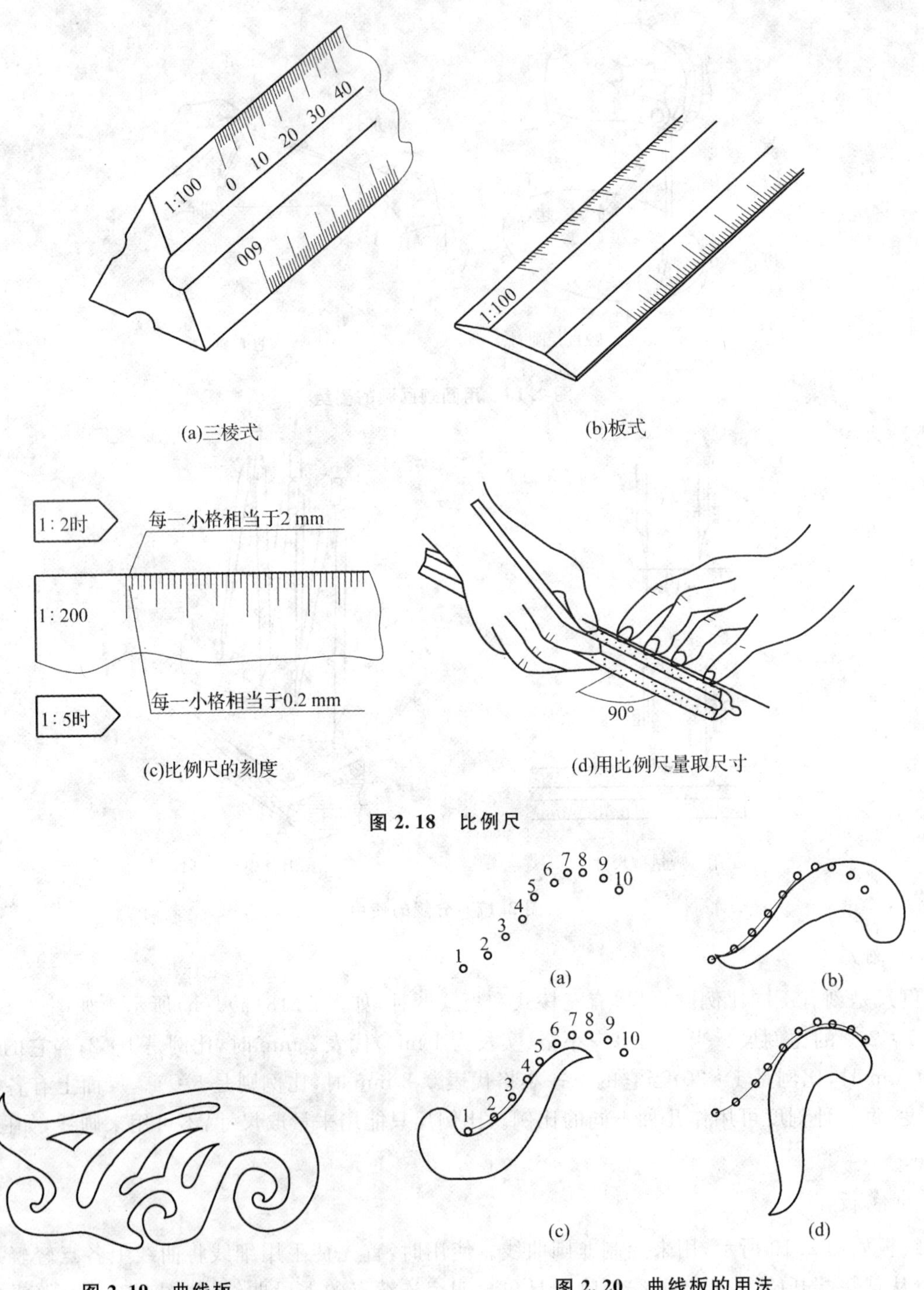

(a)三棱式 (b)板式

(c)比例尺的刻度 (d)用比例尺量取尺寸

图 2.18 比例尺

(a) (b) (c) (d)

图 2.19 曲线板

图 2.20 曲线板的用法

5.铅笔

铅笔笔芯的硬度用字母 H(Hard)和 B(Black)标识。H 越高铅芯越硬,如 2H 的铅芯比 H 的铅芯硬;B 越高铅芯越软、颜色越深,如 2B 的铅芯比 B 的铅芯软;HB 的铅芯是中等硬度。通常,铅笔的选用原则如下:

(1)H 或 2H 铅笔用于画底稿以及细实线、单点画线、双点画线和虚线等。

(2)HB 或 B 铅笔用于画中粗线、写字等。

(3)B 或 2B 铅笔用于画粗实线。

铅笔要从没有标记的一端开始削,以便保留笔芯软硬的标记。将画底稿或写字用铅笔的木质部分削成锥形，铅芯外露约 6～8 mm，如图 2.21(a)所示；用于加深图线的铅笔芯可以磨成如图 2.21(b)所示的形状；铅芯的磨法如图 2.21(c)所示。

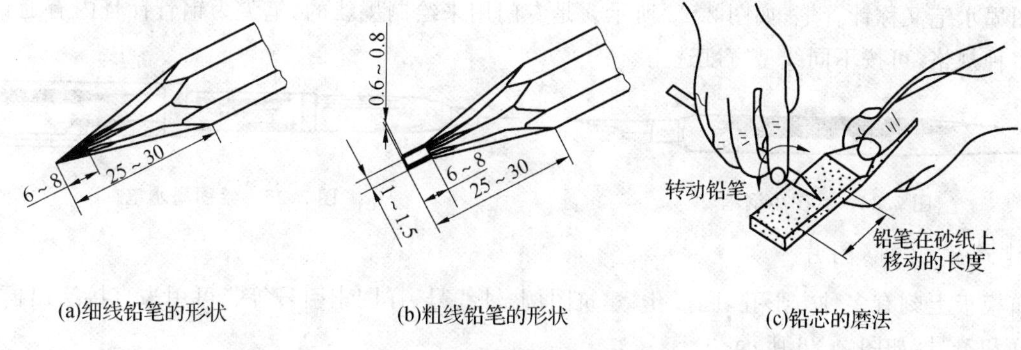

(a)细线铅笔的形状　(b)粗线铅笔的形状　(c)铅芯的磨法

图 2.21　铅笔的形状和磨法

铅笔绘图时，用力要均匀，不宜过大，以免划破图纸或留下凹痕。铅笔尖与尺边的距离要适中，如图 2.22 所示，以保持线条位置的准确。

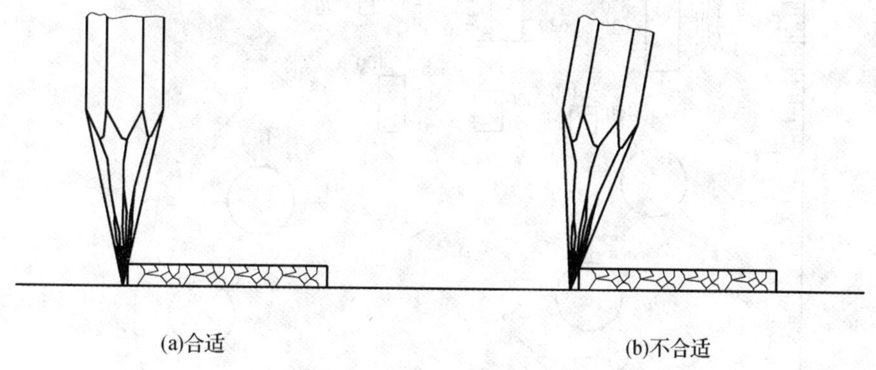

(a)合适　(b)不合适

图 2.22　铅笔笔尖的位置

6. 绘图笔

绘图笔有直线笔、绘图小钢笔、绘图墨水笔等。

直线笔又称鸭嘴笔，是描图时用来描绘直线的工具。加墨水时，可用墨水瓶盖上的吸管或蘸水钢笔把墨水加到两叶片之间，笔内所含墨水高度一般为 5～6 mm，若墨水太少画墨线时会中断，太多则容易跑墨。如果直线笔叶片的外表面沾有墨水，必须及时用软布拭净，以免描线时沾污图纸。

如图 2.23 所示，画线时，直线笔应位于铅垂面内，即笔杆的前后方向与纸张保持 90°，使两叶片同时接触图纸，并使直线笔向前进方向倾斜 5°～20°。画线时速度要均匀，落笔时用力不宜过重。画细线时，调整螺母不要旋得太紧，以免笔叶变形，用完后应清洗擦净，放松螺母收藏好。

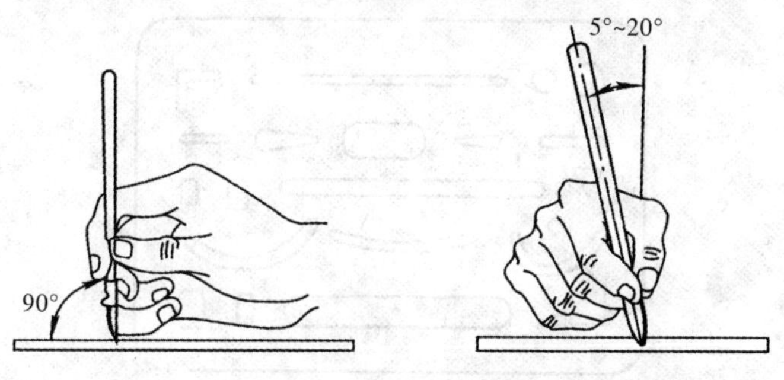

图 2.23　直线笔执笔方法

绘图小钢笔如图 2.24 所示，由笔杆、笔尖两部分组成，是用来写字、修改图线的，也可用来为直线笔注墨。使用时沾墨要适量，笔尖要经常保持清洁干净。绘图小钢笔已很少使用。

绘图墨水笔又称针管笔，如图 2.25 所示。是专门用来绘制墨线的，笔尖为钢管针且内有通针，笔尖针管有多种规格，可按不同线型宽度选用。

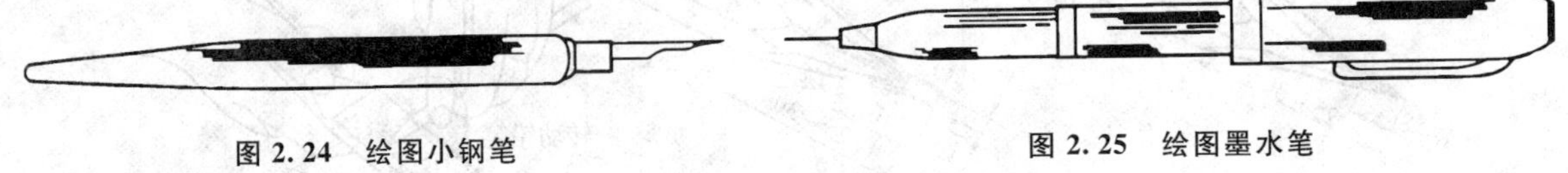

图 2.24　绘图小钢笔　　图 2.25　绘图墨水笔

7. 建筑模板、擦图片

建筑模板上刻有多种方形孔、圆形孔、建筑图例、轴线号、详图索引号等。可用来直接绘出模板上的各种图样和符号，如图 2.26 所示。

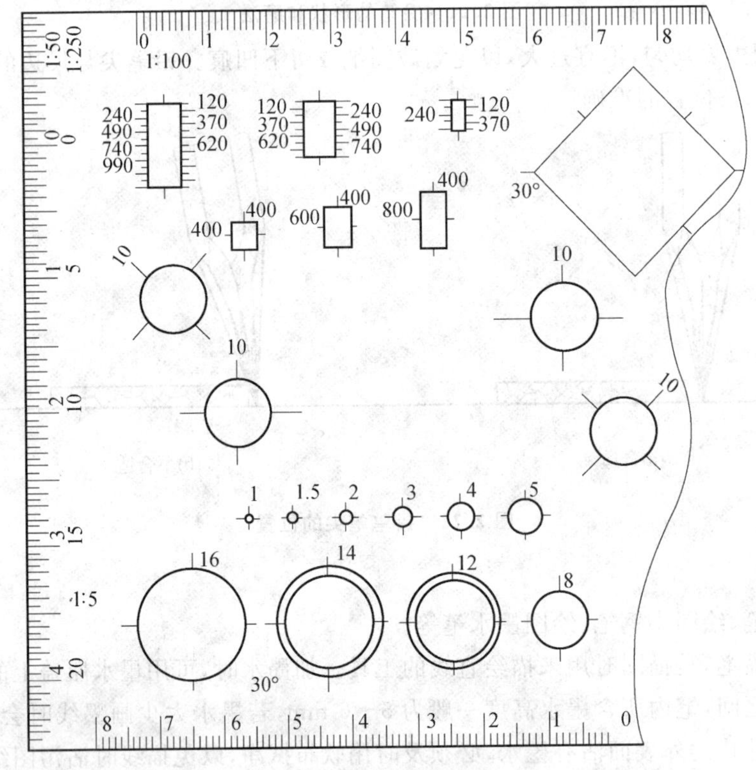

图 2.26　建筑模板

擦图片是用透明塑料或不锈钢制成的薄片，用来修改错误图样，如图 2.27 所示。使用时，应使画错的线在擦图片上适当的小孔内显露出来，再用橡皮擦拭，以免影响其临近的线条。

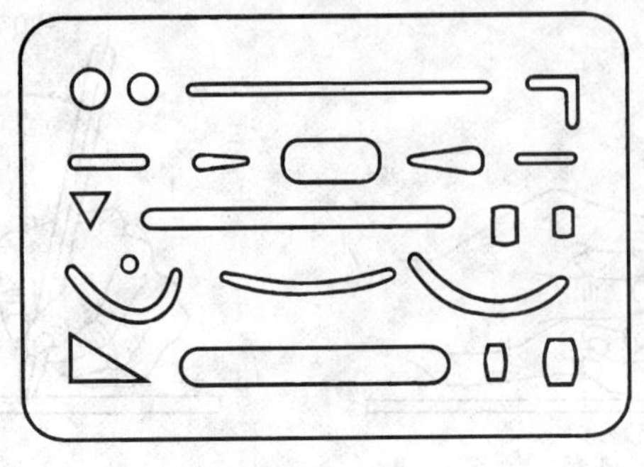

图 2.27　擦图片

2.2.2 几何作图

技术图样中的图形多种多样，但它们都由直线、圆弧、曲线等组成，因而在绘制图样时，常常要做一些基本的几何图形，下面就此进行简单介绍。

1. 直线段等分、两平行线间距离任意等分（以五等分为例）

(1)直线段等分。

如图 2.28 所示，已知直线段 AB，过点 A 作任意直线 AC，用直尺在 AC 上从点 A 起截取任意长度进行五等分，得 1,2,3,4,5 点，如图 2.28(b)所示。连接 $B5$，然后过其他点分别作直线平行于 $B5$，交 AB 于四个等分点，即为所求，如图 2.28(c)所示。

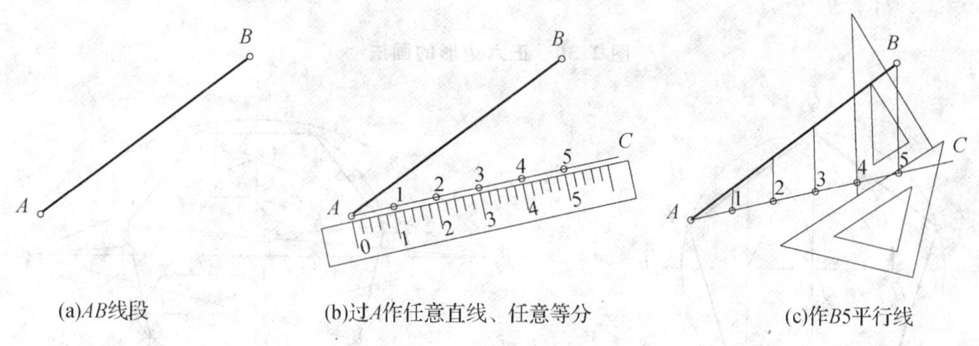

图 2.28 五等分直线 AB

(2)两平行线间距离任意等分。

如图 2.29 所示，已知两平行直线 AB,CD，置直尺 0 点于 CD 上，摆动尺身，使刻度 5 落在 AB 上，截 1,2,3,4 各等分点，如图 2.29(b)所示，过各等分点作 AB 或 CD 的平行线，即为所求，如图 2.29(c)所示。

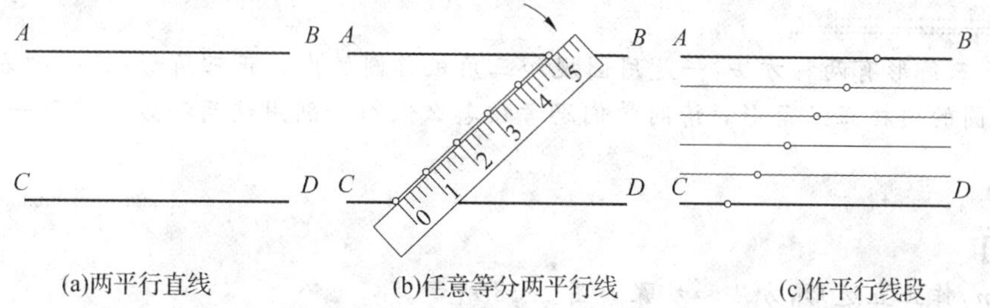

图 2.29 分两平行线 AB 和 CD 之间的距离为五等份

2. 圆的内接正多边形

画正多边形时，通常先做出其外接圆，然后等分圆周，最后依次连接各等分点。

(1)正六边形。

方法一：如图 2.30(a)所示，以正六边形对角线 AB 的长度为直径做出外接圆，根据正六边形边长与外接圆半径相等的特性，用外接圆的半径等分圆周得六个等分点，连接各等分点即得正六边形。

方法二：如图 2.30(b)所示，做出外接圆后，利用 60°三角板与丁字尺配合画出正六边形。

(2)正五边形。

如图 2.31 所示，作水平半径 OB 的中点 G，以 G 为圆心、GC 为半径作圆弧交 OA 于 H 点，CH 即为圆内接正五边形的边长；以 CH 为边长，截得点 E,F,M,N，连接各等分点即得圆内接正五边形。

(3)正 n 边形。

如图 2.32 所示，n 等分铅垂直径 CD（图中 $n=7$）。以 D 为圆心、DC 为半径画弧交水平中垂线于点 E,F；将点 E,F 与直径 CD 上的奇数分点（或偶数分点）连线并延长与圆周相交得各等分点，顺序连线得圆内接正 n 边形。

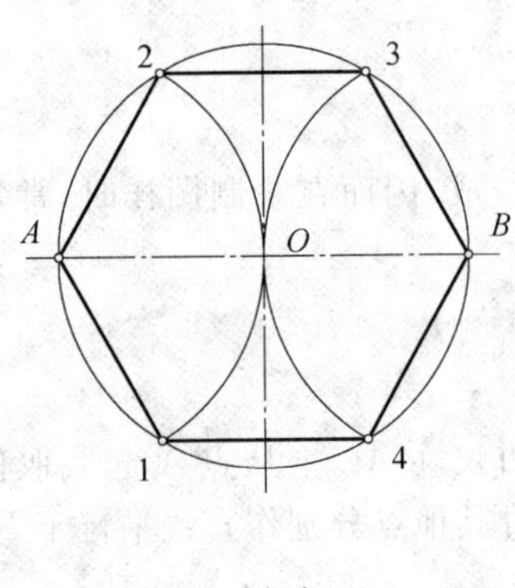

(a)方法一

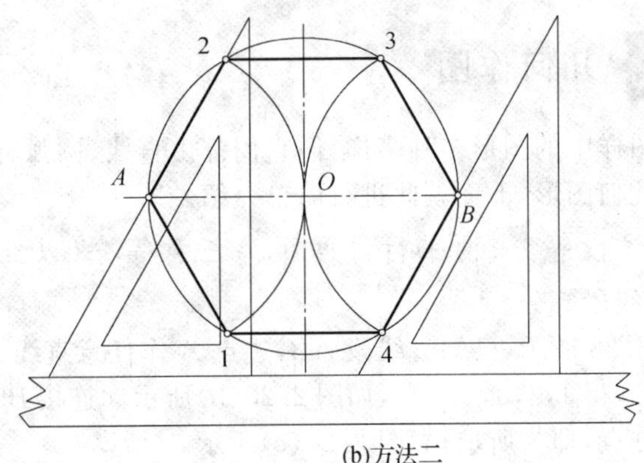

(b)方法二

图 2.30 正六边形的画法

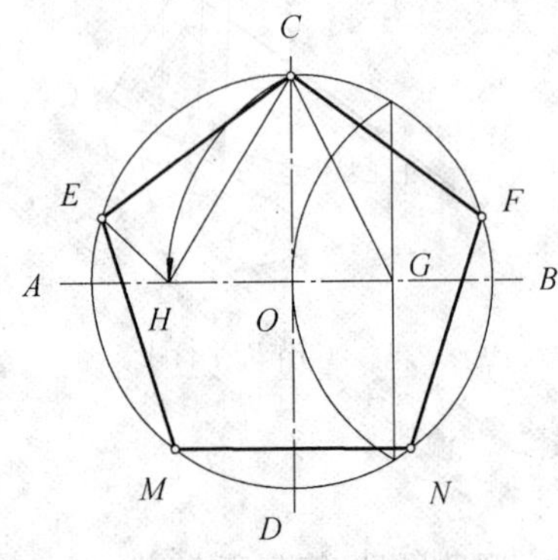

图 2.31 正五边形的画法

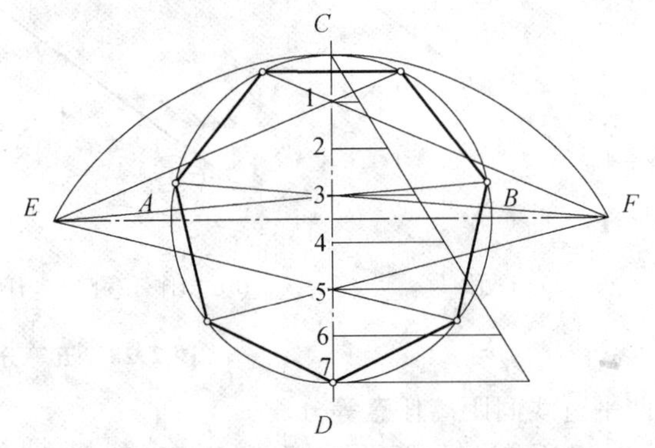

图 2.32 正 *n* 边形的画法

技术点睛

作圆内接正三角形有两种方法：一是用圆规和三角板作圆的内接正三角形；另一种方法是用丁字尺和30°三角板作圆的内接正三角形。请同学们思考该怎么做？分别用这两种方法练习一下，并写出作图的步骤。

【案例实解】

已知边长 *m*，作正五边形，方法和步骤如图 2.33 所示。

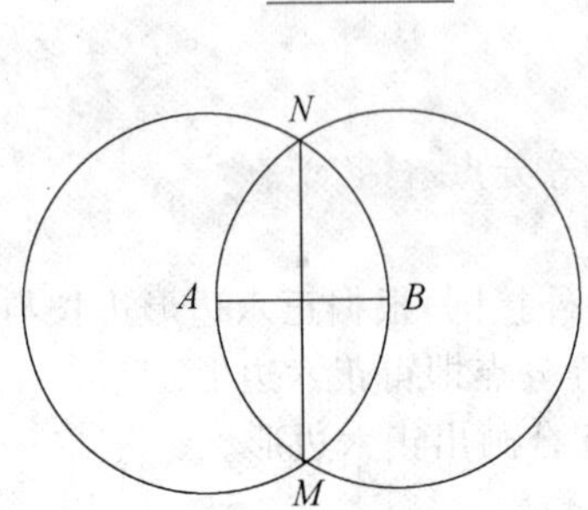

(a) 作$AB=m$。分别以A、B为圆心，m为半径作圆，两圆相交于M，N，连接MN

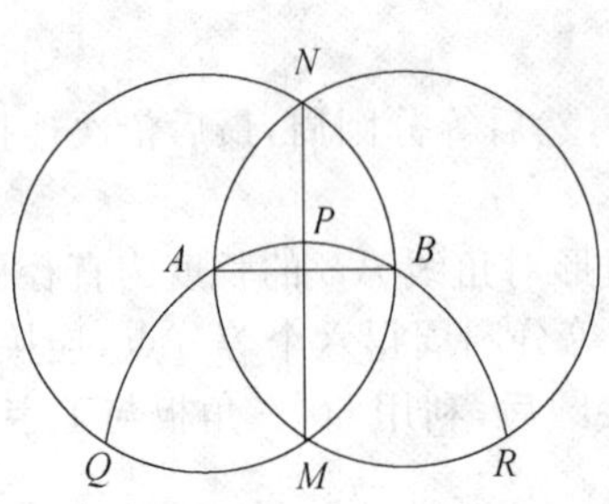

(b) 以M为圆心，AB为半径作弧交MN于P，交两圆于Q，R

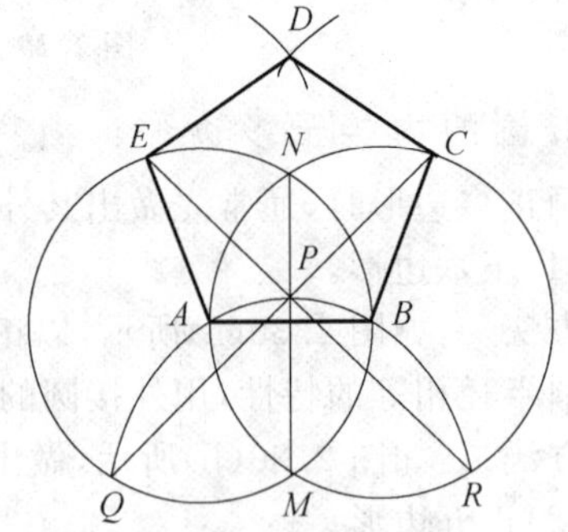

(c) 连QP，RP，并延长分别交两圆于C，E。分别以C，E为圆心、AB为半径作弧，两弧交于D。连A，B，C，D，E，即得所求的正五边形

图 2.33 已知边长作正五边形

3. 椭圆的画法

已知椭圆的长、短轴或共轭直径均可以画出椭圆，下面分别介绍。

(1)已知长、短轴画椭圆。

①用同心圆法画椭圆。如图 2.34(a)所示，画出长、短轴 AB,CD，以 O 为圆心，分别以 AB,CD 为直径画两个同心圆。

如图 2.34(b)所示，等分大、小两圆周为 12 等份(也可以是其他若干等份)。由大圆各等分点(如 E,F 等点)作竖直线与由小圆各对应等分点(如 E_1,F_1 等点)所做的水平线相交，得椭圆上各点(如 E_0,F_0,G_0 等点)。

用曲线板依次光滑地连接 A,E_0,F_0,C 等各点，即得所求的椭圆，如图 2.34(c)所示。

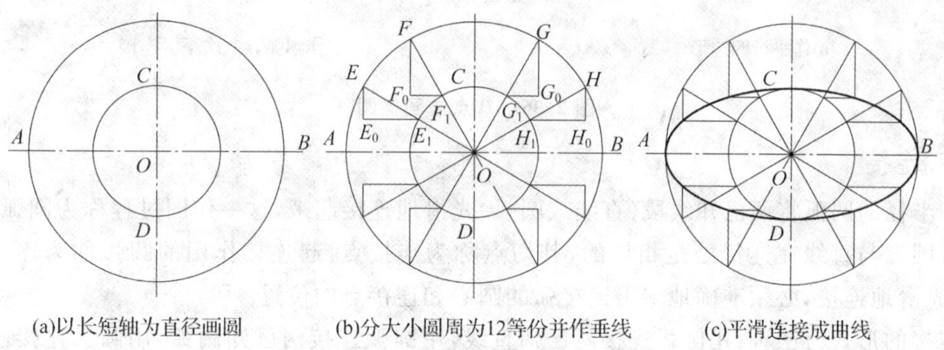

图 2.34 同心圆法画椭圆

②用四心圆法画椭圆(椭圆的近似画法)。如图 2.35(a)所示，画出长、短轴 AB,CD，连接 AC，并作 $OM=OA$，又作 $CM_1=CM$ 及 AM_1 的垂直平分线交 AB 于 O_1,CD 的延长线于 O_2，作 $OO_3=OO_1$,$OO_4=OO_2$。如图 2.35(b)所示，连接 O_1O_2,O_1O_4,O_3O_2,O_3O_4 并延长。分别以 O_1,O_3,O_2,O_4 为圆心，O_1A,O_3B,O_2C,O_4D 为半径作弧，使各弧相接于 E,F,G,H，即得所求椭圆。

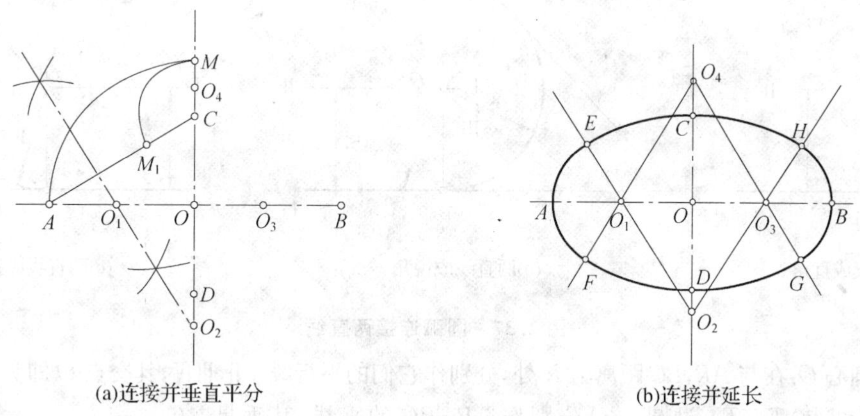

图 2.35 四心圆法画椭圆

(2)已知共轭直径 MN,KL 画椭圆(八点法)。

①如图 2.36(a)所示，过共轭直径的端点 M,N,K,L 作平行于共轭直径的两对平行线而得平行四边形 $EFGH$，过 E,K 两点分别作与直线 EK 成 45°的斜线交于 R。

②如图 2.36(b)所示，以 K 为圆心，KR 为半径作圆弧，交直线 EH 于 H_1 及 H_2，通过 H_1 及 H_2 作直线平行于 KL，并分别与平行四边形的两条对角线交于 1,2,3,4 四点，利用曲线板将 K,1,M,2,L,3,N,4 依次光滑地连成椭圆。

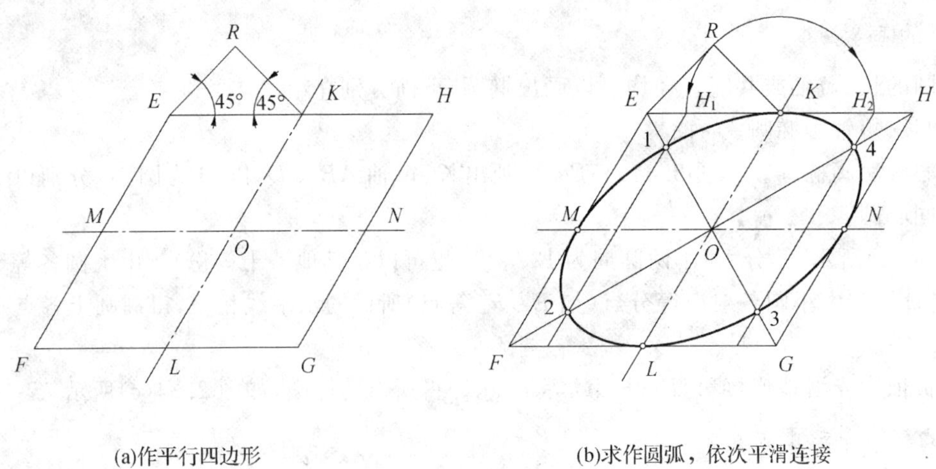

(a)作平行四边形　　(b)求作圆弧，依次平滑连接

图 2.36　八点法画椭圆

4. 圆弧连接

用已知半径的圆弧将两已知线段(直线或圆弧)光滑地连接起来,这一作图过程称为圆弧连接,即圆弧与圆弧或圆弧与直线在连接处是相切的,其切点称为连接点,起连接作用的圆弧称为连接弧。画图时,为保证光滑地连接,必须准确地求出连接弧的圆心和连接点的位置。

圆弧连接的形式有三种:用圆弧连接两已知直线,用圆弧连接两已知圆弧,用圆弧连接已知直线和圆弧。现分别介绍如下。

(1)用圆弧连接两已知直线。用半径为 R 的圆弧连接两直线 AB,BC,如图 2.37 所示,其作图步骤如下:

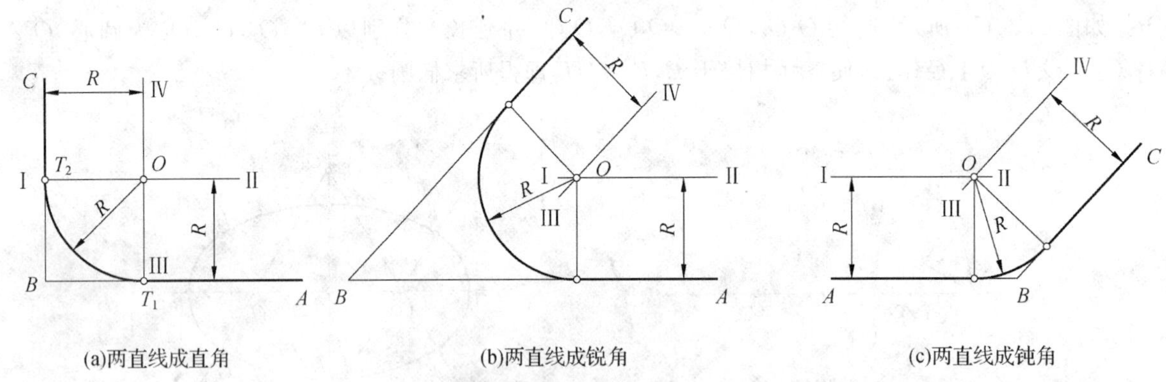

(a)两直线成直角　　(b)两直线成锐角　　(c)两直线成钝角

图 2.37　圆弧连接两直线

求连接弧圆心 O:在与 AB,BC 距离为 R 处,分别作它们的平行线ⅠⅡ,ⅢⅣ,其交点 O 即为连接弧圆心。

求连接点(切点)T_1,T_2:过圆心 O 分别作 AB,BC 的垂线,其垂足 T_1,T_2 即为连接点。

画连接弧 $\overset{\frown}{T_1T_2}$:以 O 为圆心、R 为半径画连接弧 $\overset{\frown}{T_1T_2}$。

当相交两直线成直角时,也可用圆规直接求出连接点 T_1,T_2 和连接弧圆心 O,如图 2.38 所示。

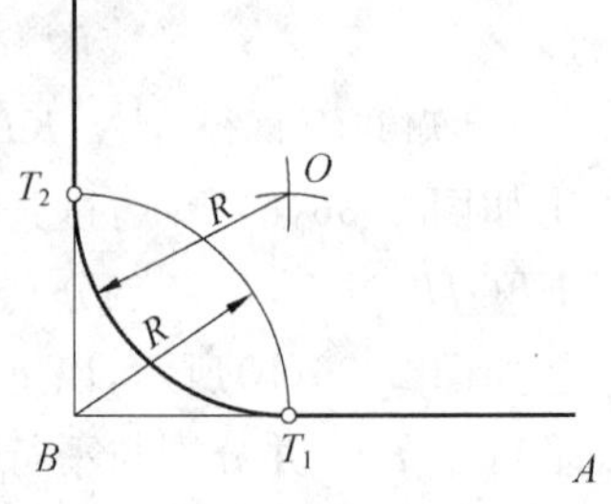

图 2.38　两直线成直角

(2)用圆弧连接两已知圆弧。用半径为 R 的圆弧连接半径为 R_1,R_2 的两已知圆弧,如图 2.39 所示,其作图步骤如下:

①求连接弧圆心 O:分别以 O_1 和 O_2 为圆心、r_1 和 r_2 为半径画圆弧,其交点 O 即为连接弧圆心。不同情况的连接,其 r_1 和 r_2 不同。外切时,$r_1=R_1+R$,$r_2=R_2+R$,如图 2.39(a)所示;内接时,$r_1=|R-R_1|$,$r_2=|R-R_2|$,如图 2.39(b)所示;内接、外切时,$r_1=R_1+R$,$r_2=|R-R_2|$,如图 2.39(c)所示。

②求连接点 T_1、T_2:连接 OO_1、OO_2 与已知圆弧的交点 T_1、T_2 即为连接点。

③画连接弧 $\overset{\frown}{T_1T_2}$:以 O 为圆心、R 为半径画连接弧 $\overset{\frown}{T_1T_2}$。

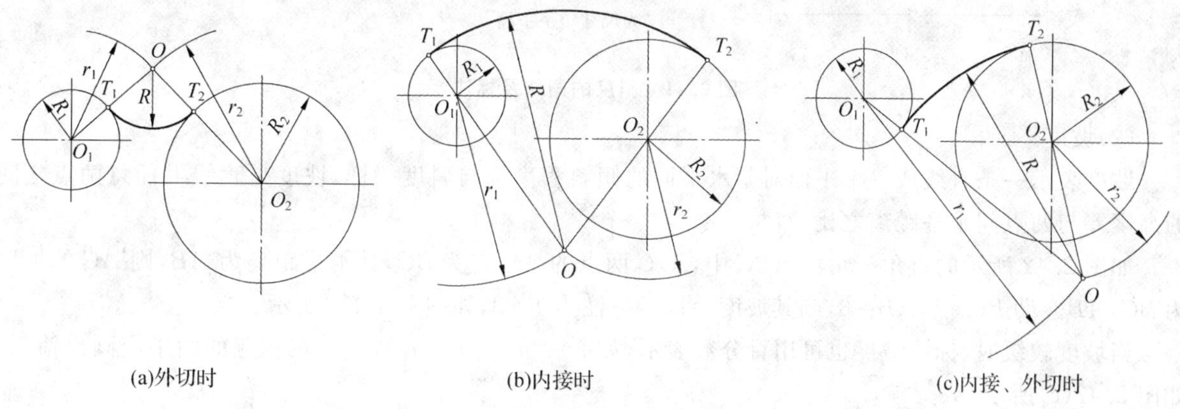

图 2.39　圆弧连接两圆弧

(3)用圆弧连接已知直线与圆弧。用半径为 R 的圆弧连接一已知直线 AB 与半径为 R_1 的已知圆弧,如图 2.40 所示,其作图步骤如下:

①求连接弧圆心 O:距离 AB 为 R 处作 AB 的平行线Ⅰ Ⅱ;再以 O_1 为圆心、r 为半径画圆弧,与直线Ⅰ Ⅱ的交点 O 即为连接弧圆心,外切时,$r=R_1+R$,如图 2.40(a)所示;内接时,$r=|R-R_1|$,如图 2.40(b)所示。

②求连接点 T_1,T_2:过点 O 作 AB 的垂线得垂足 T_1,连接 OO_1,与已知圆弧交于点 T_2,T_1,T_2 即为连接点。

③画连接弧 $\overset{\frown}{T_1T_2}$:以 O 为圆心、R 为半径画连接弧 $\overset{\frown}{T_1T_2}$。

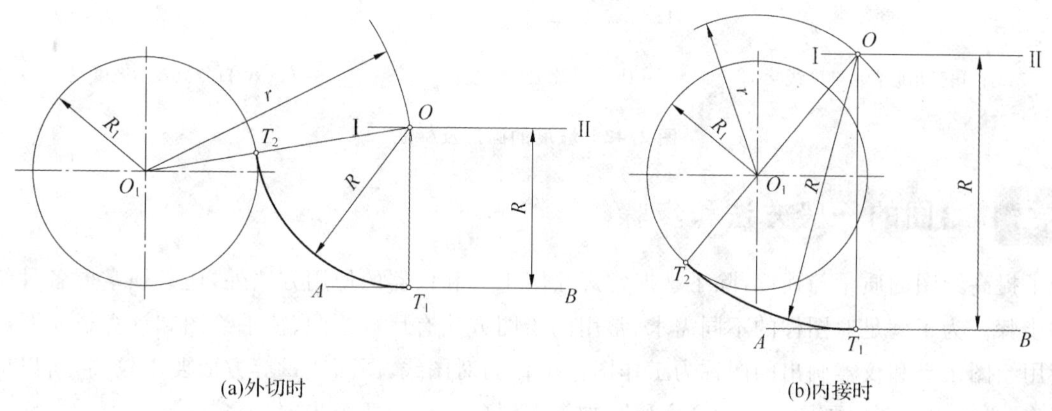

图 2.40　圆弧连接直线和圆弧

5.斜度和坡度

(1)斜度。

斜度是指一直线或平面对另一直线或平面的倾斜程度,其大小用两直线或平面间的夹角的正切来表示。在详图中以 1∶n 的形式标注。如图 2.41 所示为斜度是 1∶5 的画法及标注。标注时斜度符号的倾斜方向应与斜度方向一致。

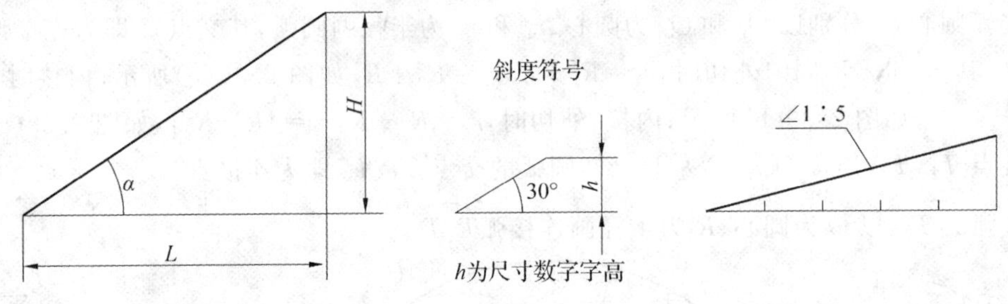

图 2.41 斜度的画法及标注

(2)坡度。

坡度表示一条直线或一个平面对某水平面的倾斜程度。与斜度一样，坡度是直线上任意两点之间的高度差与两点间水平距离之比。

如图 2.42 所示的直角三角形 ABC 中，A,C 两点的高度差为 BC，其水平距离为 AB，则 AC 的坡度为 BC/AB。设 $BC=1$,$AB=3$，则其坡度=1/3，标注为 1 : 3，如图 2.42(b)所示。

当坡度较缓时，标注坡度也可用百分数表示，如 $i = n\ \%(n/100)$，此时在相应的图中应画出箭头，如图 2.42(c)所示。

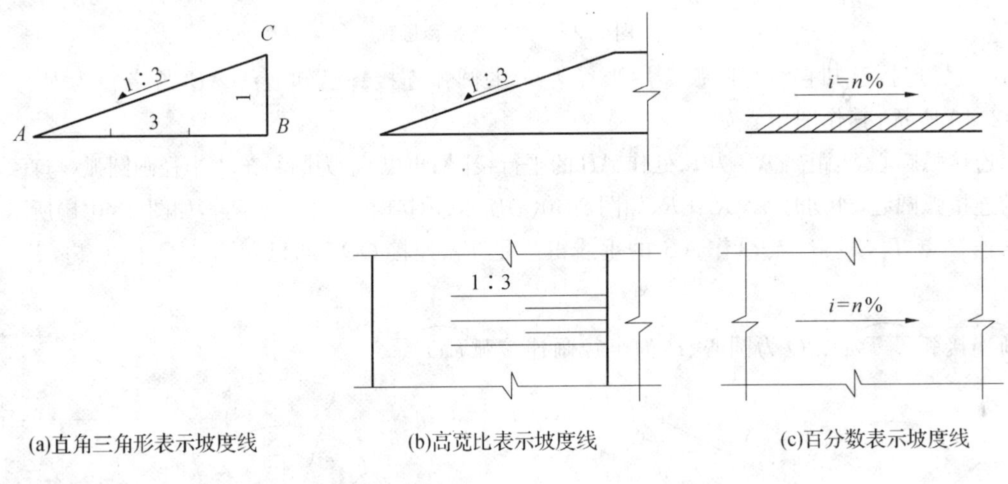

(a)直角三角形表示坡度线　(b)高宽比表示坡度线　(c)百分数表示坡度线

图 2.42 坡度的画法及标注

2.2.3 绘图的一般方法和步骤

为了提高绘图的质量与速度，除了掌握常规绘图工具和仪器的使用方法外，还必须掌握各种绘图的方法和步骤。为了满足对图样的不同需求，常用的绘图方法有尺规绘图、徒手绘图和计算机绘图。

使用绘图工具和仪器画出的图称为工作图。工作图对图线、图面质量等方面要求较高，所以应做好准备工作，再动手画图。画图又分为画底稿和加深图线(或上墨)两个步骤。

用尺规绘制图样时，一般可按下列步骤进行。

1. 准备工作

准备绘图工具和仪器。将铅笔和圆规的铅芯按照绘制不同线型的要求削、磨好；调整好圆规两脚的长短；图板、丁字尺和三角板等用干净的布或软纸擦拭干净；工作地点选择在光线从图板的左前方射入的地方，并且将需要的工具放在方便取拿之处，以便顺利地进行制图工作。

(1)选择图纸幅面。根据所绘图形的大小、比例及所确定图形的多少、分布情况选取合适的图纸幅面。

(2)固定图纸。丁字尺尺头紧靠图板左边,图纸按尺身摆正后用胶纸条固定在图板上。注意使图纸下边与图板下边之间保留1～2个丁字尺尺身宽度的距离,以便放置丁字尺和绘制图框与标题栏。绘制较小幅面图样时,图纸尽量靠左固定,以充分利用丁字尺根部,保证作图的准确度。

2.画底稿

画底稿时,所有图线均应使用细线,即用较硬的H或2H铅笔轻轻地画出。画线要尽量细和轻淡,以便于擦除和修改,但要清晰。对于需上墨的底稿,在线条的交接处可画出头,以便辨别上墨的起止位置。

①画图框及标题框。按要求用细线画出图框及标题栏,可暂不将粗实线描黑,留待与图形中的粗实线同时描黑。

②布图。根据图形的大小和标注尺寸的位置等因素进行布图。图形在图纸上分布要均匀,不可偏向一边,相互之间既不可紧靠,也不能相距太远。总之,布置图形应力求匀称、美观。

技术点睛

布图位置的准则是使图形美观、匀称,在图样上不应出现疏密不均、头重脚轻的情况。布图时要考虑到为标注尺寸和注写文字说明等留有足够的空间。布图时依据图形的长度和宽度,确定其位置,并画出各个图形的作图基准线,如中心线、对称线等。

③画图形。先画物体主要平面(如形体底面、基面)的线,再画各图形的主要轮廓线,然后绘制细节,如小孔、槽和圆角等,最后画其他符号、尺寸线、尺寸界线、尺寸数字横线和仿宋字的格子等。

绘制底稿时应按图形尺寸准确绘制,要尽量利用投影关系,将几个有关图形同时绘制,以提高绘图速度。

3.加深

用铅笔加深图线时,用力要均匀,使图线均匀地分布在底稿线的两侧。用铅笔加深图形的一般顺序为:先粗后细;先圆后直;先左后右;先上后下。

4.完成其余内容

画符号和箭头,标注尺寸,写注解,描深图框及填写标题栏等。

5.检查

全面检查,如有错误,立即更正,并作必要的修饰。

6.上墨

上墨的图样一般用描图纸,其步骤与用铅笔加深的步骤相同,但上墨时应注意如下几点:

①墨线笔内的墨水干结时,应将墨污擦净后再用。如用绘图墨水笔上墨,只要按线宽选用不同粗细笔头的笔,在笔胆内注入墨水,即可画线。

②相同宽度的图线应一次画完。若用绘图墨水笔上墨,可避免经常换笔,提高制图效率。

③修改上墨图或去掉墨污时,待图中墨水干涸后,在图纸下垫一光洁硬物(如三角板),用薄型刀片轻轻修刮,同时用橡皮擦拭干净,即可继续上墨。

一、填空题

1. 图板是用来固定________和绘图的工具。

2. 丁字尺是画________及配合三角板画________和斜线的工具。

3. 分规用于________线段和________线段。

二、选择题

1. 曲线板用来绘制非圆曲线。下列说法中不正确的是(　　)。

A. 先徒手用细线将曲线上各点轻轻地连成曲线

B. 点越疏,曲线准确度越高

C. 至少保证 4 个连续的点与曲线板的边缘相吻合

D. 两段曲线之间应有重复(重合)

2. 用半径为 R 的圆弧内接连接半径为 R_1,R_2 的两已知圆弧时,连接圆弧的圆心 O 为(　　)。

A. $r_1=R_1+R$,$r_2=R_2+R$　　B. $r_1=|R-R_1|$,$r_2=|R-R_2|$

C. $r_1=R_1+R$,$r_2=|R-R_2|$　　D. $r_1=|R-R_1|$,$r_2=R_2+R$

三、简答题

1. 常用的制图仪器和工具有哪些?试述它们的组成和用途。

2. 试述用四心圆弧近似法作椭圆的方法和步骤。

3. 当两直线平行,用圆弧连接两直线时,连接圆弧的圆心和半径如何确定?

1. 分别作半径为 6 cm 的圆的内接正五边形和正七边形,并用分规截取正五边形和正七边形的边长,其值各为多少?

2. 作已知边长为 3 cm 的正五边形,并写出作图的步骤?

项目3 形体投影图的绘制与识读

项目目标

【知识目标】

1.能正确表述点、直线、平面的作用、形成、类型、常用术语和规律。

2.能正确陈述点、直线、平面的作图方法及步骤。

3.能熟练陈述组合体的组合形式。

4.熟练陈述组合体的画法、尺寸标注及识读方法。

5.能正确表述轴测投影的作用、形成、类型、常用术语、规律及其作图方法与步骤。

【技能目标】

1.能正确利用投影规律，绘制三面投影图。

2.利用组合体的读图方法正确识读建筑形体的投影图。

3.利用轴测投影规律，能正确绘制正等测、斜等测等轴测图。

4.通过组合体的读图和轴测图的绘制，提升空间想象能力。

【课时建议】

32 课时

3.1 形体的投影绘制与识读

3.1.1 投影的基本知识

1. 投影的概念

在日常生活中，我们不难发现“立竿见影”“形影不离”这些自然现象，即物体在灯光或阳光的照射下，会在附近的地面或墙面上产生影子，这就是自然界的落影现象，人们从这一现象中认识到光线、物体和影子之间存在一定的关系，并对这种关系进行了科学的归纳和总结，得到了投影的概念。

“影子”只能概括反映物体的外轮廓形状，而物体内部则被黑影代替，因此影子不能作为施工的图样。假设光线穿透物体，就能清楚地表达出物体的形状和大小了。在投影的概念中，把光源发出的光线称为投射线，落影的平面称为投影面，投射线通过空间物体，在投影面上获得图形的方法，称为投影法，如图 3.1 所示。光源照射空间物体 A，在平面 P 上得到该物体的影子 a，该现象即是常见的投影现象。

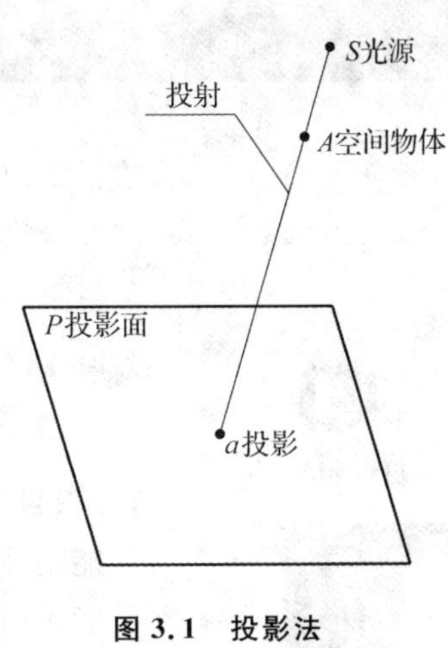

图 3.1 投影法

2. 投影的分类

(1)中心投影法。

投射线汇交于一点的投影法称为中心投影法，如图 3.2(a)所示。这种投影法产生的投影直观性较强，富有真实感，主要用于建筑透视图，如图 3.2(b)所示。

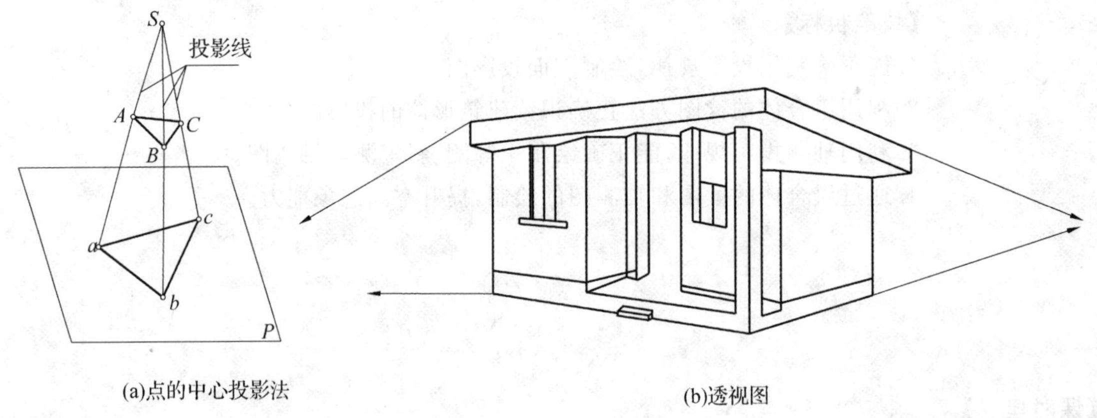

(a)点的中心投影法　　(b)透视图

图 3.2 中心投影法

(2)平行投影法。

投射线相互平行的投影方法称为平行投影法。平行投影法又根据投射线和投影面相对位置的不同，分为正投影法和斜投影法，如图 3.3 所示。

正投影法是指投射线与投影面垂直的平行投影法，该投影法能真实地表达空间物体的形状和大小。其中标高投影是带有数字的正投影图，在测量工程和建筑工程中常用标高投影表示高低起伏不平的地面，作图时，将不同高程的等高线投影在水平投影面上，并标注其高程值，相邻等高线的高程差相同，如图 3.4 所示。斜投影法是指投射线与投影面倾斜的平行投影法，主要用于绘制有立体感的图形、轴测图等，如图 3.5 所示。

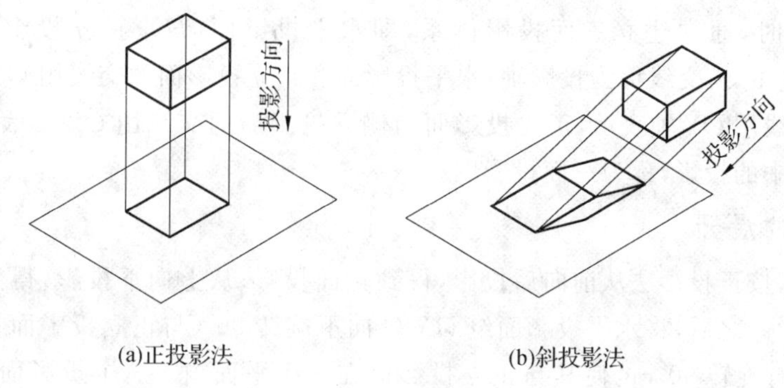

(a)正投影法　　(b)斜投影法

图 3.3 平行投影法

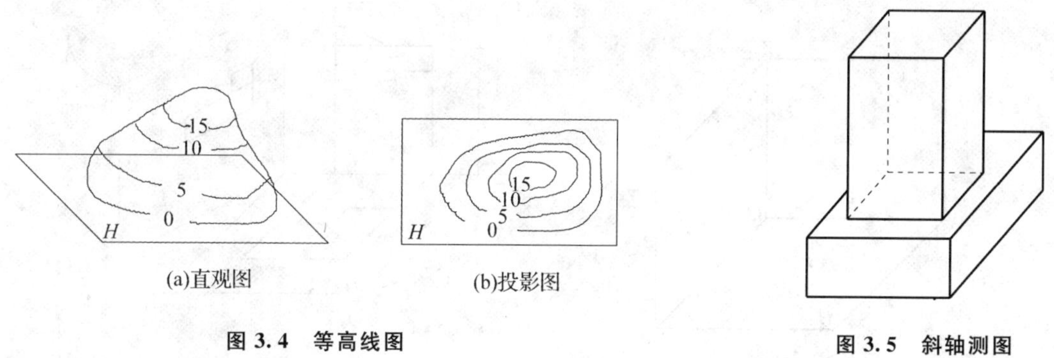

(a)直观图　　(b)投影图

图 3.4 等高线图

图 3.5 斜轴测图

3.1.2 三投影面体系

1. 三投影面体系的建立

通常情况下，只用一个投影是不能完整、清晰地表达物体的形状和结构的，如图 3.6 所示，三个物体在同一个方向投影完全相同，但是三个物体的空间结构却不相同，因此一个投影不能确定物体的形状，必须建立一个投影体系，将物体同时向几个投影面投影，用多个投影图来表达物体的形状。

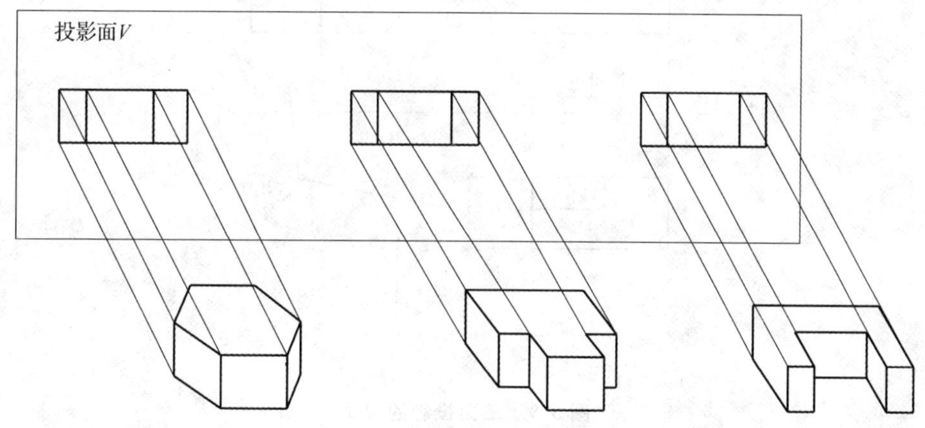

图 3.6 不同形体的投影

通常把平行于水平面的投影面称为水平投影面，用字母 H 表示。形体从上向下在水平投影面上的投影为水平投影，反映形体的长度和宽度。位于观察者正对面的投影面称为正立投影面，用字母 V 表示。形体从前向后的正投影为正立面投影，形体的正立面投影反映了形体的长度和高度。在水平投影面和正立投影面的右侧有一个侧立投影面，用字母 W 表示。形体在侧立投影面的投影称为侧面投影，反映形体的宽度和高度。

在作形体投影图时，通常建立三面投影体系，即水平投影面(H)、正立投影面(V)和侧立投影面(W)，它们互相垂直相交，交线称为投影轴，水平投影面和正立投影面的交线用 OX 轴表示，水平投影面和侧立投影面的交线用 OY 轴表示，正立投影面与侧立投影面的交线用 OZ 轴表示，如图 3.7 所示。形体在三面投影体系中的投影，称为三面投影图。

2. 三面投影图的展开

作形体投影图时，按正投影法从前向后投影，得到正面投影；从上向下投影，得到水平投影；从左向右投影，得到侧面投影。之后，将水平投影面绕 OX 轴向下旋转 90°，与正立投影面在一个平面内，将侧立投影面绕 OZ 轴向右旋转 90°，也使其与正立投影面在一个平面内。三个投影面在一个平面内的方法，称为三面投影图的展开，如图 3.8 所示。

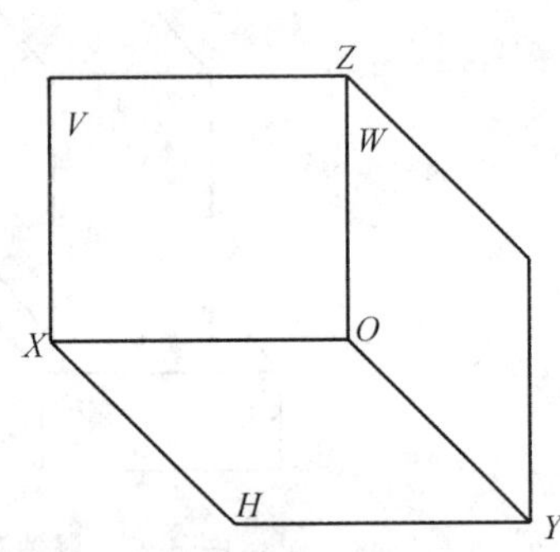

图 3.7　三面投影体系的建立图

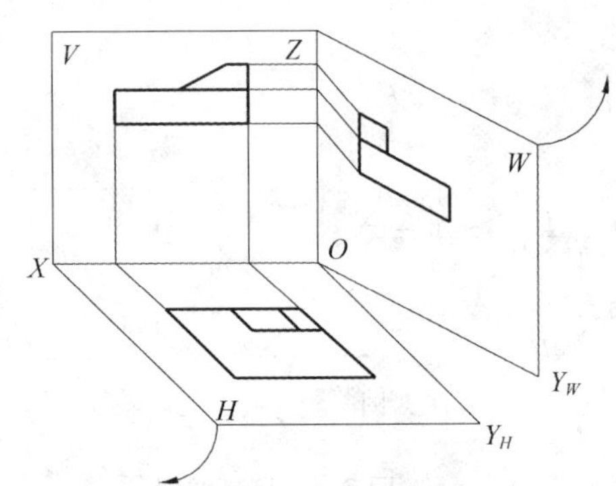

图 3.8　三面投影图的展开

3. 三面投影图的规律

三面投影图展开后，水平投影和正面投影左右对齐反映形体长度(长对正)，正面投影和侧面投影上下对齐反映形体高度(高平齐)，水平投影和侧面投影前后对齐反映形体宽度(宽相等)，如图 3.9 所示。

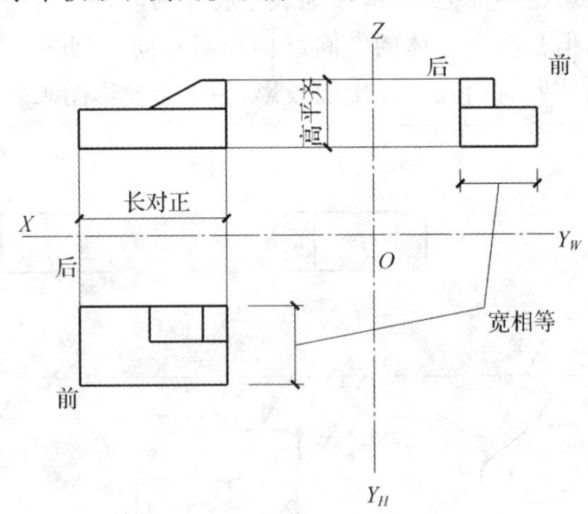

图 3.9　三面投影的规律

技术点睛

只用一个或者两个投影是不能完整、清晰地表达物体的形状和结构的，那么需要几个投影图才能确定空间形体的形状和大小呢？我们生活的世界是三维的，即任何形体都有长度、宽度和高度三个度，所以通常需要三个或三个以上的投影图才能完整、正确地表示出它的形状和大小。

长对正、高平齐、宽相等是形体的三面投影图之间最基本的投影关系，也是绘图和读图的基础。

3.1.3　点的投影

1. 点的正投影特性

点的投影仍然是点，如图 3.10 所示。

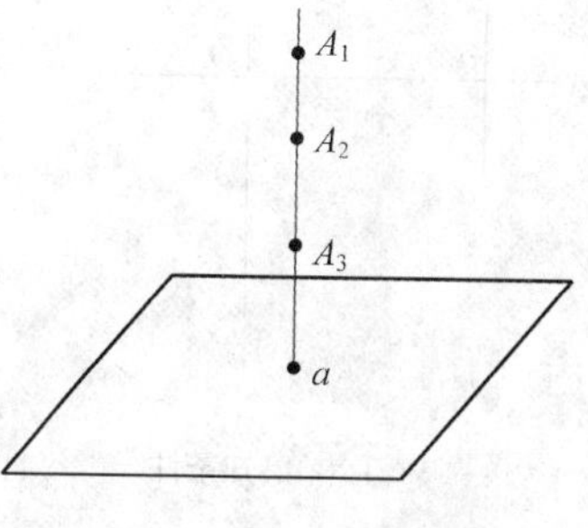

图 3.10　点的正投影特性

2. 点的三面投影及其投影标注

在三面投影体系中规定空间点用大写字母表示，如 A,B,C 等；水平投影用相应的小写字母表示，如 a,b,c 等；正面投影用相应的小写字母加一撇表示，如 a',b',c'等；侧面投影用相应的小写字母加两撇表示，如 a'',b'',c''等。

我们常用涂黑或空心的小圆圈或直线相交来表示点的投影。

3. 点的投影规律

建立三投影面体系，用正投影法，将空间点 A 分别向三个投影面投影，得到 A 点的水平投影 a，正面投影 a'和侧面投影 a''，过 A 点的三面投影，向投影轴作垂线，和投影轴交于 a_X，a_Y 和 a_Z。将 A 点的三面投影图展开，去掉边框线，形成点 A 的三面投影图，如图 3.11 所示。

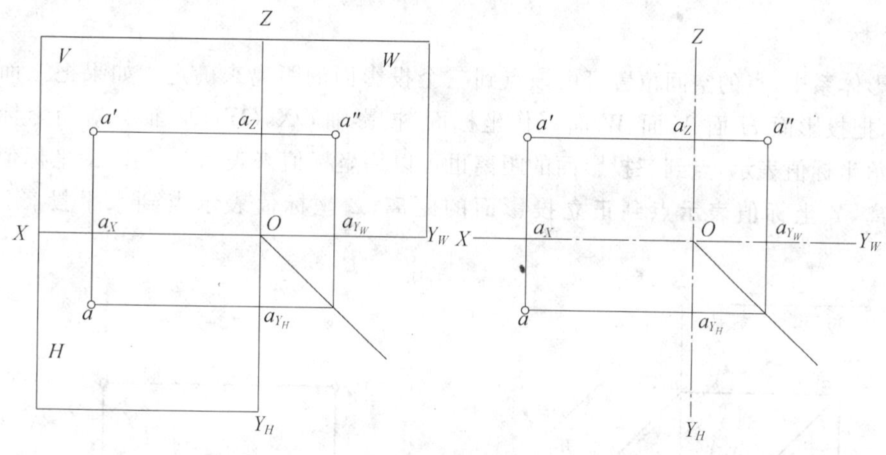

图 3.11　点的投影

(1)点的正面投影和水平投影的连线垂直于 OX 轴，即 $a'a \perp OX$。

(2)点的正面投影到 OX 轴的距离，反映空间点 A 到 H 面的距离，点的水平投影到 OX 轴的距离，反映空间点 A 到 V 面的距离，即 $a'a_X = Aa$，$aa_X = Aa'$。

点的投影规律是形体的投影规律“长对正、高平齐、宽相等”的理论依据，根据这个规律，可以解决已知点的两面投影，求第三面投影。

【案例实解】

如图 3.12 所示，已知点 A 的水平投影 a 和正面投影 a'，求它的侧面投影 a''。

作图步骤：过 a' 作 OZ 轴垂线与 OZ 轴交于 a_Z，并延长；在 $a'a_Z$ 的延长线上截取 $a''a_Z = aa_X$，a''即为所求第三面投影。

从投影规律可知，点的正面投影和侧面投影的连线垂直于 OZ 轴，因此，过正面投影 a' 作 OZ 轴垂线，并且延长；点的水平投影到 OX 轴的距离等于侧面投影到 OZ 轴的距离，因此，过投影轴的交点 O，在右下方作 45°斜线；再过 a 点向 OY_H 轴作垂线，与 45°斜线相交；过该交点向上作 OY_W 轴的垂线，延长到 OZ 轴垂线的交点，就是点的侧面投影。

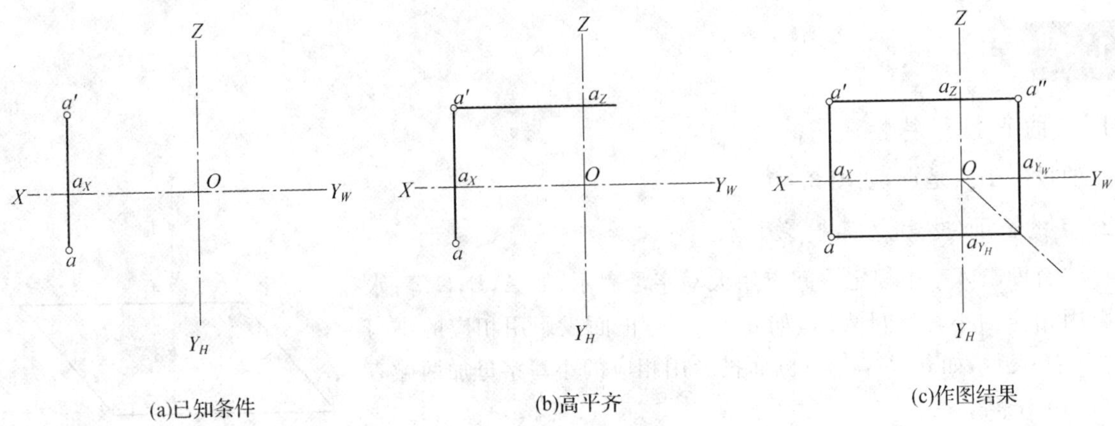

(a)已知条件　　(b)高平齐　　(c)作图结果

图 3.12　求点 A 的侧面投影

特殊位置点的投影规律：

(1)点在投影面上，那么它的三个投影中有两个位于不同的投影轴上，一个在投影面上。

(2)点在投影轴上，那么它的三个投影中有两个在同一投影轴的同一点上，另一个在原点。

(3)点在坐标原点，那么它的三个投影都在原点上。

4.点的坐标

在三面投影体系中，点的空间位置可由该点到三个投影面的距离来确定。如果把三面投影体系看作直角坐标系，把投影面 H 面、V 面、W 面看作坐标面，投影轴 OX,OY,OZ 轴为直角坐标轴。点的空间位置可由直角坐标值表示，点到三投影面的距离也可以用坐标值来表示。其中 X 坐标值表示点到侧立投影面的距离，Y 坐标值表示点到正立投影面的距离，Z 坐标值表示点到水平投影面的距离，如图 3.13所示。

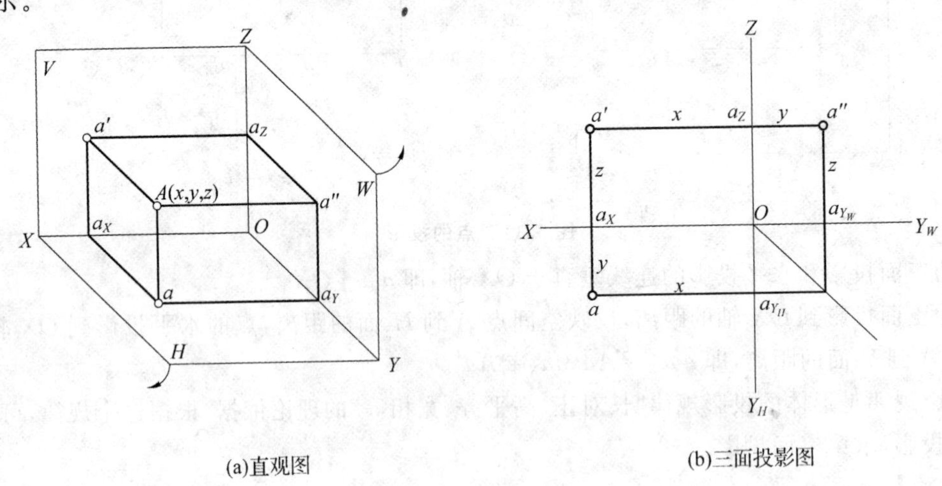

(a)直观图　　(b)三面投影图

图 3.13　点的三面坐标图

【案例实解】

已知点 A 到水平投影面的距离为 20，到正立投影面的距离为 10，到侧立投影面的距离为 14，做出点 A 的三面投影图。

作图步骤略。

作图结果如图 3.14 所示。

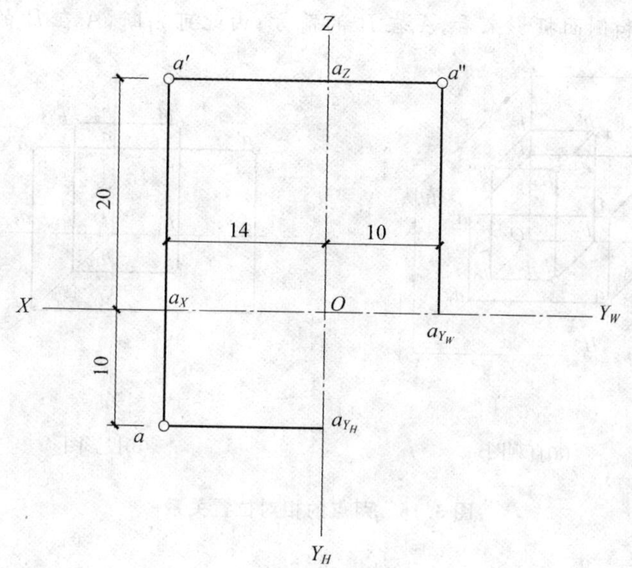

图3.14　求点A的三面投影图

5.两点的相对位置

由点的投影图判别两点在空间的相对位置，首先应该了解空间点有前、后、上、下、左、右等六个方位，如图3.15(a)所示，这六个方位在投影图上也能反映出来，如图3.15(b)所示。

从图中可以看出：

(1)在V面上的投影，能反映左、右和上、下的位置关系。

(2)在H面上的投影，能反映左、右和前、后的位置关系。

(3)在W面上的投影，能反映前、后和上、下的位置关系。

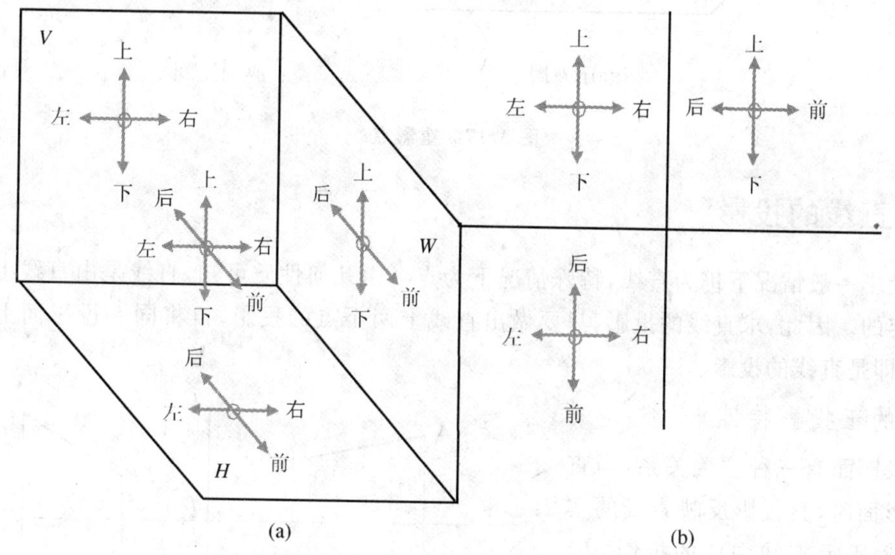

图3.15　投影图上的方向

根据方位就可判断两点在空间的相对位置。

【案例实解】

试判断图3.16中A,B两点的相对位置。

从两点的正面投影和侧面投影来看，A在B的下方；从两点的正面投影和水平投影来看，A在B的左方；从两点的水平投影和侧面投影来看，A 在 B 的前方；由此可判断，A 在 B 的下左前方。

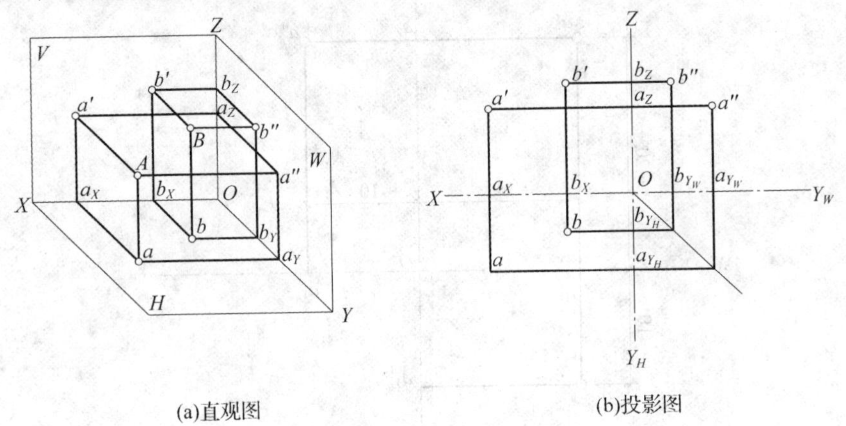

(a)直观图　　(b)投影图

图 3.16　两点的相对位置关系

6. 重影点

当空间两点处于某一投影面的同一投影线上，则它们在该投影面上的投影必然重合，这两点称为重影点。其中，位于左、前、上方的点为可见点，位于右、后、下方的点被遮挡，为不可见点，两点投影重合时，可见点写在前，不可见点写在后，可加括号表示，如图 3.17 所示。

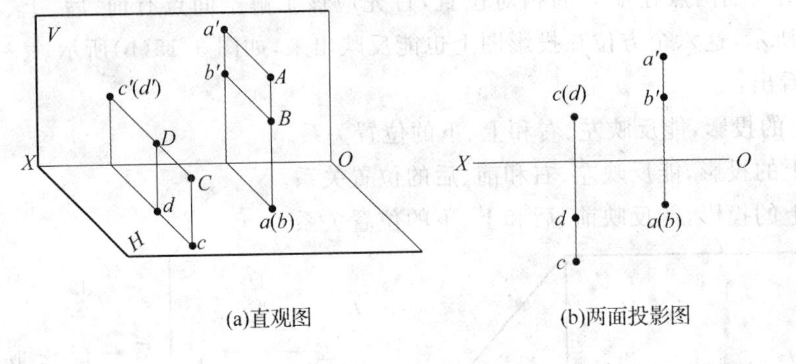

(a)直观图　　(b)两面投影图

图 3.17　重影点

3.1.4 直线的投影

直线的投影一般情况下仍为直线，特殊情况下为点。由几何性质可知，直线是由直线上任意两个点的位置来确定的。因此，求直线的投影，只要做出直线上两个点的投影，再将同一投影面上两个点的投影连接起来，即是直线的投影。

1. 直线的正投影特性

直线与投影面有三种位置关系，当直线平行于投影面时，其投影反映直线的实长，如图 3.18 所示直线 AB 的投影 ab。当直线垂直于投影面时，其投影积聚为一点，如图 3.18 所示直线 CD 的投影 $c(d)$。当直线倾斜于投影面时，其投影仍然是直线，但长度缩短，如图 3.18 所示直线 EF 的投影 ef。

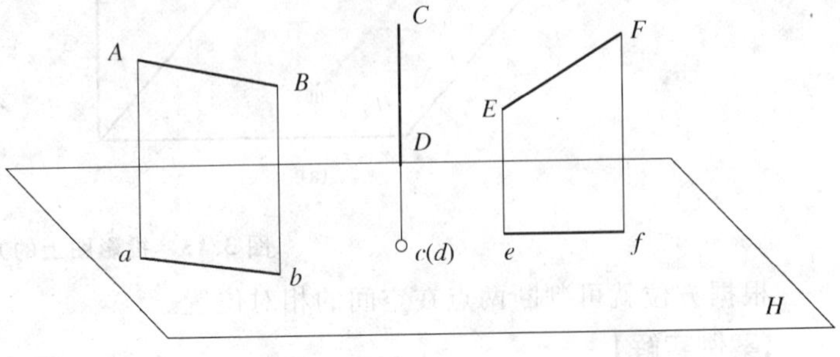

图 3.18　直线的正投影特性

2. 各种位置直线的投影

在三投影面体系中，直线对投影面的相对位置可以分为三种：投影面平行线、投影面垂直线、一般位置直线。直线倾斜，与水平投影面的倾角用 α 表示，与正立投影面的倾角用 β 表示，与侧立投影面的倾角用 γ 表示。

(1)投影面平行线。

平行于一个投影面而倾斜于另两个投影面的直线称为投影面平行线，包括以下三种情况：

①水平线——平行于水平投影面 H，倾斜于正立投影面 V 和侧立投影面 W 的直线。

②正平线——平行于正立投影面 V，倾斜于水平投影面 H 和侧立投影面 W 的直线。

③侧平线——平行于侧立投影面 W，倾斜于水平投影面 H 和正立投影面 V 的直线。

投影面平行线的投影特征是：所平行的投影面上的投影反映直线的实长，投影与投影轴的夹角，也反映了直线对另外两个投影面的倾角；另外两个投影面上的投影平行于相应的投影轴，长度缩短。投影面平行线的投影特征见表 3.1。

表 3.1　投影面平行线的投影特征

名称	水平线	正平线	侧平线
立体图	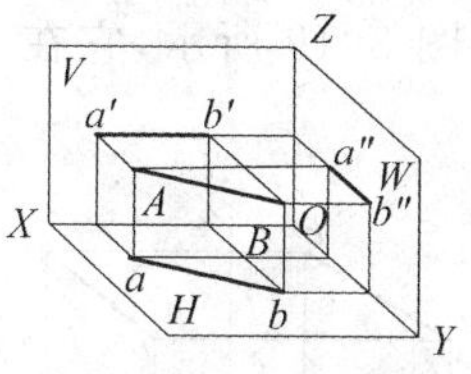	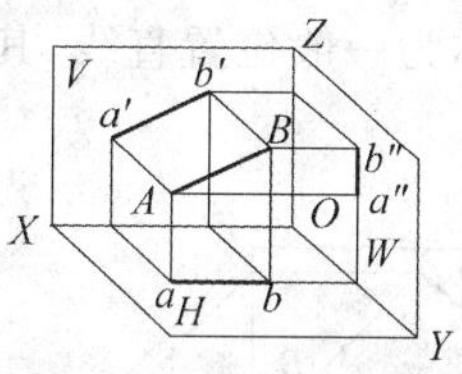	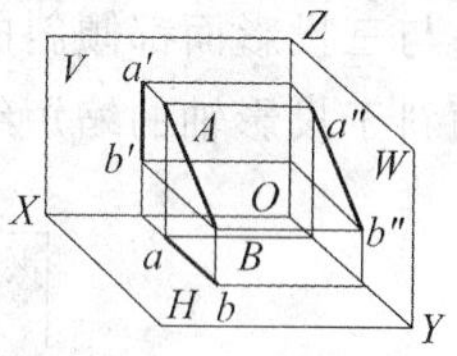
投影图	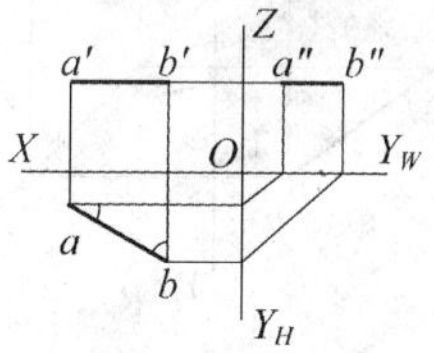	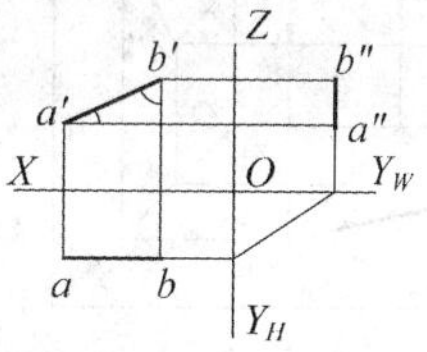	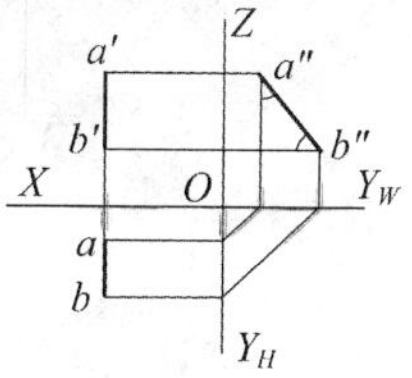
投影特征	1. 在它所平行的投影面上的投影倾斜于投影轴，但反映实长，其倾斜的投影与投影轴的夹角反映直线对其他两投影面的倾角 α,β,γ 2. 另外两个投影面上的投影平行于相应的投影轴，长度缩短		
判别空间位置	一斜两直线，定是平行线，斜线在哪面，平行哪个面		

(2)投影面垂直线。

垂直于一个投影面，并与另外两个投影面平行的直线称为投影面垂直线，包括以下三种情况：

①铅垂线——垂直于水平投影面 H，平行于正立投影面 V 和侧立投影面 W 的直线。

②正垂线——垂直于正立投影面 V，平行于水平投影面 H 和侧立投影面 W 的直线。

③侧垂线——垂直于侧立投影面 W，平行于水平投影面 H 和正立投影面 V 的直线。

投影面垂直线的投影特征是：在所垂直的投影面上的投影积聚成一个点，另外两个投影面上的投影平行于同一投影轴，且反映实长。投影面垂直线的投影特征见表 3.2。

表 3.2　投影面垂直线的投影特征

名称	铅垂线	正垂线	侧垂线
立体图			
投影图			
投影特征	1. 在它所垂直的投影面上的投影积聚为一点 2. 另外两个投影面上的投影平行于同一投影轴，且反映实长		
判别空间位置	一点两直线，定是垂直面，点在哪个面，垂直哪个面		

(3)一般位置直线。

与三投影面都倾斜的直线称为一般位置直线，其投影如图 3.19 所示，它在三个投影面上的投影都为倾斜于投影轴的缩短线段。

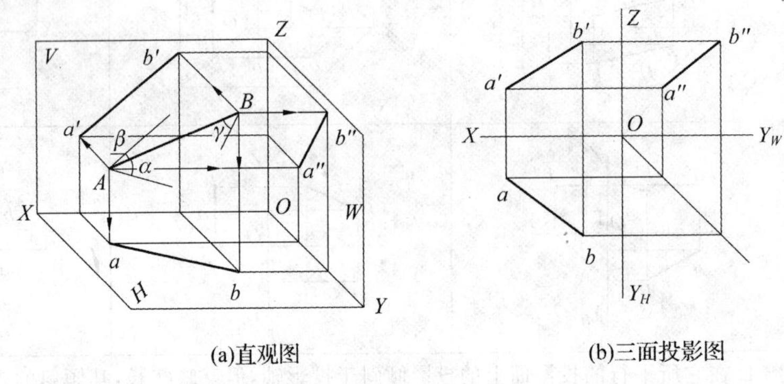

图 3.19　一般位置直线

3. 直线上的点

直线上的点，其投影在直线的同名投影上，且符合点的投影规律。

(1)从属性。

点在直线上，则点的各面投影必定在该直线的同面投影上，反之若一个点的各面投影都在直线的同面投影上，则该点必在直线上。

(2)定比性。

若点属于直线，则点分线段之比，投影之后保持不变。如图 3.20 所示，$AC:CB=ac:cb=a'c':c'b'=a''c'':c''b''$。

一般情况下，当直线为一般位置直线或投影面的垂直线时，判别点是否在直线上，通过两面投影即可；当直线为投影面平行线时，应根据投影情况通过两面、三面投影或定比性才能判别。

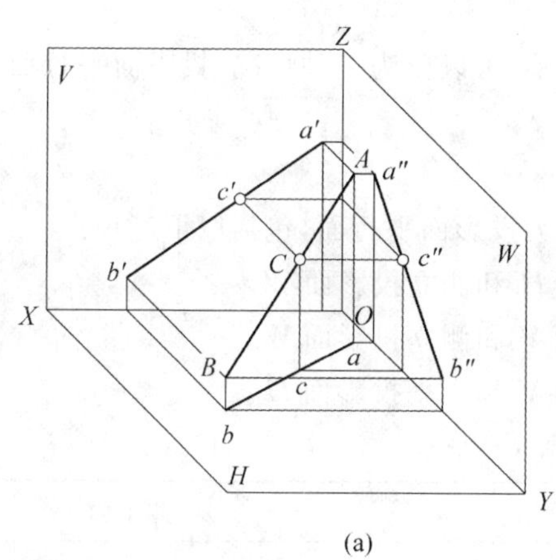

(a)

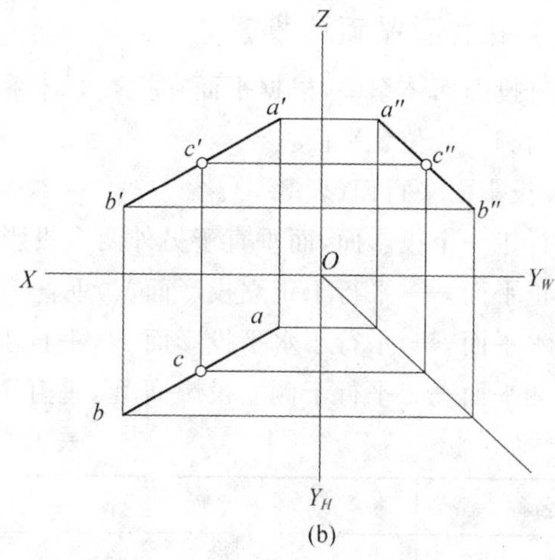

(b)

图 3.20 点的定比性

【案例实解】

已知直线 AB 的投影 ab 和 $a'b'$，如图 3.21(a)所示，点 M 在 AB 上，且 $AM:MB=2:3$，求点 M 的投影。

做法：如图 3.21(b)所示，过 a 作任意直线，然后在其上任取等长五个单位，再连 $5b$。如图 3.21(c)所示，过点 2 作 $5b$ 的平行线交 ab 于 m，过 m 作 OX 轴的垂直线交 $a'b'$ 于 m'，m,m' 即为点 M 的两投影。

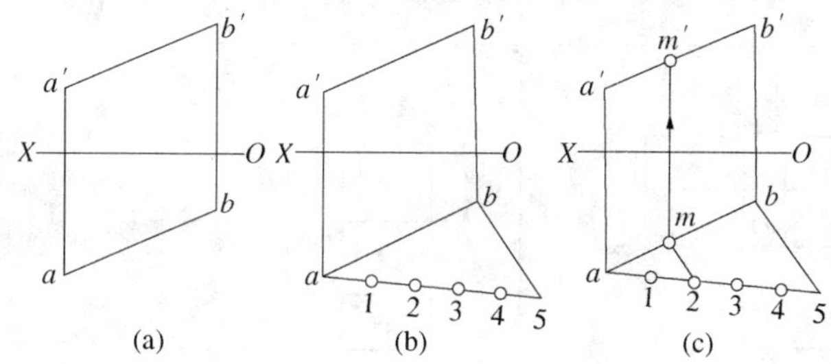

(a) (b) (c)

图 3.21 求直线 AB 上点 M 的投影

3.1.5 平面的投影

1. 平面的表示法

平面可以由以下图形来决定平面在空间的位置，如图 3.22 所示。

(1)不属于同一直线的三点。

(2)一直线和不属于该直线的一点。

(3)相交两直线。

(4)平行两直线。

(5)任意平面图形。

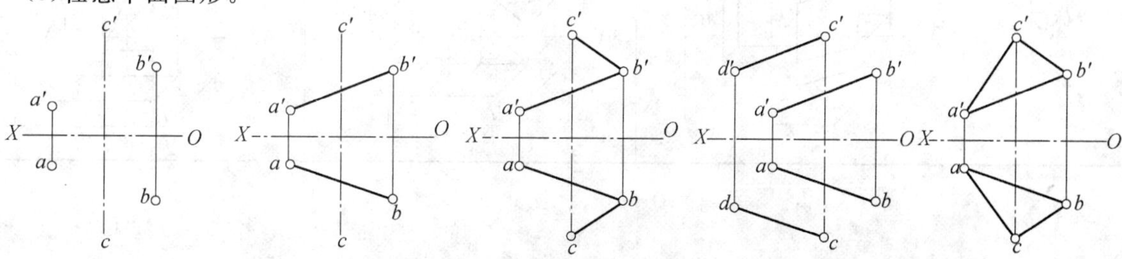

图 3.22 点、直线、平面的空间位置关系

2.各种位置平面的投影

在三投影面体系中，根据平面在投影面体系中的位置关系，可以分为三种情况：投影面平行面、投影面垂直面和一般位置平面。

(1)投影面平行面(表3.3)。

平行于一个投影面，而垂直于另外两个投影面的平面称为投影面平行面，包括以下三种：

①正平面——平行于正立投影面 V，垂直于水平投影面 H 和侧立投影面 W。

②水平面——平行于水平投影面 H，垂直于正立投影面 V 和侧立投影面 W。

③侧平面——平行于侧立投影面 W，垂直于正立投影面 V 和水平投影面 H。

表3.3 投影面平行面

名称	水平面	正平面	侧平面
立体图	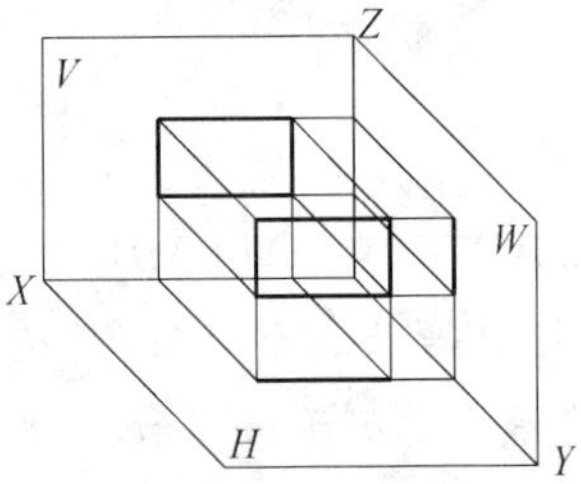	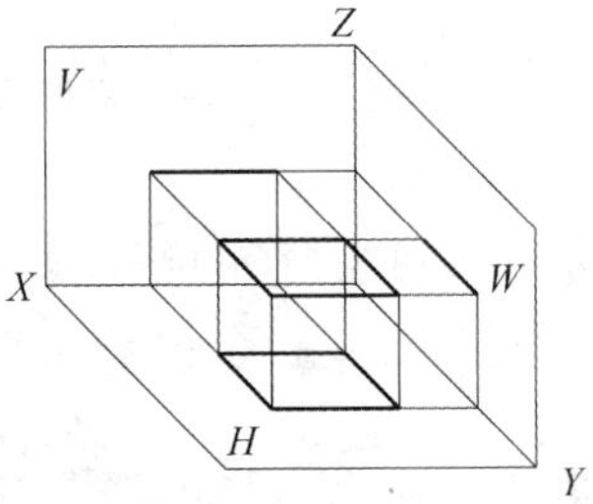	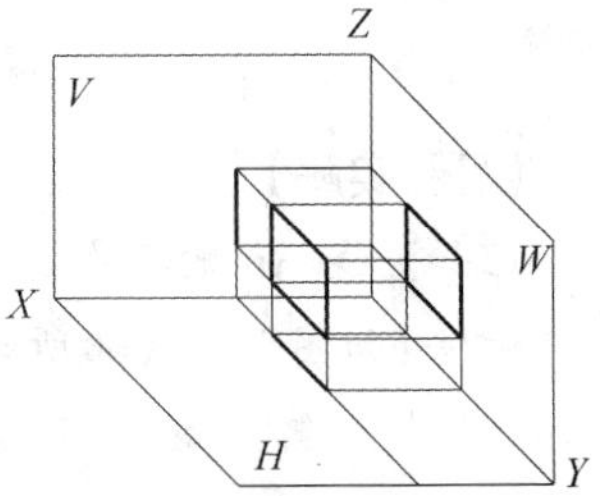
投影图	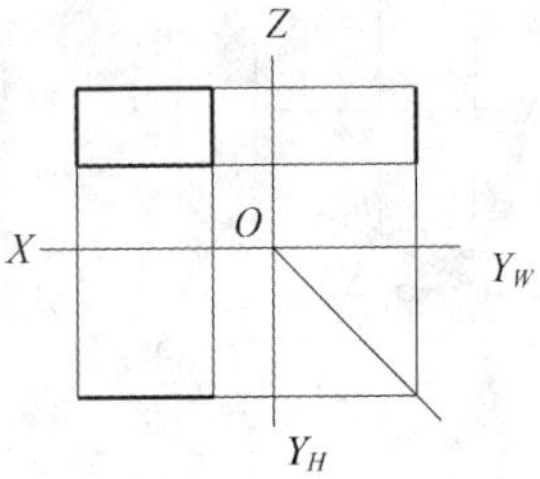	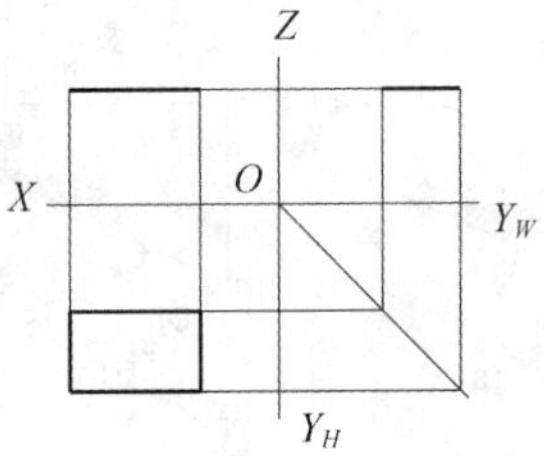	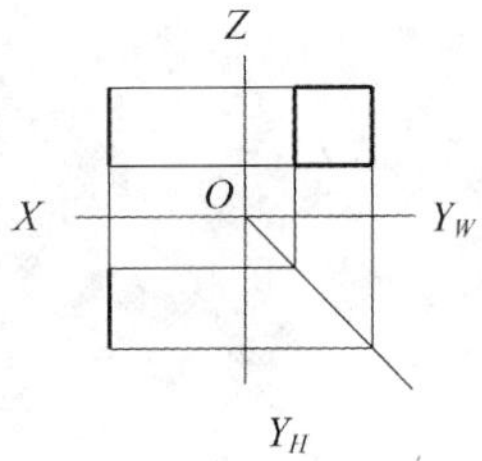
投影特性	1.在它所平行的投影面上的投影反映实形 2.在其他两个投影面上的投影积聚为直线，并分别平行于相应的投影轴		
判别空间位置	一框两直线，定是平行面，框在哪个面，平行哪个面		

(2)投影面垂直面(表3.4)。

表3.4 投影面垂直面

名称	铅垂面	正垂面	侧垂面
立体图	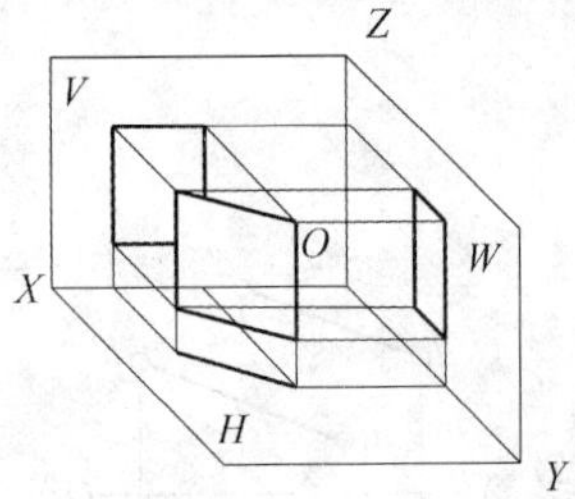	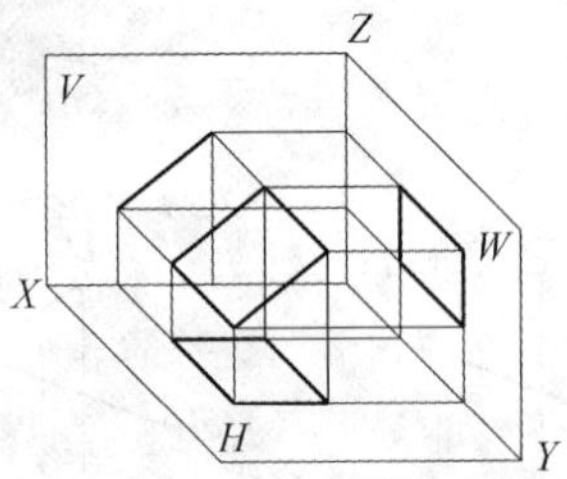	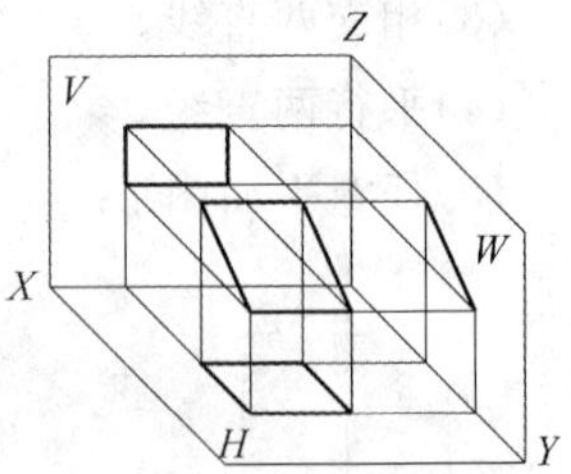

续表 3.4

名称	铅垂面	正垂面	侧垂面
投影图	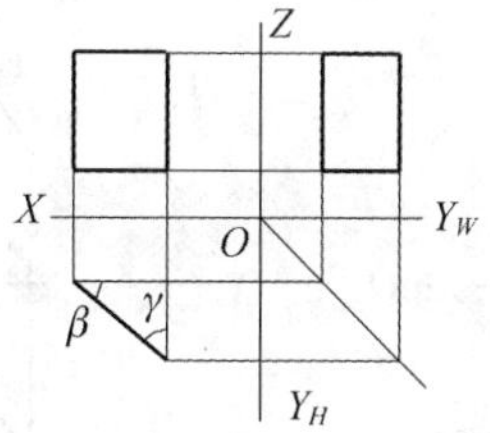	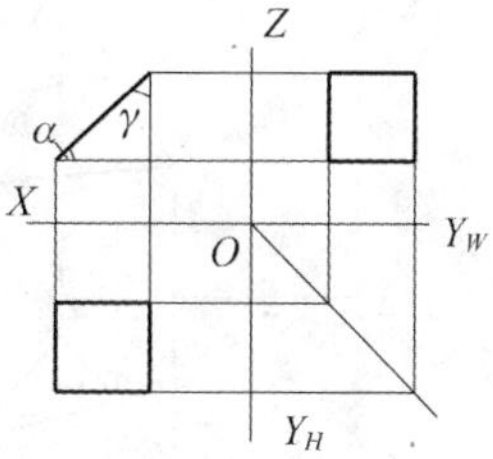	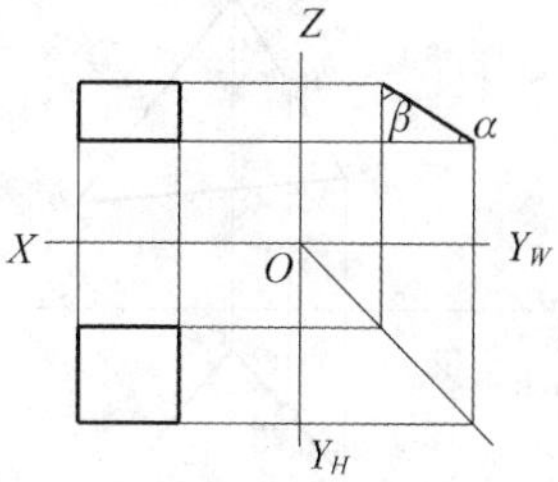
投影特性	1. 在它所垂直的投影面上的投影积聚为一条与投影轴倾斜的直线 2. 在其他两个投影面上的投影不反映实形，是缩小的类似形		
判别空间位置	两框一斜线，定是垂直面，斜线在哪面，垂直哪个面		

垂直于一个投影面，而与另外两个投影面均倾斜的平面称为投影面垂直面，包括以下三种：

①正垂面——垂直于正立投影面 V 而倾斜于水平投影面 H 和侧立投影面 W。

②铅垂面——垂直于水平投影面 H 而倾斜于正立投影面 V 和侧立投影面 W。

③侧垂面——垂直于侧立投影面 W 而倾斜于正立投影面 V 和水平投影面 H。

(3)一般位置平面。

一般位置平面与三个投影面都倾斜，因此在三个投影面上的投影都不反映实形，而是类似形。如图 3.23所示。

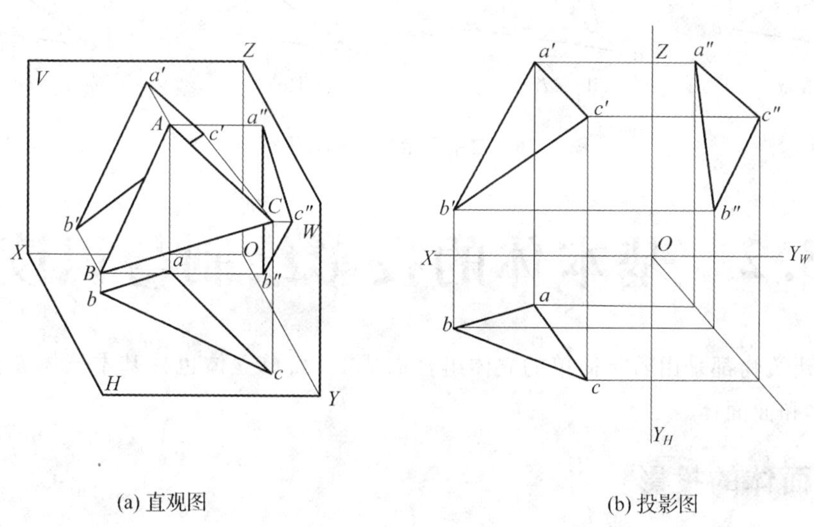

(a) 直观图　　(b) 投影图

图 3.23　一般位置平面图

3. 平面上的点和直线

(1)平面上的点。

如果点在平面内的任一条直线上，则点一定在该平面上。因此，要在平面内取点，必须过点在平面内取一条已知直线。如图 3.24 所示，点 F 在直线 DE 上，而 DE 在△ABC 上，因此，点 F 在△ABC 上。

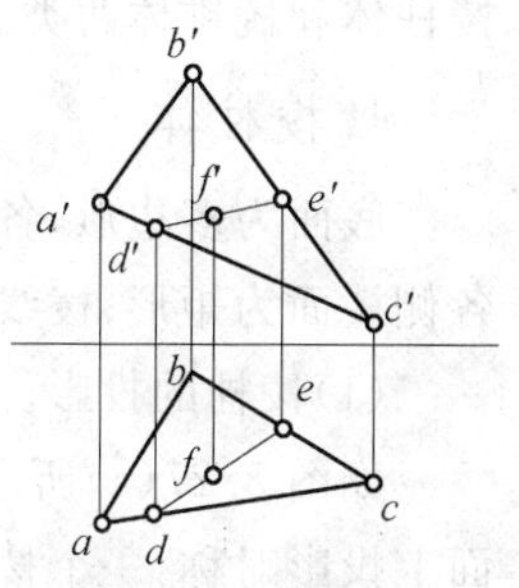

图 3.24　点在直线上

(2)平面上的直线。

一直线经过平面上两点，则该直线一定在已知平面上。

一直线经过平面上一点且平行于平面上的另一已知直线，则此直线一定在该平面上，如图 3.25 所示。

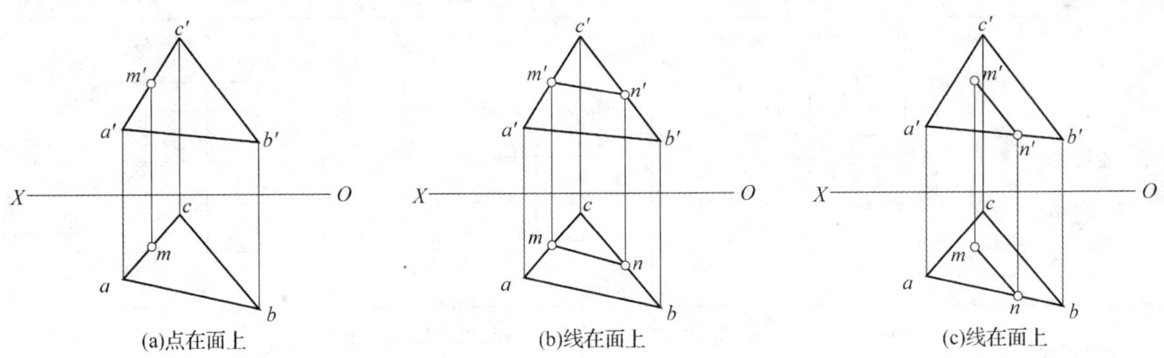

图 3.25　平面上的直线

【案例实解】

在一般位置平面 ABC 中，任意做出一条正平线和水平线。

作图时，根据投影面平行线的特点，先作平行于投影轴的线，再做另一投影，如图 3.26 所示。

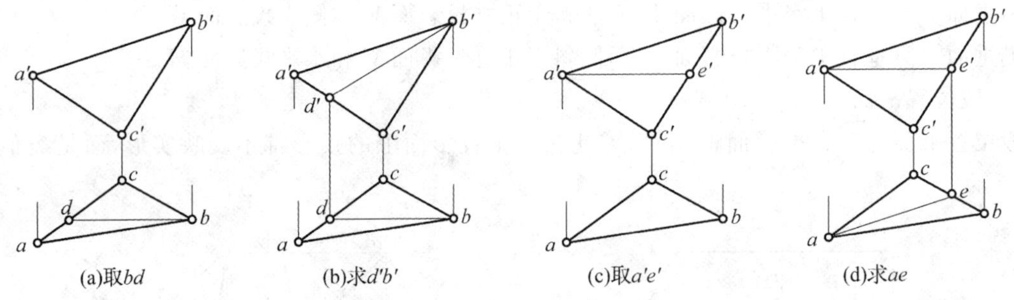

图 3.26　在平面上作投影面平行线

3.2　基本体的投影绘制与识读

任何复杂的建筑物都是由若干简单的立体组合而成的，简单立体也称基本形体。基本形体一般分为两大类：平面体和曲面体。

3.2.1　平面体的投影

所谓平面体，就是由平面图形所围成的形体，建筑工程中的绝大部分形体均属此类。平面体又分为棱柱体和棱锥体两类。

1. 棱柱体

底面为多边形，各棱线互相平行的立体就是棱柱体。棱线垂直于底面的棱柱称为直棱柱，直棱柱的各侧棱面为矩形；棱线倾斜于底面的棱柱称为斜棱柱，斜棱柱的各侧棱面为平行四边形。

(1)棱柱的投影。

如图 3.27(a)所示为一铅垂放置的正六棱柱，其六个棱面在 H 面上积聚，上下底投影反映实形；V 面上投影对称，一个棱面反映矩形的实形，两个棱面为等大的矩形类似形；W 面上为两个等大的对称矩形类似形。三个投影面展开后得六棱柱的三面投影，如图 3.27(b)所示。

在图 3.27(a)、图 3.27(b)中我们把 X 轴方向称为立体的长度，Y 轴方向称为立体的宽度，Z 轴方向称为立体的高度，从图中可见 V，H 投影都反映立体的长度，展开后这两个投影左右对齐，这种关系称为“长对正”。H，W 投影都反映立体的宽度，展开后这两个投影宽度相等，这种关系称为“宽相等”。V，W 投影都反映立体的高度，展开后这两个投影上下对齐，这种关系称为“高平齐”。

同时，从图 3.27(b)中我们也可以看出 V 投影反映立体的上下和左右关系，H 投影反映立体的左右和前后关系，W 投影反映立体的上下和前后关系。

至此，立体三个投影的形状、大小、前后均与立体投影面的位置无关，故立体的投影均不需再画投影轴、投影面，而三个投影只要遵守“长对正、宽相等、高平齐”的关系，就能够正确地反映立体的形状、大小和方位，如图 3.27(c)所示。

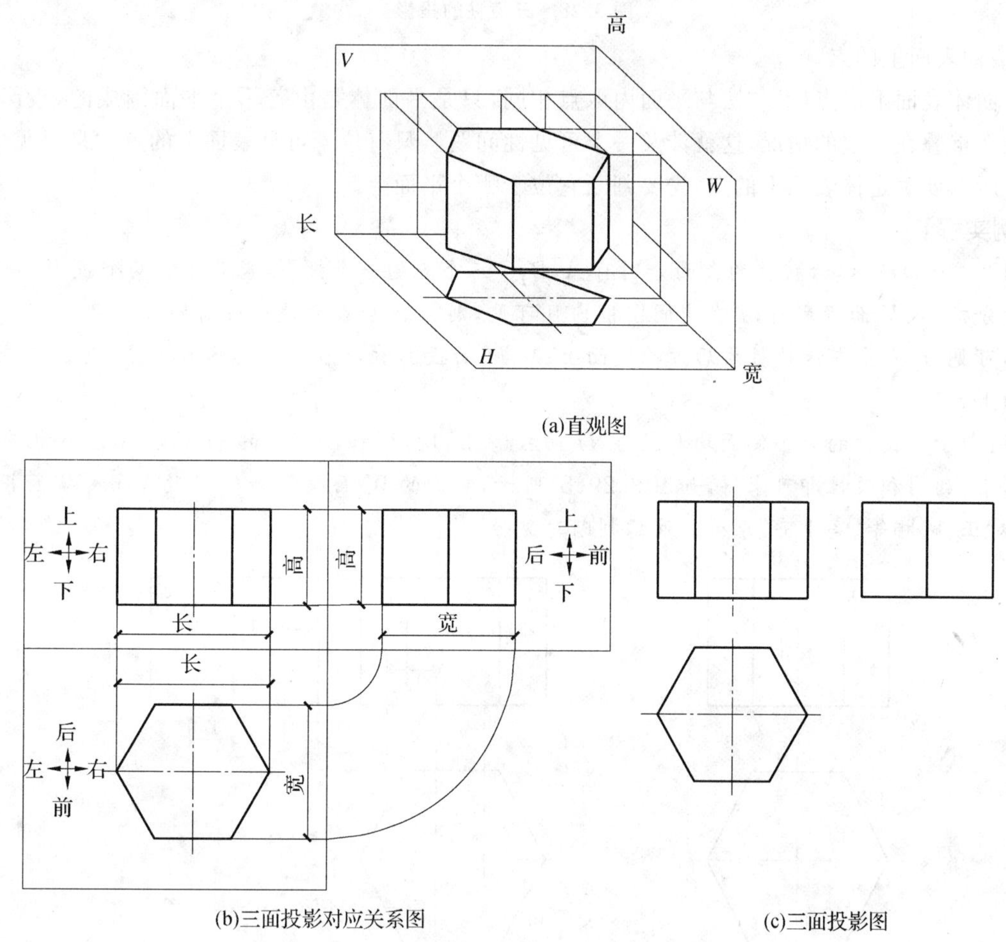

图 3.27　正六棱柱的投影

该立体作图时先作 H 面上反映实形的正六边形，再在合适的位置对应做出 V 面、W 面投影。

“长对正、宽相等、高平齐”是画立体正投影的投影规律，画任何立体的三投影必须严格遵守。

如图 3.28(a)所示为一水平放置的正三棱柱(可视为双坡屋顶)，两个棱面垂直于 W 面，一个棱面平行于 H 面，两个端面平行于 W 面，按照“长对正、宽相等、高平齐”作正投影后，V 面投影为矩形的类似形；H 面投影为可见的两个矩形的类似形和一个不可见的矩形的实形；W 面投影为三角形的实形，如图 3.28(b)所示。有关点、线的投影性质请读者进一步分析。

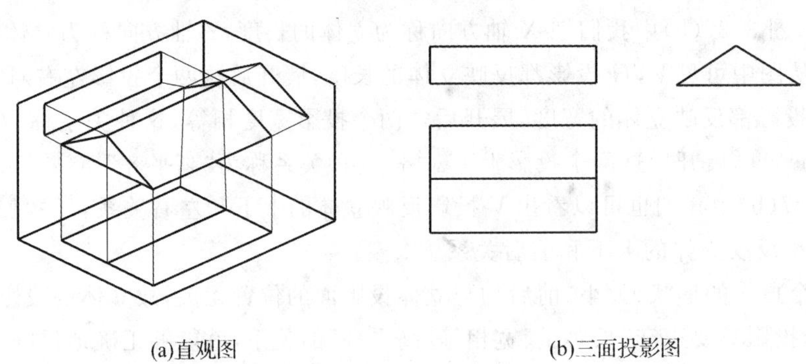

(a)直观图　　(b)三面投影图

图 3.28　三棱柱的投影

(2)棱柱表面上的点。

在平面体表面上取点，其方法与平面内取点相同，只是平面体是由若干个平面围成的，投影时总会有两个表面重叠在一起的情况，这就涉及一个可见性问题。只有位于可见表面上的点才是可见的，反之不可见。所以要确定体表面上的点，先要判断它位于哪个平面上。

【案例实解】

如图 3.29(a)所示，六棱柱的表面分别有 A,B,C 三个点的一个投影，求其他的两个投影。

投影分析：从 V 面投影看，a'在中间图框内且可见，则 A 点应在六棱柱最前的棱面上；b'在右面的图框内且不可见，B 点应在六棱柱右后方的棱面上；从 H 面投影看，c 在六边形内且可见，则 C 点应在六棱柱的表面上。

作图：由于六棱柱的六个侧面均积聚在 H 面投影上，所以 A,B 两点的 H 面投影应在相应侧面的积聚投影上，利用积聚性即可求得，如图 3.29(b)所示，它们的 W 面投影和 C 点的 V 面、W 面投影则可根据“长对正、宽相等、高平齐”求得。注意判断可见性。

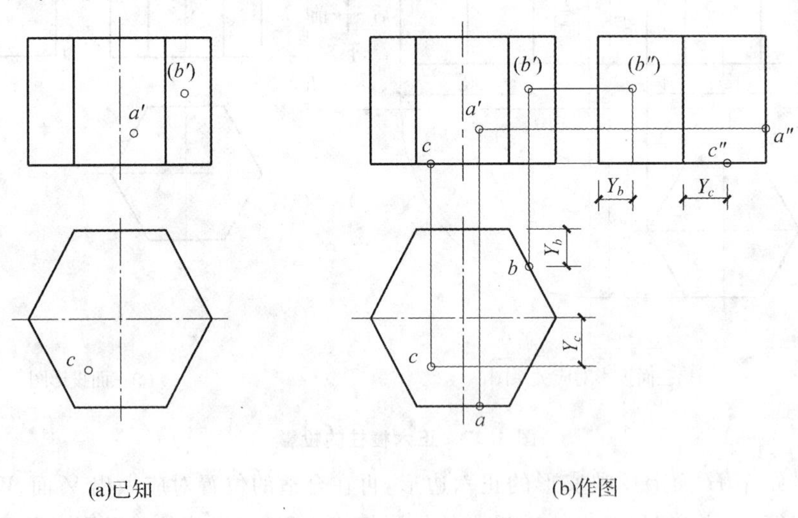

(a)已知　　(b)作图

图 3.29　六棱柱表面上点的投影

2.棱锥体

底面为多边形，所有棱线均相交于一点的立体就是棱锥体。正棱锥底面为正多边形，其侧棱面为等腰三角形。

(1)棱锥的投影。

如图 3.30(a)所示为一正置的正四棱台，H 面投影外框为矩形，反映四个梯形棱面的类似形，顶面反映矩形实形，而底面为不可见的矩形；在 V 面、W 面上的棱台均反映棱面的类似形。其三面投影图如图3.30(b)所示。

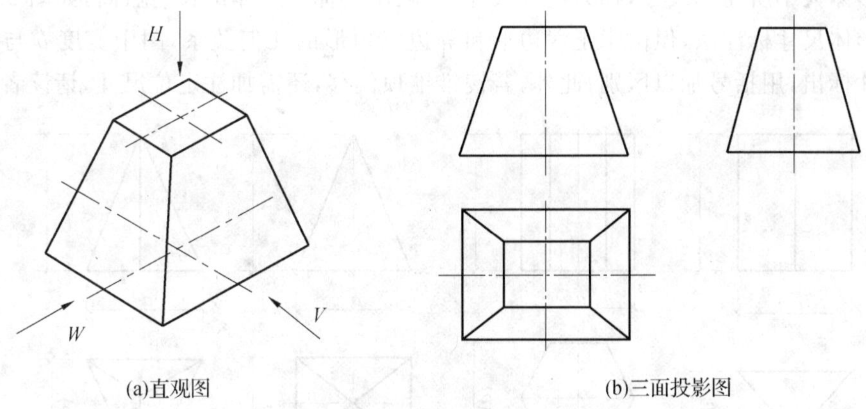

图 3.30　正四棱台

(2)棱锥表面上的点。

棱锥表面取点的方法和棱柱有相似之处，不同的是棱锥表面绝大多数没有积聚性，不能利用积聚性找点。这里的关键是点与平面从属性的应用。

【案例实解】

如图 3.31(a)所示，已知正三棱锥 $S-ABC$ 表面上的点 M,N 的一个投影，求其他两个投影。

投影分析：从 V 面投影看 M 点应在三棱锥的左前面 SAB 上，从 H 面投影上看 N 点应在三棱锥的后面 SAC 上。由于三棱锥的三个棱面均处于一般位置，没有积聚性可利用，所以要利用平面内取点的方法(辅助线法)。

作图：如图 3.31(b)所示，过 M 点作辅助线 SM，即连 $s'm'$ 并延长交于底边得 $s'1'$，向 H 面上投影得 $s1$，由 m' 向下作竖直线交于 $s1$ 得 m，利用宽度 Y_m 相等，确定 m''，因为 SAB 棱面在三投影中都可见，所以 M 点的三面投影也可见。

按同样的作图方法可得 n' 和 n''。连 $s2$，求出 $s'2'$，过 n 作竖直线交 $s'2'$ 得 n'，根据投影规律求得 n''。因为 SAC 棱面处于三棱锥的后面，故 n' 不可见，n'' 则积聚在 $s''a''c''$ 上。如图 3.31(b)所示。

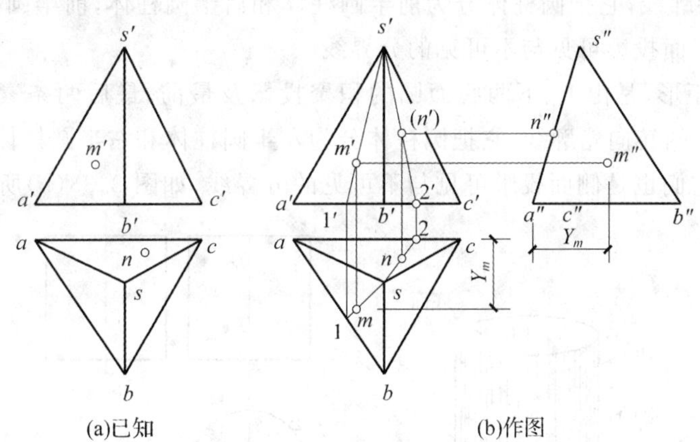

图 3.31　棱锥表面上的点

讨论：这里的辅助线并不一定都要过锥顶，我们还可以作底边的平行线、棱面上过已知点的任意斜线。读者可以自己尝试。

3. 平面体的尺寸标注

确定基本形体大小所需的尺寸，称为定形尺寸，一般用其标注形体的长、宽、高，如图 3.32 所示为常见的几种平面形体尺寸标注法，但由于正六边形和等边三角形的几何关系，图中宽度 b 与长度 a 相关，常作为参考尺寸标出，用括号加以区别；此外，若棱锥锥顶偏移，还需加注定位尺寸，请读者留意。

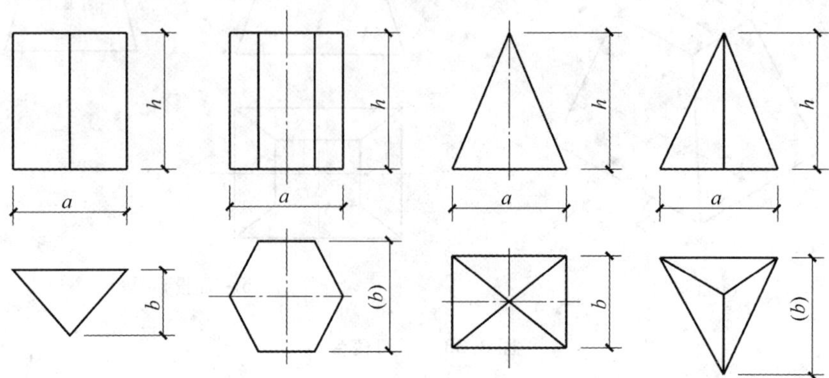

图 3.32　平面体的尺寸标注

3.2.2 曲面体的投影

所谓曲面体，是指由曲面或曲面与平面所围成的形体。常见的曲面体是圆柱体、圆锥体、球体等。曲面是直线或曲线按一定规律运动形成的轨迹。运动的线称为母线，母线的任一位置称为素线。

1. 圆柱体

(1)圆柱体的投影。

圆柱体是直母线 AB 绕轴线旋转形成的圆柱面与两圆平面为上下底所围成的立体。如图 3.33(a)所示。

H 面投影：为一圆周，反映圆柱体上、下两底面圆的实形，圆柱体的侧表面积聚在整个圆周上。

V 面投影：为一矩形，由上、下底面圆的积聚投影及最左、最右两条素线组成的。这两条素线是圆柱体对 V 面投影的转向轮廓线，它把圆柱体分为前半圆柱体和后半圆柱体，前半圆柱体可见，后半圆柱体不可见，因此它们也是正面投影可见与不可见的分界线。

W 面投影：亦为一矩形，是由上、下两底面圆的积聚投影及最前、最后两条素线组成的。这两条素线是圆柱体对 W 面投影的转向轮廓线，它把圆柱体分为左半圆柱体和右半圆柱体，左半圆柱体可见，右半圆柱体不可见，因此它们也是侧面投影可见与不可见的分界线，如图 3.33(b)所示。

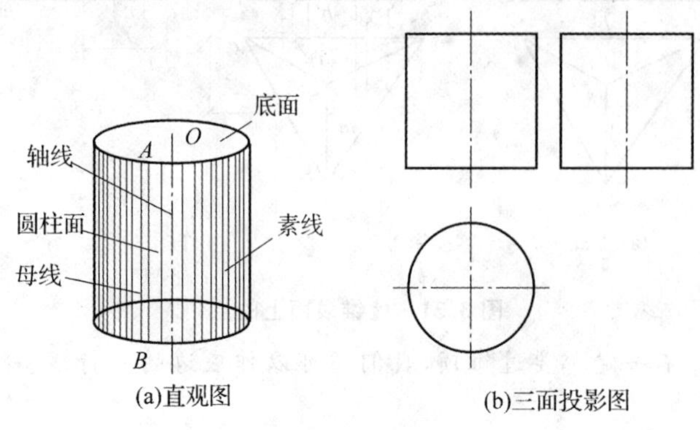

图 3.33　圆柱体的投影

由于圆柱体的侧表面是光滑的曲面，实际上不存在最左、最右、最前、最后这样的轮廓素线，它们仅仅是因投影而产生的。因此，投影轮廓素线只在相应的投影中存在，在其他投影中则不存在。

(2)圆柱体表面上的点。

由于圆柱体侧表面在轴线所垂直的投影面上投影积聚为圆，故可利用积聚性来作图。

【案例实解】

如图 3.34(a)所示，已知圆柱体表面上的点 K,M,N 的一个投影，求其他两个投影。

投影分析与作图：

①特殊点。从 V 面投影看，k'在正中间且不可见，则 K 点应在圆柱最后的素线上(转向轮廓线上)，其他两个投影也应该在这条素线上。像这样转向轮廓线上的点可直接求得，如图 3.34(b)所示。

②一般点。从 V 面投影看，m'可见，M 点在左前半圆柱上，由于整个圆柱面水平投影积聚在圆周上，所以 m 也应该在圆周上，"长对正"可直接求得。m''则通过"宽相等、高平齐"求得。

从 H 面投影看，N 点应在圆柱的下底面上，其他两个投影也应该在相应的投影上，利用"长对正、宽相等"可以求出 n',n''。

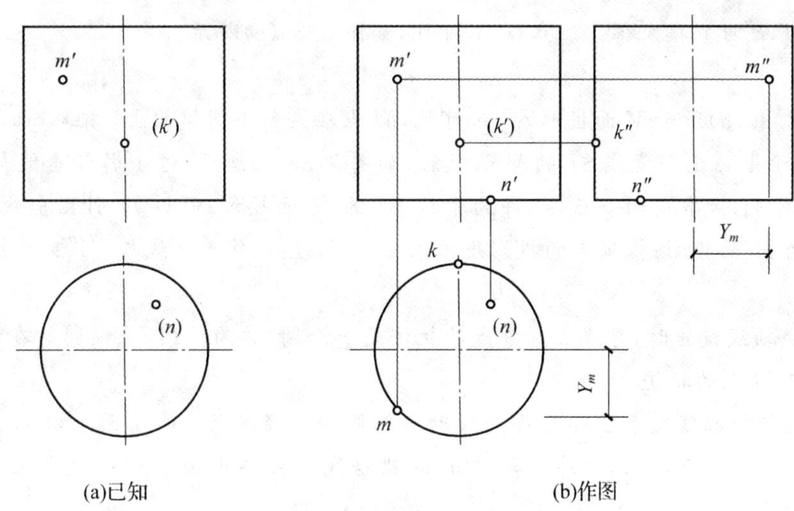

图 3.34 圆柱体表面上的点

2. 圆锥体

(1)圆锥体的投影。

圆锥体是直母线 SA 绕过 S 点的轴线旋转形成的圆锥面与圆平面为底所围成的立体，如图 3.35(a)所示。如图 3.35(b)所示为正置圆锥体的三面投影图。

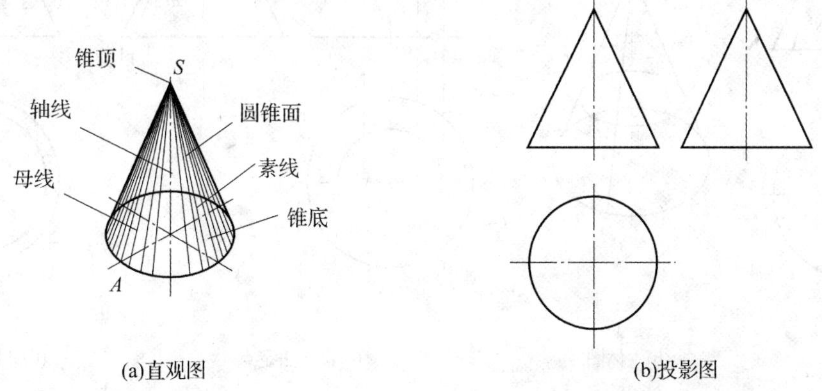

图 3.35 圆锥体

H 面投影：为一圆周，反映圆锥体下底面圆的实形。锥表面为光滑的曲面，其投影与底面圆重影且覆盖在其上。

V 面投影：为一等腰三角形。三角形的底边为圆锥体底面圆的积聚投影，两腰为圆锥体最左、最右两轮廓素线的投影。它是圆锥体前、后两部分的分界线。其另两面投影不予画出。

W 面投影：亦为一等腰三角形。其底边为圆锥体底面圆的积聚投影，两腰为圆锥体最前、最后两轮廓素线的投影。它是圆锥体左、右两部分的分界线。其另两面投影也不予画出。

(2)圆锥体表面上的点。

由于圆锥体表面投影均不积聚，所以求圆锥体表面上的点就要作辅助线。点属于曲面，也应该属于曲面上的一条线。曲面上最简单的线是素线和圆。下面分别介绍素线法和纬圆法。

【案例实解】

如图 3.36(a)所示，已知圆锥表面上的点 K,M,N 的一个投影，求其他两个投影。

投影分析与作图：

①特殊点。从 V 面投影看，k' 在转向轮廓线上，即 K 点在圆锥最右侧的素线上，其他两个投影也应该在这条素线上。k,k'' 可直接求得。注意：k'' 不可见，如图 3.36(c)所示。

②一般点。

素线法：从图 3.36(a)所示 V 面投影看，m' 可见，M 点在左前半圆锥面上。在 V 面投影上连 $s'm'$ 延长与底面水平线交于 $1'$，$s'1'$ 即素线 SI 的 V 面投影，如图 3.36(c)所示；过 $1'$ 作铅垂线与 H 面上圆周交于前后两点，因 m' 可见，故取前面一点，$s1$ 即为素线 SI 的 H 面投影；再过 m' 引铅垂线与 $s1$ 交于 m，m 点即为所求 M 点的 H 面投影；根据点的投影规律求出 $s''1''$，过 m' 作水平线与 $s''1''$ 交于 m''。作图过程如图 3.36(c)所示。

纬圆法：母线绕轴线旋转时，母线上任意点的轨迹是一个圆，称为纬圆，且该圆所在的平面垂直于轴线，如图 3.36(b)中 M 点的轨迹。

过 m' 作水平线与轮廓线交于 $2'$，$o'2'$ 即为辅助线纬圆的半径实长，在 H 面上以 $s(o)$ 为中心，$o'2'$ 为半径作圆周即得纬圆的 H 面投影，此纬圆与过 m' 的铅垂线相交得 m 点。这一交点应与素线法交于同一点。

从图 3.36(a)的 H 面投影看，N 点位于右后锥面上，用纬圆法求解，其作图过程与图 3.36(c)相反，即先过 n 作纬圆的 H 面投影，再求纬圆的 V 面投影，进而求得 n' 点，作图如图 3.36(d)所示。

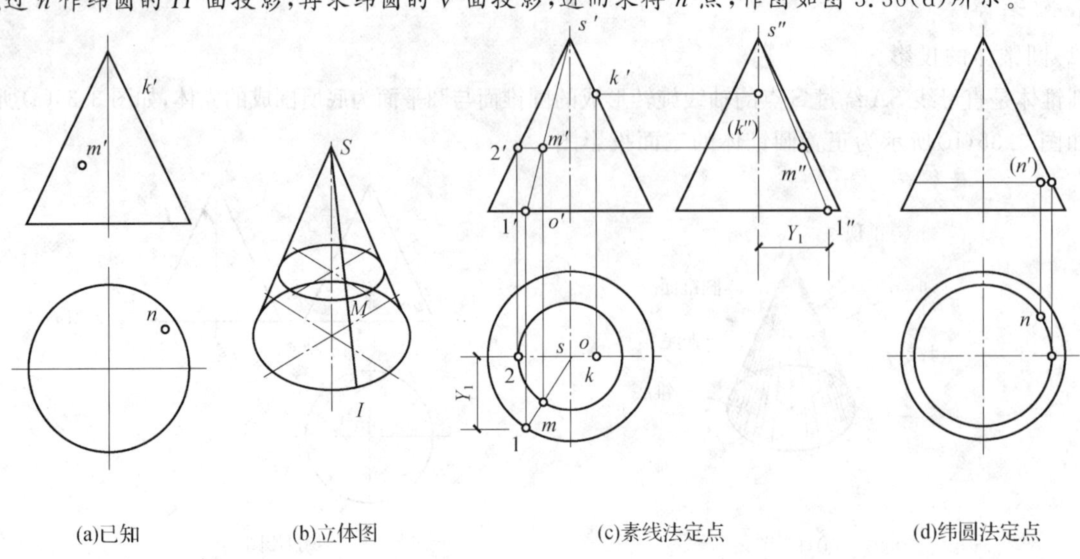

图 3.36 圆锥表面上的点

3. 球体

(1)球体的投影。

球体是半圆(EAF)母线以直径 EF 为轴线旋转而成的球面体，如图 3.37(a)所示。

如图 3.37(b)所示，球的三面投影均为圆，并且大小相等，其直径等于球的直径。所不同的是，H 面投影为上、下半球分界线，在圆球上半球面上的所有的点和线的 H 面投影均可见，而在下半球面上的点和线其投影不可见；V 面投影为前、后半球分界线，在圆球前半球面上所有的点和线的投影为可见，而在后半球面上的点和线则不可见；W 面投影则为左、右半球分界线，在圆球左半球面上所有的点和线其投影为可见，而在右半球上的点和线则不可见。这三个圆都是转向轮廓线，其另两面投影落在相应的对称点画线上，不予画出。

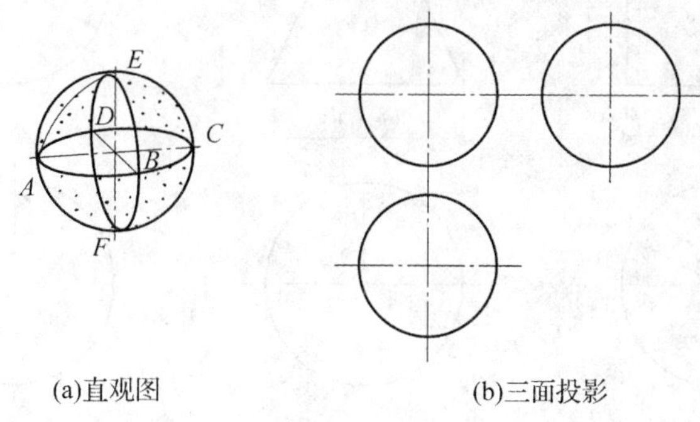

(a)直观图 (b)三面投影

图 3.37 球体

(2)球体表面上的点。

点属于球体，也必须属于球体表面上的一条线，而球体表面只有圆。理论上可用球体表面上的任意纬圆作辅助线，但方法上所用纬圆要简单易画，所以只能用投影面平行圆。

【案例实解】

如图 3.38(a)所示，已知球体表面上的点 K，M 的一个投影，求其他两个投影。

投影分析与作图：

①特殊点。从 H 面投影看，k 在前半圆球面上，且在水平投影转向轮廓线上，则其他两个投影也应该在这条轮廓线上。k'，k''可直接求得，注意：k''不可见，如图 3.38(b)所示。

②一般点。从图 3.38(a)所示的 V 面投影看，M 点应在左后上部圆球面上，先用水平圆来作图。在图 3.38(b)中过(m')作水平线与 V 面圆交于 $1'$，根据 $1'$ 求出纬圆 OⅠ的 H 面投影 $o1$，过(m')作铅垂线与圆 $o1$ 交于两点，因(m')不可见，取后半圆上一点 m，然后根据(m')，m 求得 m''。

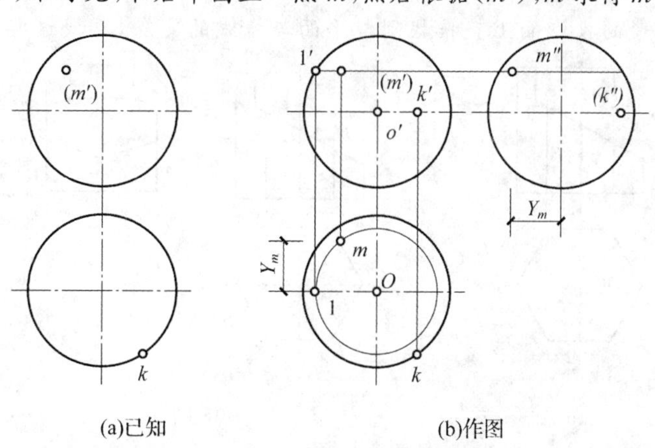

(a)已知 (b)作图

图 3.38 圆球表面上的点

讨论:按同样的方法,在(m')处还可以用正平圆作辅助圆、用侧平圆作辅助圆,得到的答案都是一致的,读者可以自己尝试。

4. 曲面体的尺寸标注

如图 3.39 所示为常见曲面体的定形尺寸标注法。由于回转体的长宽相同,只需标注 ϕ××和高度 h 即可,而圆球体则只标注一个球体直径 Sϕ××。从图中可以看出,若将直径 Sϕ××都标注在 V 面投影上(括号处),则可以取消水平投影。

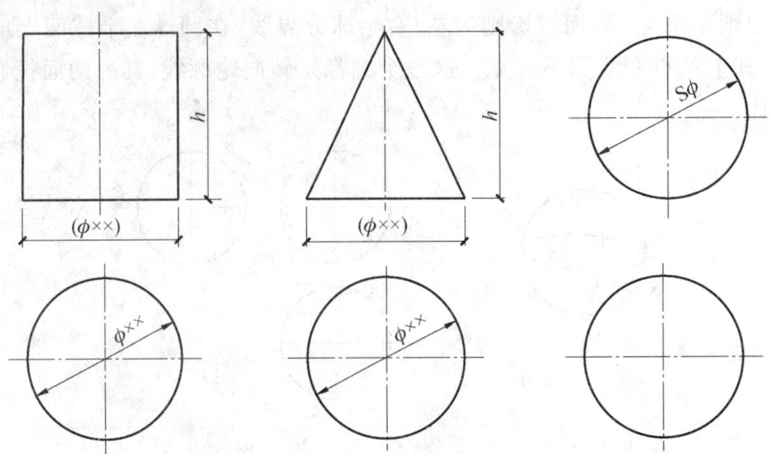

图 3.39 曲面体的尺寸标注

3.2.3 立体的截交线

基本形体被截切后称为切口形体,截平面与形体的交线称为截交线,截交线所围成的平面图形称为截平面,截交线是截平面与形体的共有线。

1. 平面体的截切

平面体的截交线为一封闭多边形,其顶点是棱线与截平面的交点,而各边是棱面与截平面的交线,可由求出的各顶点连接而成。

【案例实解】

如图 3.40(a)所示为切口正六棱柱,被相交两平面截切,完成其三面投影。

分析:切口形体作图一般按"还原切割法"进行,先按基本形体补画出完整的第三投影,再利用截平面的积聚性,在截平面积聚的投影面上直接找到截平面与棱线的交点,再找这些交点的其他投影。

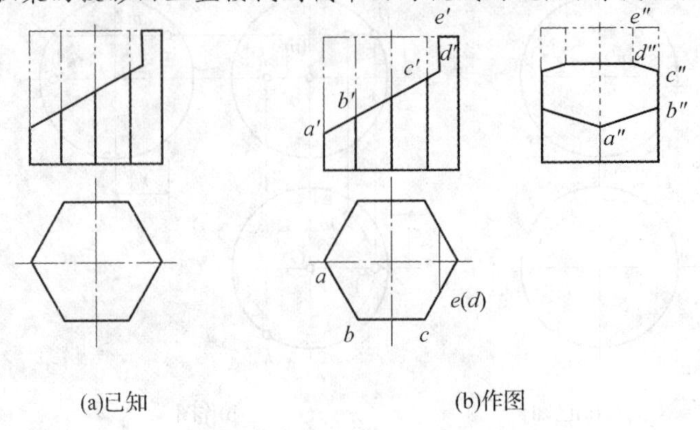

图 3.40 切口六棱柱

作图：如图3.40(b)所示，先补画出完整六棱柱的W面投影，再利用正面投影上截平面（一为正垂面，一为侧平面）的积聚性直接求得截平面与棱线的交点a'，b'，c'，d'，e'（只标出可见点），对应得其水平投影a～e和侧面投影a''～e''。由于六棱柱的水平投影有积聚性，实际上只增加侧平面截面积聚后的一条直线，其左边为斜截面所得七边形的类似形投影，右边是六棱柱顶面截切后余下的三角形实形投影。在W面投影上，斜截面所得七边形仍为类似形，侧平截面所得矩形反映实形，其分界线就是两截平面的交线，此外，在连线时应注意棱线（轮廓线）的增减和可见性变化。

2. 曲面体的截切

曲面体被平面所截而在曲面体表面所形成的交线即为曲面体的截交线。它是曲面体与截平面的共有线，而曲面体的各侧面由曲面或曲面加平面所组成，因此，曲面体的截交线一般情况下为由一条封闭的平面曲线或平面曲线加直线段所组成。特殊情况下也可能成为平面折线。

圆柱体被平面截切，由于截平面与圆柱轴线的相对位置不同，其截交线（或截断面）有三种情况，见表3.5。

表3.5　圆柱体的截切

截平面位置	倾斜于圆柱轴线	垂直于圆柱轴线	平行于圆柱轴线
截交线形状	椭圆	圆	两条素线
立体图	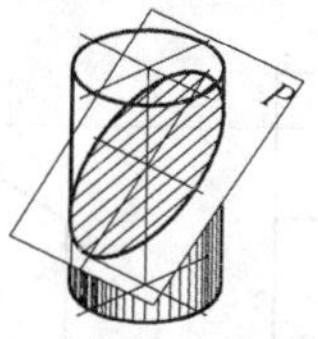 P	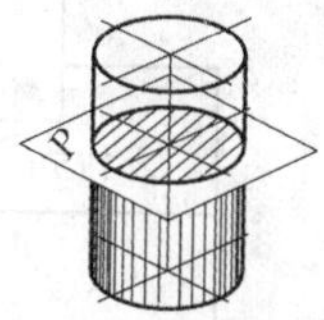 P	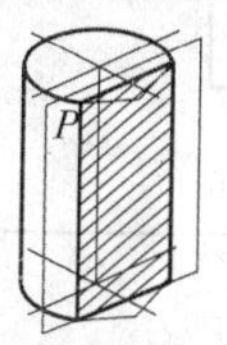 P
投影图	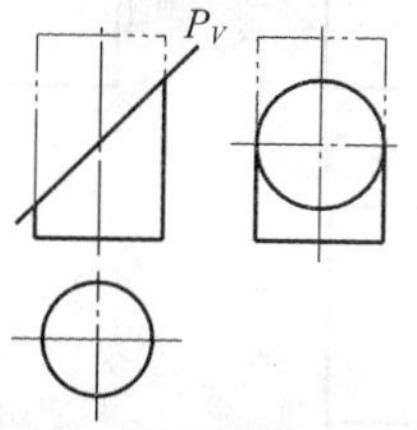 P_V	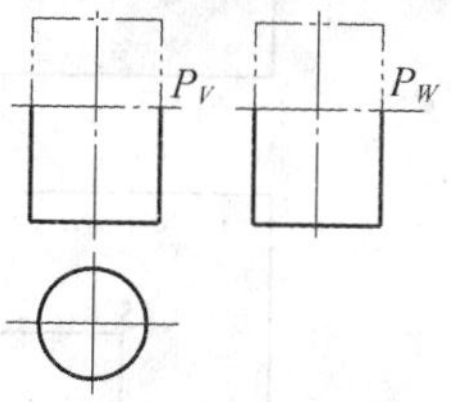 P_V　P_W	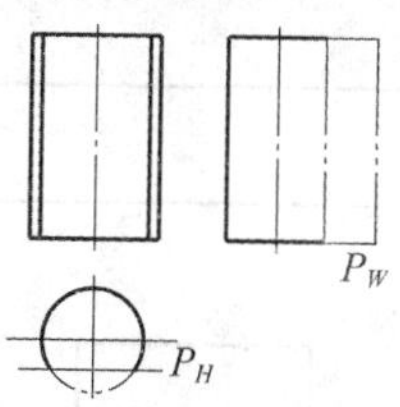 P_W　P_H

3.2.4 立体的相贯线

两个以上基本形体相交称为相贯形体，其表面产生的交线称为相贯线，它是形体表面的共有线，一般为封闭的空间线段。

由于形体的类型和相对位置不同，有两平面立体相贯、平面立体与曲面立体相贯、两曲面立体相贯；两外表面相交、两内表面相交和内外表面相交；全贯和互贯等形式。本节只介绍一些常见的相贯实例。

1. 两平面立体相贯

如图3.41所示为两种平面立体相贯的直观图，图3.41(a)为两个三棱柱全贯，形成两条封闭的空间折线；图3.41(b)为一四棱柱与一三棱柱互贯，形成一条封闭的空间折线。

观察图3.41(a)、(b)，求两平面立体的相贯线，实质上是求棱线与棱线、棱线与棱面的交点（空间封闭折线的各顶点）、求两棱面的交线（各折线段），而各顶点的依次连接就是各折线段，可得出求两平面立体相贯线的作图步骤如下：

(1)形体分析，先看懂投影图的对应关系，相贯形体的类型，相对位置、投影特征，尽可能判断相贯线的空间状态和范围。

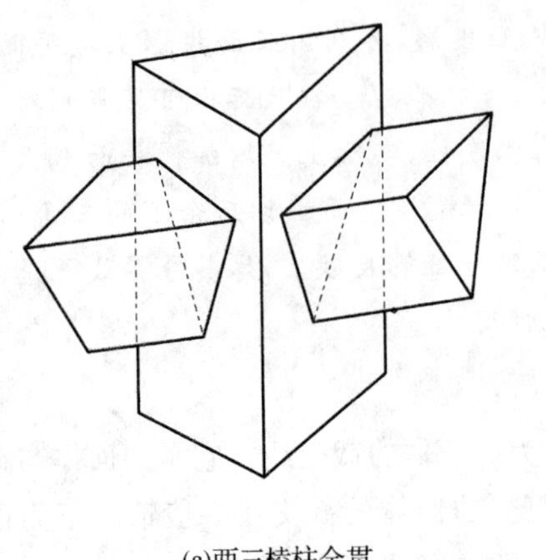

(a)两三棱柱全贯

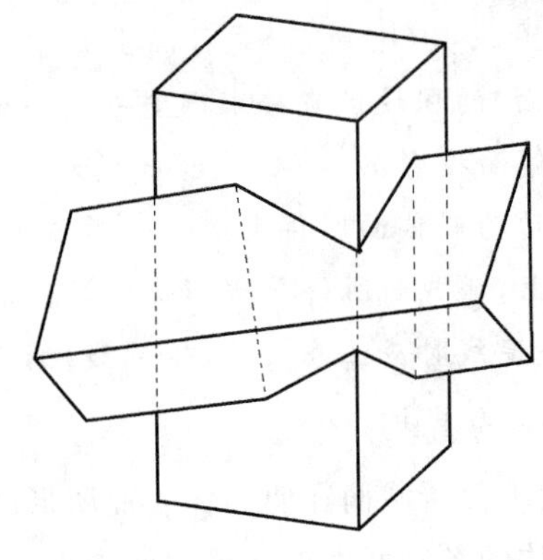

(b)四棱柱与三棱柱互贯

图 3.41　两平面立体相贯

(2)求各顶点,其做法因题型而异,常利用积聚性或辅助线求得。

(3)顺连各顶点的同面投影,并判明可见性,特别注意连点顺序和棱线、棱面的变化。

【案例实解】

如图 3.42(a)所示,求四棱柱与五棱柱的相贯线,补全三面投影。作图结果如图 3.42(b)所示。

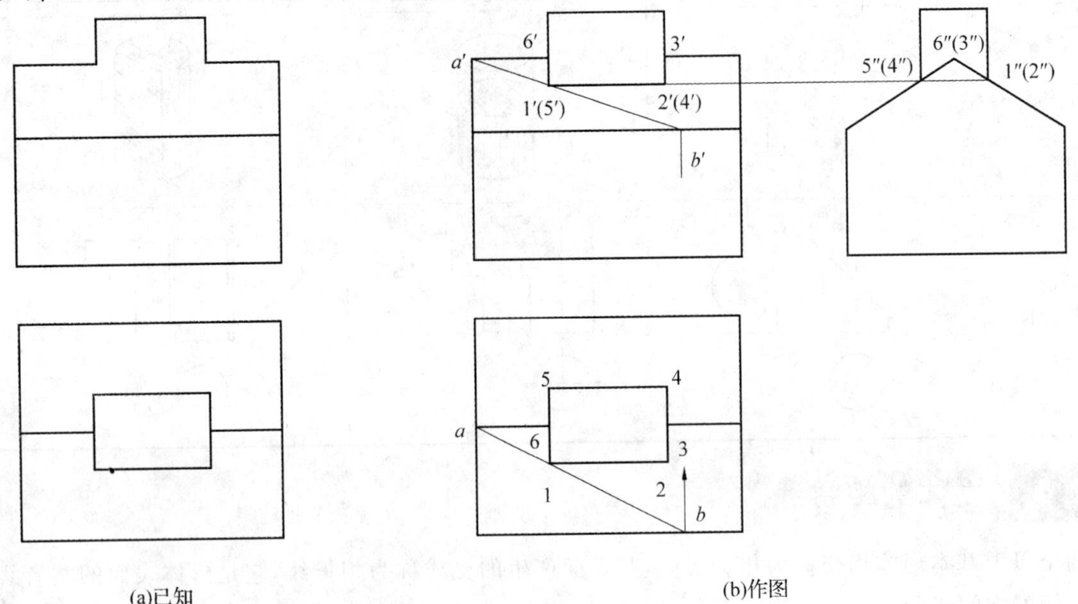

(a)已知　　(b)作图

图 3.42　四棱柱与五棱柱相贯

2.平面立体与曲面立体相贯

如图 3.43 所示两种相贯体的直观图,图 3.43(a)为三棱柱与半圆柱全贯;图 3.43(b)为四棱柱与圆锥全贯,都形成一条空间封闭的曲折线。

观察图 3.43(a)、(b),可以看出求这类相贯线的实质是求相关棱线与曲面的交点(曲折线的转折分界点)和相关棱面的交线段(可视为截交线),因此求此类相贯线的步骤是:

(1)形体分析(同前)。

(2)求各转折点,常利用积聚性或辅助线法求得。

(3)求各段曲线,先求出全部特殊点(如曲线的顶点、转向点),再求出若干中间点。

(4)顺连各段曲线,并判明可见性。

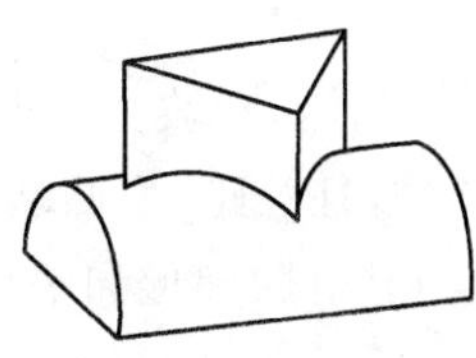

(a)三棱柱与半圆柱全贯

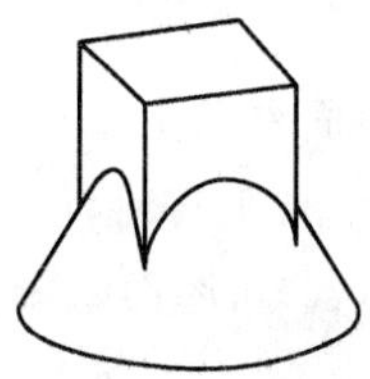

(b)四棱柱与圆锥全贯

图 3.43　平面立体与曲面立体相贯

【案例实解】

如图 3.44(a)所示,求四棱柱与圆柱的相贯线,作图结果如图 3.44(b)所示。

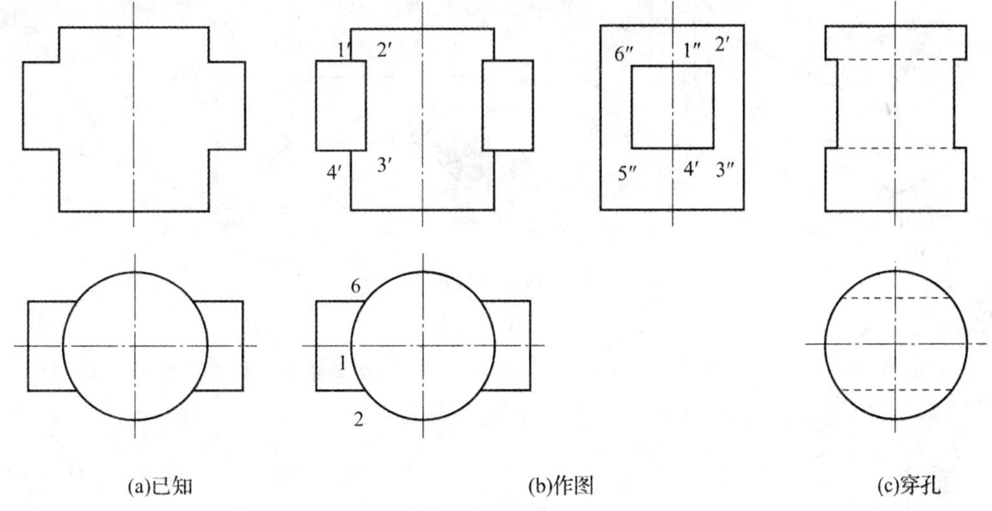

(a)已知　　(b)作图　　(c)穿孔

图 3.44　四棱柱与圆柱的相贯

3. 同坡屋面

(1)坡屋面的类型。

坡屋面是屋顶的一种类型,其利于排水,当屋面与地面(H 面)倾角 α 相同时,称为同坡屋面。常见形式的水平投影如图 3.45 所示。

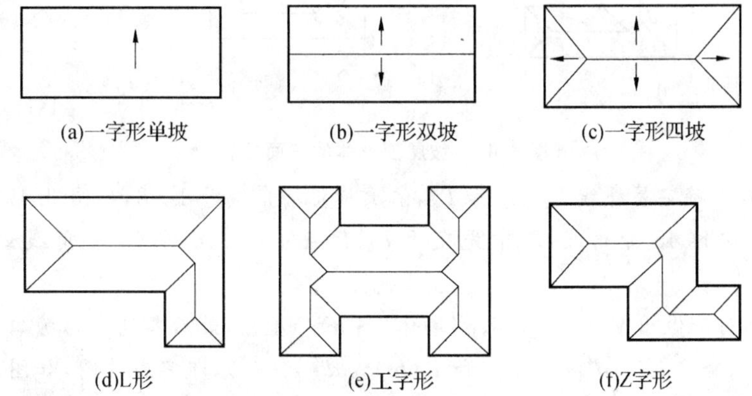

(a)一字形单坡　　(b)一字形双坡　　(c)一字形四坡

(d)L形　　(e)工字形　　(f)Z字形

图 3.45　同坡屋面的常见形式

(2)同坡屋面的组成和特点。

如图 3.46 所示，同坡屋面一般由屋檐、屋脊、斜脊、天沟(斜沟)和坡屋面组成。当屋檐等高时，为使人字形屋架跨度和高度最小，省工省料，屋脊应平行于长屋檐，且等距；由凸墙角形成斜脊，由凹墙角形成斜沟，都是墙角的分角线(45°)；屋面基本形状为等腰三角形，等腰梯形和平行四边形。

(3)同坡屋面的作图。

对于形状较复杂的同坡屋面(如 Z 字形)作其三面投影图时，一般先确定平面形式(H 面投影)，运用"脊线定位、依次封闭"法做出屋面交线，再对应做出 V 面、W 面投影。

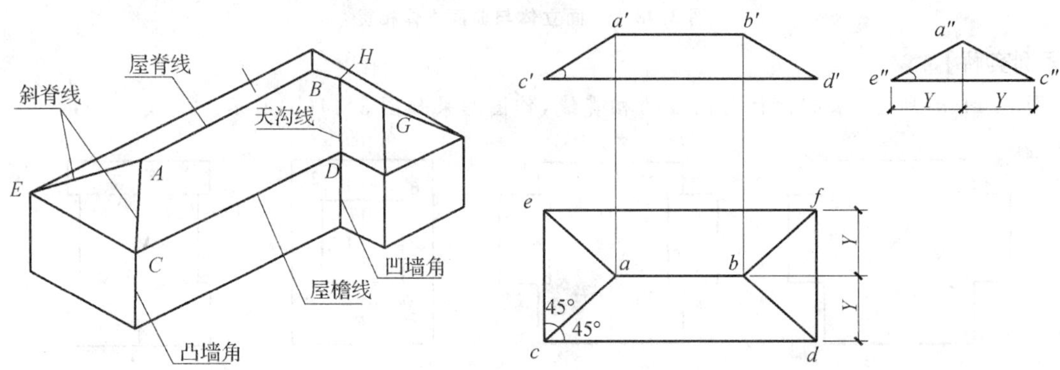

图 3.46　同坡屋面

【案例实解】

如图 3.47(a)所示为设定的平面形式，并知墙檐高 $h=10$，屋面坡度 $\alpha=30°$，作其三面投影如图 3.47(c)所示。

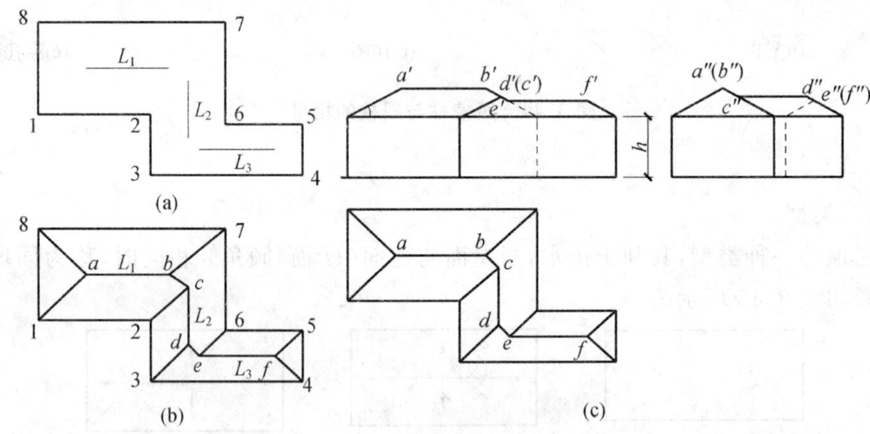

图 3.47　坡屋顶形体的三面投影

首先在平面形式上确定屋脊线 L_1、L_2 和 L_3，依次标记墙角编号 1～8，如图 3.47(a)所示，再从一端墙角(如 1,8)开始依次作 45°分角线，其中先交于 L_1 背点 a 由 4,5 作 45°分角线必交于脊点 f，如图 3.47(b)所示。

根据图 3.47(b)对应做出 V 面、W 面投影墙体(高 h)和屋檐，最后各墙角与檐口交点作坡屋面($\alpha=30°$)并对应做出脊点、脊线 $a'b'$，$d'(c')$，$e'f'$ 和 $a''(b'')$，$c''d''$，$e''(f'')$，即完成作图，如图 3.47(c)所示。

3.3 组合体投影图的绘制与识读

3.3.1 组合体投影的画法

1.组合体的组合方式

任何复杂的建筑构件,从形体角度来看,都可以看成是由一些基本几何体组合而成,这种由两个或两个以上基本体按一定的方式组合而成的立体,称为组合体。根据基本形体组合方式的不同,通常可将组合体分为叠加型、切割型和混合型三种。

(1)叠加型组合体。

组合体的主要部分由若干个基本形体叠加而成,该组合体被称为叠加型组合体,如图3.48(a)所示。

(2)切割型组合体。

从一个基本形体上切割去若干基本形体而形成的组合体被称为切割型组合体,如图3.48(b)所示。

(3)混合型组合体。

混合型组合体是既有叠加又有切割的组合体,如图3.48(c)所示。

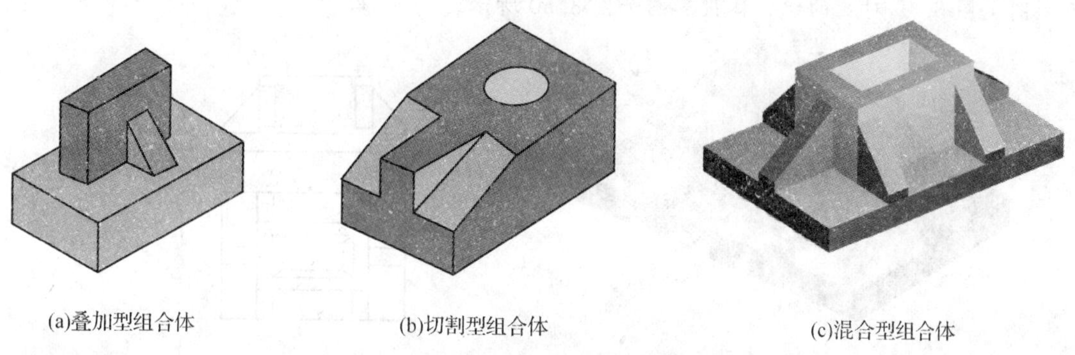

(a)叠加型组合体　(b)切割型组合体　(c)混合型组合体

图3.48 组合体的组合方式

2.组合体投影图的画法

组成组合体的基本形体,其表面结合可形成不同的情况,只有分析它们的连接关系,才能避免绘图中出现漏线或多画线的问题。

组合体表面交接处的连接关系,可分为平齐、不平齐、相切和相交四种。

(1)形体分析。

通常把一个较复杂的形体假想分解为若干较简单的组成部分或多个基本形体(棱柱、棱锥、圆柱、圆锥、圆球等),然后逐一弄清它们的形状、相对位置及其衔接方式,以便能顺利地进行绘制和阅读组合体的投影图,这种化繁为简、化大为小、化难为易的思考和分析方法称为形体分析法。

形体分析的内容:

①平面体相邻组成部分间的表面衔接与投影图的关系。对齐共面衔接处无线。

②曲面体相邻组成部分间的表面衔接与投影图的关系。两表面相切时,以切线位置分界光滑过渡不能画线。

应注意的问题:形体分析法是假想把形体分解为若干基本几何体或简单形体,只是化繁为简的一种思考方式和分析问题的方法，实际上形体并非被分解，故需注意整体组合时的表面交线。

(2)投影选择。

①选择安放位置。通常指将形体的哪一个表面放在 H 面上，或者说确定形体的上、下位置关系。

②选择正面投影方向。尽量反映各个组成部分的形状特征及其相对位置；尽量减少图中的虚线；尽量合理利用图幅。

(3)选择投影图数量。

基本原则是用最少的投影图把形体表达得清楚、完整。即在清楚、完整地图示整体和组成部分的形状及其相对位置的前提下，投影图的数量越少越好。

(4)画组合体投影图的一般步骤。

①形体分析。

②投影选择。选择安放位置；选择正面投影方向；选择投影图的数量。

③先选比例、后定图幅，或先定图幅、后选比例。

④画底稿线(布图、画基准线、逐个画出各基本形体投影图)。

⑤检查整理底稿、加深图线。

【案例实解】

画出如图 3.49 所示组合体的投影图。

解：绘图步骤如下，画基准线、底板→画中间棱柱→画肋板→画楔形杯口→整理加深图线→完成柱基础投影图。图 3.49 对应的组合体投影图如图 3.50 所示。

图 3.49　组合体立体图

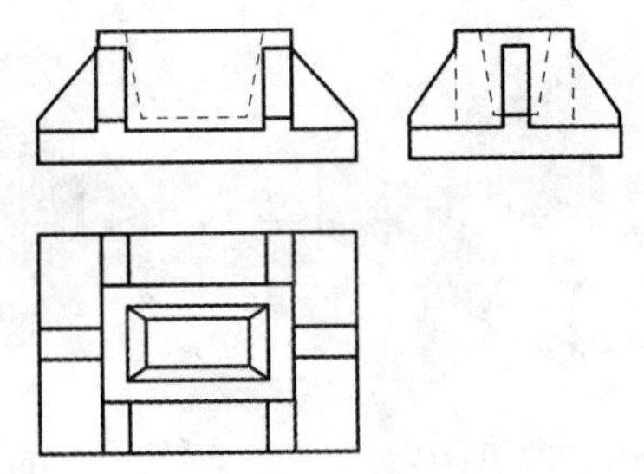

图 3.50　组合体的画法

3.组合体的尺寸标注

尺寸分类如下：

(1)定形尺寸。表示构成建筑形体的各基本形体的大小尺寸称为定形尺寸。这类尺寸确定了各基本形体的形状。如图 3.51 所示。

(2)定位尺寸。确定各基本形体在建筑形体中的相对位置的尺寸称为定位尺寸。标注定位尺寸时，要选好一个或几个标注尺寸的起点，长度方向常选形体左、右侧面为起点；宽度方向常选前、后侧面为起点；高度方向常选上、下面为起点。形体为对称图形时，常选对称中心线为长度和宽度方向的起点。这些用作标准尺寸的起始点、线、面称为尺寸基准。如图 3.51 所示。

(3)总体尺寸。表示建筑形体的总长、总宽和总高的尺寸称为总体尺寸。

注意组合体尺寸分类仅仅为了尺寸标注完整，有些尺寸既是定形尺寸又是定位尺寸或总尺寸，所以实际上并不标注尺寸类型。如图 3.51 所示。

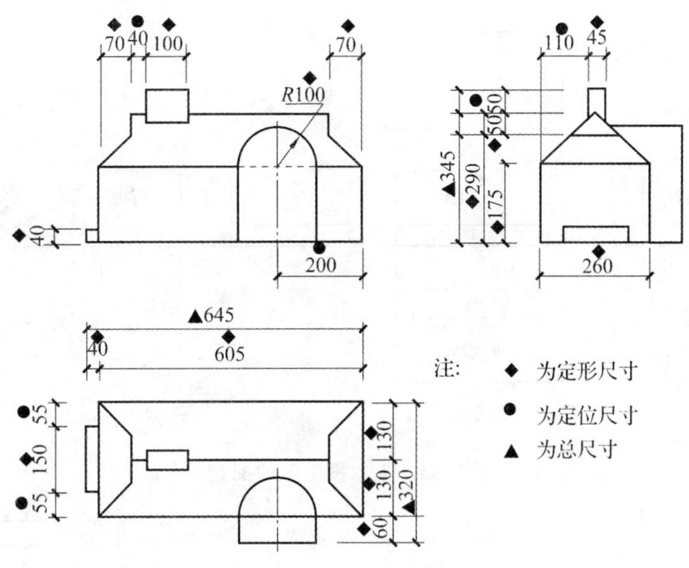

图 3.51　组合体尺寸标注

3.3.2 常用视图

视图是物体向投影面投射时所得的图形。在视图中一般只用粗实线画出物体的可见轮廓，必要时可用虚线画出物体的不可见轮廓。常用的视图有基本视图和辅助视图。

1. 基本视图

在三投影面体系中，我们得到了主视图、俯视图和左视图三个视图。如果在三投影面的基础上再加三个投影面，也就是在原来三个投影面的对面，再增加三个面，就构成了一个空间六面体，然后将物体再从右向左投影，得到右视图；从下向上投影，得到仰视图；从后向前投影，得到后视图。这样加上原来的三视图就构成了六个视图，这六个视图称为基本视图。六个基本视图的展开方法如图 3.52 所示。

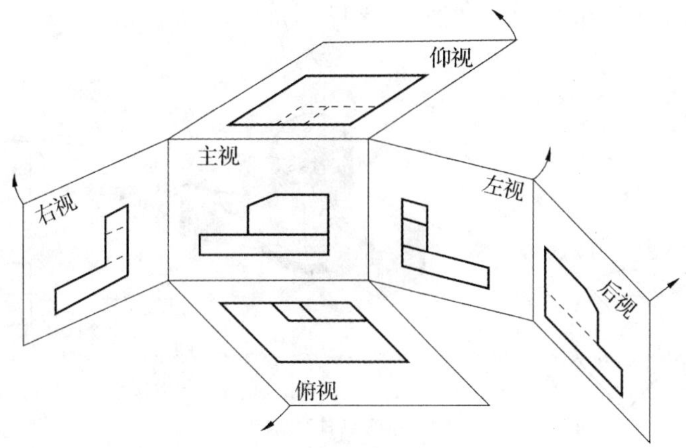

图 3.52　基本视图的展开

如将这六个视图放在一张图纸上，各视图的位置按图所示的顺序排列。六个基本视图之间仍遵守“三等”规律。如图 3.53 所示。

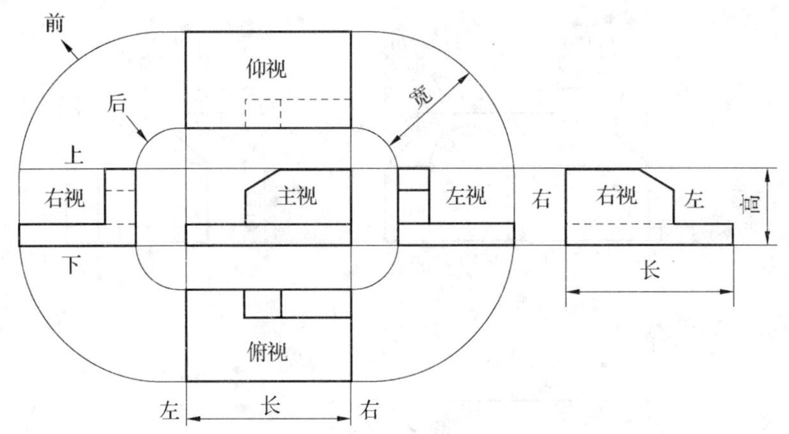

图 3.53　基本投影图的配置

2.辅助视图

(1)局部视图。

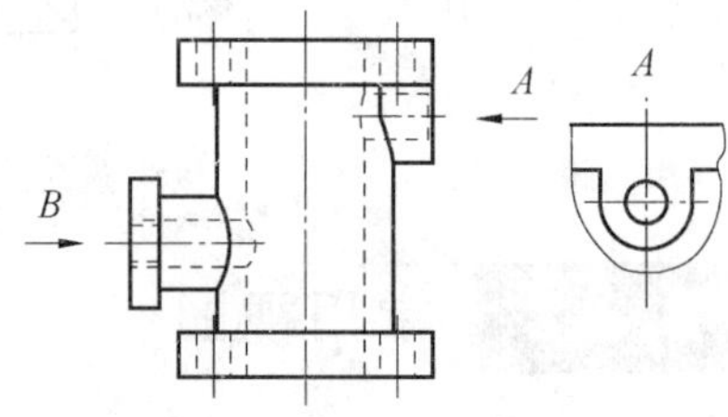

图 3.54　局部视图

局部视图是将物体的某一部分向基本投影面投射所得到的视图。用带字母的箭头指明要表达的部位和投射方向,并在所画视图上方注明视图名称。局部视图的范围用波浪线表示。当局部的外形轮廓线封闭时,可不画波浪线。如图 3.54 所示。

(2)斜视图。

斜视图是物体向不平行于基本投影面的平面投影所得到的视图。斜视图的断裂边界用波浪线表示。如图 3.55 所示。

(3)旋转视图。

当形体的某一部分与基本投影面倾斜时,假想将形体的倾斜部分旋转到与某一选定的基本投影面平行,再向该基本投影面投影,所得的视图称为旋转视图(又称展开视图),其目的是用于表达形体上倾斜部分的外形。展开视图应在图名后加注“展开”字样。如图 3.56 所示。

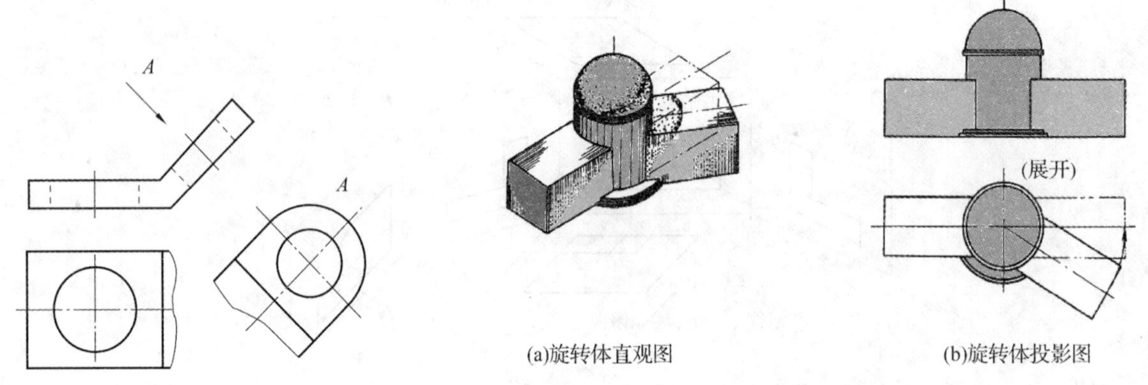

图 3.55　斜视图

图 3.56　旋转视图

(4) 镜像视图。

把一镜面放在形体的下面,代替水平投影面,在镜面中得到形体的垂直映像,这样的投影即为镜像投影。镜像投影所得的视图应在图名后注写“镜像”二字。

在建筑装饰施工图中,常用镜像视图来表示室内顶棚的装修、灯具等构造。如图 3.57 所示。

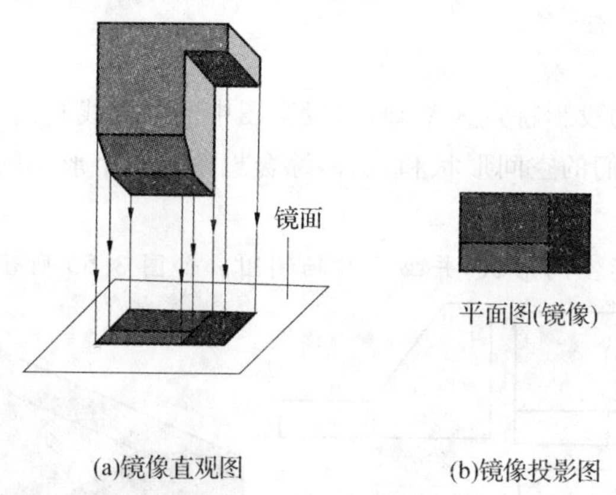

图 3.57　镜像视图

3.3.3　组合体投影图的读图方法

组合体的读图，就是根据图纸上的投影图和所注尺寸，想象出形体的空间形状、大小、组合形式和构造特点。也可以说读图就是从平面图形到空间形体的想象过程。读图是工程技术人员必须掌握的知识。

一般情况下，一个投影不能反映形体的形状，常用三个甚至更多的投影来表示，因此读图时，不能孤立地看一个投影，一定要抓住重点投影，常以正立面图为主要投影图，同时将几个投影联系起来看。这样才能正确地确定形体的形状和结构。

1. 形体分析法

运用各种基本体的投影特性及其三面投影关系——数量关系和方位关系，尤其是"长对正、高平齐、宽相等"的对应关系。对组合体的投影图进行形体分析，如同组合体画图一样，把组合体分解成若干简单形体，并想象其形状、投影面的相对位置，再按各组成部分之间的相对位置，像搭积木一样将其拼装成整体。

形体分析法读图步骤如下：

(1)将形体划分成若干部分，根据投影特性分析出各个部分的形状。

(2)根据投影确定各组成部分在整个形体中的相对位置。

(3)综合以上分析，想象出整个形体的形状与结构。

【案例实解】

根据组合体投影图想象其空间形状，如图 3.58 所示。

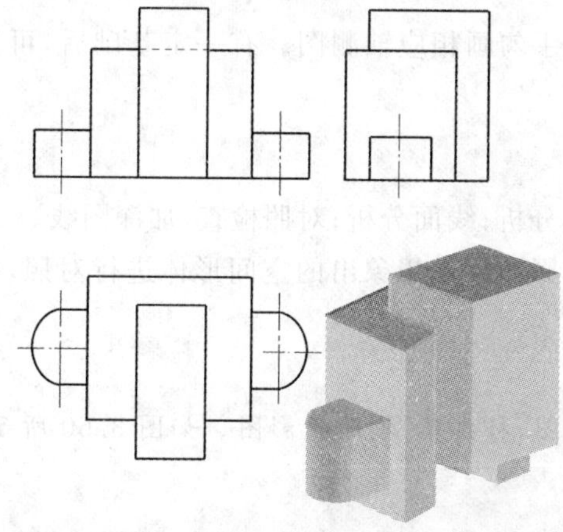

图 3.58　形体分析法读图

2. 线面分析法

线面分析法是以线和面的投影特点为基础,对投影图中的每条线和由线围成的各个线框进行分析,根据它们的投影特点,明确它们的空间形状和位置,综合想象出整个形体的形状。

【案例实解】

根据组合体投影图想象其空间形状,并画出其轴测图。如图3.59所示。

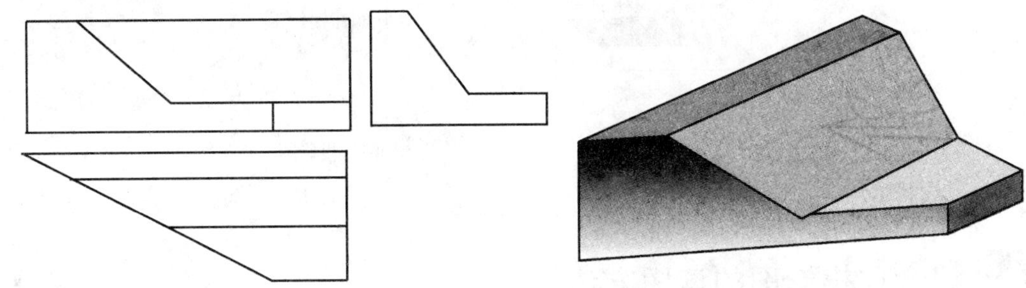

图3.59 线面分析法识图

3. 读图的一般步骤

一般以形体分析法为主,线面分析法为辅。对于叠加式组合体较多采用形体分析法,对切割式组合体较多采用线面分析法。通常先用形体分析法获得组合体粗略的大体形象后,对于图中个别较复杂的局部,再辅以线面分析法进行较详细的分析,有时还可以利用标注的尺寸帮助分析。

(1)浏览投影图,概略了解。分析有无曲线,判断是平面体还是曲面体,是否对称等。

(2)形体分析。

(3)线面分析。

(4)综合想象形体,仔细对照印证。

3.3.4 组合体投影图的补图

由组合体的两个投影图补画第三个投影图,简称"二补三",这是读图训练的重要手段。

1. 思路

首先要正确读懂投影图,再根据想象的空间形体补画出第三投影图,最后检查所补投影图与已知投影图是否符合投影关系。

2. 手段

读图初期或疑难部分最好徒手勾画相应轴测图。有一定基础后,可边想边画。最后一定要将所补投影图与已知投影图对照印证。

3. 一般步骤

浏览投影图,概略了解;形体分析;线面分析;对照检查,加深图线。

将补画的投影图和已知的投影图以及想象出的空间形体进行对照,检查是否符合投影关系。常用线面分析法来印证。

【案例实解】

已知组合体 V 面、H 面投影图,补画其 W 面投影图。如图3.60所示。

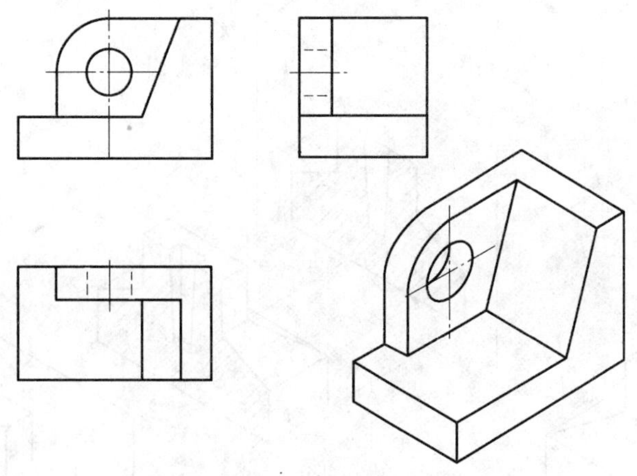

图 3.60　组合体投影图补图

3.3.5 剖面图

三视图虽然能清楚地表达出物体的外部形状，但内部形状却需用虚线来表示，对于内部形状比较复杂的物体，就会在图上出现较多的虚线，虚实重叠，层次不清，看图和标注尺寸都比较困难。为此，标准中规定用剖面图表达物体的内部形状。

1. 剖面图的形成与基本规则

(1)剖面图的形成。

假想用一个剖切平面将物体切开，移去观察者与剖切平面之间的部分，将剩下的那部分物体向投影面投影，所得到的投影图就称为剖面图，简称剖面。如图 3.61 所示。

(2)画剖面图的基本规则。

由剖面图的形成过程和识别需要，可概括出画剖面图的基本规则如下：

①假想的剖切平面通常为投影面平行面。

②剖面图除应画出剖切面剖切部分的图形外，还应画出沿投射方向看到的部分，被剖切到部分的轮廓线用粗实线绘制，剖切面没有切到、但沿投射方向可以看到的部分，用中实线绘制。

③为了区分断面实体和空腔，并表现材料和构造层次。在断面上画上材料图例(也称剖面符号)。其表示方法有三种：一是不需明确具体材料时，一律画 45°方向的间隔均匀的细实线，且全图方向间隔一致；二是按指定材料图例(表 3.6)绘制，若有两种以上材料，则应用中实线画出分层线；三是在断面很狭小时，用涂黑(如金属薄板，混凝土板)或涂红(如小比例的墙体断面)表示。

④标注剖切符号。剖切符号应由剖切位置线和投射方向线组成，均应以粗实线绘制。剖切位置线的长度宜为 6～10 mm；投射方向线应垂直于剖切位置线，长度宜为 4～6 mm。剖切符号不应与其他图线相接触。

⑤剖切符号的编号宜采用阿拉伯数字，按顺序由左至右，由下至上连续编排，并应注写在剖视方向线的端部。

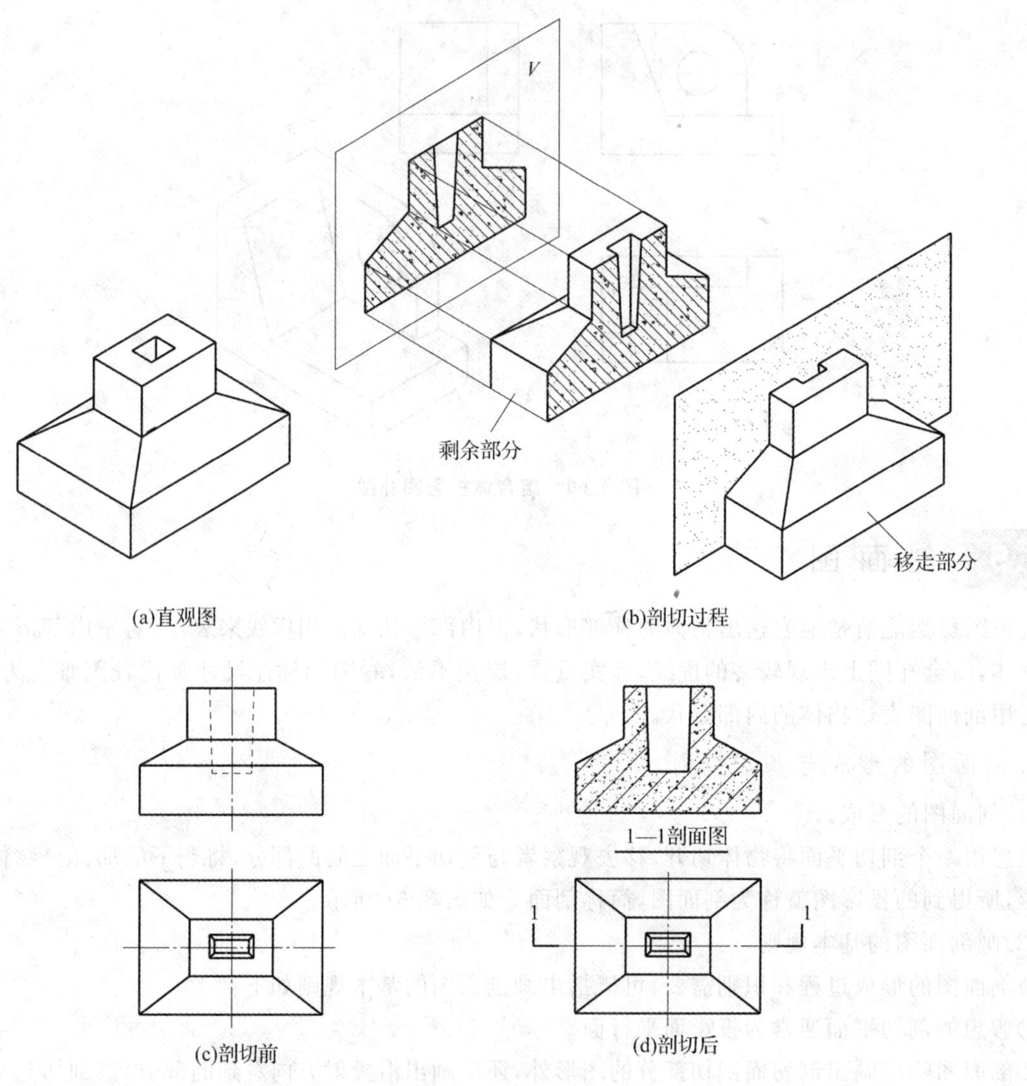

图 3.61 剖面图的形成

表 3.6 常用建筑材料图例

序号	名称	图例	说明	序号	名称	图例	说明
1	自然土壤		细斜线为 45°(以下均相同)	2	夯实土壤		
3	砂、灰图粉刷		粉刷的点较稀	4	砂砾石、三灰石		
5	普通砖		砌体断面较窄时可涂红	6	耐火砖		包括耐酸砖
7	空心砖		包括多孔砖	8	饰面砖		包括地砖、瓷砖、马赛克、人造大理石
9	毛石			10	天然石材		包括砌体、贴面

续表 3.6

序号	名称	图例	说明	序号	名称	图例	说明
11	混凝土		断面狭窄时可涂黑	12	钢筋混凝土		断面狭窄时可涂黑
13	多孔材料		包括珍珠岩、泡沫混凝土、泡沫塑料	14	纤维材料		各种麻丝、石棉、纤维板
15	松散材料		包括木屑、稻壳	16	木材		木材横断面，左图为简化画法
17	胶合板		层次另注明	18	石膏板		
19	玻璃		包括各种玻璃	20	橡胶		
21	塑料		包括各种塑料及有机玻璃	22	金属		断面狭小时可涂黑
23	防水材料		上图用于多层或比例较大时	24	网状材料		包括金属、塑料网

2.剖面图的类型与应用

为了适应建筑形体的多样性，在遵守基本规则的基础上，由于剖切平面数量和剖切方式不同而形成下列常用类型：全剖面图、半剖面图、局部剖面图和阶梯剖面图。

(1)全剖面图。

全剖面图是用一个剖切平面把物体全部剖开后所画出的剖面图。它常应用在某个方向外形比较简单，而内部形状比较复杂的物体上。如图 3.62 所示就是全剖面图。

如图 3.62(a)所示内为一双杯基础的两面投影图。若需将其正立面图改画成全剖面，并画出左侧立面的剖面图，材料为钢筋混凝土，可先画出左侧立面图的外轮廓后，再分别改画成剖面图，并标注剖切代号，如图 3.62(b)所示。

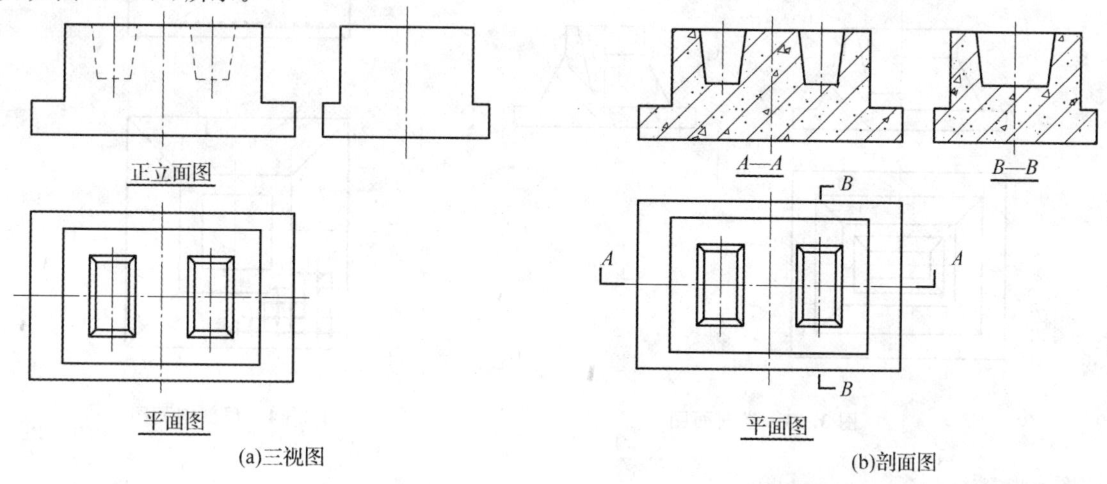

图 3.62 全剖面图

从图中可以看出，为了突出视图的不同效果，平面图的可见轮廓线改用中实线；两剖面图的断面轮廓用粗实线，而杯口顶用细实线，与材料图例中的45°细线方向一致；剖面取在前后的对称面上，而 *B*—*B* 剖面取在右边杯口的局部对称线上。

(2)半剖面图。

在对称物体中，以对称中心线为界，一半画成视图，一半画成剖面图后组合形成的图形称为半剖面图，如图3.63所示，半剖面图经常运用在对称或基本对称，内外形状均比较复杂的物体上，同时表达物体的内部结构和外部形状。

在画半剖面图时，一般多是把半个剖面图画在垂直对称线的右侧或画在水平对称线的下方。必须注意：半个剖面图与半个视图间的分界线规定必须画成点画线。此外，由于内部对称，其内形的一半已在半个剖面图中表示清楚，所以在半个视图中，表示内部形状的虚线就不必再画出了。

半剖面的标注方法与全剖面相同，在图3.63中由于正立面图及左侧立面图中的半剖面都是通过物体上左右和前后的对称面进行剖切的，故可省略标注；如果剖切平面的位置不在物体的对称面上，则必须用带数字的剖切符号把剖切平面的位置表示清楚，并在剖面图下方标明相应的剖面图名称：×—×(省去了剖面图三字)。

(3)局部剖面。

用剖切平面局部地剖开不对称的物体，以显示物体该局部的内部形状所画出的剖面图称为局部剖面图。如图3.64所示的柱下基础，为了表现底板上的钢筋布置，对正立面和平面图都采用了局部剖的方法。

当物体只有局部内形需要表达，而仍需保留外形时，应用局部剖面就比较合适，能达到内外兼顾、一举两得的表达目的。局部剖只是物体整个外形投影图中的一个部分，一般不标注剖切位置。局部剖面与外形之间用波浪线分界。波浪线不得与轮廓线重合，也不得超出轮廓线之外，在开口处也不能有波浪线。

在建筑工程图中，常用分层局部剖面图来表达屋面、楼面和地面的多层构造，如图3.65所示。

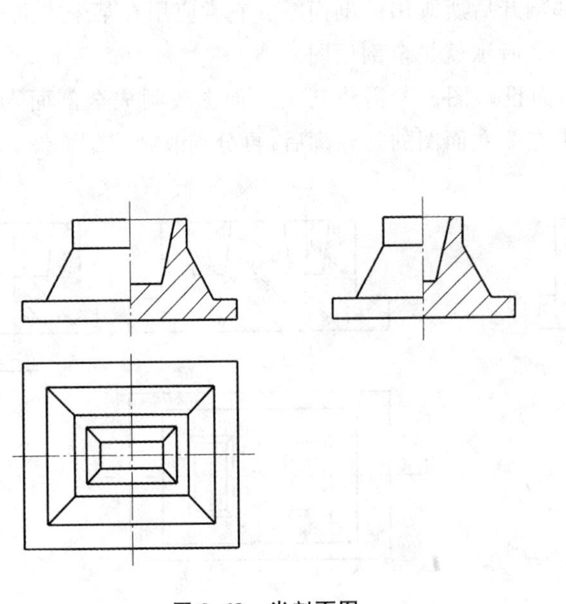

图3.63　半剖面图

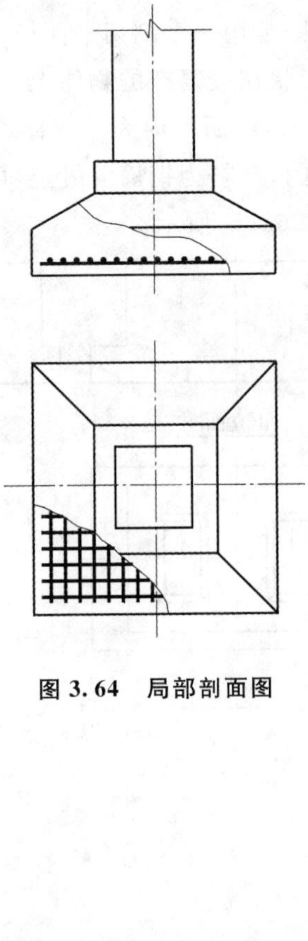

图3.64　局部剖面图

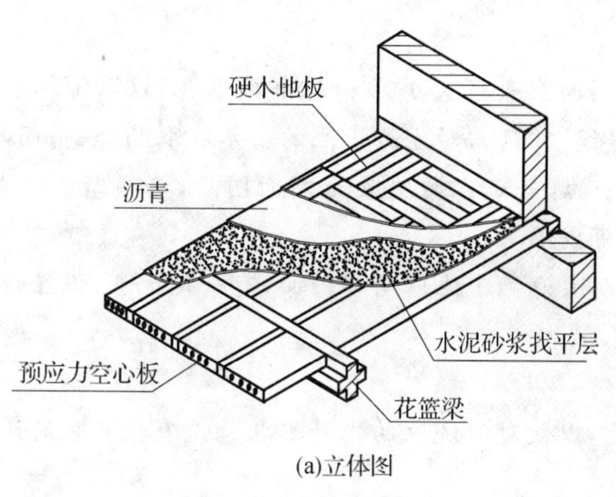

(a)立体图

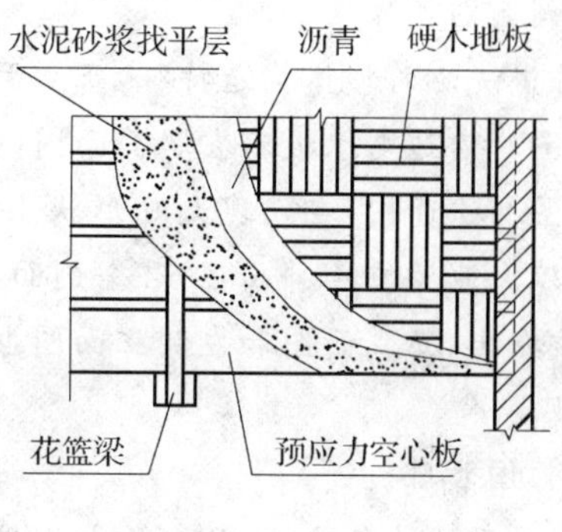

(b)平面图

图3.65　分层局部剖面图

(4)阶梯剖面图。

用一组投影面平行面剖开物体，将各个剖切平面截得的形状画在同一个剖面图中所得到的图形称为阶梯剖面图，如图3.66所示。阶梯剖面图运用在内部有多个孔槽需剖切，而这些孔槽又分布在几个互相平行的层面上的物体，可同时表达多处内部形状结构，且整体感较强。

在阶梯剖面图中不可画出两剖切平面的分界线；还应避免剖切平面在视图中的轮廓线位置上转折。在转折处的断面形状应完全相同。

阶梯剖一定要完整地标注剖切面起始和转折位置，投影方向和剖面名称。

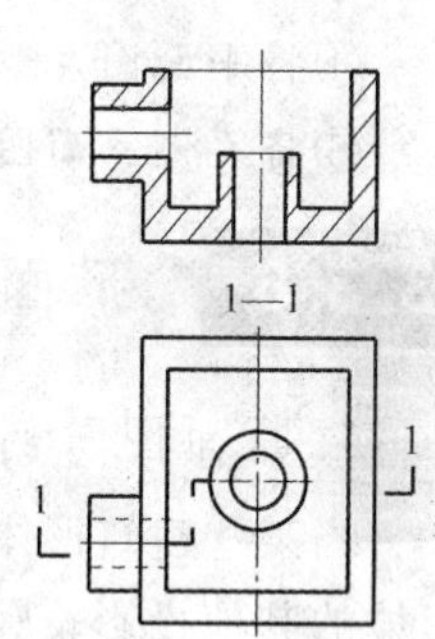

图3.66　阶梯剖面图

【案例实解】

已知盥洗池的正立面图和平面图，将其改成适当的剖面图，并作左侧立面的剖面图，如图3.67所示。

作图：

(1)形体分析。

根据图3.67视图的对应关系可以看出，该盥洗池由两部分组成，左边为一小方形池，靠左后方池壁上开有一排水孔；右边为一大池，外形为长方体搁置在两块支承板上，大池内左边为上大下小的梯形漏斗池，池底有一排水孔；右边为带小坡度的台面。

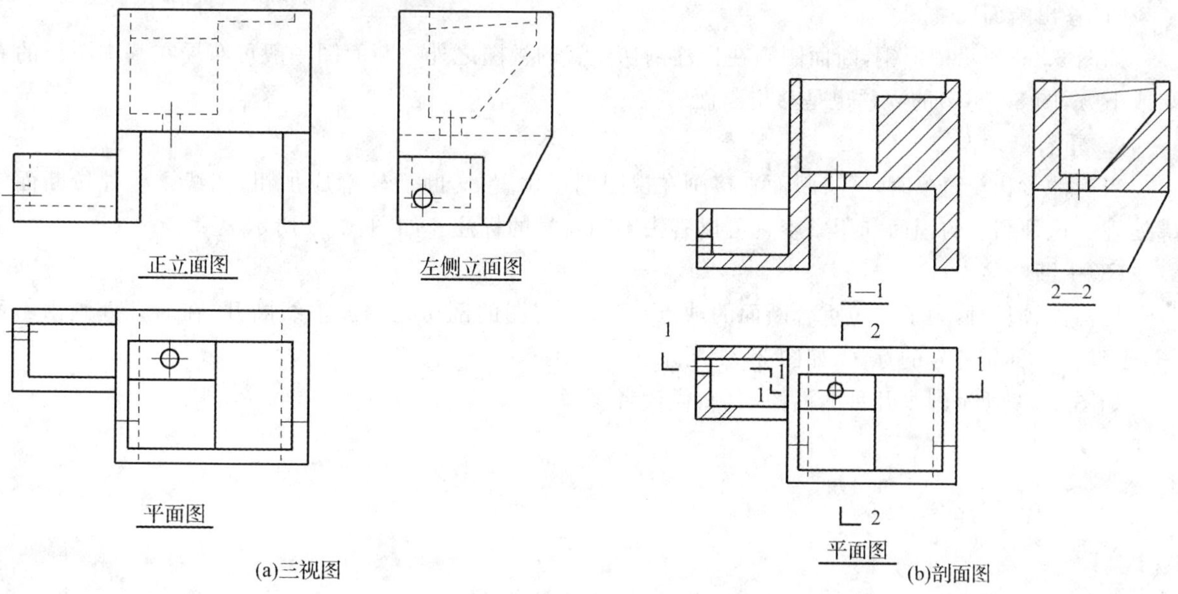

图3.67　剖面图应用实例

(2)剖面图选择。

针对盥洗池的形体构造特征,正立面图上取剖面应兼顾大小池和两个排水孔,以取阶梯剖 1—1 为宜;平面图对右边支承板不宜取剖面图(仍保留虚线)。只需对左边小池的出水孔取局部剖;而原两视图(正立面图和平面图)在表现大池形状上是不充分的,若正立面图改为剖面图后,其横断面更是表达不清,必须以大池为重点补画 2—2 全剖面图,小池可以不考虑。

应该指出,正立面图和左侧立面图也可分别对大池和小池取局部剖面,有一定优点,但显得零散,缺乏整体性。

(3)作图步骤。

①先补画出左侧立面图底稿,如图 3.67 所示,以便对盥洗池的内外形状构造有较充分的认识。

②在平面图上标注剖切平面的位置。

③将正立面图改画成 1—1 阶梯剖。

④将平面图左边小池改画成局部剖。

⑤将左侧立面图底稿改画成 2—2 全剖面图(图 3.67)。

3.3.6 断面图

1. 断面图与剖面图的区别

当某些建筑形体只需表现某个部位的截断面实形时,在进行假想剖切后只画出截断面的投影,而对形体的其他投影轮廓不予画出,称此截断面的投影为断面图(又称截面图)。

现以如图 3.68(a)所示钢筋混凝土柱为例,说明在同一部位取剖面图和断面图的区别。

图 3.68(b)为剖面图,图 3.68(c)为断面图。在投影上 1—1 断面只反映了上柱正方形断面实形,2—2 断面只反映下柱工字形断面的实形;在剖切符号标记上,断面图只画出剖切位置线,并应以粗实线绘制,长度宜为 6～10 mm。剖切面编号宜采用阿拉伯数字,按顺序连续编排,并应注写在剖切位置线的一侧,编号所在的一侧应为该断面的剖视方向。断面只需用粗实线画出剖切面切到的图形。

2. 断面图的类型与应用

根据形体特征的不同和断面图的配置形式不同,可将断面图分为三类。

(1)移出断面。

如图 3.69 所示槽形钢,断面图画在标注剖切位置的视图之外。断面图一般可布局在基本图样的右端或下方,图 3.68(c)的立柱也是移出断面。

(2)重合断面。

当构件形状较简单时,可将断面直接画在视图剖切位置处,断面轮廓应加粗,图线重叠处按断面轮廓处理。这种画法的幅面利用紧凑且可以省去剖切符号的标注。如图 3.70 所示。

(3)中断断面。

当构件较长时,为了避免重合断面的缺点,将基本视图的剖切处用波浪线断开,在断开处画出断面图,也省去了剖切符号的标注,如图 3.71 所示。

如图 3.72 所示列举几种断面图实例,供读者参考。

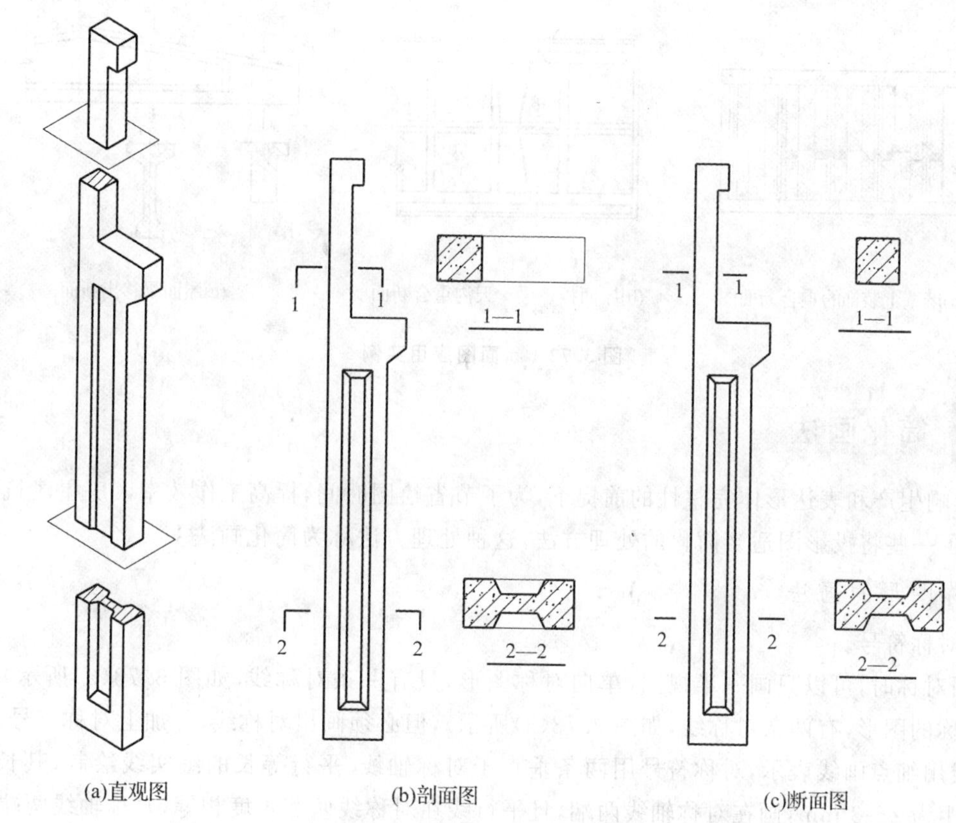

(a)直观图　　(b)剖面图　　(c)断面图

图 3.68　剖面图与断面图的区别

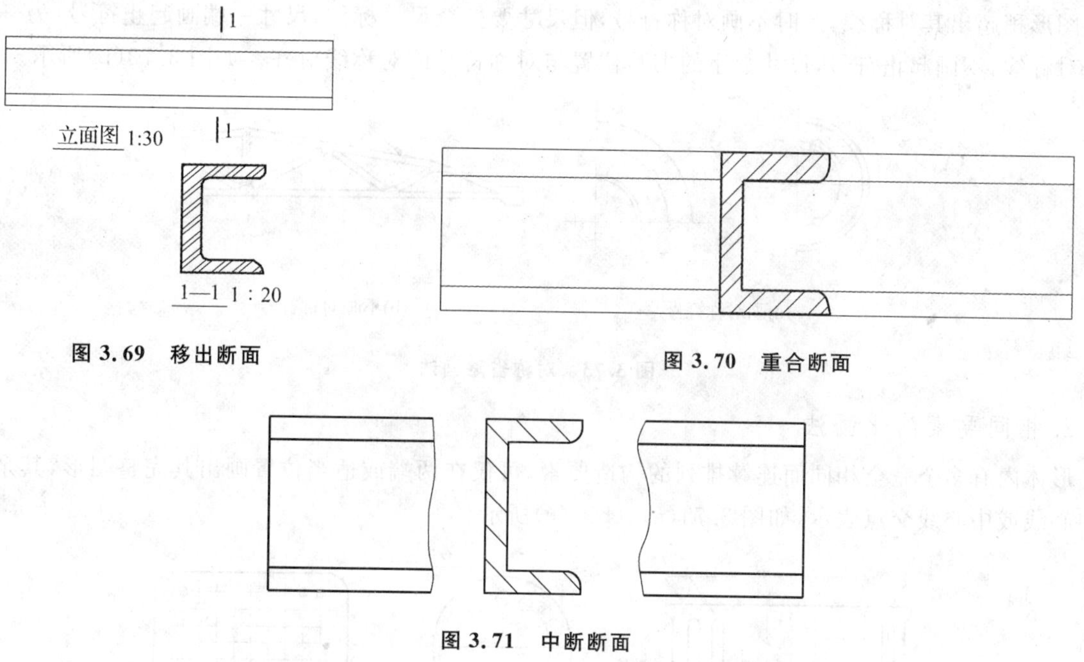

图 3.69　移出断面

图 3.70　重合断面

图 3.71　中断断面

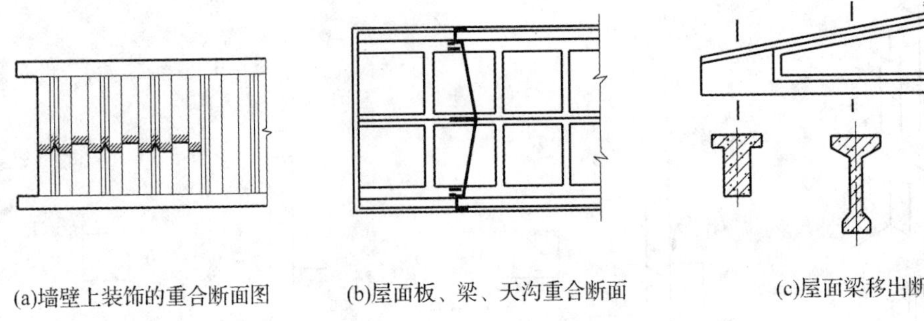

(a)墙壁上装饰的重合断面图　(b)屋面板、梁、天沟重合断面　(c)屋面梁移出断面

图 3.72　断面图应用实例

3.3.7 简化画法

在不影响生产和表达形体完整性的前提下，为了节省绘图时间，提高工作效率，《房屋建筑制图统一标准》规定了一些将投影图适当简化的处理方法，这种处理方法称为简化画法。

1. 对称图形的画法

(1)用对称符号。

当视图对称时，可以只画一半视图（单向对称图形，只有一条对称线，如图 3.73(a)所示）或 1/4 视图（双向对称的图形，有两条对称线，如图 3.73(a)所示），但必须画出对称线，并加上对称符号。

对称线用细点画线表示，对称符号用两条垂直于对称轴线、平行等长的细实线绘制，其长度为 6～10 mm，间距为 2～3 mm，画在对称轴线两端，且平行线在对称线两侧长度相等，对称轴线两端的平行线到投影图的距离也应相等。

(2)不画对称符号。

图形稍超出其对称线，此时不画对称符号，但尺寸要按全尺寸标注，尺寸一端画起止符号，另一端要超出对称线，不画起止符号，尺寸数字的书写位置与对称符号或对称线对齐。如图 3.73(b)所示。

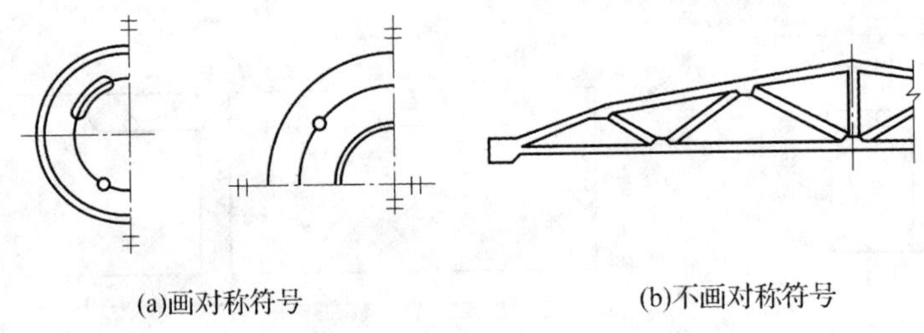

(a)画对称符号　(b)不画对称符号

图 3.73　对称省略画法

2. 相同要素简化画法

形体内有多个完全相同而连续排列的构造要素，可仅在两端或适当位置画出其完整图形，其余部分以中心线或中心线交点表示，如图 3.74(a)、(b)、(c)所示。

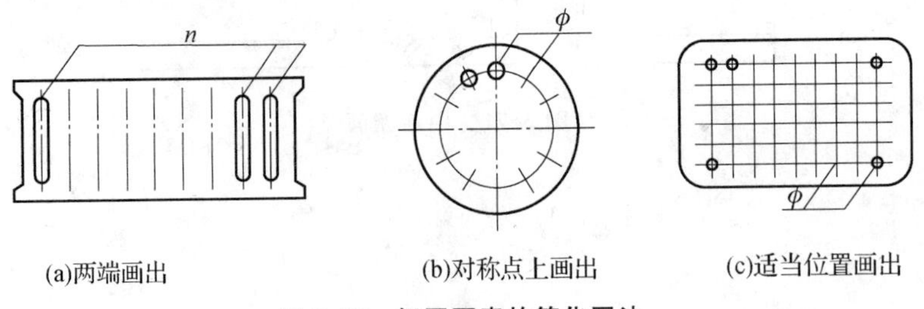

(a)两端画出　(b)对称点上画出　(c)适当位置画出

图 3.74　相同要素的简化画法

3.4　轴测投影图的绘制

3.4.1　轴测投影认知

1. 轴测投影的作用

轴测图是一种能够在一个投影图中同时反映形体三维结构的图形。

如图 3.75 所示是一立体的正投影图和轴测投影。显而易见，轴测图直观形象，易于看懂。因此工程中常将轴测投影用作辅助图样，以弥补正投影图不易被看懂的不足。与此同时，轴测投影也存在着一般不易反映物体各表面的实形，因而度量性差，绘图复杂、会产生变形等缺点。

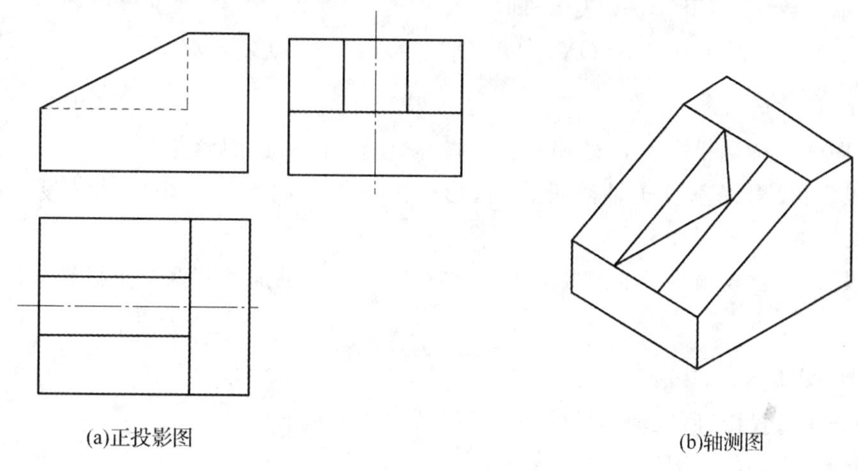

(a)正投影图　　(b)轴测图

图 3.75　正投影图与轴测图对比

2. 轴测投影的形成

轴测投影是用一组互相平行的投射线沿不平行于任一坐标轴的方向将形体连同确定其空间位置的三个坐标轴一起投影到一个投影面(称为轴测投影面)上，所得到的投影称为轴测投影。应用轴测投影的方法绘制的投影图称为轴测投影图，简称轴测图。轴测投影的形成如图 3.76 所示。

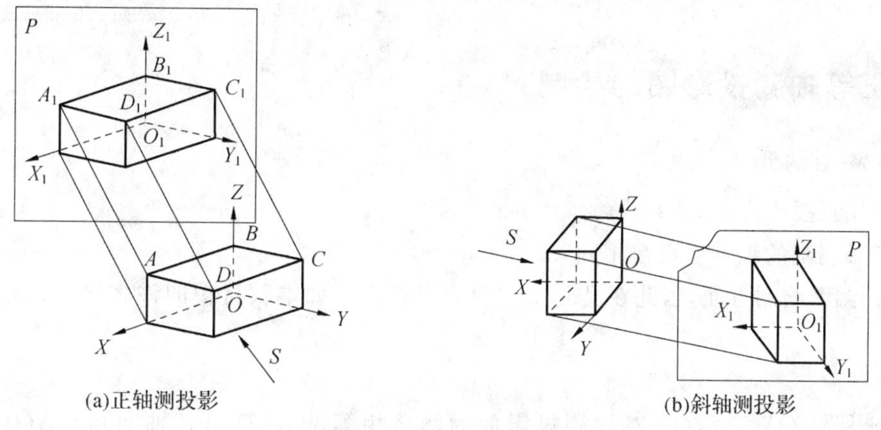

(a)正轴测投影　　(b)斜轴测投影

图 3.76　轴测图的形成

3. 轴测投影常用术语

(1)轴测投影面。

作轴测投影的平面,称为轴测投影面。

(2)轴测投影轴。

空间形体直角坐标轴 OX,OY,OZ 在轴测投影面上的投影 O_1X_1,O_1Y_1,O_1Z_1 称为轴测投影轴,简称轴测轴。

(3)轴间角。

轴测轴之间的夹角 $\angle X_1O_1Z_1,\angle X_1O_1Y_1,\angle Y_1O_1Z_1$ 称之为轴间角。

(4)变形系数。

轴测轴与空间直角坐标轴单位长度之比称为轴伸缩系数,简称变形系数。

由于空间形体的直角坐标轴可与投影面 P 倾斜,其投影都比原来长度短,它们的投影与原来长度的比值称为轴伸缩系数,分别用 p,q,r 表示,即

$$p=O_1X_1/OX,\quad q=O_1Y_1/OY,\quad r=O_1Z_1/OZ$$

4. 轴测投影的分类

根据投影方向 S 与轴测投影面 P 的相对关系,轴测投影可分为两大类:

(1)正轴测投影:投射线垂直于轴测投影面,形体的三个方向的面及坐标轴与投影面倾斜,如图 3.76(a)所示。

(2)斜轴测投影:投射线倾斜于轴测投影面,形体的一个方向的面及其两个坐标轴与投影面平行,如图 3.76(b)所示。

5. 轴测投影的特点

轴测投影属于平行投影,所以轴测投影具有平行投影中的所有特性。

(1)两直线平行,它们的轴测投影也平行。

(2)凡是与坐标轴平行的直线,必平行于相应的轴测轴,均可沿轴的方向量取尺寸。

(3)两平行线段的轴测投影长度与空间长度的比值相等。

技术点睛

所画线段与坐标轴不平行时,不可在图上直接量取,而应先做出线段两端点的轴测图,然后连线得到线段的轴测图。另外,在轴测图中一般不画虚线。

3.4.2 正等轴测投影图的绘制

1. 正等轴测图的形成

正 —— 采用正投影方法。

等 —— 三轴测轴的轴伸缩系数相同,即 $p=q=r$。

由于正等轴测图绘制方便,因此在实际工作中应用较多。如本教材中的许多例图都采用了正等测画法。

(1)轴间角。

由于空间坐标轴 OX,OY,OZ 对轴测投影面的倾角相等,可计算出其轴间角 $\angle XOY=\angle XOZ=\angle YOZ=120°$,如图 3.77 所示,其中 OZ 轴画成铅垂方向。

(2)轴伸缩系数。

由于空间形体的直角坐标轴可与投影面 P 倾斜，其投影都比原来长度短，它们的投影与原来长度的比值，称为轴伸缩系数，分别用 p,q,r 表示，即

$$p=O_1X_1/OX,\quad q=O_1Y_1/OY,\quad r=O_1Z_1/OZ$$

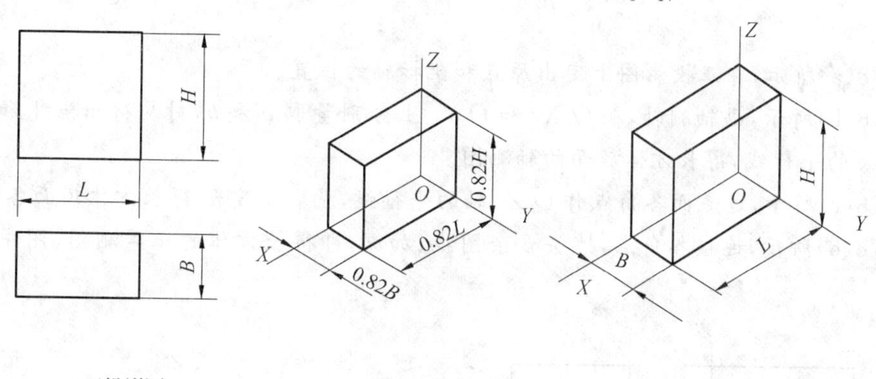

(a)正投影图　　(b)正等测图　　(c)采用简化系数的正等测图

图 3.77　正等测图绘制

由理论计算可知：三根轴的轴伸缩系数为 0.82，如按此系数作图，就意味着在画正等测图时，物体上凡是与坐标轴平行的线段都应将其实长乘以 0.82。为方便作图，轴向尺寸一般采用简化轴伸缩系数：$p=q=r=1$。这样轴向尺寸即被放大 $k=1/0.82\approx1.22$ 倍，所画出的轴测图也就比实际物体大，这对物体的形状没有影响，两者的立体效果是一样的，如图 3.77 所示，但却简化了作图。

2. 平面立体正等轴测图的画法

画平面立体正等轴测图的最基本的方法是坐标法，即沿轴测轴度量定出物体上一些点的坐标，然后逐步由点连线画出图形。在实际作图时，还可以根据物体的形体特点，灵活运用各种不同的作图方法，如坐标法、切割法、叠加法等。

(1)坐标法。

坐标法是绘制轴测图的基本方法。画图时沿坐标轴测量出各顶点的坐标，然后再沿着对应的轴测轴画出各顶点的轴测图，最后将对应点用直线连接。

技术点睛

坐标法不但适用于平面立体，也适用于曲面立体；不但适用于正等测图，也适用于其他轴测图的绘制。

(2)切割法。

对于不完整的形体，可先用坐标法按完整形体画出，然后再用切割的方法画出不完整的部分。

技术点睛

切割法适用于以切割方式构成的平面立体。

(3)叠加法。

叠加式的组合体可以用坐标法依次画出每个形体。为简化作图，尽量避免画出不可见的线段。

技术点睛

叠加法适于绘制主要形体是由堆叠形成的形体轴测图，但应准确定位。

以上三种方法都需要定坐标原点，然后按各线、面端点的坐标在轴测坐标系中确定其位置，故坐标法是画图的最基本方法。当绘制复杂物体的轴测图时，上述三种方法往往综合使用。

【案例实解】

已知长方体的三视图，用坐标法画出正等测图，如图 3.78 所示。

做法：

①如图 3.78(a)所示，在正投影图上定出原点和坐标轴的位置。

②如图 3.78(b)所示，画轴测轴，在 O_1X_1 和 O_1Y_1 上分别量取 a 和 b，对应得出点Ⅰ和Ⅱ，过Ⅰ，Ⅱ作 O_1X_1 和 O_1Y_1 的平行线，得长方体底面的轴测图。

③如图 3.78(c)所示，过底面各角点作 O_1Z_1 轴的平行线，量取高度 h，得长方体顶面各角点。

④如图 3.78(d)所示，连接各角点，擦去多余图线、加深，即得长方体的正等测图，图中虚线可不必画出。

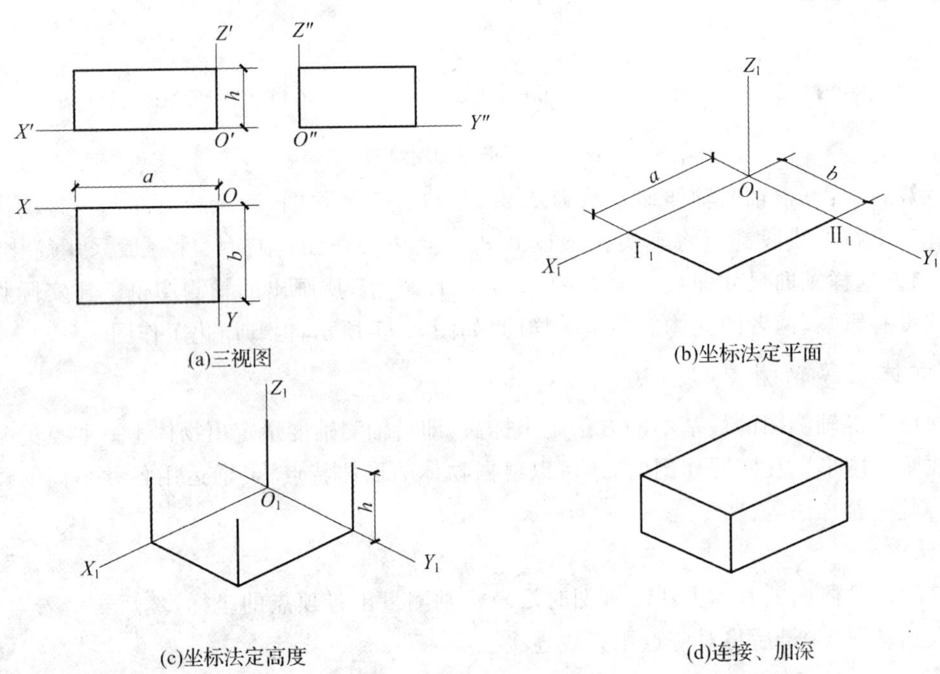

(a)三视图　(b)坐标法定平面　(c)坐标法定高度　(d)连接、加深

图 3.78　坐标法画正等测图的步骤

【案例实解】

1.已知切割体的三视图，用切割法画出正等测图，如图 3.79 所示。

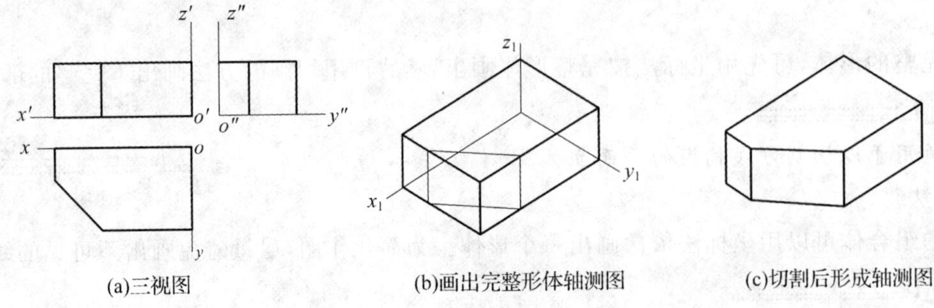

(a)三视图　(b)画出完整形体轴测图　(c)切割后形成轴测图

图 3.79　切割法画正等测图的步骤

练习：用切割法画出如图 3.80 所示正等测图。

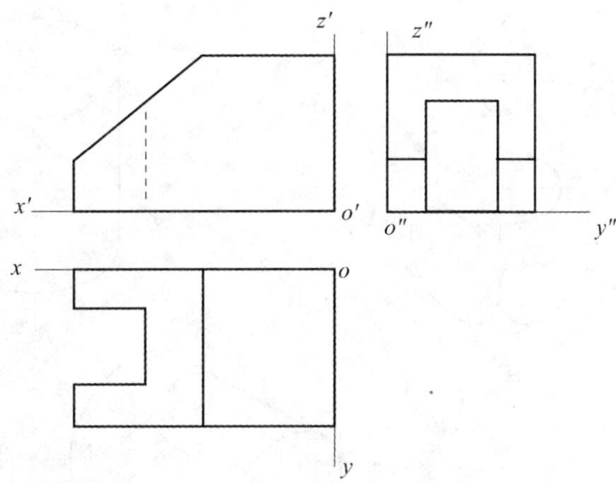

图 3.80　用切割法画出正等测图

2. 已知组合体的三视图，用叠加法画出正等测图，如图 3.81 所示。

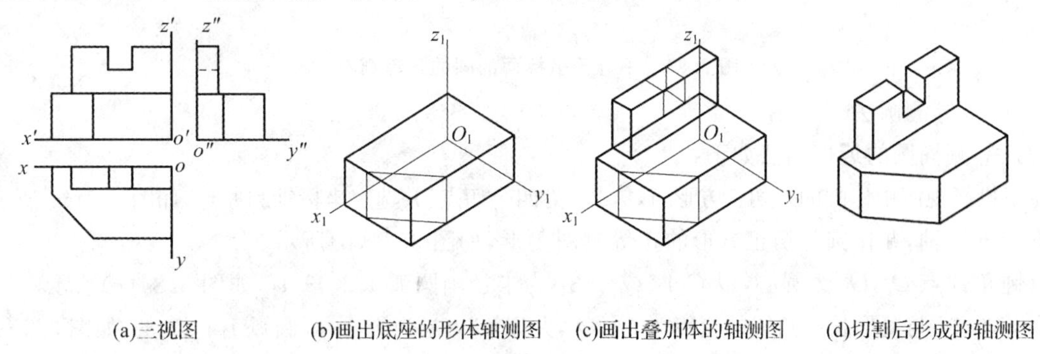

图 3.81　叠加法画正等测图的步骤

练习：用叠加法画出如图 3.82 所示正等测图。

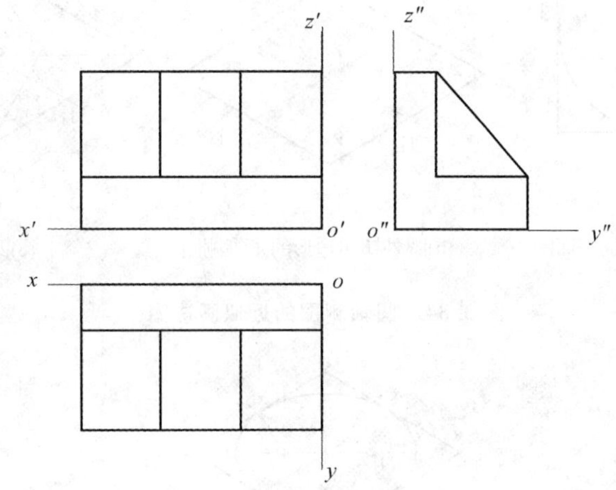

图 3.82　用叠加法画出正等测图

3. 曲面体正等轴测图的画法

(1)平行于坐标平面的圆的正等轴测图特点。

画曲面体时经常遇到圆或圆弧，由于各坐标面对正等轴测投影面都是倾斜的，因此平行于坐标平面的圆的正等轴测投影是椭圆。而圆的外切正方形在正等测投影中变形为菱形，因而圆的轴测投影就是内接于对应菱形的椭圆，如图 3.83 所示。

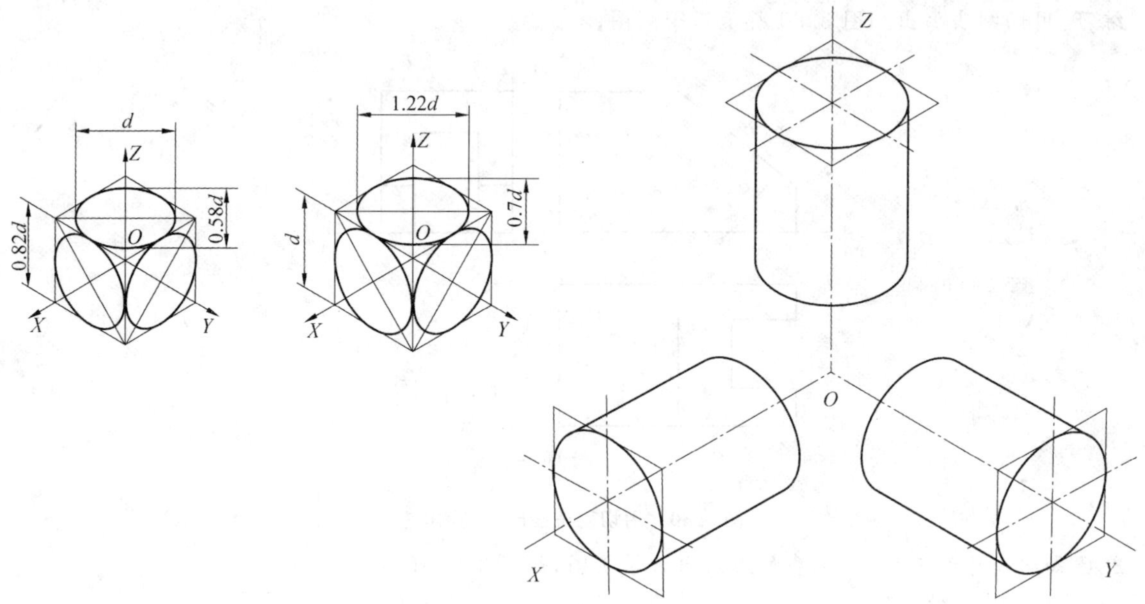

图 3.83　平行于坐标面的圆的正等测图

(2)圆的正等测画法。

圆的正等测椭圆的近似画法如下：

①在正投影视图中作圆的外切正方形，1，2，3，4 为四个切点，并选定坐标轴和原点，如图 3.84(a)所示。

②确定轴测轴，并作圆外切正方形的正等测图菱形，如图 3.84(b)所示。

③以钝角顶点 O_2，O_3 为圆心，以 $O_2 1_1$ 或 $O_3 3_1$ 为半径画圆弧 $1_1 2_1$，$3_1 4_1$，如图 3.84(c)所示。

④$O_3 4_1$，$O_3 3_1$ 与菱形长对角线的交点为 O_4，O_5，并以 O_4，O_5 为圆心，画圆弧 $1_1 4_1$，$2_1 3_1$，如图 3.85 所示。

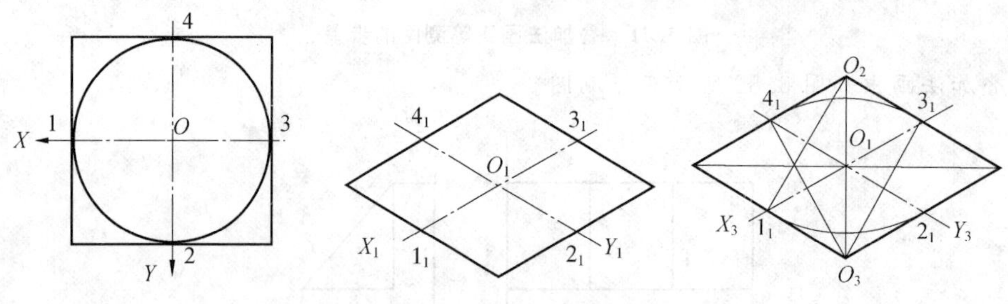

(a)圆及外切四边形的平面图　(b)圆外切四边形的正等测图　(c)四心圆法

图 3.84　圆轴测图的近似画法图

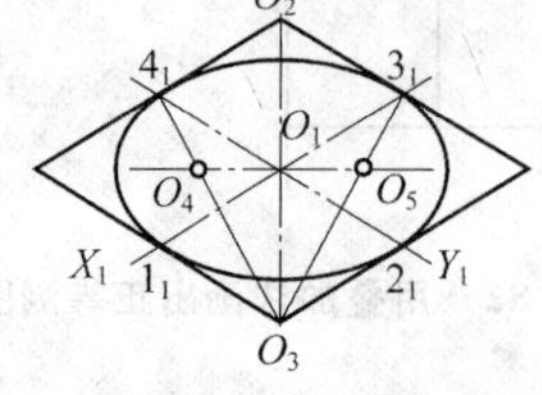

图 3.85　菱形四心法求圆的轴测图

【案例实解】

根据圆柱体的正投影图，如图3.86所示，作圆柱体的正等测图。

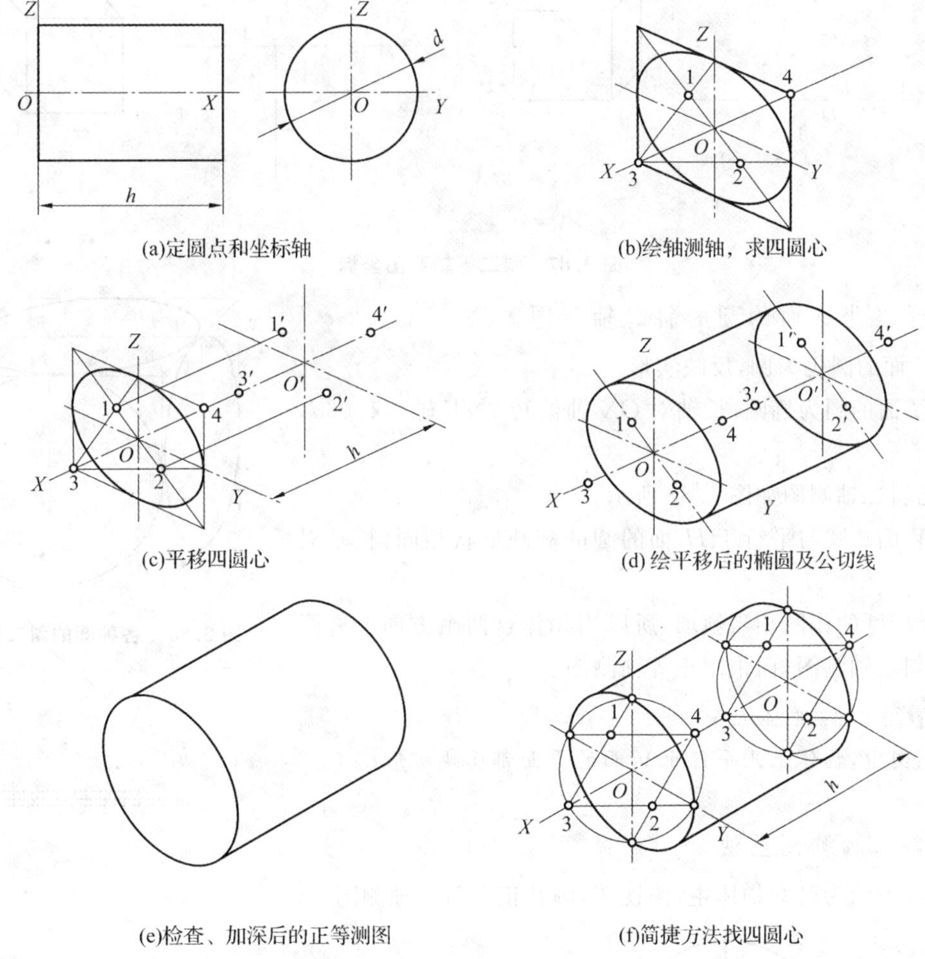

(a)定圆点和坐标轴　(b)绘轴测轴，求四圆心

(c)平移四圆心　(d)绘平移后的椭圆及公切线

(e)检查、加深后的正等测图　(f)简捷方法找四圆心

图3.86　圆柱体正等测图的画法

做法：

掌握了圆的正等测画法，圆柱体的正等测也就容易画出了。只要分别做出其顶面和底面的椭圆，再作其公切线就可以了。如图3.86(a)～图3.86(f)所示为绘制圆柱体正等测图的步骤。

①根据投影图定出坐标原点和坐标轴，如图3.86(a)所示。

②绘制轴测轴，做出侧平面内的菱形，求四心，绘出左侧圆的轴测图，如图3.86(b)所示。

③沿 X 轴方向平移左面椭圆的四心，平移距离为圆柱体长度 h，如图3.86(c)所示。

④用平移得的四心绘制右侧面椭圆，并作左侧面椭圆和右侧面椭圆的公切线，如图3.86(d)所示。

⑤擦除不可见轮廓线并加深结果，如图3.86(e)所示。

⑥用简便方法直接画圆找四心，如图3.86(f)所示。

3.4.3　斜等轴测投影图的绘制

1.斜二轴测图

轴伸缩系数：$p=r=1, q=0.5$。

轴间角：$\angle XOZ=90°, \angle XOY=\angle YOZ=135°$。

斜二等轴测图坐标如图3.87所示。

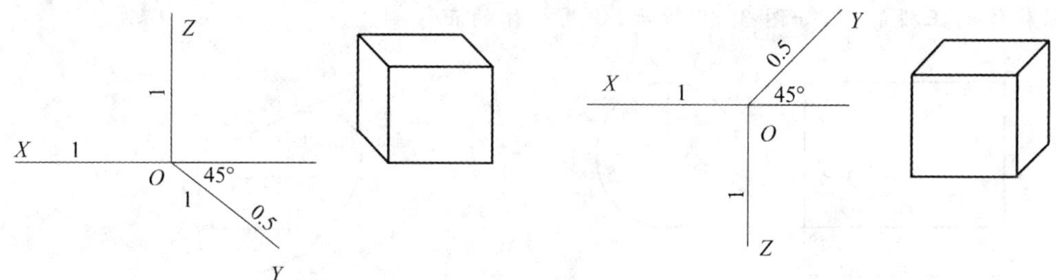

图3.87 斜二等轴测图坐标

2.平行于各坐标面的圆的斜二轴测图画法

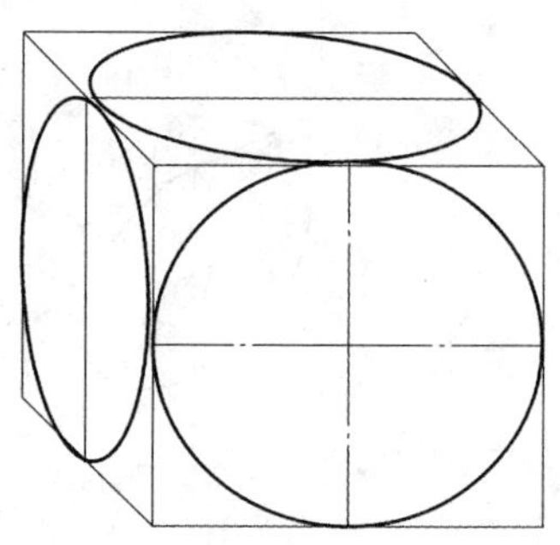

图3.88 各种圆的斜二轴测图

平行于V面的圆仍为圆,反映实形。

平行于H面的圆为椭圆,长轴对OX轴偏转7°,长轴≈1.06d,短轴≈0.33d。

各种圆的斜二轴测图如图3.88所示。

平行于W面的圆与平行于H面的圆的椭圆形状相同,长轴对OZ轴偏转7°。

由于两个椭圆的作图相当烦琐,所以当物体这两个方向上有圆时,一般不用斜二轴测图,而采用正等轴测图。

技术点睛

斜二轴测图中,物体上凡平行于V面的平面都反映实形。

3.正面斜二轴测图画法

如图3.89所示为已知物体主、俯视图,画其正面斜二轴测图。

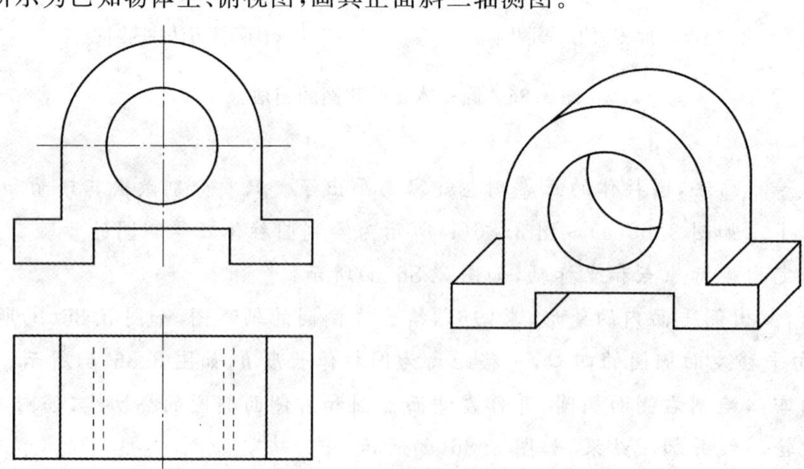

图3.89 正面斜二轴测图

技术点睛

轴测:轴测就是沿着轴的方向可以测量尺寸的意思。在根据三面正投影图画轴测图时在正投影图中沿轴向(长、宽、高)量取实际尺寸后,再画到轴测图中。

【案例实解】

如图 3.90 所示为水平斜等轴测图的绘图步骤，最终结果如图 3.91 所示。

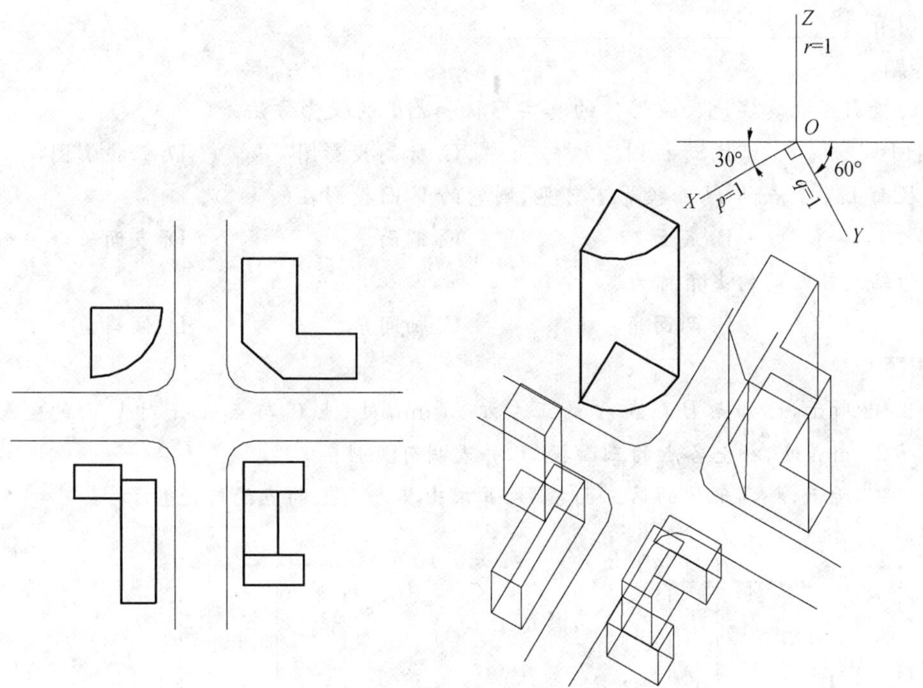

图 3.90　水平斜等轴测图的绘制步骤图

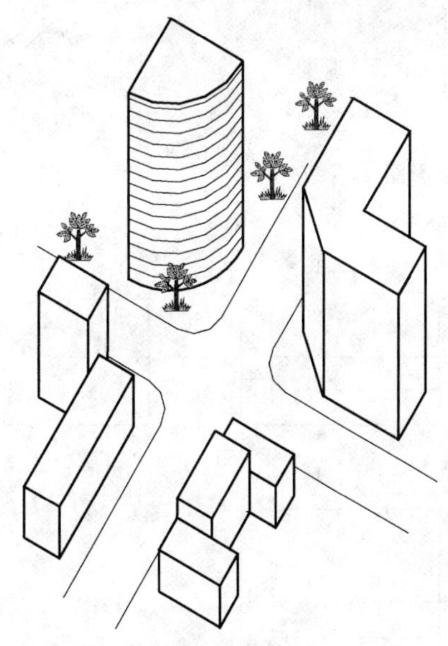

图 3.91　水平斜等轴测图的绘制结果

一、填空题

1. 投影法分 ________和平行投影法，其中平行投影法又分为________法和________法。

2. 组合体的组合类型有________、________和________三种。

3. 轴测投影图按投射线与轴测投影面的关系分为________图和________图。

4. 剖面图的剖切符号由________线和________线组成，并在________线的端部注写剖切符号的________。

5. 断面图有________、________和________。

二、选择题

1. 做出的投影图能真实地反映形体的真实形状和大小的投影方法是(　　)。

A. 轴测图　　B. 透视图　　C. 标高投影图　　D. 正投影图

2. 若圆柱面上某个点的 H 面投影不可见，则它的 V 面投影在(　　)。

A. 顶面　　B. 底面　　C. 侧面　　D. 表面

3. 相邻两轴测轴之间的夹角称为(　　)。

A. 夹角　　B. 两面角　　C. 轴间角　　D. 倾斜角

三、作图题

1. 如图 3.92 所示，已知点 B 在点 A 的正左方 15 mm 处；点 C 与点 A 是对 V 面的重影点，点 D 在点 A 的正下方20 mm 处，补全各点的三面投影，并表明可见性。

2. 如图 3.93 所示，补画形体的第三面投影，并求出其表面上的点的其他投影。

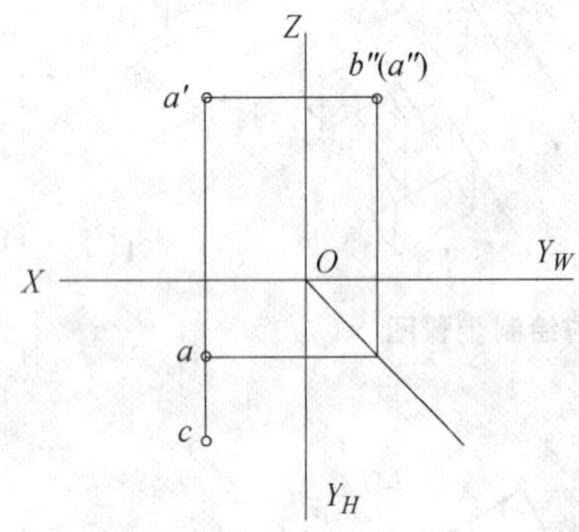

图 3.92　点的三面投影图 1

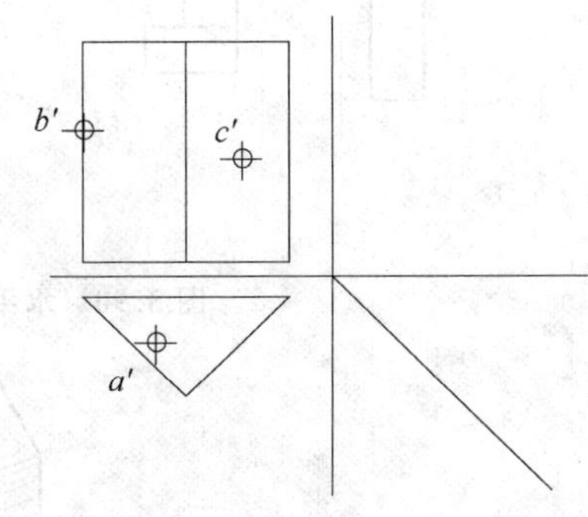

图 3.93　点的投影图 2

3. 如图 3.94 所示，作 1—1 剖面图。

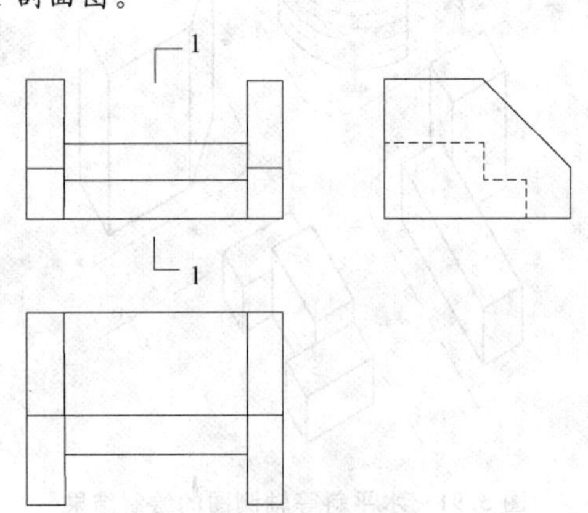

图 3.94　剖面图

1. 如图 3.95 所示，作正等轴测图，尺寸在图中量取。

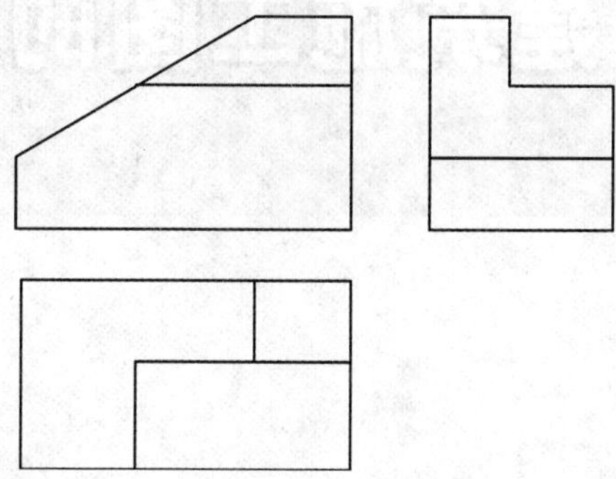

图 3.95　正等轴测图

2. 如图 3.96 所示，补全三视图。

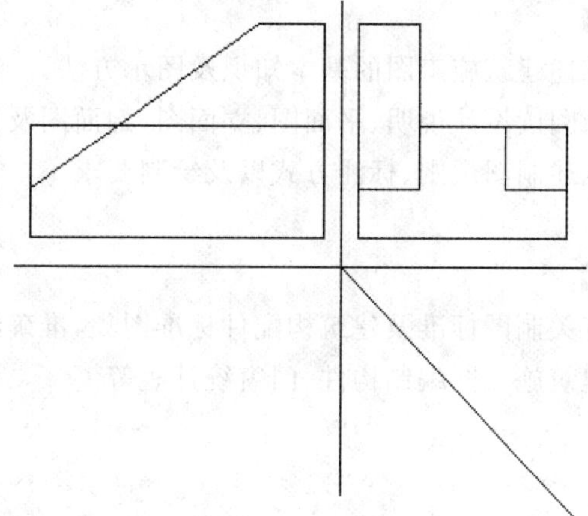

图 3.96　三视图

3. 如图 3.97 所示，补全第三投影，并求出体表面上的点。

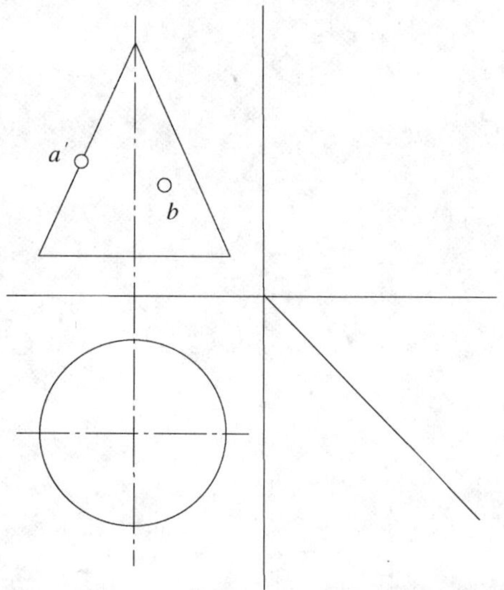

图 3.97　三视图与点的投影

项目4 建筑施工图的绘制与识读

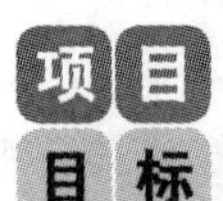

【知识目标】

1. 能熟练陈述建筑施工图的基本知识及图示方法。
2. 能够准确阅读设计说明、平面图、立面图、剖面图及详图。
3. 能熟练陈述制图规则、标注方式以及绘制要求。

【技能目标】

1. 能应用有关制图标准及建筑构配件标准图集,准确绘制及识读建筑施工图。
2. 能根据建筑施工图编制构件、门窗统计表等。

【课时建议】

22 课时

4.1　建筑施工图的作用与内容

建筑按使用功能不同分为工业建筑、农业建筑和民用建筑三大类。工业建筑包括冶金工业、机械工业、化学工业、电子工业、纺织工业、食品工业的各种厂房、仓库等;农业建筑包括谷仓、饲养场和温室等;民用建筑则包括居住建筑(住宅、宿舍和公寓)、公共建筑(学校、医院、商场、宾馆、体育馆和影剧院等)。

房屋建筑图是用来表达房屋内外形状、大小、结构、构造、装饰和设备等情况的图纸,是指导房屋施工的依据,也是进行预算和使用维修的依据。

4.1.1　房屋各组成部分及作用

房屋的组成部分如图 4.1 所示。

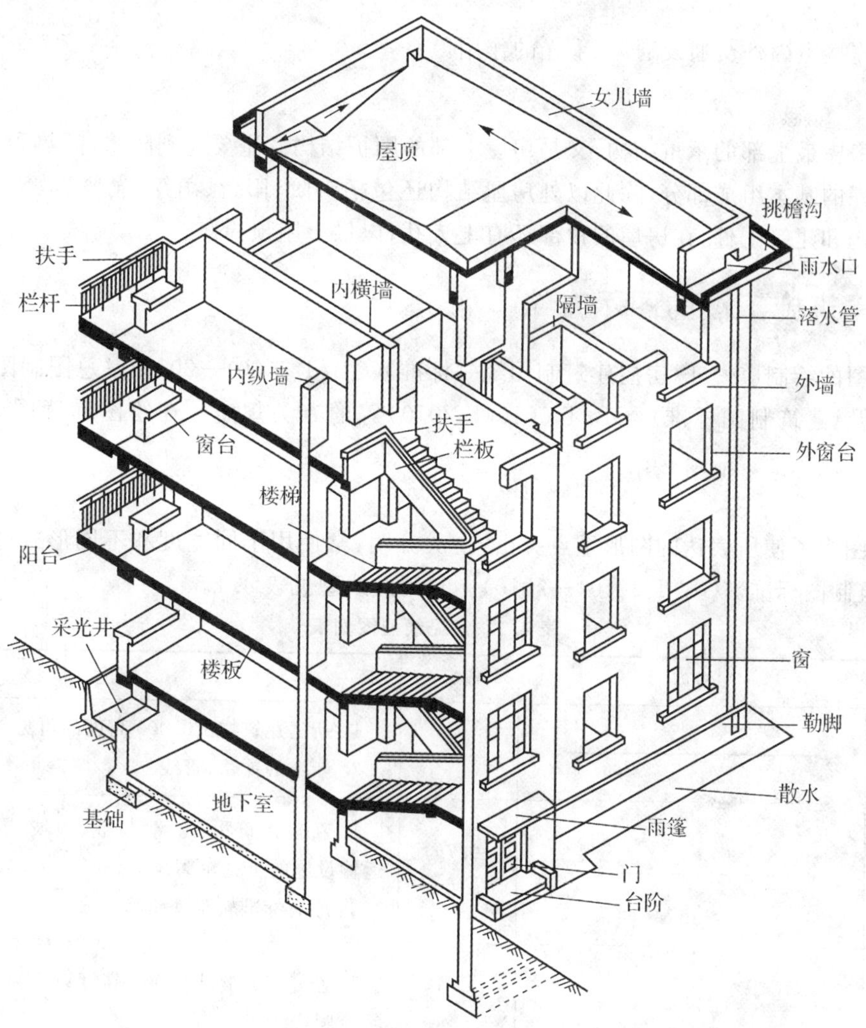

图 4.1　房屋的组成部分

一般情况下，房屋的主要组成部分有：

1. 基础

基础是房屋最下部的承重构件，起着支承整个建筑物的作用。

2. 墙体

墙体是房屋的承重和围护构件，承受来自屋顶和楼面的荷载并传给基础，同时能遮挡风雨对室内的侵蚀。其中外墙起围护作用，内墙起分隔作用。

3. 楼(地)面

楼(地)面是房屋中水平方向的承重构件，同时在垂直方向将房屋分隔为若干层。

4. 楼梯

楼梯是房屋垂直方向的交通设施。

5. 门窗

门窗具有连接室内外交通及通风、采光的作用。

6. 屋顶

屋顶既是房屋最上部的承重结构，又是房屋上部的围护结构。主要起到防水、隔热和保温的作用。

上述为房屋的基本组成部分，除此以外房屋结构还包括台阶、阳台、雨篷、勒脚、散水、雨水管、天沟等建筑细部结构和建筑配件，在房屋的顶部还有上人孔，以供上屋顶检修。

4.1.2 建筑施工图的图示方法

建筑施工图的绘制应遵守《房屋建筑制图统一标准》(GB/T 50001—2010)、《总图制图标准》(GB/T 50103—2010)及《建筑制图标准》(GB/T 50104—2010)等的有关规定。在绘图和读图时应注意以下几点：

(1)线型。

房屋建筑图为了使所表达的图形重点突出，主次分明，常使用不同宽度和不同形式的图线，其具体规定可见《建筑制图标准》(GB/T 50104—2010)。常用的线型见表 4.1。

表 4.1　常见线型图例表

名称		线型	线宽	用途
实线	粗	————————	b	1. 新建建筑物±0.000 高度的可见轮廓线 2. 新建的铁路、管线
	中	————————	$0.7b$ $0.5b$	1. 新建构筑物、道路、桥涵、边坡、围墙、露天堆场、运输设施的可见轮廓线 2. 原有标准轨距铁路
	细	————————	$0.25b$	1. 新建建筑物±0.000 高度以上可见建筑物、构筑物轮廓线 2. 原有建筑物、构筑物、原有窄轨、铁路、道路、桥涵、围墙的可见轮廓线 3. 新建人行道、排水沟、坐标线、尺寸线、等高线

续表 4.1

名称		线型	线宽	用途
虚线	粗	-------------------	b	新建建筑物、构筑物的地下轮廓线
	中	- - - - - - - - - - - -	0.5b	计划预留扩建的建筑物、构筑物、铁路、道路、运输设施、管线、建筑红线及预留用地各线
	细	-------------------	0.25b	原有建筑物、构筑物、管线的地下轮廓线
点画线	粗	——·——·——	b	露天矿开采界限
	中	——·——·——	0.5b	土方填挖区的零点线
	细	——·——·——	0.25b	分水线、中心线、对称线、定位轴线
双点画线	粗	——··——··——	b	用地红线
	中	——··——··——	0.7b	地下开采区塌落界限
	细	——··——··——	0.5b	建筑红线
折断线		——\/——	0.5b	断线
不规则曲线		～～～	0.5b	新建人工水体轮廓线

注：根据各类图纸所表示的不同重点确定使用不同粗细线型

(2)比例。

建筑专业、室内设计专业制图选用的比例应符合表 4.2 的规定。

表 4.2　比例

图名	比例
建筑物或构筑物的平面图、立面图、剖面图	1∶50,1∶100,1∶150,1∶200,1∶300
建筑物或构筑物的局部放大图	1∶10,1∶20,1∶25,1∶30,1∶50
配件及构造详图	1∶1,1∶2,1∶5,1∶10,1∶15,1∶20,1∶25,1∶30,1∶50

(3)尺寸标注。

①除标高和总平面图上的尺寸以“米”为单位外，在房屋建筑图上的其余尺寸均以“毫米”为单位，故可不在图中注写单位。

②建筑物各部分的高度尺寸可用标高表示。标高符号的画法及标高尺寸的书写方法应按照《房屋建筑制图统一标准》(GB/T 50001—2010)的规定执行，如图 4.2 所示。

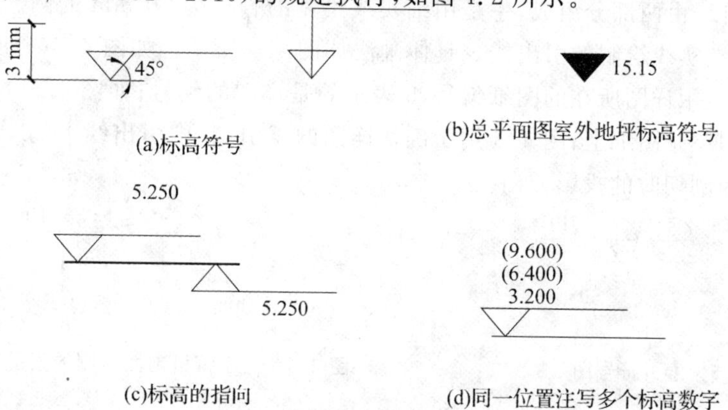

图 4.2　标高符号

③标高的分类。房屋建筑图中的标高分为绝对标高和相对标高两种。所谓绝对标高是以青岛黄海平均海平面的高度为零点参照点时所得到的高差值；而相对标高则是以每一幢房屋室内底层地面的高度为零点参照点，故书写时后者应写成±0.000。

另外，标高符号还可分为建筑标高和结构标高两类。

建筑标高是指装修完成后的尺寸，它已将构件粉饰层的厚度包括在内。

而结构标高应该剔除外装修的厚度，它又称为构件的毛面标高。

如图 4.3 所示，标高 a 表示的是建筑标高；b 表示的则是楼面的结构标高。

图 4.3　建筑标高和结构标高

(4)定位轴线。

定位轴线是房屋施工放样时的主要依据。

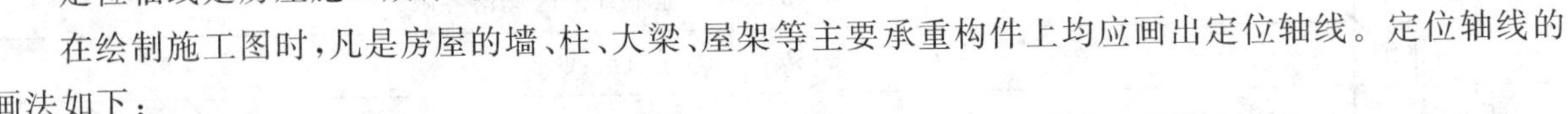

在绘制施工图时，凡是房屋的墙、柱、大梁、屋架等主要承重构件上均应画出定位轴线。定位轴线的画法如下：

①定位轴线应用细点画线绘制。

②为了区别各轴线，定位轴线应标注编号。其编号应写在直径为 8～10 mm 的细实线圆圈内，位于细点画线的端部。

平面图中定位轴线的编号，宜标注在图的下方和左侧，也可四周标注，如图 4.4 所示。

横向的定位轴线，应用阿拉伯数字从左向右注写；竖向的定位轴线，应用大写拉丁字母由下向上注写(为避免与 0,1,2 混淆，通常 I,O,Z 三个字母不能用来作为轴线的编号)。

③对于一些次要的承重构件(如非承重墙)，有时也标注定位轴线，但此时的轴线称为附加轴线，其编号应以分式表示。如 1/3，表示编号 3 的轴线后的第一根附加轴线，2/A，表示编号为 A 轴线后的第二根附加轴线。如图 4.4 所示的 1/3 就是一条附加轴线。

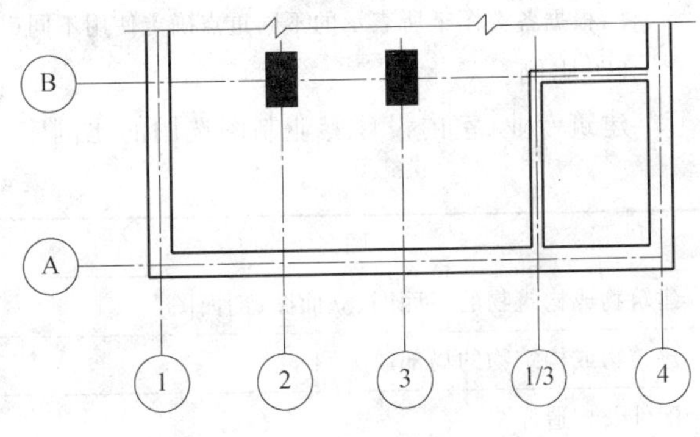

图 4.4　定位轴线

(5)索引符号和详图符号。

①索引符号。对于图中需要另画详图表示的局部或构件，为了读图方便，应在图中的相应位置以索引符号标出。索引符号由两部分组成，一是用细实线绘制的直径为 10 mm 的圆圈，内部以水平直径线分隔；另一部分为用细实线绘制的引出线。具体画法如图 4.5 所示。如图 4.5(c)所示为索引符号的一般画法，圆圈中的 2 表示详图所在的图纸编号，5 表示的是详图的编号；如图 4.6(b)所示“－”则表示详图和被索引的图在同一张图纸上；图 4.6 用于剖切详图的索引，其中引出线上的“－”是剖切位置线，引出线所在的一侧即为剖切时的投影方向。

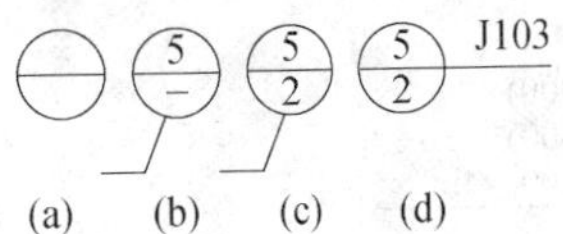

图 4.5　索引符号图

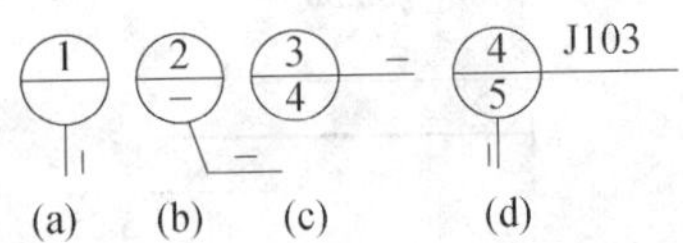

图 4.6　用于索引剖面详图的索引符号

②详图符号。用来表示详图的位置及编号，也可以说是详图的图名。详图符号是用粗实线绘制的直径为 14 mm 的圆。图 4.7 说明编号为 5 的详图就出自本页。图 4.8 表示详图编号为 4，而被索引的图纸编号为 5。

图 4.7　与被索引图样同在一张图纸内的详图符号

图 4.8　与被索引图样不同在一张图纸内的详图符号

4.2　图纸首页

在施工图的编排中，将图纸目录、建筑设计说明、总平面图及门窗表等编排在整套施工图的前面。

4.2.1　图纸目录

当拿到一套图纸后，首先要查看图纸目录。图纸目录可以帮助我们了解图纸的总张数、图纸专业类别及每张图纸所表达的内容，使我们可以迅速地找到所需要的图纸。

图纸目录有时也称"首页图"，意思就是第一张图纸，建施－01 即为本套图纸的首页图。

从图纸目录中可以了解下列资料：

设计单位——海南省建筑设计院。

建设单位——海南××××教育集团有限公司。

工程名称——海口××学院学生公寓 B 栋。

工程编号——工程编号是设计单位为便于存档和查阅而采取的一种管理方法。

图纸编号和名称——每一项工程总会有许多张图纸，在同一张图纸上往往画有几个图形。因此设计人员为了表达清楚，便于使用时查阅，就必须针对每张图纸所表示的建筑物的部位，给图纸起一个名称，另外再用数字对其编号，确定图纸的次序。

在图纸目录编号项的第一行，可以看到图号"建施－01"。其中："建施"字表示图纸种类为建筑施工图，"01"表示为建筑施工图的第一张；在图名相应的行中，可以看到"工程设计综合说明"，也就是图纸表达的内容。图号"结施－02"，其中："结施"字表示图纸种类为结构施工图，"02"表示为结构施工图的第二张；在图名相应的行中，表示图纸的内容为桩定位图承台布置图。

该套图纸共有建筑施工图 17 张，结构施工图 13 张，设备施工图中水施 9 张，电施 11 张。

目前图纸目录的形式由各设计单位自己规定，尚没有统一的格式。但总体上包括上述内容。

4.2.2　建筑设计说明

建筑设计说明的内容根据建筑物的复杂程度有多有少，但不论内容多少，必须说明设计依据、建筑规模、建筑物标高、装修做法和对施工的要求等。下面以"工程综合设计说明"为例，介绍读图方法。

(1)设计依据。

包括政府的有关批文。这些批文主要有两个方面的内容：一是立项，二是规划许可证等。

(2)建筑规模。

主要包括占地面积(规划用地及净用地面积)和建筑面积。这是设计出来的图纸是否满足规划部门要求的依据。

占地面积：建筑物底层外墙皮以内所有面积之和。

建筑面积：建筑物外墙皮以内各层面积之和。

(3)标高。

在房屋建筑中，规范规定用标高表示建筑物的高度。工程综合设计说明中要说明相对标高与绝对标高的关系，例如建施－01 中“相对标高±0.000 等于绝对标高值(黄海系)8.86 m”，这就说明该建筑物底层室内地面设计在比青岛外的黄海海平面高 8.86 m 的水平面上。

(4)装修做法。

装修做法的内容比较多，包括地面、楼面、墙面等的做法。我们需要读懂说明中的各种数字、符号的含义。例如建施－02 工程做法中有关散水 1 的说明：①40 厚 C15 细石混凝土，面上加厚 1∶1 水泥砂浆随打随抹光；②150 厚 3∶7 灰土宽出面层 100；③素土夯实，向外坡 4%。

(5)施工要求。

施工要求包含两个方面的内容：一是要严格执行施工验收规范中的规定；二是对图纸中不详之处的补充说明。

4.3 总平面图

总平面图有建筑总平面图和水电总平面图之分。建筑总平面图又分为设计总平面图和施工总平面图。此节介绍的是土建总平面图中的设计总平面图，简称总平面图。

4.3.1 总平面图的作用和形成

(1)作用。

在建筑图中，总平面图是用来表达一项工程的总体布局的图样。它通常表示了新建房屋的平面形状、位置、朝向及其与周围地形、地物的关系。总平面图是新建房屋与其他相关设施定位的依据；是土方工程、场地布置以及给水排水、暖、电、煤气等管线总平面布置图和施工总平面布置图的依据。

(2)形成。

在地形图上画出原有、拟建、拆除的建筑物或构筑物以及新旧道路等的平面轮廓，即可得到总平面图。

4.3.2 总平面图的表示方法

1. 比例

物体在图纸上的大小与实际大小相比的关系称为比例，一般注写在图名一侧；当整张图纸只用一种比例时，也可以将比例注写在标题栏内。必须注意的是，图纸上所注尺寸是按物体实际长度注写的，与比例无关。因此读图时物体大小以所注尺寸为准，不能用比例尺在图上量取。

由于总平面图包括的区域较大，在中华人民共和国国家标准《总图制图标准》(GB/T 50103—2010)中规定(以下简称“总图标准”)：总平面图的比例一般用 1∶500，1∶1 000，1∶2 000 绘制。在实际工作中，由于各地方国土管理局所提供的地形图的比例为 1∶500，故我们常接触的总平面图中多采用这一比例。

2. 总平面图例

由于总平面图采用的比例较小，所以各建筑物或构筑物在图中所占的面积较小。同时根据总平面图的作用，也无须将其画得很细。故在总平面图中，上述形体可用图例(规定的图形画法称为图例)表示，也就是《总图制图标准》(GB/T 50103—2010)中的总平面图例。常用的有关图例见表4.3。

表4.3　常用的建筑总平面图例

名称	图例	说明	名称	图例	说明
新建建筑物	8	1.需要时，可用▲表示出入口，可在图形内右上角用点数或数字表示层数 2.建筑物外形(一般以±0.000高度处的外墙线为准)用粗实线表示，需要时，地面以上建筑用中粗线表示，地面以下建筑用细虚线表示	填挖边坡护坡		1.边坡较长时，可在一端或两端局部表示 2.下边线为虚线时表示填方
			建筑物下面的通道		
原有建筑物		用细实线表示	水池、坑槽		也可以不涂黑
计划扩建的预留地或建筑物		用中粗线表示	围墙及大门		上图为实质性质的围墙，下图为通透性质的围墙，若仅表示围墙时不画大门
拆除的建筑物		用细实线表示			

3.总平面图的定位

表明新建筑物或构筑物与周围地形、地物间的位置关系，是总平面图的主要任务之一。它一般从以下三方面描述：

(1)定向。

在总平面图中，指向可用指北针或风向频率玫瑰图表示。

指北针的形状如图4.9(a)所示，它的外圆直径为24 mm，由细实线绘制，指北针尾部的宽度为3 mm。若有特殊需要，指北针亦可以较大直径绘制，但此时其尾部宽度也应随之改变，通常应使其为直径的1/8。

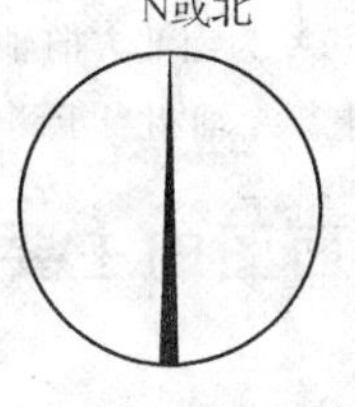

(a)指北针

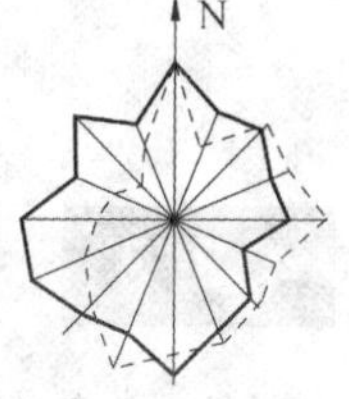

(b)风向频率玫瑰

图4.9　指北针和风向频率玫瑰图

风由外面吹过建设区域中心的方向称为风向。

风向频率是在一定时间风某一方向出现风向的次数占总观察次数的百分比，用公式表示为

$$风向频率=\frac{某一风向出现的次数}{总观察次数}\times 100\%$$

风向频率是用风向频率玫瑰图(简称风玫瑰图)表示的，如图4.9(b)所示，图中细线表示的是16个罗盘方位，粗实线表示常年的风向频率，虚线则表示夏季六、七、八三个月的风向频率。注意：在风玫瑰图中所表示的风向，是从外面吹向该地区中心的。

(2)定位。

确定新建建筑物的平面尺寸。

新建建筑物的定位一般采用两种方法：一是按原有建筑物或原有道路定位；二是按坐标定位。采用坐标定位又分为采用测量坐标定位和建筑坐标定位两种。

①根据原有建筑物定位。以周围其他建筑物或构筑物为参照物进行定位是扩建中常采用的一种方法。实际绘图时，可标出新建筑物与其他附近的房屋或道路的相对位置尺寸。

②根据坐标定位。以坐标表示新建筑物或构筑物的位置。当新建筑物所在地较为复杂时，为了保证施工放样的准确性，可使用坐标表示法。常采用的方法有：

a. 测量坐标。国土管理部门提供给建设单位的红线图，是在地形图上用细线画成交叉十字线的坐标网，南北方向的轴线为 X，东西方向的轴线为 Y，这样的坐标称为测量坐标。坐标网常采用 100 m×100 m 或 50 m×50 m 的方格网。一般建筑物的定位标记有两个墙角的坐标。

b. 施工坐标。施工坐标一般在新开发区，房屋朝向与测量坐标方向不一致时采用。

c. 施工坐标是将建筑区域内某一点定为“0”点，采用 100 m×100 m 或 50 m×50 m 的方格网，沿建筑物主墙方向用细实线画成方格网通线，横墙方向(竖向)轴线标为 A，纵墙方向的轴线标为 B。施工坐标与测量坐标的区别如图 4.10 所示。

通常，在总平面图上应标注出新建建筑物的总长和总宽，按规定该尺寸以米为单位。

③定高。在总平面图中，用绝对标高表示高度数值，其单位为米。

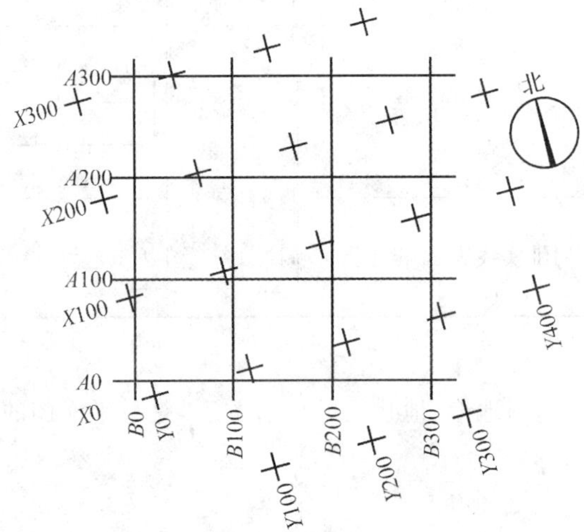

图 4.10 坐标网格

注：图中 X 为南北方向轴线，X 的增量在 X 轴线上；Y 为东西方向轴线，Y 的增量在 Y 轴线上。A 轴相当于测量坐标网中的 X 轴，B 轴相当于测量坐标网中的 Y 轴

4.3.3 总平面图的主要内容

1. 建筑红线

各地方国土管理局提供给建设单位的地形图为蓝图，在蓝图上用红色笔划定的土地使用范围的线称为建筑红线。任何建筑物在设计和施工中均不能超过此线。如建施－02 总平面图所示，第一幢房屋西北方向边线处已标出的红线即为建筑红线。

2. 区分新旧建筑物

从表 4.3 可知，在总平面图上将建筑物分成五种情况，即新建的建筑物、原有的建筑物、计划扩建的预留地或建筑物、拆除的建筑物和新建的地下建筑物或构筑物。当我们阅读总平面图时，要区分哪些是新建的建筑物、哪些是原有的建筑物。在设计中，为了清楚表示建筑物的总体情况，一般还在图形中右上角以点数或数字表示楼房层数。当总图比例小于 1∶500 时，可不画建筑物的出入口。

3. 标高

标注标高要用标高符号，标高符号的画法如图 4.2 所示。

标高数字以 m 为单位，一般图中标注到小数点后第三位。在总平面图中注写到小数点后第二位。零点标高的标注方式是±0.000；正数标高不注写"＋"号，例如＋3 m，标注成 3.000；负数标高在数值前加一个"－"号，例如－0.8 m，标注成－0.800。

4. 等高线

地面上高低起伏的形状称为地形，地形是用等高线来表示的。等高线是用项目 3 中标高投影的方式画出的单面正投影。从地形图上的等高线可以分析出地形的高低起伏状况。等高线的间距越大，说明地面越平缓；相反，等高线的间距越小，说明地面越陡峭。从等高线上标注的数值可以判断出地形是上凸还是下凹；数值由外圈向内圈逐渐增大，说明此处地形是往上凸的；相反，数值由外圈向内圈减小，则此处地形为下凹。

5. 道路

由于比例较小，总平面图上只能表示出道路与建筑物的关系，不能作为道路施工的依据。一般是标注出道路中心控制点，表明道路的标高及平面位置即可。

6. 其他

总平面图除了表示以上的内容外，一般还有挡土墙、围墙、绿化等与工程有关的内容，读图时可结合表 4.3 阅读。

4.3.4 总平面图的阅读

1. 熟悉图名、比例、图例及有关文字说明

这是阅读总平面图应具备的基本知识。

2. 了解工程名称、工程性质、用地范围、地形地貌和周围环境

工程性质是指建筑物的用途，是商店、教学楼、办公楼、住宅还是厂房等。了解周围环境的目的在于弄清周围环境对该建筑的不利影响。

3. 查看室内外地面标高

从标高和地形图可知建造房屋前建筑区域的原始地貌。

4. 了解房屋的平面位置和定位依据

确定新建筑物的位置是总平面图的主要作用。

5. 朝向和主要风向

6. 道路交通及管线布置情况

7. 道路与绿化

道路与绿化是主体工程的配套工程。从道路可了解建成后的人流方向和交通情况，从绿化可以看出建成后的环境绿化情况。

4.4 平面图

4.4.1 平面图认知

1. 建筑平面图的形成

按照制图标准可知，除了屋顶平面图以外，建筑平面图应是一个水平的全剖切图。其形成方法如下：

假想用一个水平剖切平面沿门、窗洞口将房屋切开，移去剖切平面及其以上部分，将余下的部分向下作正投影，此时所得到的全剖面图即称为建筑平面图，简称平面图。

2. 建筑平面图的用途

建筑平面图主要用来表示房屋的平面布置，在施工过程中，它是放线、砌墙和安装门窗及编制概预算的重要依据。施工备料、施工组织都要用到平面图。

3. 建筑平面图的分类

根据剖切平面的位置不同，建筑平面图可分为以下几类：

(1)底层平面图。又称为首层平面图或一层平面图。它是所有建筑平面图中首先绘制的一张图。绘制此图时，应将剖切平面选放在房屋的一层地面与从一楼通向二楼的休息平台之间，且尽量通过该层上所有的门窗洞口，见配套习题集 33 页。

(2)标准层平面图。由于房屋内部平面布置的不同，所以对于多层或高层建筑而言，应该每层均有一张平面图。其名称就用本身的层数来命名，例如“二层平面图”等，见配套习题集 34 页。但在实际的建筑设计中，多层或高层建筑往往存在许多相同或相近平面布置形式的楼层，因此在实际绘图时，可将这些相同或相近的楼层合用一张平面图来表示。这张合用的图，就称为“标准层平面图”，有时也可用其相对应的楼层数命名，例如“三～十五层平面图”等，见配套习题集 35 页。

(3)顶层平面图。顶层平面图也可用相应的楼层数命名。

技术点睛

一般情况下，顶屋平面图与标准层平面图最大的区别在于楼梯间的画法，标准层有上有下，顶层只下不上。由于本楼层是上人屋面，所以顶层平面图就是十五层平面图。

(4)屋顶平面图和局部平面图。除了上述平面图外，建筑平面图还应包括屋顶平面图和局部平面图。其中屋顶平面图是将房屋的顶部单独向下所做的俯视图(由于本楼层是上人屋面，所以在屋顶平面图中还表达了楼梯间的情况)。主要用来描述屋顶的平面布置及排水情况，见配套习题集 36 页。而对于平面布置基本相同的中间楼层，其局部的差异，无法用标准层平面图来描述，此时则可用局部平面图表示。

(5)其他平面图。在多层和高层建筑中，若有地下室，则还应有地下负一层、负二层……平面图。若有屋顶构架，则还应有屋顶构架平面图。

4.4.2 图例及符号

由于建筑平面图的绘图比例较小，所以其上的一些细部构造和配件只能用图例表示。有关图例画法应按照《建筑制图标准》(GB/T 50104—2010)中的规定执行。一些常用的构造及配件图例如图 4.11 所示。

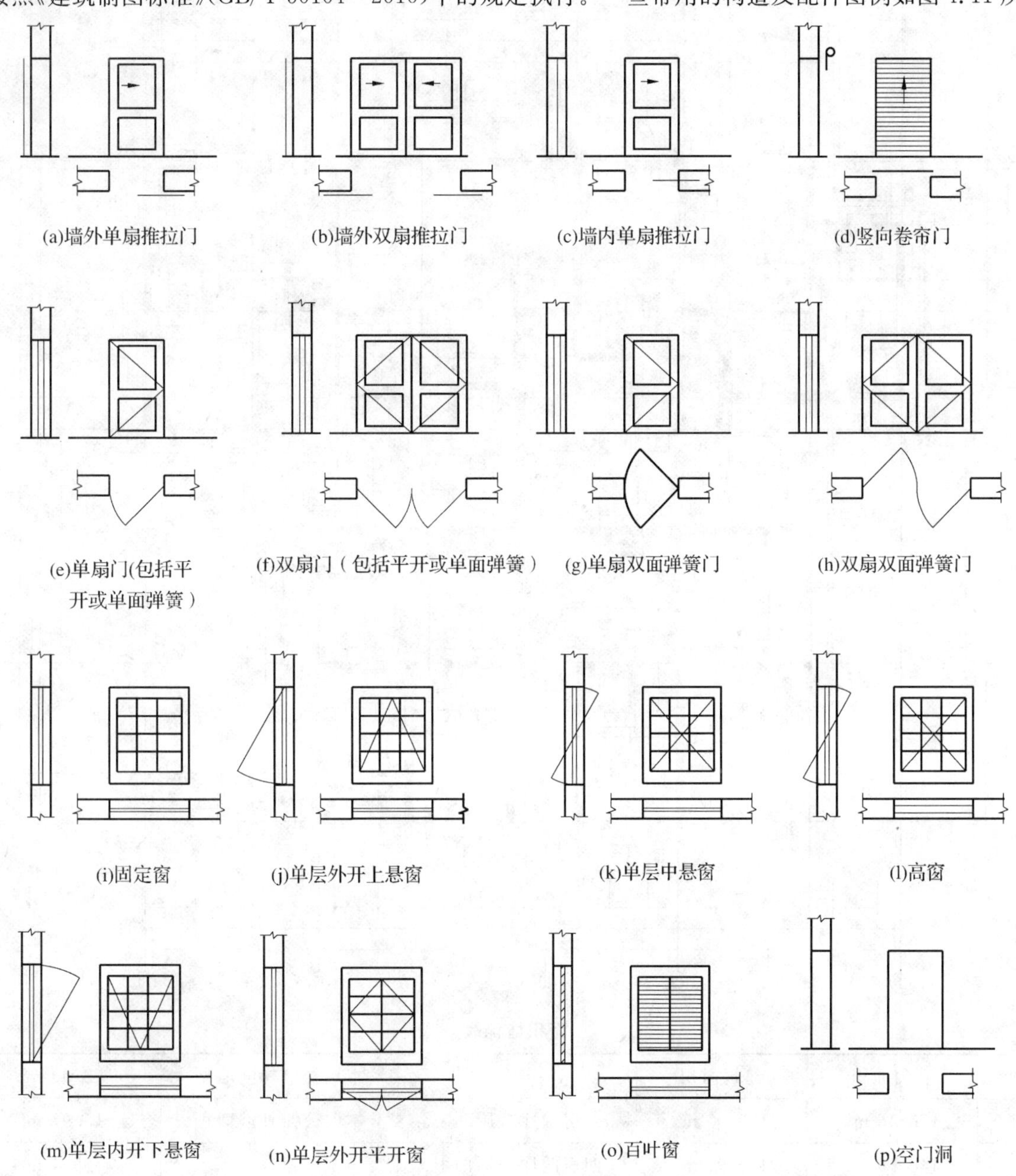

图 4.11　常用建筑配件图例

4.4.3 一层平面图

一层平面图是房屋建筑施工图中最重要的图纸之一。如图 4.12 所示为配套图纸的一屋平面图。

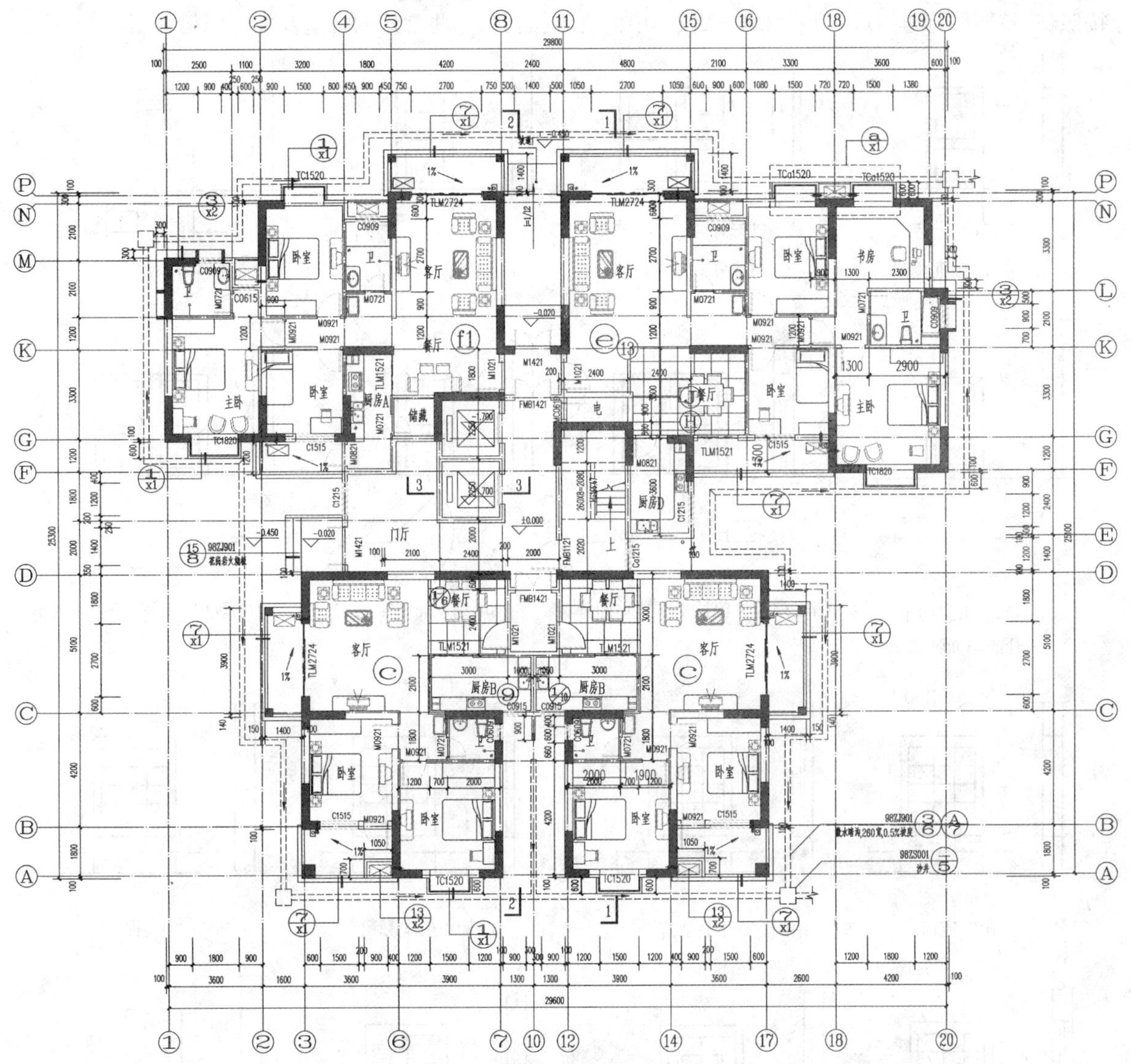

面积指标表

户型	套内面积	建筑面积	户型	本层楼电梯间面积	72.96 m^2
F1	106.48 m^2	129.05 m^2	三房两厅一厨两卫	本层公摊外墙面积	15.97 m^2
E	140.19 m^2	169.91 m^2	四房两厅一厨两卫	本层建筑面积	508.4 m^2
C	86.40 m^2	104.72 m^2	两房两厅一厨两卫	本楼总户数	60 户

图 4.12　一层平面图 1 : 100

一层说明:

①厨房、厕所楼面标高均低于厅房楼面 20,且做 0.5%的坡,坡向地漏。阳台楼面标高均低于厅房楼面 50,且做 1%的坡。

②设备井门高 1 600,距地 200。

③住宅部分空调机位预留孔(ϕ80PVC 圆管) 底标高为厅、房标高 $H+2.65$,洞中距墙边 150,客厅

相应位置另加一预留孔，洞中距地300。厨房烟气道留洞 ϕ150，洞中标高2 m。

④厨房烟气道选用2002琼02J06－BPSA－3型号，楼板留洞350×500。烟气道出屋面做法详2002琼02J06－12,13页。

⑤未注明的门垛均为120或贴柱边。

⑥门窗编号方法示意：M0921——洞口宽900 mm、高2 100 mm。

⑦未注明的外墙、分户墙、楼梯墙为200 mm，内隔墙为120 mm。

⑧阳台组织排水做法详98ZJ411－50页－A，楼梯栏杆扶手、护窗栏杆详工程设计综合说明——十六。

下面以如图4.12所示一层平面图为例，介绍底层平面图的主要内容。

(1)图名、比例、图例及文字说明。

(2)纵横定位轴线、编号及开间、进深。

在建筑工程施工图中用轴线来确定房间的大小、走廊的宽窄和墙的位置，凡是主要的墙、柱、梁的位置都要用轴线来定位。如图4.4和图4.13(a)所示。

除了标注主要轴线之外，还可以标注附加轴线。附加轴线编号用分数表示，如图4.13（b)、(c)所示。一个详图适用于几根轴线时，应同时注明各有关轴线的编号，如图4.13(d)所示。

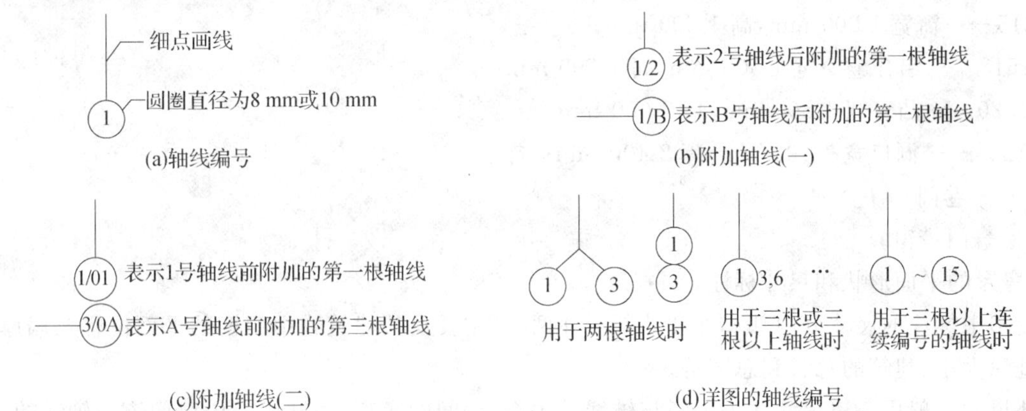

图4.13 轴线编号

如图4.12一层平面图所示，其横向定位轴线有①～⑳根主要轴线，纵向定位轴线有Ⓐ～Ⓟ等11根轴线。建筑物横向定位轴线之间的距离称为开间，如①～②，③～⑥之间；纵向定位轴线之间的距离称为进深，如Ⓑ～Ⓒ，Ⓒ～Ⓓ之间。

(3)房间的布置、用途及交通联系。

平面布置是平面图的主要内容，着重表达各种用途房间与走道、楼梯、卫生间的关系。房间用墙体分隔，如图4.12一层平面图所示。从该图可以看出，自②～⑩，Ⓐ～Ⓓ轴线是一套两房两厅一厨一卫的C户型平面布置图，其建筑面积为104.72 m²，套内面积为86.40 m²，C户型左右对称；自⑩～⑳，Ⓔ～Ⓟ是一套四房两厅一厨两卫的E户型平面布置图，其建筑面积为169.91 m²，套内面积为140.19 m²；自①～⑧，Ⓕ～Ⓟ轴线是一套三房两厅一厨两卫的F1户型平面布置图，其建筑面积为129.05 m²，套内面积为106.48 m²；C,E,F1户型通过两部电梯和一部楼梯间进户，一梯四户。

⑧轴线左侧有两部电梯，⑪轴线右侧有一双跑楼梯。建筑平面图比例较小，电梯间、楼梯间在平面图中只能示意电梯、楼梯的投影情况，其制作、安装详图详见电梯间、楼梯间详图或标准图集。在平面图中，表示的是电梯间、楼梯间设在建筑中的平面位置、开间和进深大小，电梯门开启方向、楼梯的上下方向及上一层楼的步数。

(4)门窗的布置、数量、开启方向及型号。

在平面图中,只能反映出门、窗的平面位置、洞口宽度及与轴线的关系。门窗应按图 4.11 所示常用建筑配件图例进行绘制。在施工图中,门用代号“M”表示,窗用代号“C”表示,如“M1”表示编号为 1 的门,而“LC2”则表示编号为 2 的铝合金窗。门窗的高度尺寸在立面图、剖面图或门窗表中查找。门窗的制作安装需查找相应的详图。

技术点睛

平面图中门洞位置处若画成虚线,则表示此门洞为没安装门的洞口,多见于卫生间前室的门洞;窗洞位置处若画成虚线,则表示此窗为高窗(高窗是指窗洞下口高度高于 1 500 mm,一般为 1 800 mm 以上的窗)。按剖切位置和平面图的形成原理,高窗在剖切平面上方,并不能够投射到本层平面图上,但为了施工时阅读方便,国标规定把高窗画在所在楼层并用虚线表示。

M1021——门宽 1 000 mm,高 2 100 mm;
TLM2724——推拉门,门宽 2 700 mm,高 2 400 mm;
FMB1421——乙级防火门宽 1 400 mm,高 2 100 mm;
GM1824——钢门宽 1 800 mm,高 2 400 mm;
C1215——窗宽 1 200 mm,高 1 500 mm;
LC1518——铝合金窗宽 1 500 mm,高 1 800 mm;
TC1520——凸窗宽 1 500 mm,高 2 000 mm;
DK1224——洞口宽 1 200 mm,高 2 400 mm;
JM ——卷门;
MC——门带窗。

(5)房屋的平面形状和尺寸标注。

平面图中标注的尺寸分内部尺寸和外部尺寸两种,主要反映建筑物中门窗的平面位置及墙厚、房间的开间进深大小、建筑的总长和总宽等。

内部尺寸一般用一道尺寸线表示墙与轴线的关系、房间的净长、净宽以及内墙门窗与轴线的关系。

外部尺寸一般标注三道尺寸。最里面一道尺寸表示外墙门窗的大小及与轴线的平面关系,也称门窗洞口尺寸。中间一道尺寸表示轴线尺寸,即房间的开间与进深尺寸。最外面一道尺寸表示建筑物的总长、总宽,即从一端外墙皮到另一端外墙皮的尺寸。

图 4.12 一层平面图中可以看出:C 户型、E 户型和 F1 户型的客厅、主卧室、次卧室、小卧室及厨卫的平面形状均为长方形。C 户型主卧室的开间×进深=3 900 mm×4 200 mm,客厅的开间×进深=4 800 mm×5 100 mm;E 户型主卧室的开间×进深=3 600 mm×4 500 mm,客厅的开间×进深=4 200 mm×5 400 mm;F1 户型主卧室的开间×进深=4 200 mm×4 500 mm,客厅的开间×进深=4 800 mm×5 400 mm;其余房间的开间和进深同理可得;进户门均为 M1021,卧室门均为 M0921,厨房门均为 TLM1521,卫生间门均为 M0721。

其内部尺寸有:外墙轴线的墙厚为 300 mm,其关系为左厚 100 mm,右厚 200 mm;内砌墙厚为 200 mm。

其外部尺寸有:如 C 户型③~⑥轴线间主卧室尺寸有 600 mm(窗间墙宽度)、1 500 mm(窗洞口宽度)、200 mm(门与窗之间墙的宽度)、900 mm(门洞口宽度)、400 mm(门垛宽度)等门窗洞口细部尺寸。③~⑥,⑥~⑦轴线尺寸分别为 3 600 mm,3 900 mm;①~⑳轴线墙外皮间的总长度为 29 800 mm;Ⓐ~Ⓟ轴线墙外皮间的总宽度为 25 300 mm。

其楼梯间的开间×进深＝2 400 mm×5 500 mm，由一层上到二层共有 18 步，每一步的踏面宽为 260 mm，踢面高为 166.67 mm。

在房屋建筑工程中，各部位的高度都用标高来表示。除总平面图外，施工图中所标注的标高均为相对标高。在平面图中，因为各房间的用途不同，房间的高度不都在同一个水平面上，±0.000 表示走道、客厅、餐厅、主卧室、次卧室等房间的地面标高，－0.020 表示本单元通过坡道（$i=1/12$）进楼处的平台标高，－0.450 为室外标高，－1.700 表示电梯井底部的标高。

（6）房屋的细部构造和设备配备情况。

包括房屋内部的壁柜、吊柜、厨房设备、搁板、水池、墙洞以及各种卫生设备；房屋外部的台阶、花池、散水、明沟、雨水管等的布置。附属设施只能在平面图中表示出平面位置，具体做法应查阅相关的详图或标准图集。如图 4.12 一层平面图中，卫生间内的浴缸、马桶、洗面盆，厨房内的灶台、洗菜盆、燃气灶等。

（7）房屋的朝向及剖面图的剖切位置、索引符号等。

建筑物的朝向在一层平面图中常用指北针表示。建筑物主要入口在哪面墙上，就称建筑物朝哪个方向。一层平面图中虽没有指北针，但按常规，表示该图为上北下南、左西右东，建筑物的主要入口在Ⓓ轴线上，说明该建筑朝西，也就是人们常说的“坐东朝西”。指北针及风玫瑰图的画法如图 4.9 所示。

注：图 4.12 一层平面图中，⑧轴线处由一个坡道，是一个辅助出口和无障碍通道。

本住宅楼的剖切位置 1—1 在⑫～⑬轴线间，2—2 在⑦～⑩轴线间，3—3 在Ⓔ～Ⓕ轴线间。

房屋四周散水暗沟、靠Ⓓ轴线处台阶的做法用详图索引符号标出，98ZJ901。

（8）墙厚（柱的断面）。

建筑物中墙、柱是承受建筑物垂直荷载的重要结构，墙体又起着分隔房间的作用，为此它们的平面位置、尺寸大小都非常重要。从一层平面图中我们可以看到，外横墙和外纵墙墙厚均为 300 mm 和 240 mm。

4.4.4 其他各层平面图和屋顶平面图

除一层平面图外，在多层或高层建筑中，一般还有标准层平面图、顶层平面图、屋顶平面图、局部平面图和地下室平面图。标准层平面图和顶层平面图所表示的内容与底层平面图相比大同小异，屋顶平面图主要表示屋顶面上的情况和排水情况。下面以标准层平面图和屋顶平面图为例进行介绍。

（1）标准层平面图。

标准层平面图与底层平面图的区别主要体现在以下几个方面：

①房间布置。标准层平面图的房间布置与底层平面图房间布置不同的必须表示清楚。

②墙体的厚度（柱的断面）。由于建筑材料强度或建筑物的使用功能不同，建筑物墙体厚度或柱截面尺寸往往不一样（顶层小、底层大），墙厚或柱变化的高度位置一般在楼板的下皮。

③建筑材料。建筑材料的强度要求、材料的质量好坏在图中表示不出来，但是在相应的说明中必须叙述清楚，该说明详见项目 5：结构施工图的绘制与识读。

④门与窗。标准层平面图中门窗设置与一层平面图往往不完全一样，在一层建筑物的入口处一般为门洞或大门，而在标准层平面图中相同的平面位置处，一般情况下都改成了窗。

⑤表达内容。标准层平面图不再表示室外地面的情况，但要表示下一层可见的阳台、露台或雨篷。楼梯表示为有上有下的方向。

注：由于目前的设计更人性化，每层的布置均有差异，因此“标准层平面图”的提法已越来越少，正趋于淘汰。

(2)屋顶平面图。

屋顶平面图主要表示三个方面的内容。

①屋面排水情况。如排水分区、分水线、檐沟、天沟、屋面坡度、雨水口的位置等。

②突出屋面的物体。如电梯机房、消防电梯机房、楼梯间、水箱、天窗、烟囱、检查孔、管道、屋面变形缝等的位置。

③细部做法。屋面的细部做法除图中Ⓓ轴线楼梯间外墙泛水详 05ZJ201 标准图集的做法外，屋面的细部做法还包括高出屋面墙体的天沟、变形缝、雨水口等。

4.4.5 平面图的阅读与绘制

(1)阅读底层平面图方法及步骤。

从图纸目录中，可以查到底层平面图的图号。底层平面图涉及的内容最全面，为此，我们阅读建筑平面图时，首先要读懂底层平面图。读底层平面图的方法步骤如下：

①首先查看图名与比例：底层平面图 1∶100、底层平面图。确定为所找的图纸。

②查阅建筑物的朝向、形状、主要房间的布置及相互关系。从底层平面图中的指北针可以看出该建筑为坐南朝北，房间均为一字形，通过楼梯间相连。

③复核建筑物各部位的尺寸。复核的方法是将细部尺寸加起来看是否等于轴线尺寸，再将轴线尺寸和两端轴线外墙厚的尺寸加起来看是否等于总尺寸。

④查阅建筑物墙体(柱)采用的建筑材料，查阅时要结合设计说明阅读。这部分内容可能编排在建筑设计说明中，也可能编排在结构设计说明中。本例编排在结构设计说明中，其墙体材料为实心黏土砖。详见项目 5：结构施工图的绘制与识读。

⑤查阅各部位的标高。查阅标高时主要查阅房间、卫生间、楼梯间和室外地面标高。

⑥核对门窗尺寸及樘数。核对的方法是检查图中实际需要的数量与门窗表中的数量是否一致。

⑦查阅附属设施的平面位置。如厨房中的洗菜池和灶台、卫生间内的浴缸、马桶、洗面盆的平面位置等。

⑧阅读文字说明，查阅对施工及材料的要求。对于这个问题要结合建筑设计说明阅读。

(2)阅读其他各层平面图的注意事项。

在熟练阅读底层平面图的基础上，阅读其他各层平面图要注意以下几点：

①查明各房间的布置是否同底层平面图一样。该建筑因为是住宅楼，标准层和底层平面图的布置完全一样。若是沿街建筑或公共建筑，房间的布置将会有很大的变化。

②查明墙身厚度是否同底层平面图一样。该建筑中外墙、内墙的厚度均有变化，由底层、二层的 300 mm和 200 mm 全部变为 200 mm(三～十五层平面图)。

③门窗是否同底层平面图一样。该建筑中门窗变化仅有一处。底层楼梯间⑧轴线处的门洞由 M1421 变为二～十五层的 C1215 窗，Ⓓ轴线处的 M1421 变为二～十五层的天井墙。除此之外，在民用建筑中底层外墙窗一般还需要增设安全措施，如窗栅等。

④采用的建筑材料是否同底层平面图一样。在建筑中，房屋的高度不同，对建筑材料的质量要求也不一样。

⑤注意楼面、卫生间及楼梯休息平台的标高变化。

⑥不再表示剖切符号和散水。

(3)阅读屋顶平面图的要点。

阅读屋顶平面图主要注意两点：

①屋面的排水方向、排水坡度及排水分区。

②结合有关详图阅读，弄清分仓缝、女儿墙泛水、高出屋面部分的防水、泛水做法。

(4)平面图的绘制。

①准备绘图工具及用品。

②选比例定图幅、画图框和标题栏。

③进行图面布置。根据房屋的复杂程度及大小，确定图样的位置。注意留出注写尺寸、符号和有关文字说明的空间。

④画铅笔线图。用铅笔在绘图纸上画成的图称为一底图，简称“一底”。

a.画出定位轴线。

定位轴线是建筑物的控制线，故在平面图中，凡是承重的墙、柱、大梁、屋架等都要画轴线，并按规定的顺序进行编号。如图4.14(a)所示。

b.画出全部墙厚、柱断面和门窗位置。

此时应特别注意构件的中心是否与定位轴线重合。画墙身轮廓线时，应从轴线处分别向两边量取。由定位轴线定出门窗的位置，然后按图4.11的规定画出门窗图例，如图4.14(b)所示。若表示的是高窗、通气孔、槽等不可见的部分，则应以虚线绘制。

c.画其他构配件的轮廓。

所谓其他构配件，是指台阶、坡道、楼梯、平台、卫生设备、散水和雨水管等，如图4.14(c)所示。

以上三步用较硬的铅笔(H或2H)轻画。

⑤检查后描粗加深有关图线。

在完成上述步骤后，应仔细检查，及时发现错误。然后按照《建筑制图标准》(GB/T 50104—2010)的有关规定，描粗加深图线(用较软的铅笔B或2B绘制)。

线型要求：剖到的墙轮廓线，画粗实线；看到的台阶、楼梯、窗台、雨篷、门扇等画中粗实线；楼梯扶手、楼梯上下引导线、窗扇等，画细实线；定位轴线画细点画线。

⑥标注尺寸、注写定位轴线编号、标高、剖切符号、索引符号、门窗代号及图名比例和文字说明等内容。一般用HB的铅笔，如图4.14(c)所示。

⑦复核。图完成后需仔细校核，及时更正，尽量做到准确无误。

⑧上墨(描图)。用描图纸盖在“一底”图上，用黑色的墨水(绘图墨水、碳素墨水)按“一底”图描出的图形称为底图，又称“二底”。

以上只是绘制建筑平面图的大致步骤，在实际操作时，可按房屋的具体情况和绘图者的习惯加以改变。

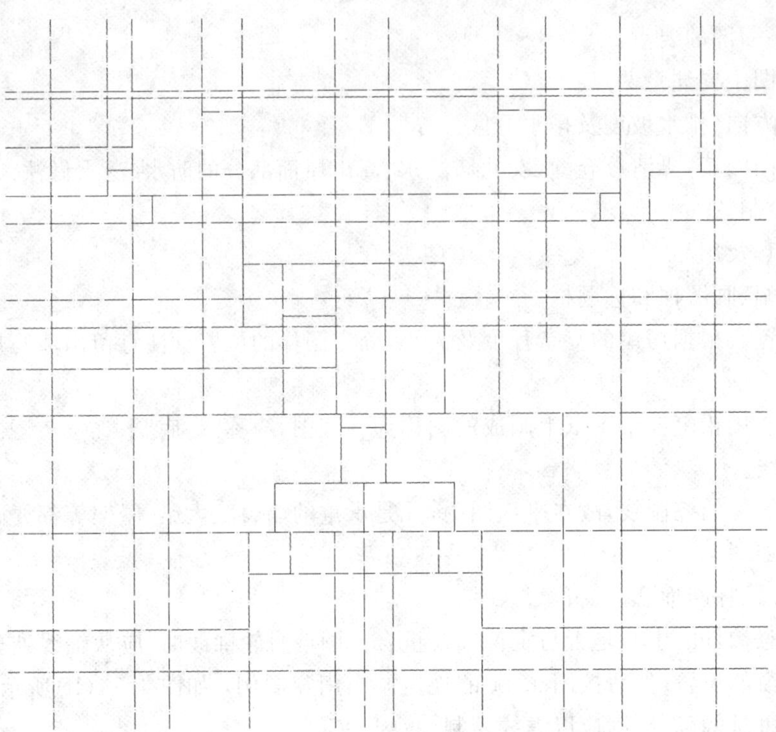

(a)画定位轴线

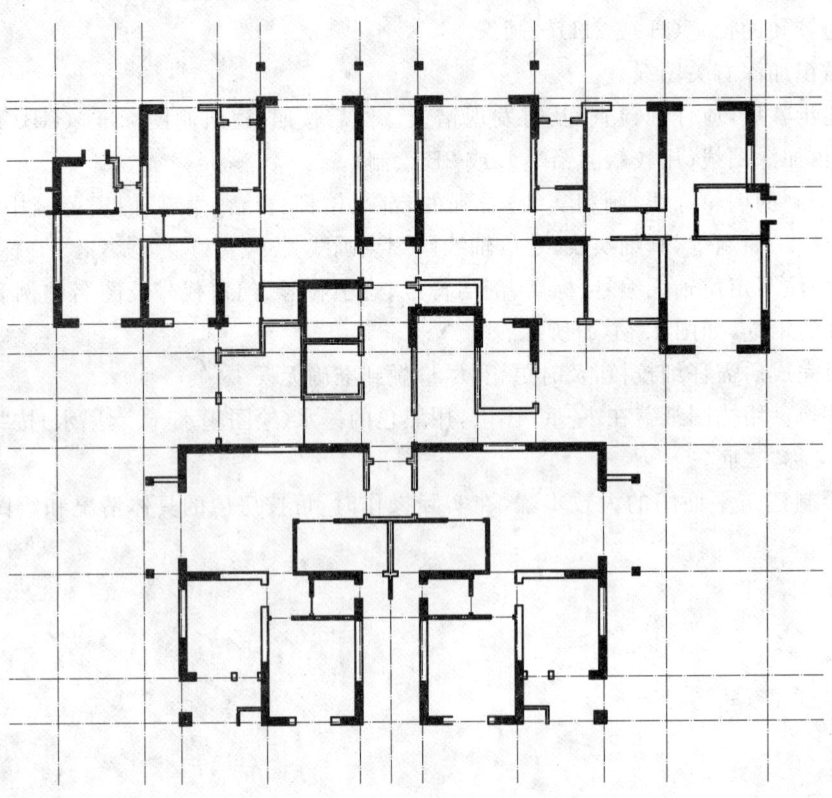

(b)画墙、柱断面和门窗洞

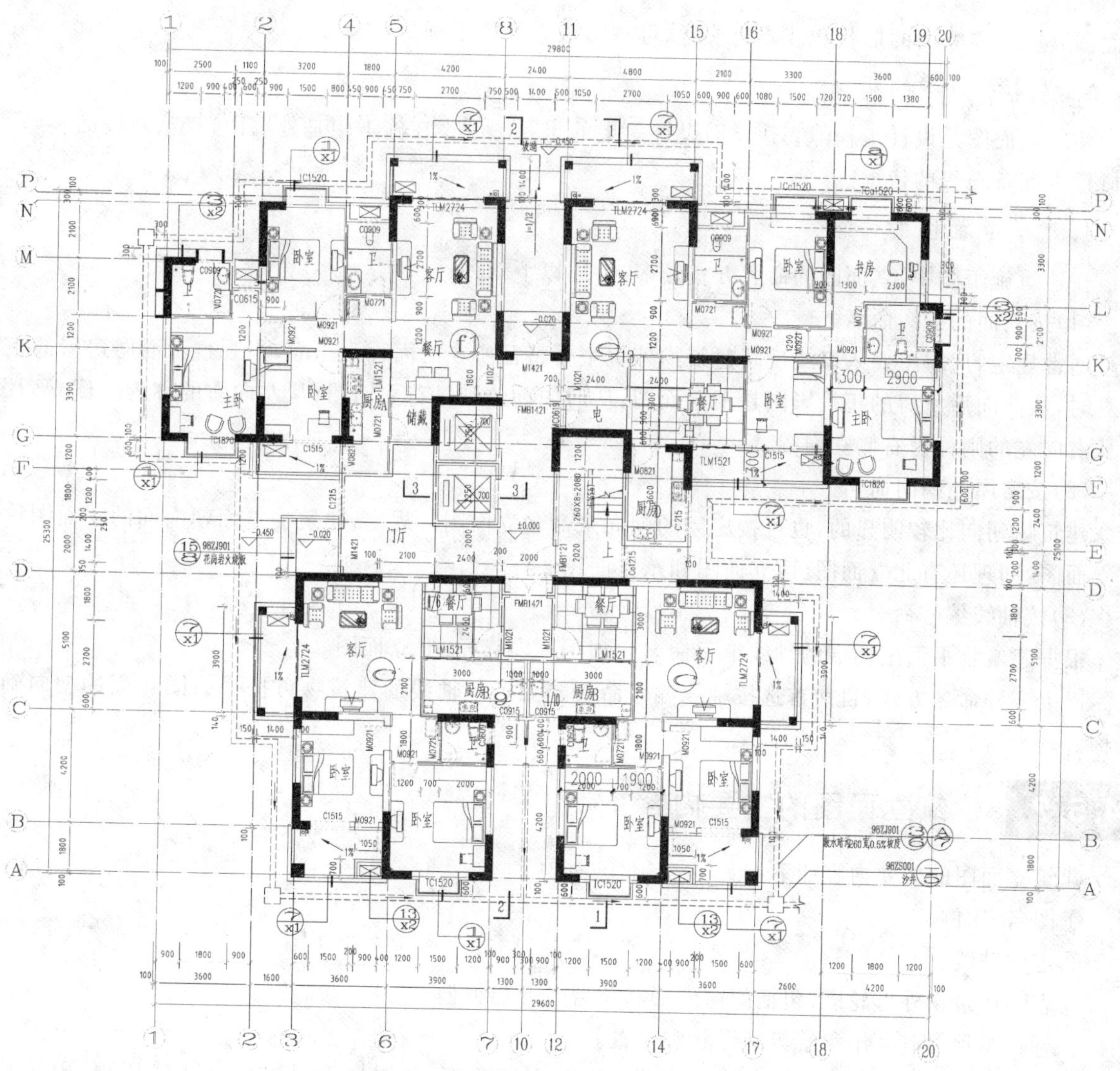

(c)画构配件和细部，画出符号和标注尺寸、编号、说明

图 4.14　绘制建筑平面图的步骤

4.5　立 面 图

4.5.1　形成、数量、用途及名称

1. 建筑立面图的形成

从房屋的前、后、左、右等方向直接作正投影，只画出其上的可见部分(不可见的虚线轮廓不画)所得的图形，称为建筑立面图，简称立面图。建施－07、08、09、10 即为房屋的立面图。

2. 建筑立面图的数量

立面图的数量是根据建筑物各立面的形状和墙面装修的要求而决定的。当建筑物各立面造型不一样、墙面装修各异时，就需要画出所有立面图。当建筑物各立面造型简单，可以通过主要立面图和墙身剖面图表明次要立面的形状和装修要求时，可省略该立面图不画。

3.建筑立面图的用途

建筑立面图是设计工程师表达立面设计效果的重要图纸。在施工中是外墙面造型、外墙面装修、工程概预算和备料等的依据。

4.建筑立面图的命名

在建筑施工图中，立面图的命名方式较多，常用以下三种：

(1)按立面的主次命名。

通常规定，房屋主要入口或反映建筑物外貌主要特征所在的面称为正面，当观察者面向房屋的正面站立时，从前向后所得的正投影图是正立面图；从后向前的则是背立面图；从左向右的称为左侧立面图；而从右向左的则称为右侧立面图。

(2)按房屋的朝向命名。

建筑物朝向比较明显的，也可按房屋的朝向来命名立面图。规定：建筑物立面朝南面的立面图称为南立面图，同理还有北立面图、西立面图和东立面图。

(3)按轴线编号命名。

根据建筑物平面图两端的轴线编号命名。如①～⑳，Ⓐ～Ⓟ立面图。

以上三种命名方式，目前首选按轴线编号命名。无定位轴线的建筑物可按平面图各面的朝向确定名称。

4.5.2 建筑立面图的主要内容

建筑立面图的主要内容如下：

①图名、比例。

②定位轴线。

③表明建筑物外形轮廓；包括门窗的形状位置及开启方向、室外台阶、花池、勒脚、窗台、雨篷、阳台、檐口、墙面、屋顶、烟囱、雨水管等的形状和位置。

④用标高表示出各主要部位的相对标高；如室内外地面、各层楼面、檐口、女儿墙压顶、雨篷及总高度。

⑤立面图中的尺寸。立面图中的尺寸是表示建筑物高度方向的尺寸，一般用三道尺寸线表示。最外面一道为建筑物的总高，即从建筑物室外地面到女儿墙压顶(或檐口)的距离。中间一道尺寸线为层高，即上下相邻两层楼地面之间的距离。最里面一道为细部尺寸，表示室内外地面高差、防潮层位置、窗下墙的高度、门窗洞口高度、洞口顶面到上一层楼面高度、女儿墙或挑檐板高度。

⑥外墙面的分格。如建施－09 中①～⑳立面图所示，该建筑外墙面的分格线以竖线条为主，横线条为辅；利用凹凸墙面进行竖向分格，利用窗檐、窗台、阳台棱线进行横向分格。

⑦外墙面的装修。外墙面装修一般用索引符号表示具体做法(具体做法需查找相应的标准图集)或在图上直接引出标注。建施－10Ⓐ～Ⓟ轴立面图中，直接标出其外墙材料：蓝灰色外墙砖贴面，其余墙面部分用白色外墙涂料。

4.5.3 立面图的阅读与绘制

1. 立面图的阅读

阅读立面图时应对照平面图阅读，查阅立面图与平面图的关系，这样才能建立起立体感，加深对平面图、立面图的理解。

(1)了解图名和比例。

根据建施－09 的图名：①～⑳立面图，再对照建施－04 的一层平面图，可以知道，该图也就是 B 幢住宅楼的背立面图。绘图比例为 1∶150。

(2)了解建筑物的体型和外部形状。

该住宅楼为十五层平顶建筑(带突出屋顶的电梯井)，外形是长方体。

(3)了解门窗的类型、位置及数量。

该住宅楼背立面底层有一种规格的阳台门(C 户型、M0921)两樘，为平开门；有四种规格(TC1820、C1515、TC1520、C0915)共八樘窗，为推拉窗和平开窗。二～十五层背立面每层门、窗的规格和数量均同底层。

(4)查阅建筑物各部位的标高及相应的尺寸。

室外地坪标高为－0.450 m，屋檐顶面标高为 50.400 m，由室外地坪至屋檐总高为 50.850 m，层高为 3.0 m，其他标高见建施－09。

(5)了解其他构配件。

房屋下部做有勒脚，楼梯间入口处做有雨篷。

(6)查阅外墙面各细部的装修做法，如窗台、窗檐、雨篷、勒脚等。

(7)其他。结合相关的图纸，查阅外墙面、门窗、玻璃等的施工要求。

2. 立面图的绘制

一般是在绘制好各层平面图的基础上，对应平面图来绘制立面图。绘制方法及步骤大体同平面图，具体步骤如下：

(1)选取和平面图相同的绘图比例及图幅。

(2)画铅笔线图(用较硬的 H 或 2H 铅笔)。

①画室外地坪线、两端的定位轴线、外墙轮廓线和屋顶或檐口线，并画出首尾轴线和墙面分格，如图 4.15(a)所示。

②确定细部位置。内容包括定门窗洞口位置线、窗台、雨篷、窗檐、阳台、檐口、墙垛、勒脚、雨水管等。对于相同的构件，只画出其中的一到两个，其余的只画外形轮廓，如图中的门窗等，如图 4.15(b)所示。

(3)检查后加深图线(用较软的 B 或 2B 铅笔)。

为了立面效果明显，图形清晰，重点突出，层次分明，立面图上的线型和线宽一定要区分清楚。

线型要求：地坪线画加粗实线(1.4*b*)；外轮廓线(天际线)画粗实线；墙轮廓线、门窗洞轮廓线，画中粗线；门窗分格线、墙面分格线、雨水管等，画细实线。

(4)标注标高、尺寸，填写图名、比例、注明各部位的装修做法(图 4.15(c))。

(5)校核。

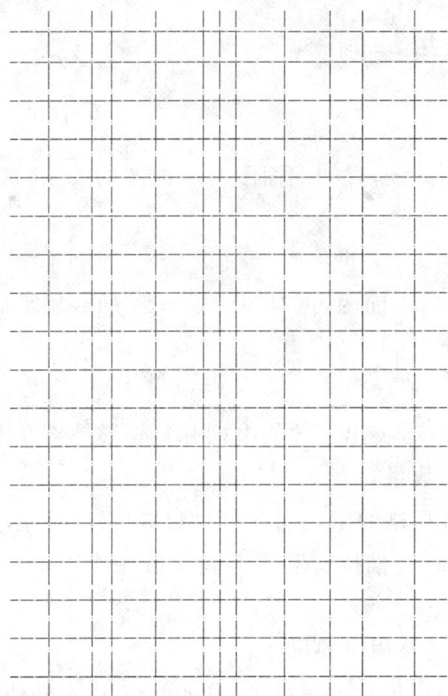

(a)绘制轴线、楼层标高线

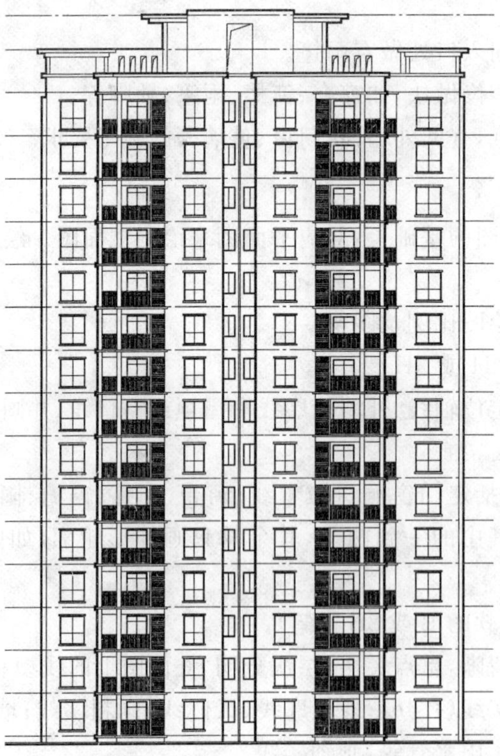

(b)绘制外轮廓线和门窗

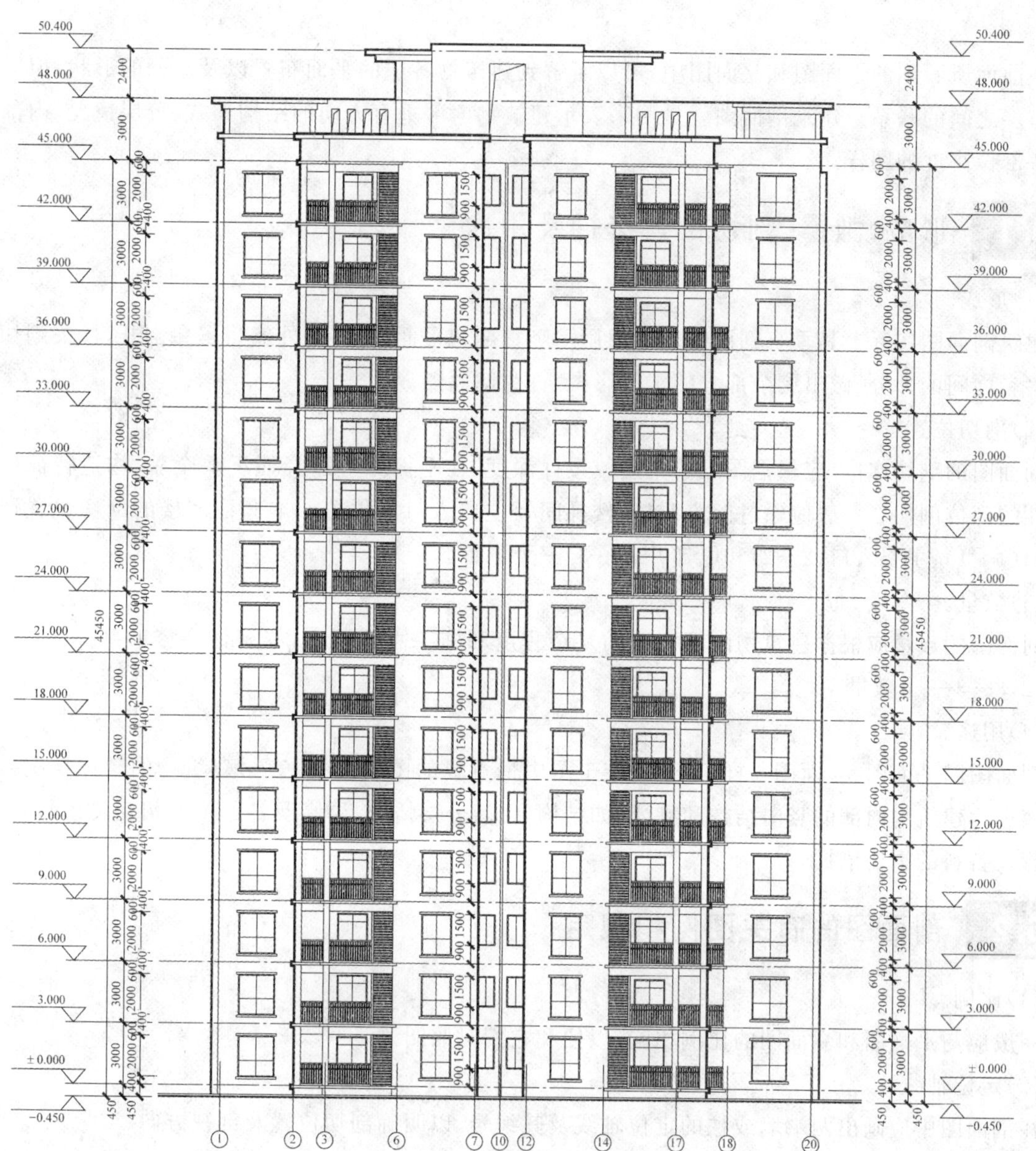

①~⑳轴立面图1：150

说明：除注明外均为白色外墙涂料

(c)检查加深、注写标高、尺寸、材料及图名等

图 4.15　立面图的绘制步骤

4.6 剖面图

从前面所看到的平面图和立面图中，可以了解到建筑物各层的平面布置以及立面的形状，但无法得知层与层之间的联系。建筑剖面图就是用来表示建筑物内部垂直方向的结构形式、分层情况、内部构造以及各部位高度的图样。

4.6.1 形成、数量、剖切位置选择及用途

(1)形成。

建筑剖面图实际上是垂直剖面图。假想用一竖直剖切平面，垂直于外墙将房屋剖开，移去剖切平面与观察者之间的部分，做出剩余部分的正投影图，称为剖面图。

(2)剖切位置选择。

剖面图的剖切部位，应根据图纸的用途或设计深度，在平面图上选择能反映全貌、构造特征以及有代表性的部位剖切。一般应通过门窗洞口、楼梯间及主要入口等位置。本套住宅楼的剖切位置选择了楼梯间(1—1)、主要入口(2—2)和电梯井(3—3)三个位置。

(3)数量。

剖面图的数量应根据建筑物内部构造的复杂程度和施工需要而定，本套住宅楼的剖面图共有1—1,2—2,3—3三个数量。

(4)用途。

剖面图同平面图、立面图一样，是建筑施工图中最重要的图纸之一，表示建筑物的整体情况。剖面图用来表达建筑物内部的竖向结构和特征(如结构形式、分层情况、层高及各部位的相互关系)，是施工、概预算及备料的重要依据。

4.6.2 剖面图的有关图例和规定

(1)比例。

一般应与平面图和立面图的比例相同，以便和它们对照阅读。

(2)定位轴线。

在剖面图中应画出两端墙或柱的定位轴线及其编号，以明确剖切位置及剖视方向。

(3)图线。

剖面图中的室外地坪线用加粗粗实线画出。剖切到的部位如墙、柱、板、楼梯等用粗实线画出，未剖到的用中粗实线画出，其他如引出线等用细实线画出。基础用折断线省略不画，另由结构施工图表示。

(4)多层构造引出线(图4.16)。

多层构造引出线，应通过被引出的各层。文字说明可注写在横线的上方，也可注写在横线的端部；说明的顺序应由上至下，并与被说明的层次相互一致。如层次为横向排列，则由上至下的说明顺序与由左至右的构造层次相互一致。

(5)建筑标高与结构标高。

建筑标高与结构标高如图4.3所示。

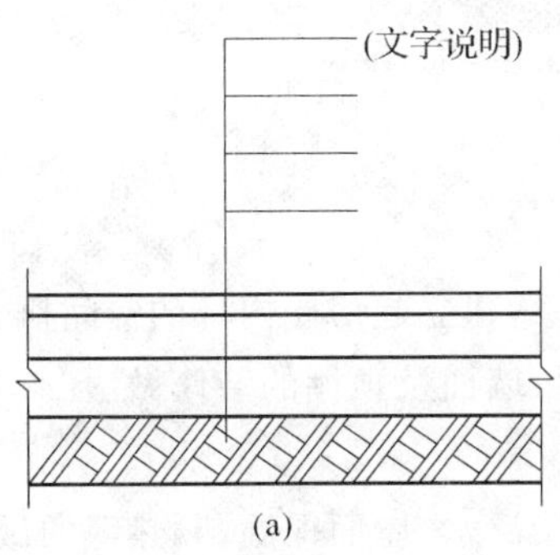

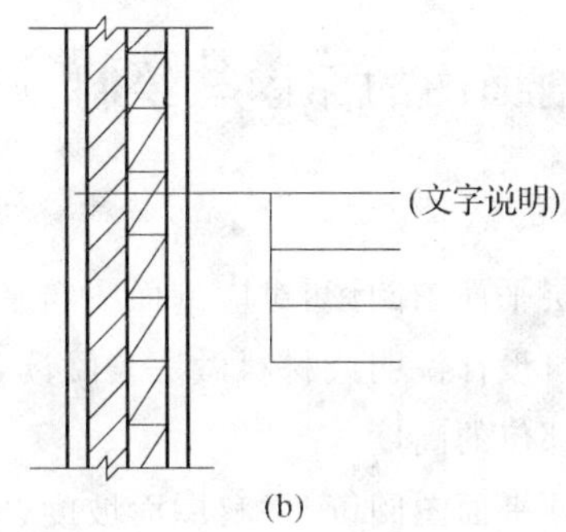

图 4.16　多层构造引出线

(6)坡度。

建筑物倾斜的地方如屋面、散水、残疾人专用通道、车道等，需用坡度来表示倾斜的程度。如图4.17(a)所示是坡度较小时的表示方法，箭头指向下坡方向，2%表示坡度的高宽比；图 4.17(b)、(c)是坡度较大时的表示方法。图 4.17(c)中直角三角形的斜边应与坡度平行，直角边上的数字表示坡度的高宽比。

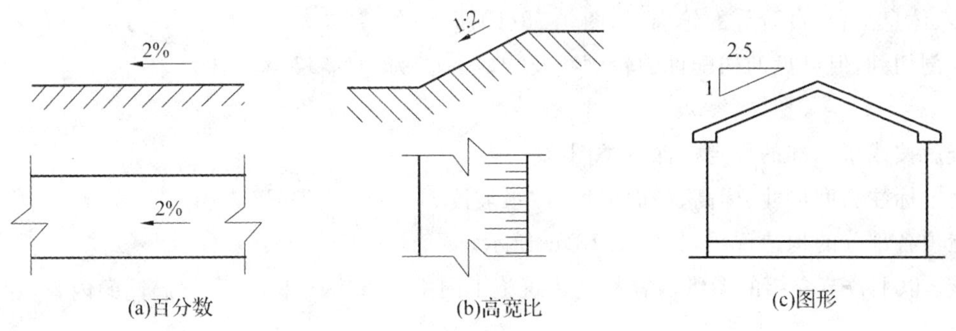

图 4.17　坡度的表示方法

下面以建施－13 为例，介绍剖面图的主要内容、阅读方法与绘制步骤。

4.6.3　主要内容

①注明图名和比例。

②表示房屋内部的分层、分隔情况。该建筑高度方向共分十五层，进深方向分隔是Ⓓ～Ⓖ为楼梯间，其余为住宅的主卧室、卧室和客厅的外墙面。

③尺寸标注。剖面图的尺寸标注一般有外部尺寸和内部尺寸之分。外部尺寸沿剖面图高度方向标注三道尺寸，所表示的内容同立面图。内部尺寸应标注内门窗高度、层间高度、隔断、吊顶、内部设备等的高度。

④标高。在建筑剖面图中应标注室内外地坪、楼面、楼梯平台面、窗台、檐口、女儿墙、雨篷、花饰等处的建筑标高，屋顶的结构标高。

⑤其他。表示各层楼地面、屋面、内墙面、顶棚、踢脚、散水、台阶等的构造做法。表示方法可采用多层构造引出线标注，若为标准构造做法，则标出做法的编号。

⑥表示檐口的形式和排水坡度。檐口的形式有两种：一种是女儿墙，另一种是挑檐。

⑦索引符号。剖面图中不能详细表示清楚的部位应标注索引符号，表明详图的编号及所在位置。如建施－13 中 1—1 剖面图标注的 98ZJ901(散水和暗沟做法)和窗台处(1/X1)的做法。

4.6.4 剖面图的阅读与绘制

1. 剖面图的阅读

①结合底层平面图阅读，对应剖面图与平面图的相互关系，建立起房屋内部的空间概念。

②结合建筑设计说明或材料做法表阅读，查阅地面、楼面、墙面及顶棚的装修做法。

③查阅各部位的高度。

④结合屋顶平面图阅读，了解屋面坡度、屋面防水、女儿墙泛水、屋面保温、隔热等的做法。

2. 剖面图的绘制

一般做法是在绘制好平面图、立面图的基础上绘制剖面图，并采用相同的图幅和比例。其步骤如下：

①确定定位轴线和高程控制线的位置。其中高程控制线主要指：室内外地坪线、楼层分格线、檐口顶线、楼梯休息平台线、墙体轴线等。如图 4.18(a)所示。

②画出内外墙身厚度、楼板、屋顶构造厚度，再画出门窗洞高度、过梁、圈梁、防潮层、挑出檐口宽度、梯段及踏步、休息平台、台阶等的轮廓，如图 4.18(b)所示。

③画未剖切到，但可见的构配件的轮廓线及相应的图例，如墙垛、梁(柱)、阳台、雨篷、门窗、楼梯栏杆、扶手。

④检查后按线型标准的规定加深各类图线。

⑤按规定标注高度尺寸、标高、屋面坡度、散水坡度、定位轴线编号、索引符号等；注写图名、比例及从地面到屋顶各部分的构造说明，如图 4.18(c)所示。

⑥复核。以上各节介绍的图纸内容都是建筑施工图中的基本图纸，表示全局性的内容，比例较小。

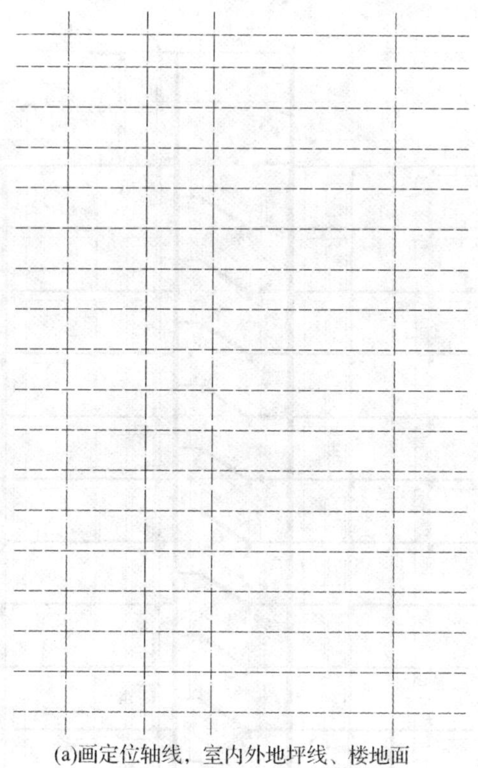

(a)画定位轴线，室内外地坪线、楼地面

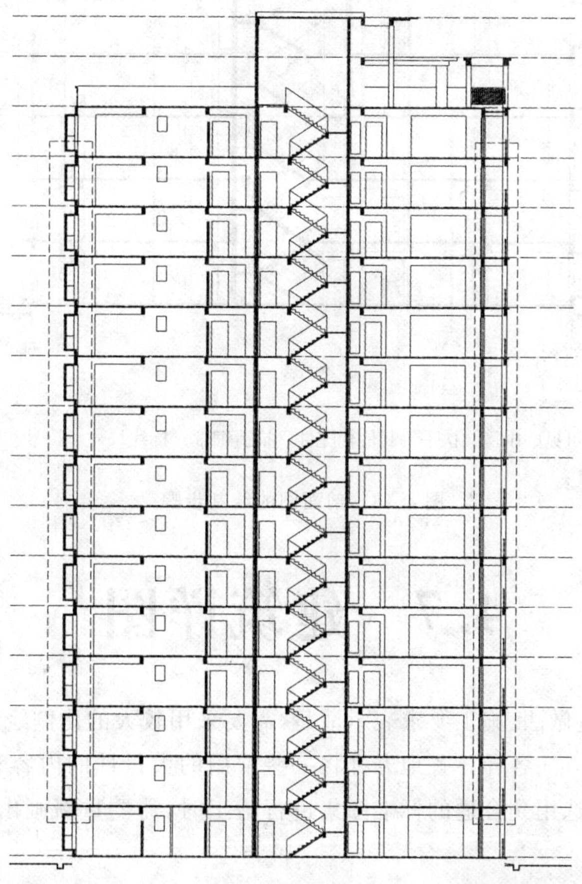

(b)画剖切到的墙身，楼地面基层、结构层，楼梯平台面、以及女儿墙顶线门窗洞、楼梯等主要构件

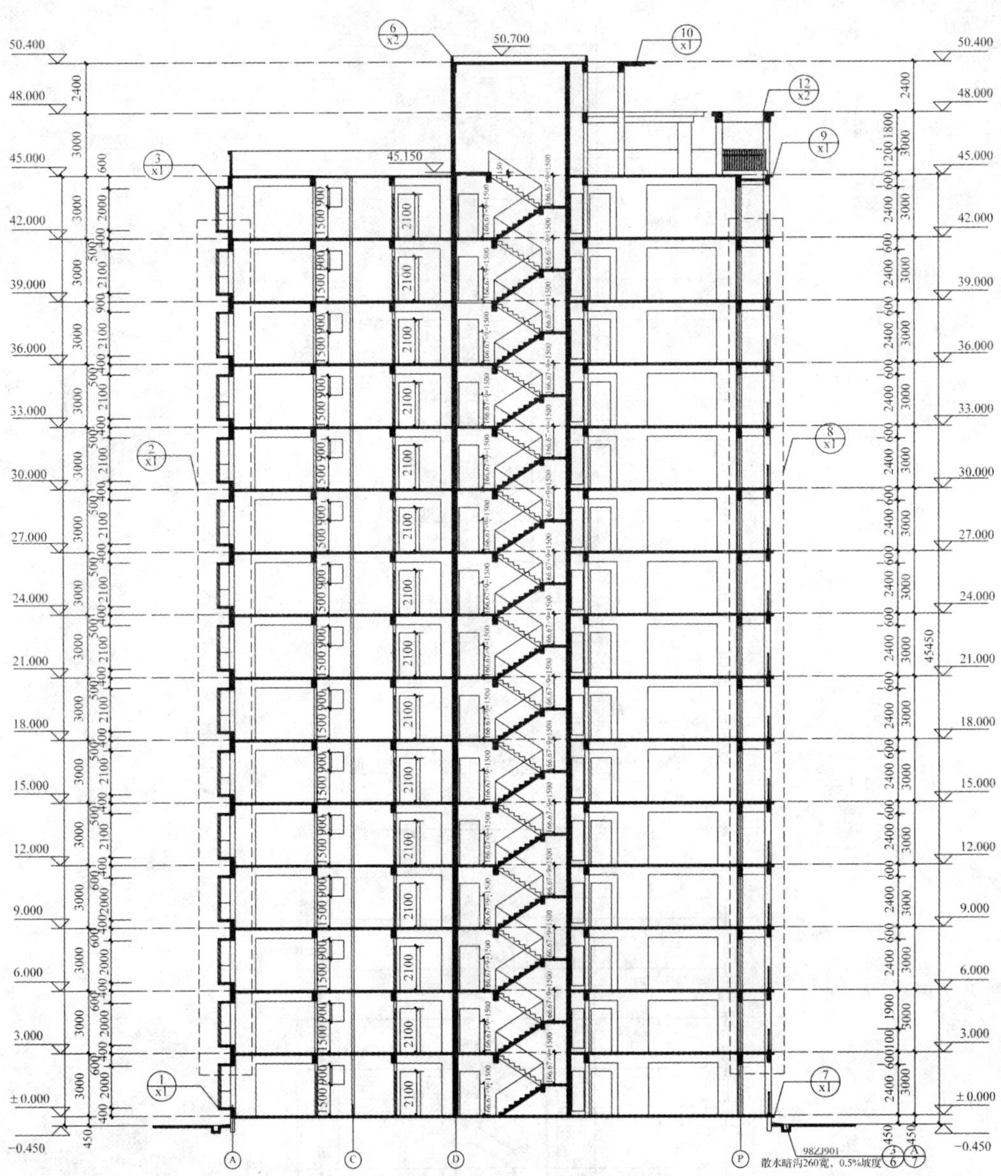

(c)画可见的雨篷、扶手等其他构配件，描清细部，标注尺寸、符号、编号及说明

图 4.18 剖面图的绘制步骤

4.7 建筑详图

为了将某些局部的构造做法、施工要求表示清楚，需要采用较大的比例绘制成详图。

详图的内容很多，表示方法各异。各地方都将一些常用的大量性的内容和常规做法编制成标准图集，供各工程选用。在不能选用到合适的标准图集进行施工时，需要重新画出详图，把具体的做法表达清楚。

4.7.1 详图认知

房屋建筑平面图、立面图、剖面图是全局性的图纸，因为建筑物体积较大，所以常采用缩小比例绘制。一般性建筑常用1∶100的比例绘制，对于体积特别大的建筑，也可采用1∶200的比例。用这样的比例在平、立、剖面图中无法将细部做法表示清楚，因而，凡是在建筑平、立、剖面图中无法表示清楚的内容，都需要另绘详图或选用合适的标准图。详图的比例常采用1∶1,1∶2,1∶5,1∶10,1∶20,1∶50等几种。

详图与平、立、剖面图的关系是用索引符号联系的。索引符号、局部剖切索引符号及详图符号如图4.5～图4.8所示。

房屋施工图通常需绘制以下几种详图：外墙剖面详图、楼梯详图、门窗详图、厨卫详图及室内外一些构配件的详图，如室外的台阶、花池、散水、明沟和阳台等，室内的卫生间、壁柜和搁板等。下面以墙身剖面图（墙身详图）和楼梯详图为例介绍建筑详图的阅读方法。

4.7.2 外墙身详图的识读与绘制

外墙身详图的剖切位置一般设在门窗洞口部位。它实际上是建筑剖面图的局部放大图样，一般按1∶20的比例绘制。外墙身详图主要表示地面、楼面、屋面与墙体的关系，同时也表示排水沟、散水、勒脚、窗台、窗檐、女儿墙、天沟、排水口、雨水管的位置及构造做法，如图4.19所示。

1.用途

外墙身详图与平、立、剖面图配合使用，是施工中砌墙、室内外装修、门窗立口及概算、预算的依据。

2.外墙身详图的基本内容

①表明墙厚及墙与轴线的关系。从图4.19中可以看出，一～十五层墙体为砖墙，墙厚为200 mm，墙的中心线与轴线重合；女儿墙处其轴线与砖墙外边缘重合。

②表明各层楼中梁、板的位置及与墙身的关系，从图4.19中我们可以看出该建筑的楼板、屋面板采用的是现浇钢筋混凝土板。

③表明各层地面、楼面、屋面的构造做法。该部分内容一般要与建筑设计说明和材料做法表共同表示。本工程要结合建施－01的工程设计综合说明阅读。

④表明各主要部位的标高。在建筑施工图中标注的标高称为建筑标高，标注的高度位置是建筑物某部位装修完成后的上表面或下表面的高度。它与结构施工图（见项目5）的标高不同，结构施工图中的标高称为结构标高，它标注结构构件未装修前的上表面或下表面的高度。如图4.3所示，我们可以看到建筑标高和结构标高的区别。

⑤表明门窗立口与墙身的关系。在建筑工程中，门窗框的立口有三种方式，即平内墙面、居墙中和平外墙面。如图4.19所示的窗是凸窗做法（即人们常说的阳光窗、飘窗）。

⑥表明各部位的细部装修及防水防潮做法。如图中的散水、防潮层、窗台、窗檐和天沟等的细部做法。

3.读图方法及步骤

①掌握墙身剖面图所表示的范围。读图时结合建施－13中1—1剖面图，可知该墙身剖面图是Ⓐ轴上的墙。

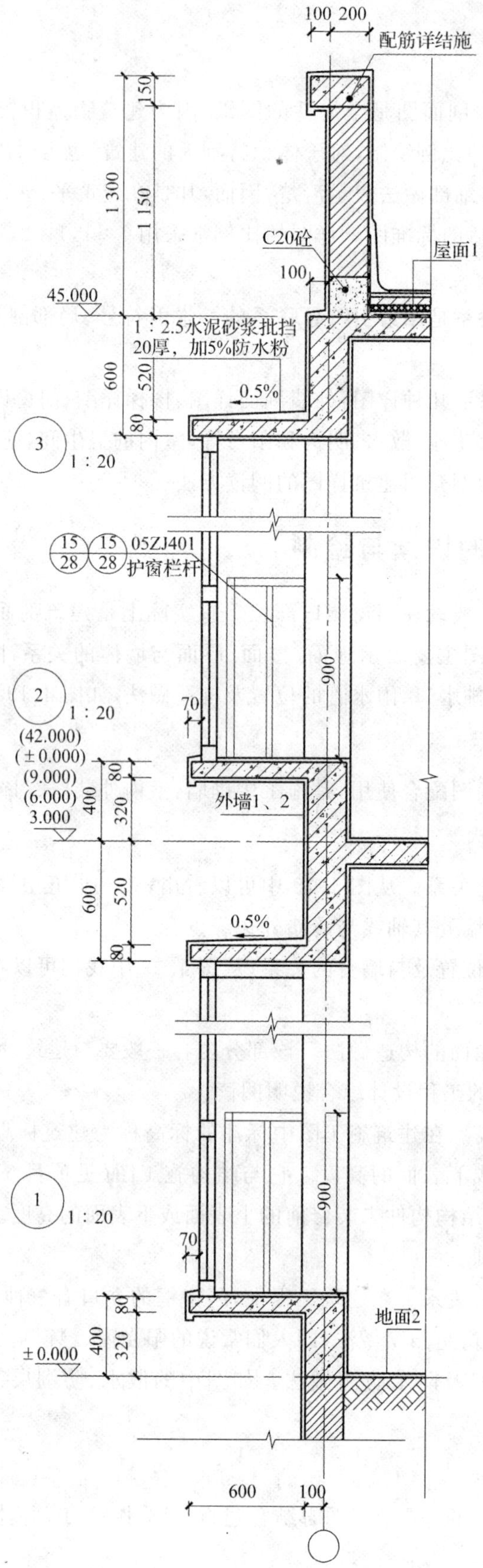

图 4.19　墙身详图 1：20

②掌握图中的分层表示方法。若图中楼面和屋面的做法采用分层表示方法，画图时文字注写的顺序与图形的顺序对应。这种表示方法常用于地面、楼面、屋面和墙面等装修做法。

③掌握构件与墙体的关系。装配式楼板与墙体的关系一般有靠墙和压墙两种。如图4.19所示为现浇楼板。

④结合建筑设计说明或材料做法表阅读，掌握细部的构造做法。

4.注意事项

①在±0.000或防潮层以下的墙称为基础墙，施工做法应以基础图为准。在±0.000或防潮层以上的墙，施工做法以建筑施工图为准，并注意连接关系及防潮层的做法。

②地面、楼面、屋面、散水、勒脚、女儿墙、天沟等的细部做法应结合建筑设计说明或材料做法表阅读。

③注意建筑标高与结构标高的区别。

4.7.3 楼梯详图的识读与绘制

1.概述

(1)楼梯的组成。

楼梯一般由楼梯段、平台、栏杆(栏板)和扶手三部分组成，如图4.20所示。

①楼梯段。指两平台之间的倾斜构件。它由斜梁或板及若干踏步组成，踏步分踏面和踢面。

②平台。指两楼梯段之间的水平构件。根据位置不同又有楼层平台和中间平台之分，中间平台又称为休息平台。

③栏杆(栏板)和扶手。栏杆扶手设在楼梯段及平台悬空的一侧，起安全防护作用。栏杆一般用金属材料做成，扶手一般由金属材料、硬杂木或塑料等做成。

(2)楼梯详图的主要内容。

要将楼梯在施工图中表示清楚，一般要有三部分的内容，即楼梯平面图、楼梯剖面图和踏步、栏杆、扶手详图等。

下面以图4.20所示楼梯详图为例，介绍楼梯详图的阅读和绘制。

2.楼梯平面图

楼梯平面图的形成同建筑平面图一样，假设用一水平剖切平面在该层往上行的第一个楼梯段中剖切开，移去剖切平面及以上部分，将余下的部分按正投影的原理投射在水平投影面上所得到的图，称为楼梯平面图。为此，楼梯平面图是房屋平面图中楼梯间部分的局部放大。如图4.20所示楼梯平面图是采用1∶50的比例绘制的。

楼梯平面图一般分层绘制，底层平面图是剖在上行的第一跑上，因此除表示第一跑的平面外，还能表明楼梯间一层休息平台下面小房间或进入楼层单元处的平面形状。中间相同的几层楼梯，同建筑平面图一样，可用一个图来表示，这个图称为标准层平面图。最上面一层平面图称为顶层平面图。

注：由于是上人屋面，所以此处的顶层平面图实际上是通过屋顶处剖切得到的，不是真正意义上的顶层平面图。

所以，楼梯平面图一般有底层平面图、标准层平面图和顶层平面图三个。而该住宅楼由于二～十五层的平面图和屋顶平面图不一致，故有三个楼梯平面图图样。

需要说明的是按假设的剖切面将楼梯剖切开，折断线本应该为平行于踏步的折断线，为了与踏步的投影区别开，《建筑制图标准》(GB/T 50104—2010)规定画45°斜折断线。

楼梯平面图用轴线编号表明楼梯间在建筑平面图中的位置，注明楼梯间的长宽尺寸、楼梯跑(段)数、每跑的宽度、踏步步数、每一步的宽度、休息平台的平面尺寸及标高等。

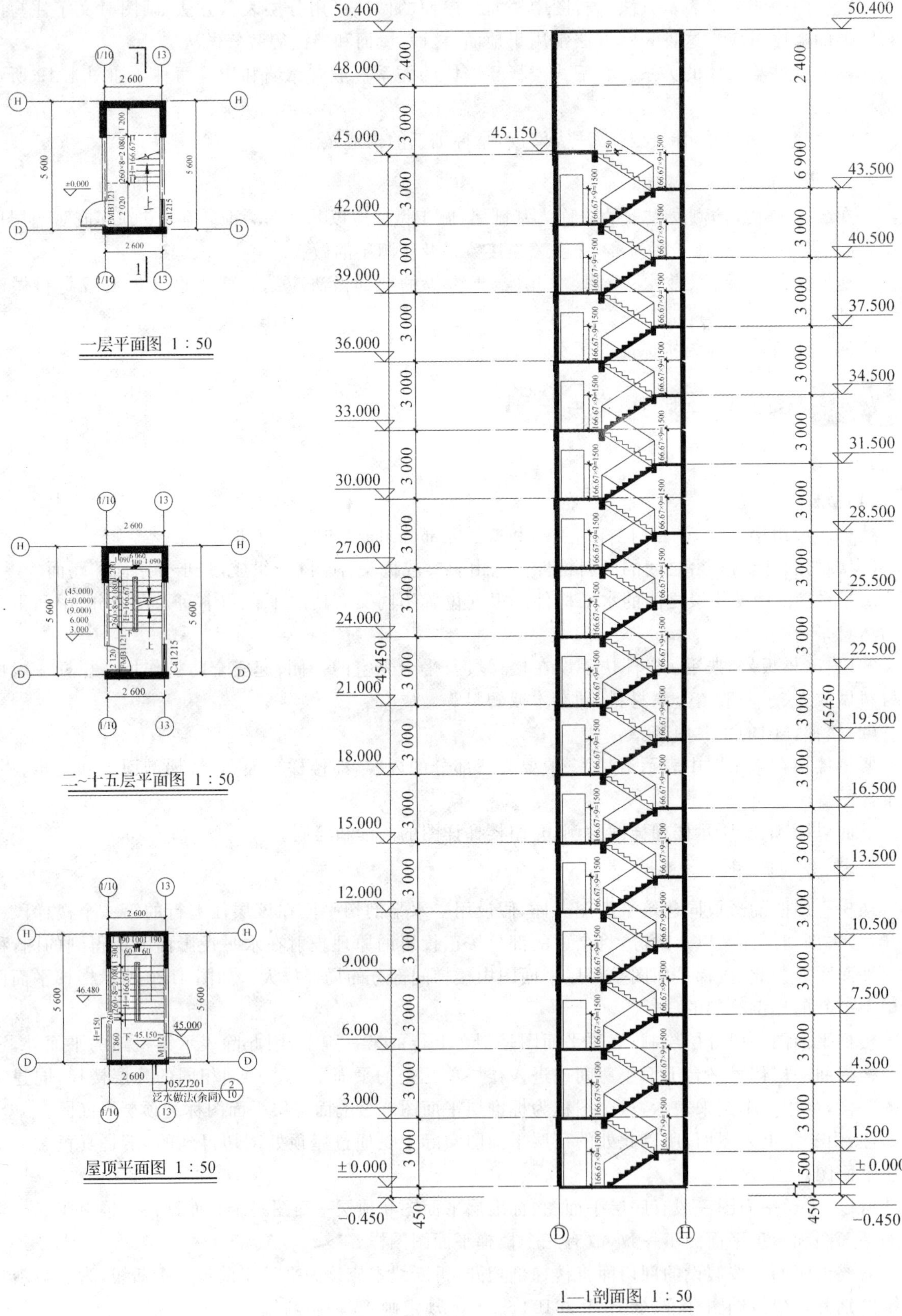

图 4.20　楼梯详图 1∶50

3. 楼梯剖面图

假想用一铅垂剖切平面，通过各层的一个楼梯段将楼梯剖切开，向另一未剖切到的楼梯段方向进行投射，所绘制的剖面图称为楼梯剖面图。如图 4.20 所示的 1—1 剖面图。

楼梯剖面图的作用是完整、清楚地表明各层梯段及休息平台的标高，楼梯的踏步步数、踏面的宽度及踢面的高度，各种构件的搭接方法，楼梯栏杆（板）的形式及高度，楼梯间各层门窗洞口的标高及尺寸。

4. 踏步、栏杆（板）及扶手详图

踏步、栏杆、扶手这部分内容与楼梯平面图、剖面图相比，采用的比例要大一些，其目的是表明楼梯各部位的细部做法。

(1)踏步。

如图 4.20 所示楼梯详图，踏面的宽为 260 mm，踢面的高为 166.67 mm，在楼梯平面图中表示为 260×8=2 080，H=166.67。楼梯间踏步的装修若无特别说明，一般都是与地面的做法相同。在公共场所，楼梯踏面要设置防滑条。

(2)栏杆、扶手。

除以上内容外，楼梯详图一般还包括顶层栏杆立面图、平台栏杆立面图和顶层栏杆楼层平台段与墙体的连接。

5. 阅读楼梯详图的方法与步骤

①查明轴线编号，了解楼梯在建筑中的平面位置和上下方向。

②查明楼梯各部位的尺寸。包括楼梯间的大小、楼梯段的大小、踏面的宽度、休息平台的平面尺寸等。

③按照平面图上标注的剖切位置及投射方向，结合剖面图阅读楼梯各部位的高度。包括地面、休息平台、楼面的标高及踢面、楼梯间门窗洞口、栏杆、扶手的高度等。

④弄清栏杆（板）、扶手所用的建筑材料及连接做法。

⑤结合建筑设计说明，查明踏步（楼梯间地面）、栏杆、扶手的装修方法。内容包括踏步的具体做法、栏杆、扶手（金属、木材等）及其油漆颜色和涂刷工艺等。

6. 楼梯图的绘制

在这里只介绍楼梯平面图和楼梯剖面图的绘制。

(1)楼梯平面图的绘制。

①将各层平面图对齐，根据楼梯间的开间、进深尺寸画出墙身轴线，如图 4.21 (a)所示。

②确定墙体厚度、门窗洞的位置、平台宽度、梯段长度及栏杆的位置。楼梯段长度的确定方法：楼梯段长度等于踏面宽度乘以踏面数，踏面数为踏步数减 1。

③用等分平行线间距的方法分楼梯踏步，然后画出踏步面，踏步面简称踏面，如图 4.21(b)所示。

④加深图线。图线要求与建筑平面图一致。

⑤画箭头、标注上下方向，注写标高、尺寸、图名、比例及文字说明，如图 4.21(c)所示。

⑥检查。

(2)楼梯剖面图的绘制。

①根据楼梯底层平面图中标注的剖切位置和投射方向，画墙身轴线，楼地面、平台和梯段的位置，如图 4.22(a)所示。

②画墙身厚度、平台厚度、楼梯横梁的位置，如图 4.22(b)所示。

③分楼梯踏步。水平方向同平面图分法，竖直方向按实际步数绘制。得到的梯段踏面和踢面轮廓线如图 4.22(b)所示。

④画细部。如楼地面、平台地面、斜梁、栏杆和扶手等。

⑤加深图线。线型要求同建筑剖面图一致。注写标高、尺寸及文字，如图 4.22(c)所示。

⑥检查。

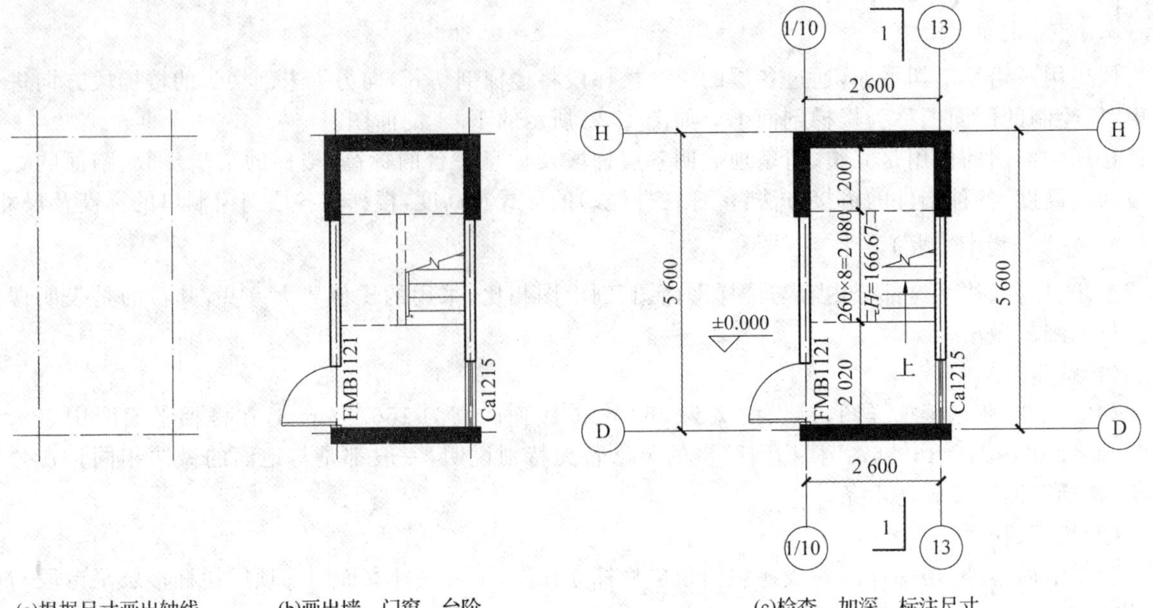

(a)根据尺寸画出轴线　　(b)画出墙、门窗、台阶　　(c)检查、加深、标注尺寸

图 4.21　楼梯平面图的绘制

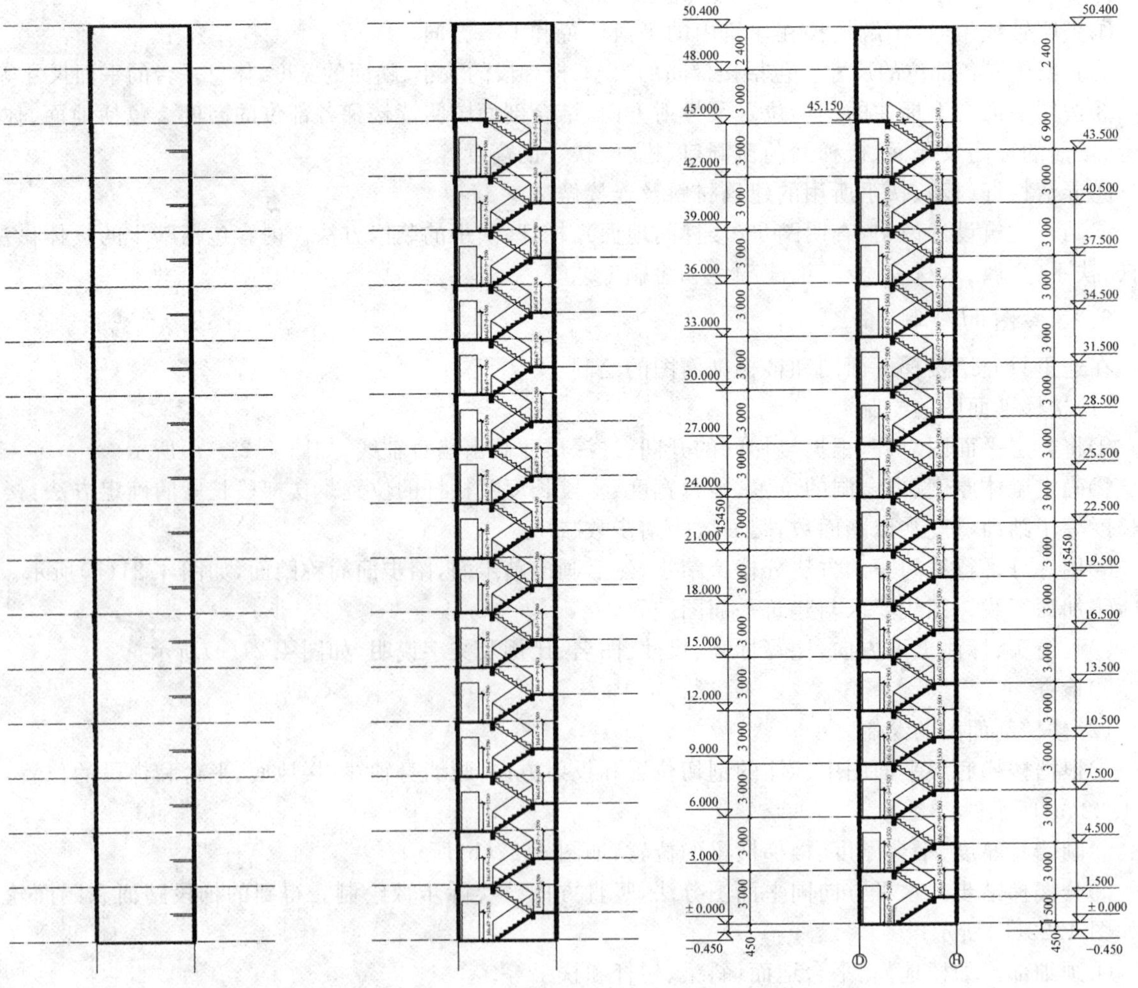

(a)根据尺寸画出轴线　　(b)画出墙、楼梯、门等　　(c)检查、加深、标注尺寸

图 4.22　楼梯剖面图的绘制

一、填空题

1. 建筑按使用功能不同分为________、________和________三大类。
2. 建筑施工图一般应有总________、________、________、________及________。
3. 建筑物横向定位轴线之间的距离称为________;纵向定位轴线之间的距离称为________。

二、选择题

1. 施工平面图中标注的尺寸只有数量没有单位,按国家标准规定单位应该是(　　)。

A. mm　　B. cm　　C. m　　D. km

2. 下列立面图的图名中错误的是(　　)。

A. 房屋立面图　　B. 东立面图　　C. ⑦～①立面图　　D. Ⓑ～Ⓐ立面图

3. 在钢筋混凝土构件代号中,“GL”是表示(　　)。

A. 圈梁　　B. 过梁　　C. 连系梁　　D. 基础梁

4. 下列拉丁字母中,可以用作定位轴线编号的是(　　)。

A. L　　B. I　　C. O　　D. Z

三、简答题

1. 建筑平面图是如何形成的？建筑平面图的用途是什么？
2. 建筑立面图是如何形成的？其用途是什么？
3. 楼梯平面图一般包括哪几个平面图？

测绘所在教学楼的底层平面,完整地绘出其平面图,并标注尺寸。

项目5 结构施工图的绘制与识读

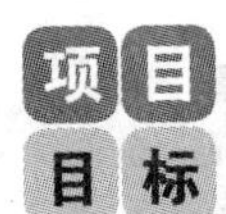

【知识目标】

1. 熟悉并遵守建筑结构制图国家标准的基本规定。
2. 熟悉结构施工图作用、内容及表示规则。

【技能目标】

1. 能正确识读各结构构件的结构施工图及施工详图。
2. 能正确表示结构构件的尺寸，各种钢筋等的信息。

【课时建议】

14 课时

5.1　结构施工图的基础知识

5.1.1　结构施工图概述

结构是建筑物的骨架，是承重的主体，一幢建筑物的设计包括建筑和结构设计。建筑结构通常由结构构件（如基础、柱子、梁、板等）和建筑配件（如门、窗、阳台等）组成。结构设计的基本任务是根据建筑物的使用要求和作用于建筑物的荷载，选择合理的结构类型和方案，进行结构布置和计算。把设计的结果绘制成工程图样，就称为“结构施工图”。能否正确绘制和识读结构图，直接关系建筑物的安全性、适用性和耐久性。

结构施工图通常由结构设计总说明、基础结构图、楼盖结构图和结构构件（如梁、板、柱等）详图组成。

5.1.2　建筑结构制图国家标准

对结构施工图的绘制，除了应符合《房屋建筑制图统一标准》（GB/T 50001—2010）中的基本规定外，还必须符合《建筑结构制图标准》（GB/T 50105—2010）以及现行的其他有关标准和规范的规定。此外还要注意图面清晰整洁、标注齐全、构造合理、并与计算书一致。

1. 线宽和线型

结构施工图图线宽度 b 应按现行国家标准《房屋建筑制图统一标准》（GB/T 50001—2010）和《建筑结构制图标准》（GB/T 50105—2010）中的有关规定选用。每个图样应根据复杂程度与比例大小，先选用适当基本线宽度 b，再选用相应的线宽。建筑结构专业制图应选用表5.1所示的图线。

表5.1　线型

名称	线宽	一般用途
粗实线	b	螺栓、主钢筋线、结构平面图中的单线结构构件、钢木支撑及系杆线，图名下横线、剖切线
中实线	$0.5b$	结构平面图及详图中剖到或可见的墙身轮廓线，基础轮廓线，钢、木结构轮廓线，钢筋线
细实线	$0.25b$	可见的钢筋混凝土轮廓线、尺寸线、标注引出线，标高符号，索引符号
粗虚线	b	不可见的钢筋、螺栓线，结构平面图中不可见的单线结构构件线及钢、木支撑线
中虚线	$0.5b$	结构平面图中的不可见构件、墙身轮廓线及不可见钢、木结构构件线
细虚线	$0.25b$	基础平面图中的管沟轮廓线、不可见的钢筋混凝土轮廓线
粗点画线	b	柱间支撑、垂直支撑、设备基础轴线图中的中心线
细点画线	$0.25b$	定位轴线、中心线、对称线
粗双点画线	b	预应力钢筋线
细双点画线	$0.25b$	原有结构轮廓线
折断线	$0.25b$	断开界线
波浪线	$0.25b$	断开界线

注：在同一张图纸中，相同比例的各样图样，应选用相同比例的线宽组

2. 比例

根据图样用途和被绘物体的复杂程度，选用表 5.2 中的常用比例，特殊情况下选用可用比例。常用比例见表 5.2。

表 5.2 比例（摘自 GB/T 50105—2010）

图名	常用比例	可用比例
结构施工图、基础平面图	1∶50，1∶100，1∶150，1∶200	1∶60
圈梁平面图、总图中管沟、地下设施等	1∶200，1∶500	1∶300
详图	1∶10，1∶20	1∶50，1∶25，1∶4

5.1.3 结构施工图作用与内容

1. 主要作用

结构施工图简称“结施”，是关于承重构件的布置，使用的材料、形状、尺寸大小及内部构造的工程图样，是承重构件以及其他受力构件施工的依据。主要为房屋结构定位、基槽放样和开挖、模板支架、钢筋绑扎、预埋件设置及现浇混凝土等构件的制作安装和现场施工提供依据，同时也为预算的编制和施工组织设计等提供依据。

2. 主要内容

(1) 图纸目录。

全部图纸都应在图纸目录上列出，并对每一张图纸进行编号，按顺序排列。图纸编号及排列的原则为：从整体到局部，按施工顺序从下到上。

(2)结构设计总说明。

结构设计总说明是统一描述该项工程有关结构方面共性问题的图纸，其编制原则是提示性的。以文字叙述为主，少量辅助示意图，主要说明结构设计的依据、结构形式、构件材料及要求、构造做法、施工要求等内容。

(3)各层结构平面。

各层结构平面主要表示结构构件的位置、数量、型号及相互关系，一般包括基础平面布置图、楼层结构平面布置图、屋面结构平面图和柱网平面图等。

(4)构件详图。

主要表示单个构件的形状、尺寸、构造及工艺，一般包括柱、梁、板及基础结构详图，楼梯结构详图，屋面结构详图等。

(5)其他。

对平面图中难以表达清楚的内容，如凹陷部分楼板、局部飘出、孔洞构造等，可用引出线标注，或加剖面索引、用大样图表示，并加以文字说明。

5.1.4 结构施工图常用符号

1. 常用构件名称代号

在结构施工图中，由于所用的构件种类繁多，布置复杂，一般用汉字表达不够简单明了，为了使图示简明扼要，通常用代号标注构件的形式。构件的代号通常以构件名称汉语拼音的第一个大写字母表示。常用构件代号见表 5.3。

表 5.3　常用构件代号(摘自 GB/T 50105—2010)

序号	名称	代号	序号	名称	代号	序号	名称	代号
1	板	B	2	屋面板	WB	3	空心板	KB
4	槽形板	CB	5	折板	ZB	6	密肋板	MB
7	楼梯板	TB	8	盖板	GB	9	檐口板	YB
10	吊车板	DB	11	墙板	QB	12	天沟板	TGB
13	梁	L	14	屋面梁	WL	15	吊车梁	DL
16	单轨吊车梁	DDL	17	轨道连接	DGL	18	车挡	CD
19	圈梁	QL	20	过梁	GL	21	连系梁	LL
22	基础梁	JL	23	楼梯梁	TL	24	框架梁	KL
25	框支梁	KZL	26	屋面框架梁	WKL	27	檩条	LT
28	屋架	WJ	29	托架	TJ	30	天窗架	CJ
31	框架	KJ	32	刚架	GJ	33	支架	ZJ
34	柱	Z	35	框架柱	KZ	36	构造柱	GZ
37	承台	CT	38	设备基础	SJ	39	桩	ZH
40	挡土墙	DQ	41	地沟	DG	42	柱间支撑	ZC
43	垂直支撑	CC	44	水平支撑	SC	45	梯	T
46	雨棚	YP	47	阳台	YT	48	梁垫	LD
49	预埋件	M—	50	天窗端壁	TD	51	钢筋骨架	G
52	钢筋网	W	53	基础	J	54	暗柱	AZ

注:①预应力钢筋混凝土构件的代号,应在上述构件代号前加注“Y-”,如 Y-DL 表示预应力钢筋混凝土吊车梁

②在设计中,如果区别上述构件,需要加以文字说明

2. 常用材料种类及图例

为了统一工程施工图纸,保证图纸质量,适应工程建设的需要,绘制图纸时必须遵守建筑行业相关规定。当建筑物或建筑构配件被剖切时,应在图样中的断面轮廓线内画出建筑材料图例。常用的建筑材料图例见表 5.4。

表 5.4　常用建筑材料图例

序号	名称	图例说明	序号	名称	图例说明
1	自然土壤		2	夯实土壤	
3	砂、灰土		4	普通砖	
5	空心砖		6	饰面砖	
7	混凝土		8	钢筋混凝土	
9	橡胶				

技术点睛

当材料图例跟文字或尺寸数字相接触时，应断开图例图线，保证字体清晰。

5.2 基础结构施工图

基础结构施工图主要表示建筑±0.000以下基础结构的图纸。一般包括基础平面图、基础剖(断)面详图和文字说明三部分。基础图是基础定位放样、基坑开挖和施工的主要依据。

5.2.1 基础的分类

基础是建筑物的重要组成部分，也是建筑物向地基传递全部荷载的重要承重构件。常见的基础形式有条形基础、独立基础和桩基础等，如图5.1所示。

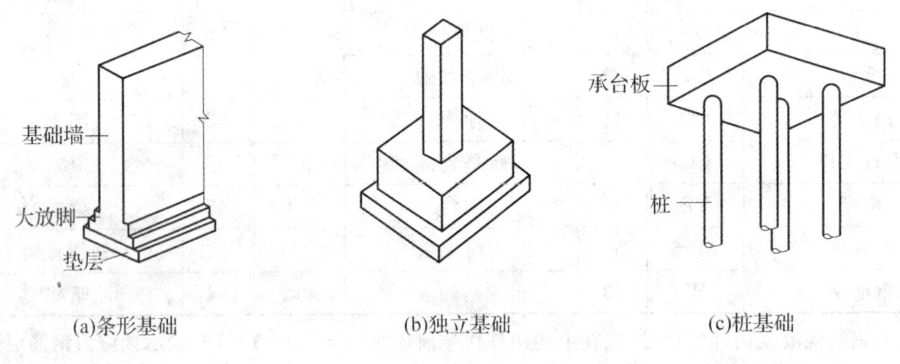

图5.1 基础类型

5.2.2 基础平面图

基础平面图是一种剖视图。假想用一个水平剖切面，沿室内地面与基础之间将建筑物剖切开，移去剖切面以上所有部分(包括房屋结构及所有土层)，自上向下所做的水平正投影图即为基础平面图。

技术点睛

基础平面图和建筑施工图的定位轴线应该一致，比例也应相同。绘制基础平面图时，应根据建筑平面图中的定位轴线和比例，确定基础的定位轴线，然后再绘制出基础宽度轮廓线、基础墙等，同时标注基础的定位轴线、尺寸、基础详图的剖切符号和位置等。

以条形基础为例，在绘制条形基础平面图时，应将条形基础平面与基础所承受的上部结构的柱、墙一起绘出。被剖切到的基础墙体，轮廓线采用粗实线绘制，基础底面外轮廓线采用细实线绘制，构造柱断面涂黑，各种管线及预留孔洞用虚线绘制。除此之外，图中还应标出基础各部分尺寸，当基础底面标高不同时，需注明与基础底面基准标高不同之处的范围和标高。

【案例实解】

某学生公寓案例。

某学生公寓基础设计为桩基础，桩基础平面图一般包括桩定位图和承台布置图。当绘制桩基承台平面布置图时，应将承台下的桩位和承台所支撑的柱、墙一起绘制。

当桩基承台的柱中心线或墙中心线与建筑定位轴线不重合时，应标注其定位尺寸；编号相同的桩基承台，可仅选择一个进行标注。当设置了基础连系梁时，可根据图面的疏密紧凑情况，将基础连系梁与基础平面图一起绘制，或将基础连系梁布置图单独绘制。该学生公寓基础平面布置图如图 5.2、图 5.3 所示。

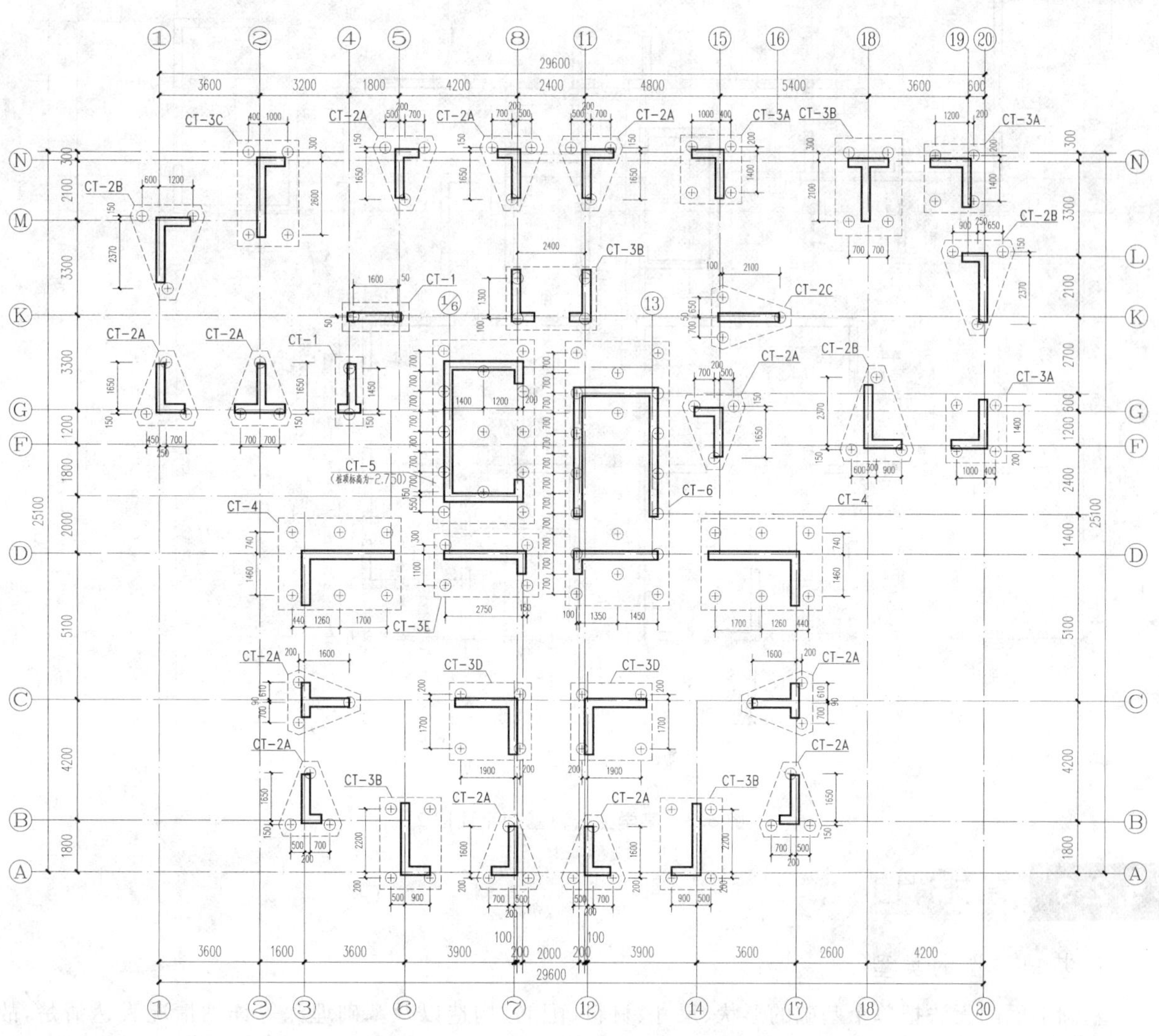

图 5.2　某学生公寓基础平面图 1

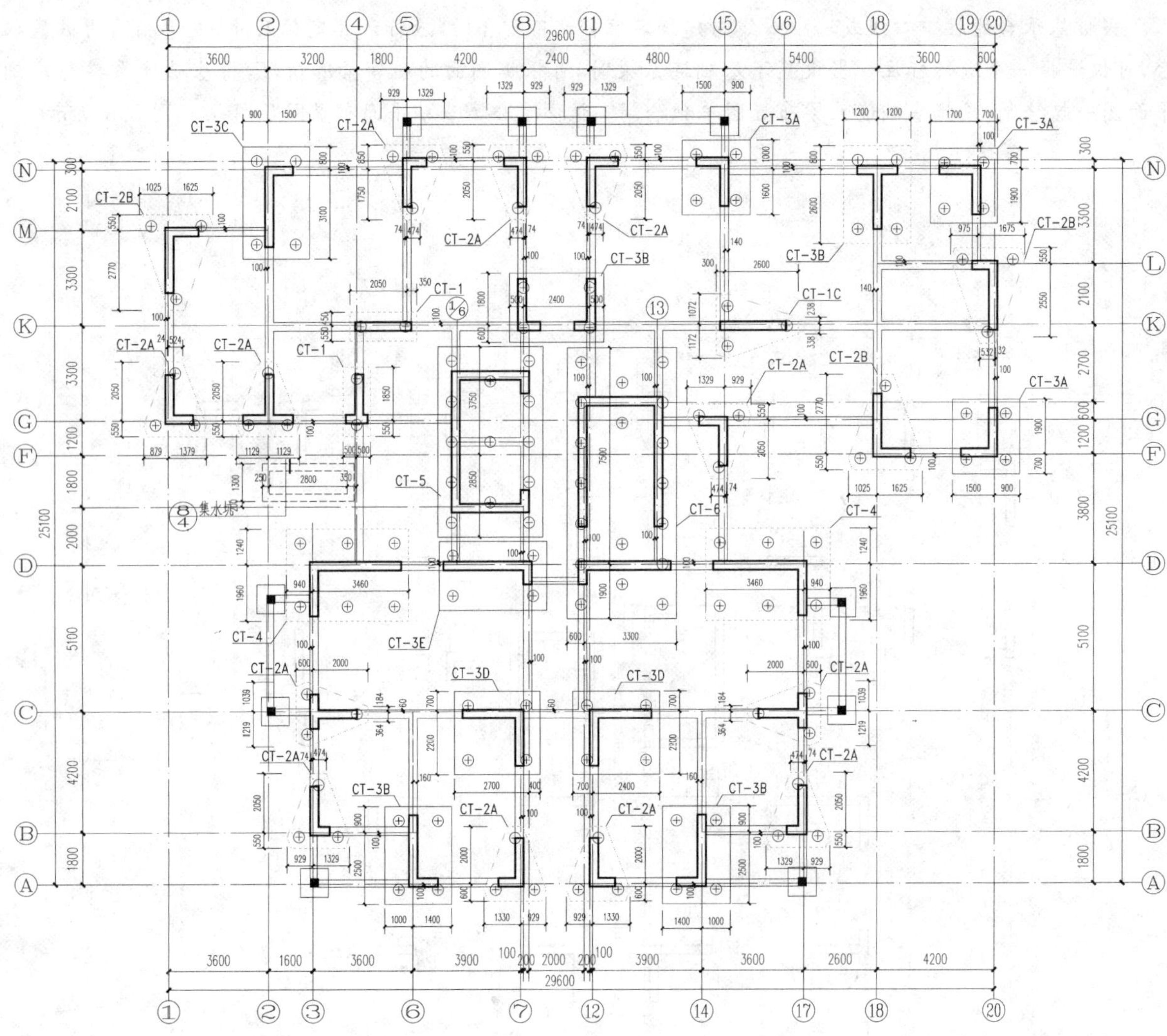

图 5.3　某学生公寓基础平面图 2

5.2.3 基础详图

1. 基础详图的类型

基础平面图无法把单个基础的形状、尺寸、材料、配筋、构造以及基础埋深等详细情况表达清楚，故采用基础详图将其细化和完善。基础详图一般采用较大的比例(如 1∶20)绘制，主要包括基础剖面图、基础构件详图和基础平面图的局部放大。

(1)基础剖面图。

基础剖面图是对应于基础平面图剖面符号画出大样，而其剖面名称和位置已在基础平面图中注明。以墙下钢筋混凝土条形基础为例，其 5—5 剖面，如图 5.4 所示。

如图 5.4 所示是钢筋混凝土桩基础的绘制方法，比例为 1∶30，图中绘制了桩基础各部分的构造、详细尺寸、室内外标高和高差以及基础的基本配筋情况。基础垫层为 100 mm 厚 C20 素混凝土垫层，每边扩出基础边缘 100 mm，基础垫层在基础平面图中并不绘制出来。

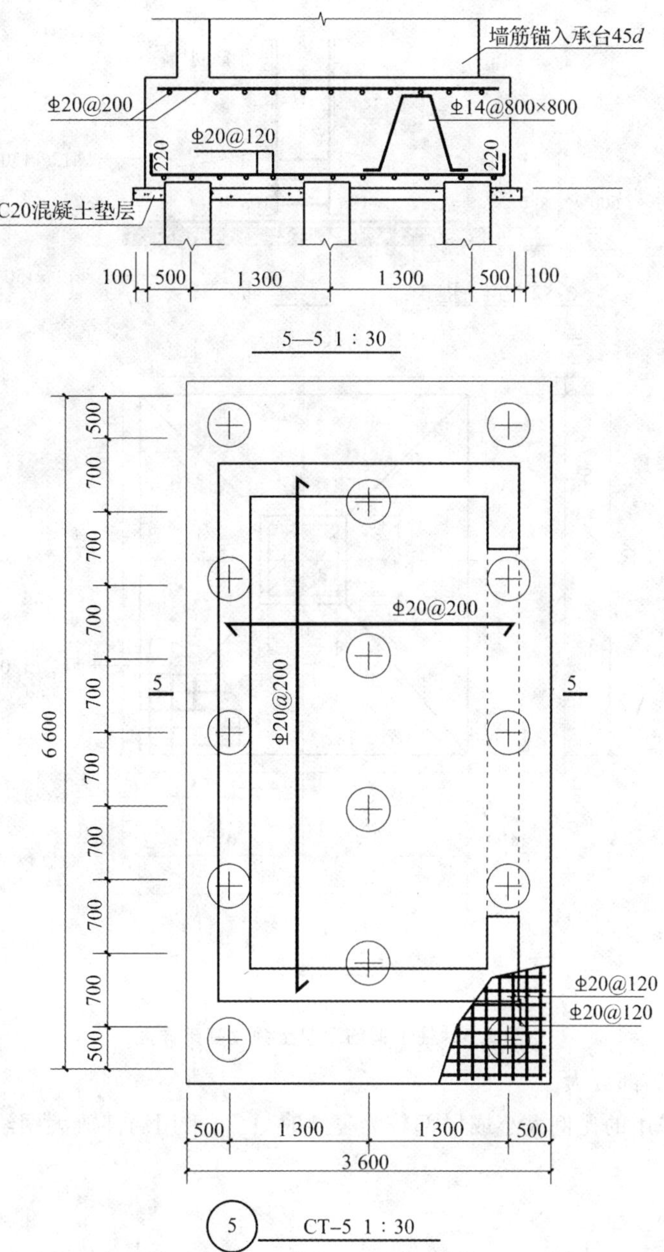

图 5.4　某墙下钢筋混凝土桩基础详图

(2)基础构件。

在基础中,可能有基础梁、基础板、桩基,这些构件在基础平面图中仅标注出位置及构件代号,但详细构造要求并未绘出,还未满足施工要求,需绘制基础构件详图加以说明。如图 5.5 所示是柱下钢筋混凝土独立基础的详图。

一般柱下独立基础采用基础板下双向配筋,独立基础的高度(厚度)由冲切计算确定,同时满足柱子主筋锚固的需要。独立基础下一般做成厚 100 mm 素混凝土垫层。

如图 5.4 所示为该学生公寓承台大样图,对应图 5.2、图 5.3 中定位轴线 6 处,配筋如图 5.5 所示。

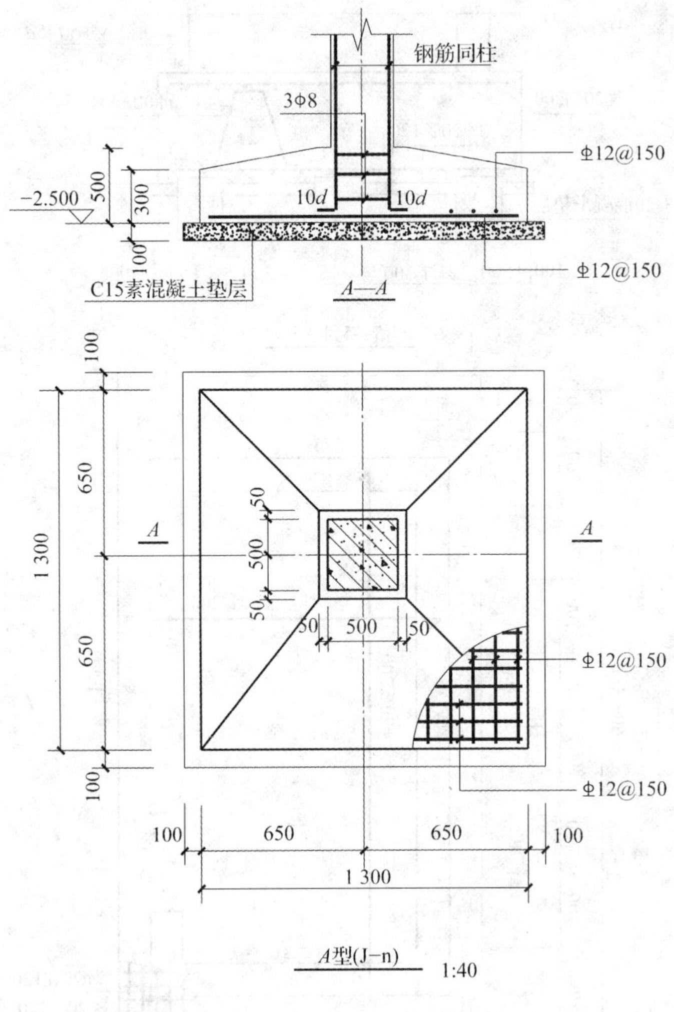

图 5.5　柱下钢筋混凝土独立基础详图

(3)基础平面图的局部放大。

当基础平面图所采用的比例太小或局部较为复杂时,也可采用局部放大图绘制出详图,以便于指导施工。

2.基础详图内容

图名和比例。读图时,将基础详图的图名对照基础平面图的剖切符号,了解该基础在建筑物中的位置。

不同的基础形式,基础详图不尽相同。

(1)基础类型、形状、大小与材料。

(2)基础各部位的标高,计算基础的埋置深度。

(3)基础的配筋情况。

(4)基础垫层的厚度与材料。

(5)基础梁或圈梁的尺寸及配筋情况。

(6)详细施工说明。

5.3 结构平面图

5.3.1 钢筋混凝土基本知识

1. 钢筋混凝土构件简介

钢筋混凝土构件是由钢筋和混凝土两种材料组成的，其在建筑工程中被广泛使用。混凝土是将水泥、石子、砂、水按一定比例配合后，经搅拌和凝固而成的人工石。其抗压强度很高，而抗拉强度却低很多，约为抗压强度的1/20～1/10。因此素混凝土在受到弯、折应力时较脆弱，易引发断裂。为提高构件的抗拉强度，在混凝土受拉区域引入一定数量的钢筋，使两种材料充分发挥各自优点，协同作用，共同承担外力，这就形成了钢筋混凝土构件。构件受力情况如图5.6所示。

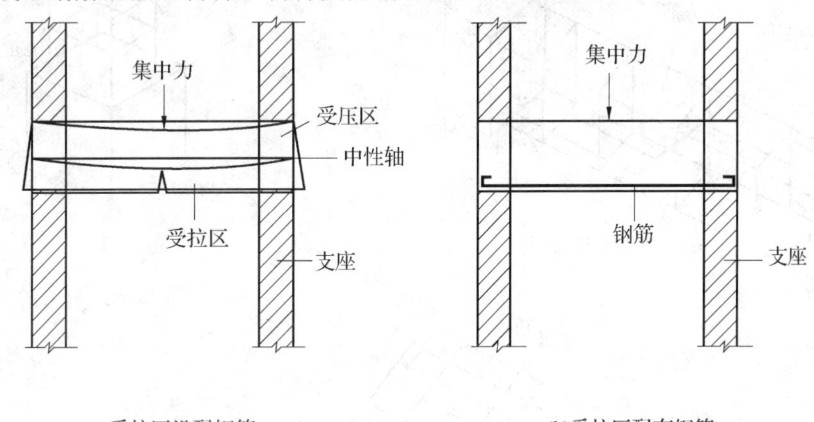

图5.6 钢筋混凝土构件受力示意图

2. 混凝土与钢筋的等级划分

(1)混凝土的等级。混凝土的强度等级按立方体标准试件28 d抗压强度标准值划分，采用混凝土(Concrete)的代号C与其立方体试件抗压强度标准值(MPa)来表示。《混凝土结构设计规范》(GB 50010—2010)规定，混凝土分为14个强度等级：C15，C20，C25，C30，C35，C40，C45，C50，C55，C60，C65，C70，C75和C80。

在实际工程中，素混凝土结构的混凝土强度等级不应低于C15；钢筋混凝土结构的混凝土强度等级不应低于C20；采用强度等级400 MPa及以上的钢筋时，混凝土强度等级不应低于C25；预应力混凝土结构的混凝土强度等级不宜低于C40，且不应低于C30；承受重复荷载的钢筋混凝土构件，混凝土强度等级不应低于C30。

(2)钢筋的等级。钢筋按其强度和品种不同分为不同的等级，常见的热轧钢筋有以下几种。HPB300，替代原HPB235，俗称Ⅰ级钢筋，外形光圆，符号为“Φ”。HRB335，HRBF335，俗称Ⅱ级钢筋，外形为螺纹或人字纹，材料为16锰硅钢，符号为“B”。HRB400，HRBF400，RRB400，俗称Ⅲ级钢筋，外形为螺纹或人字纹，材料为25锰硅钢，符号为“C”。HRB500，HRBF500，俗称Ⅳ级钢筋，外形为螺纹、人字纹、月牙形，符号为“D”。

3. 钢筋的种类和作用

钢筋混凝土构件中的钢筋是因受力需要或是构造需要而配置的，按其作用可分为以下几种：

(1)受力钢筋。主要用来承担构件中拉应力、压应力的钢筋，称为受力钢筋(即主筋)，简称受力筋。

按照其构造和作用，可分直筋和弯起筋；正筋（拉应力）和负筋（压应力）。

（2）架立钢筋。简称架立筋。一般用于梁内，与受力筋和箍筋一起形成钢筋骨架。

（3）箍筋。为固定受力筋和架立筋所设的钢筋，且承受一部分的剪应力，一般与受力筋垂直，用于梁和柱中。

（4）分布钢筋。简称分布筋。一般用于各种板内，与板的受力筋垂直设置，其作用是将受到的荷载均匀地传递到受力筋上，与板内受力筋一起构成钢筋骨架。

（5）其他钢筋。除了以上介绍的四种常用钢筋外，因构造或施工安装要求还会相应地配置其他构造钢筋。如预埋件中的锚固钢筋，用于钢筋混凝土柱与墙砌在一起，起拉结作用，又称拉结筋；腰筋，用于较高的混凝土梁中，约束混凝土的收缩裂缝，减少受拉区裂缝开展。

（6）钢筋混凝土梁、柱、板的配筋示意图如图 5.7 所示。

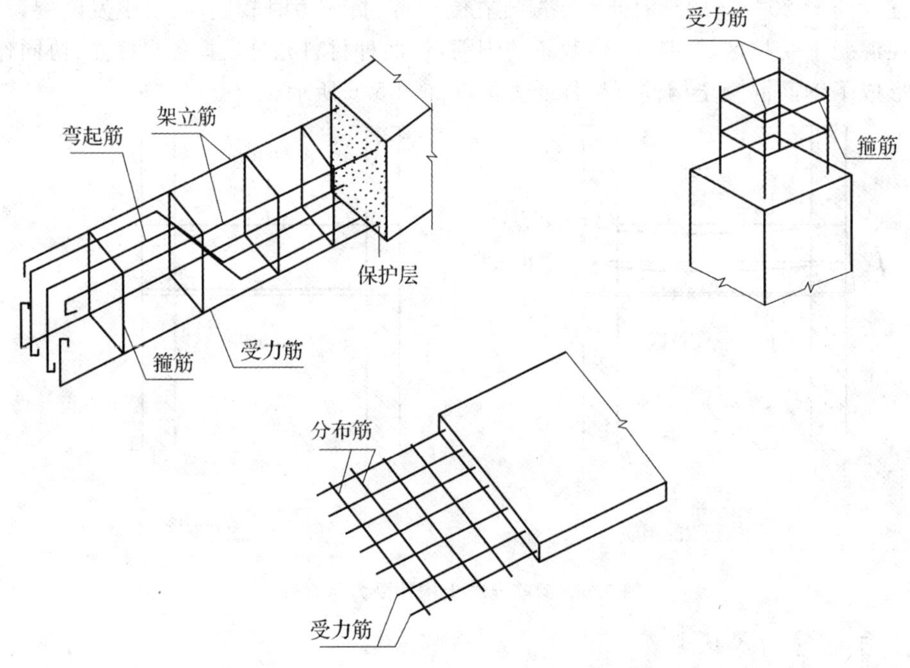

图 5.7　钢筋的分类及在梁、柱、板中的位置和形状

4. 钢筋的保护层

钢筋的保护层为最外层钢筋边缘至混凝土表面的距离。为了保护构件中的钢筋不被锈蚀，加强钢筋与混凝土的黏结锚固，在各种构件的受力筋外边缘至构件表面之间需留置一定的混凝土。保护层的厚度一般为 25～35 mm，因构件不同而异，各种构件的保护层厚度具体要求可参见表 5.5。

表 5.5　钢筋混凝土构件的保护层　mm

钢筋	构件	名称	保护层厚度
受力筋	墙、板和环形构件	截面厚度＞100	10
		截面厚度＜100	15
	梁和柱		25
	基础	有垫层	35
		无垫层	70
箍筋	梁和柱		15
受力筋	板		10

5. 钢筋的弯钩

钢筋按其表面特征分为光圆钢筋(Ⅰ级钢)和带肋钢筋(Ⅱ级钢),一般情况下带肋的螺纹和人字纹钢筋,与混凝土的黏结力较好,无须做弯钩。而光圆钢筋两端需要做成弯钩形式,以加强钢筋与混凝土之间的黏结力,防止钢筋滑动。常见的弯钩形式及画法如图5.8所示。

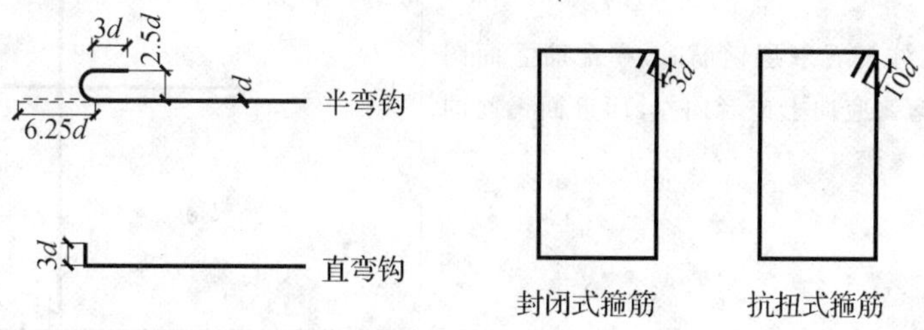

图5.8 常见的弯钩形式及画法

6. 钢筋的表示方法

在配筋图中,假定混凝土是透明的,混凝土材料图例不画。构件的轮廓线用细实线画出,钢筋用粗实线画出,钢筋的横断面用小黑点表示。钢筋在配筋图中的表示方法见表5.6,钢筋的画法见表5.7。

表5.6 常见的钢筋表示方法(摘自GB/T 50105—2010)

编号	名称	图例	编号	名称	图例
1	钢筋断面图		2	无弯钩的钢筋端部	
3	带半圆形弯钩的钢筋端部		4	带直钩的钢筋端部	
5	带丝扣的钢筋端部		6	无弯钩的钢筋搭接	
7	带半圆弯钩的钢筋搭接		8	带直钩的钢筋搭接	
9	套管接头(花篮螺丝)				

表5.7 钢筋的画法

编号	说明	图例
1	在结构平面图中配置双层钢筋时,底层钢筋的弯钩应向上或向左,顶层钢筋的弯钩则向下或向右	

续表 5.7

编号	说明	图例
2	钢筋混凝土墙体配置双层钢筋时，在配筋立面图中，远面钢筋的弯钩应向上或者向左，而近面钢筋的弯钩向下或向右	

技术点睛

①若在断面中不能表达清楚钢筋布置，应在断面图中增加钢筋大样图。(如：钢筋混凝土墙、楼梯等)

②图中所表示的箍筋、环筋等若布置复杂时，可加画钢筋大样及说明。

③每组相同的钢筋、箍筋或环筋，可用一根粗实线表示，同时用一两端带中粗斜短线的横穿细线，表示其余钢筋计起止范围。

(7)钢筋的标注方法。

构件中的钢筋标注应包括钢筋的编号、数量或间距、级别、直径及所在位置，通常钢筋的标注应标注在有关钢筋的引出线上。(图 5.9 和图 5.10)

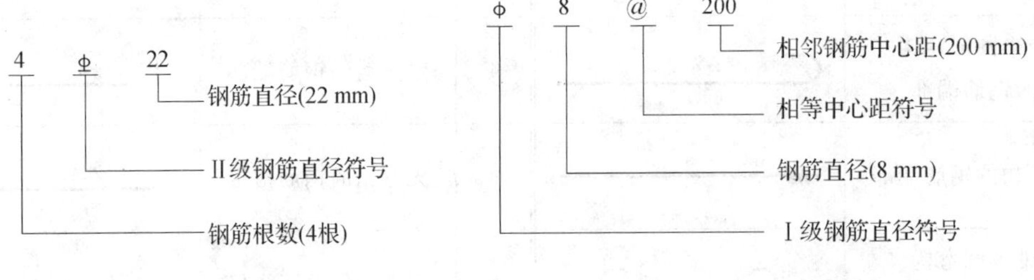

图 5.9 钢筋的标注 1

图 5.10 钢筋的标注 2

(8)构件中钢筋的编号。

在配筋图中由于钢筋的数量较多，品种规格、形状尺寸不一，为了防止混淆，便于看图，构件中的钢筋都统一编号。编号应用阿拉伯数字顺序编写，并将数字注写在直径为 6 mm 的细实线圆圈内，用引出线指出所编号的钢筋。

(9)钢筋混凝土结构平面图的内容。

结构平面图属于全局性的图纸，与基础平面图类似，其主要内容包括：

①图名、比例(常用 1∶50，1∶100 的比例绘制)。

②定位轴线及编号、尺寸标注。

③结构构件(包括梁、板、柱等)的轮廓线用细实线画出。被剖切到的墙、柱等轮廓用粗实线绘制；被剖切到的柱断面涂黑表示，并注写代号及编号。

④结构构件的名称代号，包括构造柱、圈梁、楼梯、雨篷、楼板和过梁等。

⑤详图的编号，用来对应被剖切的位置。

⑥楼层的结构标高、总长尺寸等。

⑦文字说明。

5.3.2 钢筋混凝土结构平面图的绘制方法

钢筋混凝土结构平面图是用一假想剖切面，沿每层楼板面将建筑物水平剖切后，自上往下作正投影，在水平面上得到的投影图。结构平面图中一般只画出被剖切到的墙柱轮廓线，用中实线表示，钢筋混凝土柱断面涂黑表示，梁的中心位置用细点画线表示。

①结构平面图的定位轴线(柱网和轴线号)必须和建筑平面图及基础平面图一致。

②结构平面图一般采用与建筑平面图一致的比例(常用1∶100)，单元结构平面及构件详图中一般采用较大比例(常用1∶50)绘制。

③对于承重构件相同的标准楼层，可只画一幅结构平面图，并注明各层的标高即可，该图即为标准层结构平面图。多层建筑物一般仅绘制首层结构平面图、标准层结构平面图和屋顶结构平面图三幅结构平面图。

④一般在结构平面图中，楼梯间的结构布置不予画出，只用对角线表示，楼梯间的结构布置在楼梯详图中单独绘制。

⑤楼板的配筋位置应绘制清楚，当楼板开间和进深相同且边界条件一致时，可只绘制一块板的配筋，并标出楼板代号，在其他相同的楼板处注明同一代号，表示配筋相同即可。

⑥楼层上的所有构件，在结构平面图上均用规定的代号和编号注明，查看代号、编号和定位轴线就能了解各种构件的布置情况。特别是在1∶100图中表达不清楚的，可只标注构件代号，并采用局部放大的方法另外画出详图表达。

⑦结构平面图中可用剖切符号注明剖切位置，并注明剖切位置的编号，另画剖切详图，以说明该构件的详细做法。

⑧文字说明。一般包括楼板材料强度等级等，楼板钢筋保护层厚度，以及结构设计师需要表达的其他问题。

5.3.3 钢筋混凝土构件详图

结构平面图只能表达出建筑物房屋构件的平面布置情况，至于它们的形状、大小、材料、构造、连接关系和施工要求并不清楚，只能更详细地画出承重构件的构件详图才能完整表达。钢筋混凝土结构详图是加工制作钢筋、浇筑混凝土的依据。一般包括模板图、配筋图和钢筋表。

1. 钢筋混凝土构件详图的种类及表示方法

(1)模板图。

模板图也称外形图，其主要表达构件外部形状、大小及预埋件位置和布置情况等。它适用于构件较复杂或有预埋件时，便于模板的制作和安装。对于形状简单的构件，一般无须绘制模板图。

(2)配筋图。

配筋图是把混凝土想象成透明体，主要用来表达构件内部的钢筋配置、形状、规格、数量、间距位置等，是构件详图的主要图样，也是钢筋下料、绑扎钢筋骨架的重要依据。配筋图一般包括立面图、断面图和钢筋详图，有时还需要列出钢筋表。凡是钢筋有变化的地方，都应画出其断面图。

技术点睛

立面图和断面图都应留出规定的保护层厚度，并注明钢筋标号。构件中的钢筋（等级、直径、形状、长度等要素不同的）均应编号，编号采用阿拉伯数字，注写在引出线端部。如图 5.11 所示。在配筋图中，为了突出钢筋布置情况，构件轮廓线用细实线绘制，钢筋用粗实线绘制。

立面图是纵向正投影，主要表示钢筋的立面形状及其上下排列情况；断面图是构件横向剖切正投影图，主要表示钢筋的上下和前后排列、箍筋形状及其他钢筋连接情况；钢筋详图是在构件配筋较复杂时，将其中的各号钢筋分别"抽"出来，在立面图附近用同样比例绘制出钢筋形状所得图样。如图 5.11 所示为某梁的配筋详图。

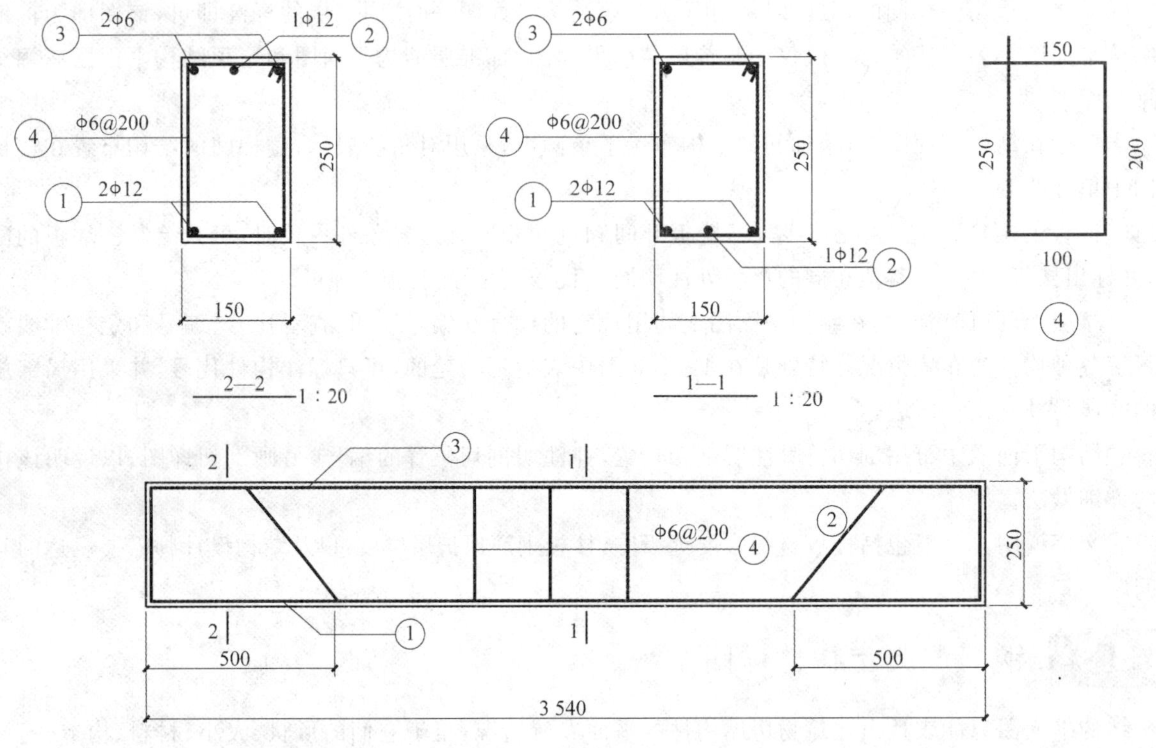

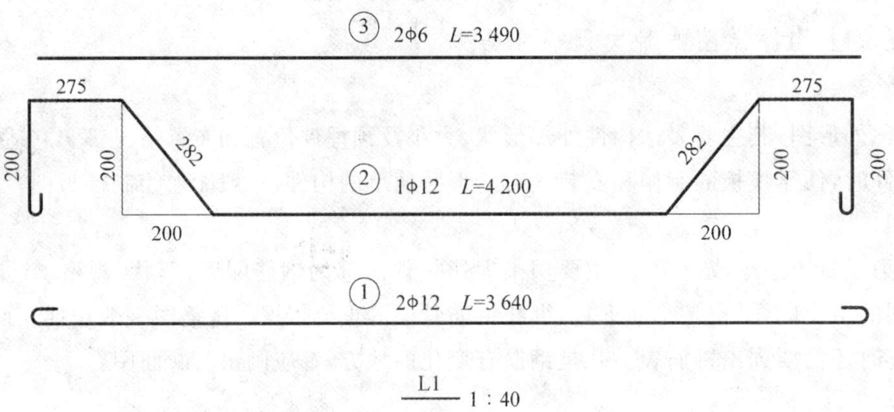

图 5.11 梁的配筋详图

(3)钢筋表。

为便于钢筋下料、制作和预算,作图时会在图纸中绘制钢筋表。其内容包括钢筋名称,钢筋简图,钢筋规格、长度、数量和质量等,详见表5.8。

表5.8　钢筋表

构件名称	构件数	构件编号	钢筋规格	简图	长度	每件支数	总数	质量累计/kg
L	1	1	A12		3 640	2	2	7.41
		2	A12		4 204	1	1	4.45
		3	A6		3 490	2	2	1.55
		4	A6		650	18	18	2.60

2.钢筋混凝土构件详图的内容

①构件名称、代号、比例。

②构件的定位轴线、形状尺寸、标高位置、预埋件及预留孔洞。

③构件立面图、配筋及编号。

④构件剖面图、配筋及编号。

⑤钢筋表及必要的施工说明。

3.钢筋混凝土梁结构详图

梁是建筑物的主要承重构件,常见的有过梁、圈梁、梯梁、框架梁、雨篷梁等,梁的结构详图主要是由立面图和剖面图来表示的。如图5.11所示为梁的配筋详图,图名中L1表示该梁为一号梁,比例为1∶40,断面尺寸宽为150 mm,高为250 mm,梁长3 540 mm。

技术点睛

由于②筋的弯起,梁端部配筋发生变化,与中部配筋情况不同,故在1—1,2—2处分别作剖切,说明不同之处的配筋情况。梁的立面图表示了梁的长度,钢筋配筋情况,箍筋加密区位置,弯起钢筋的形状和弯起点等;梁的剖面图是立面图的补充,绘制了梁的宽度,纵向钢筋的布置方式,箍筋的肢数和形状等。

4.钢筋混凝土柱结构详图

如图5.12所示为现浇钢筋混凝土柱的剖面图,柱的剖面图是柱水平剖切后的俯视图,它绘制了柱子的断面尺寸、钢筋位置、箍筋肢数和形状等。如图5.13所示,柱的截面尺寸为400 mm×400 mm,纵向钢筋为直径是8 mm的Ⅰ级钢筋,柱内箍筋为12@200,加密区为12@100。

5.钢筋混凝土板结构详图

钢筋混凝土板一般仅需绘制出平面图,说明板的大小、厚度、板顶标高及约束条件,当板内配筋较为复杂且平面图难以交代清楚时才另外绘制板的剖面配筋。如图5.13所示为某学生公寓板的平面配筋详图,对应图5.2、图5.3中定位轴线③,⑥处,①号及②号钢筋为板下部受力钢筋;③号及④号钢筋为板的上部负筋,应在图中标注出定位尺寸。此板的厚度在文字说明中为h=200 mm。

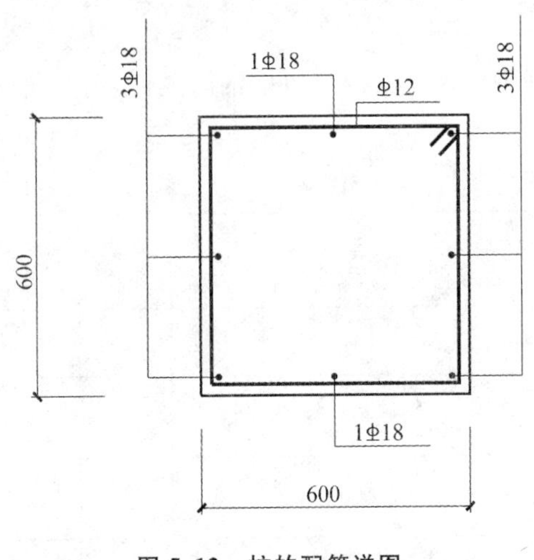

图 5.12　柱的配筋详图

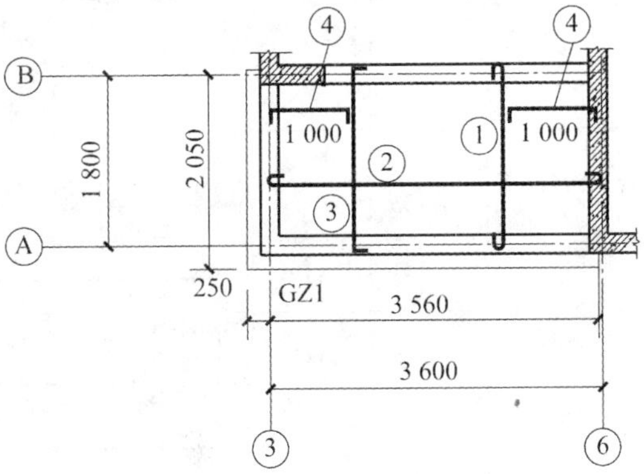

图 5.13　板平面配筋详图

5.3.4 钢筋混凝土施工图平面表示方法

1.柱平法施工图表示方法

柱平法施工图是在结构柱平面布置图上，采用列表注写方式或截面注写方式来注明柱的信息。

(1)柱的编号规定。

在平法柱施工图中，所有柱子均按照表 5.9 的规定编号，同时，对应的标准构造详图也标注了编号中的相同代号。柱编号不仅可以区别不同的柱，还将作为信息纽带在柱平法施工图与相应标准构造详图之间建立起明确的联系，使在平法施工图中表达的设计内容与相应的标准构造详图合并构成完整的柱结构设计。

表 5.9　柱编号、柱类型及代号

序号	名称	代号	特征
1	框架柱	KZXX	柱底部嵌固在基础或地下结构上，并与框架梁刚性连接构成框架
2	框支柱	KZZXX	柱底部嵌固在基础或地下结构上，并与框支梁刚性连接构成框支结构，框支结构以上转换为剪力墙结构
3	芯柱	XZXX	设置在框架柱、框支柱、剪力墙柱核心部位的暗柱
4	梁上柱	LZXX	支承在梁上的柱
5	剪力墙上柱	QZXX	支承剪力墙顶部的柱

注：KZXX 意义为 XX 号框架柱，后面的 XX 是数字编号，用来区别同类型的不同配筋，不同尺寸，不同柱高等的柱子。例如 KZ1 表示 1 号框架柱

(2)列表注写方式及内容。

①列表注写方式。

列表注写方式系在柱平面布置图上(一般只需要采用适当比例绘制一张柱平面布置图，包括框架柱、框支柱、梁上柱和剪力墙上柱)，分别在同一编号的柱中选择一个(有时需要选择几个)截面标注几何参数代号；在柱表中注写柱号、柱段起止标高、几何尺寸(含柱截面对轴线的偏心情况)与配筋的具体数值，并配以各种柱截面形状及其箍筋类型的方式，来表达柱平法施工图(图 5.14)。

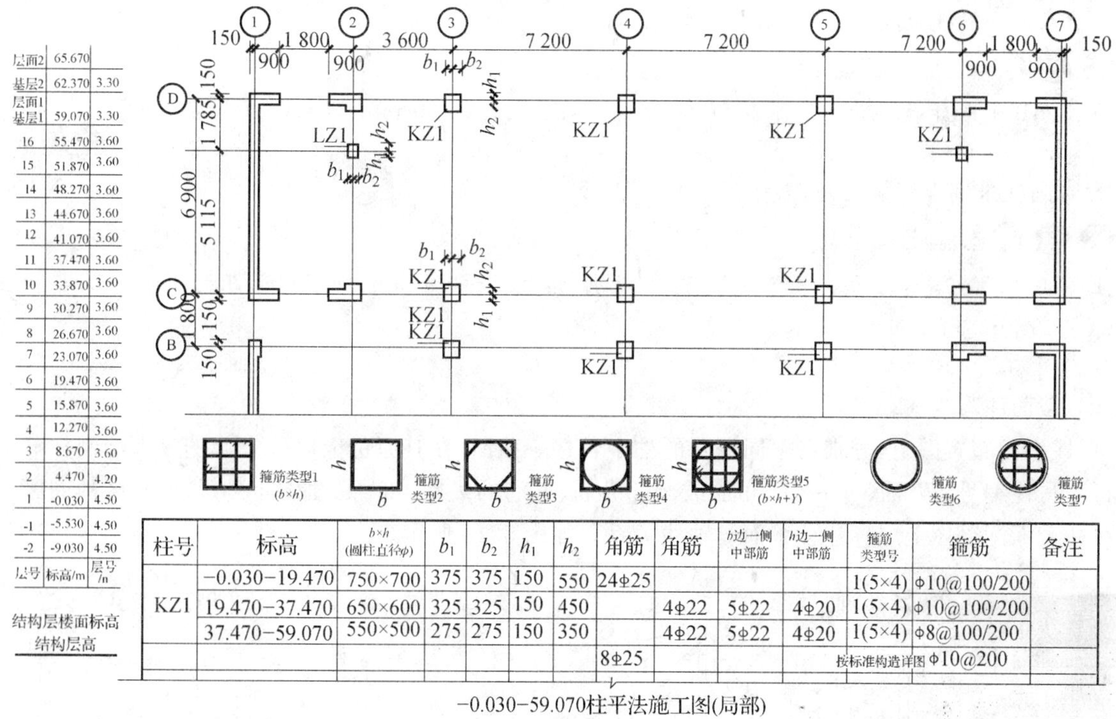

层号	标高/m	层高/m
屋面2	65.670	
塔层2	62.370	3.30
屋面1 塔层1	59.070	3.30
16	55.470	3.60
15	51.870	3.60
14	48.270	3.60
13	44.670	3.60
12	41.070	3.60
11	37.470	3.60
10	33.870	3.60
9	30.270	3.60
8	26.670	3.60
7	23.070	3.60
6	19.470	3.60
5	15.870	3.60
4	12.270	3.60
3	8.670	3.60
2	4.470	4.20
1	-0.030	4.50
-1	-5.530	4.50
-2	-9.030	4.50

结构层楼面标高
结构层高

柱号	标高	b×h (圆柱直径φ)	b_1	b_2	h_1	h_2	角筋	角筋	b边一侧中部筋	h边一侧中部筋	箍筋类型号	箍筋	备注
KZ1	−0.030~19.470	750×700	375	375	150	550	24φ25				1(5×4)	φ10@100/200	
	19.470~37.470	650×600	325	325	150	450		4φ22	5φ22	4φ20	1(5×4)	φ10@100/200	
	37.470~59.070	550×500	275	275	150	350		4φ22	5φ22	4φ20	1(5×4)	φ8@100/200	
							8φ25				按标准构造详图	φ10@200	

−0.030~59.070柱平法施工图(局部)

图5.14　柱平法施工图列表注写方式示例

②列表注写内容。

a.柱编号,柱编号由类型代号和序号组成,应符合表5.9的柱编号规定。

b.各段柱的起止标高,自柱底部往上以变截面位置或截面未变但配筋改变处为界分段注写。框架柱和框支柱的根部标高系指基础顶面标高;芯柱的根部标高系指根据结构实际需要而定的起始位置标高;梁上柱的根部标高系指梁顶面标高;剪力墙上柱的根部标高分两种:当柱纵向受力筋锚固在墙顶部时,其根部标高为墙顶面标高;当柱与剪力墙重叠一层时,其根部标高为墙顶面往下一层的结构楼层面标高。

c.对于矩形柱,注写柱截面尺寸 $b \times h$ 及与轴线关系的几何参数代号 b_1、b_2 和 h_1、h_2 的具体数值,需对应于各段柱分别注写。

对于圆柱,表中 $b \times h$ 一栏改用在圆柱直径数字前加 d 表示。

d.柱的纵筋的表示。在柱的纵筋直径相同,各边根数也相同时(包括矩形柱、圆柱和芯柱),将柱子的纵筋注写在"全部纵筋"一栏中;除此之外,柱纵筋分角筋、截面 b 边中部筋和 h 边中部筋三项分别注写。

e.箍筋的类型号及箍筋肢数的表示,在箍筋类型栏内注写并绘制柱截面形状及其箍筋类型号。

(a)注写柱箍筋,包括钢筋级别、直径与间距。当为抗震设计时,用斜线"/"区分柱端箍筋加密区与柱身非加密区长度范围内箍筋的不同间距。

技术点睛

φ10@100/250,表示箍筋为Ⅰ级钢筋,直径为10 mm,加密区间距为100 mm,非加密区间距为250 mm。

(b)当箍筋沿柱全高不变时，则不使用“/”线。

技术点睛

ϕ10@100，表示箍筋为Ⅰ级钢筋，直径为 10 mm，间距为 100 mm，沿柱全高加密。

f. 当圆柱采用螺旋箍筋时，需在箍筋前加“L”。

技术点睛

Lϕ10@100/200，表示采用螺旋箍筋，Ⅰ级钢筋，直径为 10 mm，加密区间距为 100 mm，非加密区间距为 200 mm。

(3)截面注写方式。

在柱平面布置图上，分别在不同编号的柱中各选一截面，在其原位上以一定比例放大绘制柱截面配筋图，注写柱编号、截面尺寸 $b\times h$、角筋或全部纵筋、箍筋的级别、直径及加密区与非加密区的间距。同时，在柱截面配筋图上应标注柱截面与轴线关系。如图 5.15 所示。

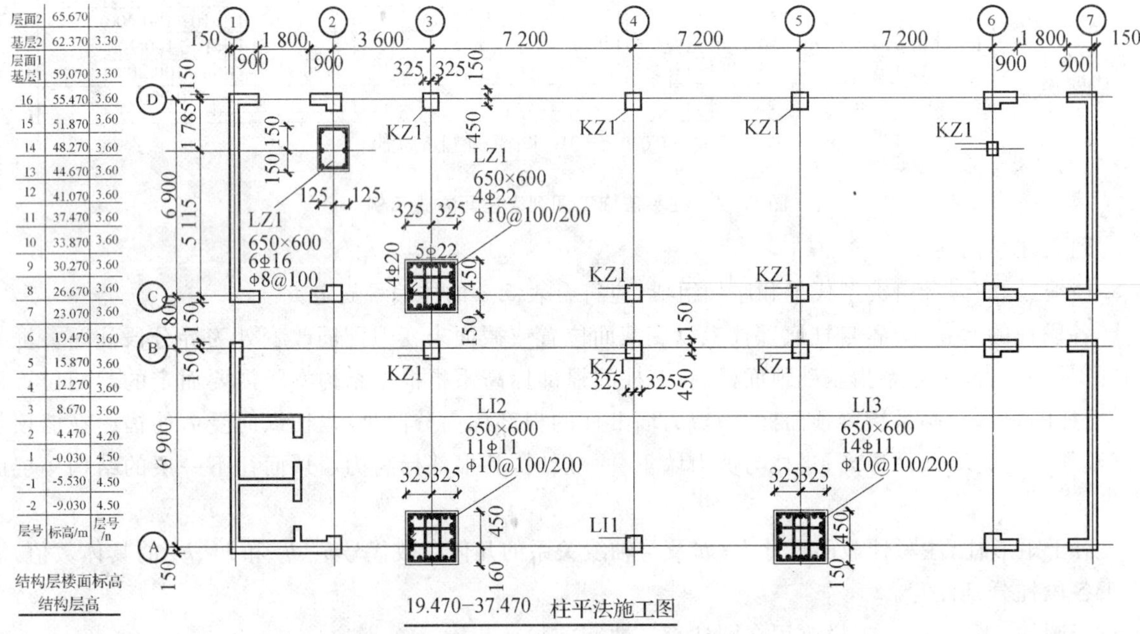

图 5.15 柱平法施工图截面注写方式示例

2. 梁平法施工图表示方法

(1)平面注写方式。

平面注写方式系在梁平面布置图上，分别在不同编号的梁中各选一根梁，在其上注写截面尺寸和配筋具体数值的方式来表达梁平法施工图，具体注写如图 5.16 所示。包括集中标注和原位标注，集中标注表达梁的通用数值，原位标注表达梁的特殊数值。当集中标注中的某项数值不适用于梁的某部位时，则将该数值原位标注，施工时，原位标注取值优先。

①集中标注的内容(新图集中说明有五项必注值及一项选注值，实际上应该有两项选注值)。

a. 梁编号(必注)。

梁编号由梁类型代号、序号、跨数及有无悬挑代号几项组成。具体见表 5.10。

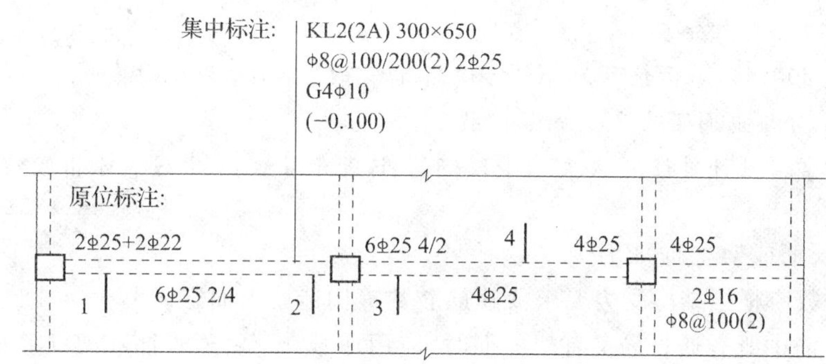

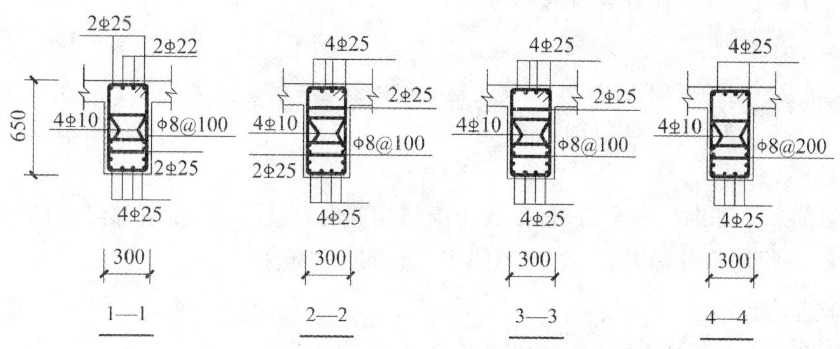

图 5.16 梁平法施工图和传统结构施工图的比较

表 5.10 梁编号

梁类型	代号	序号	跨数及是否带有悬挑
楼层框架梁	KL	××	(××)、(××A)或(××B)
屋面框架梁	WKL	××	(××)、(××A)或(××B)
框支梁	KZL	××	(××)、(××A)或(××B)
非框架梁	L	××	(××)、(××A)或(××B)
悬挑梁	XL	××	(××)、(××A)或(××B)
井子梁	JZL	××	(××)、(××A)或(××B)

注:(××A)为一端有悬挑,(××B)为两端有悬挑,悬挑不计入跨内。例,KL7(5A)表示第7号跨架梁,5跨,一端有悬挑;L9(7B)表示第9号非框架梁,7跨,两端有悬挑

b.梁截面尺寸(必注)。

当为等截面时,用$b\times h$表示;当为竖向加腋梁时,用$b\times h$ GY$c_1\times c_2$表示,其中c_1为腋长,c_2为腋高;当为水平加腋梁时,一侧加腋时用$b\times h$ PY$c_1\times c_2$表示,其中c_1为腋长,c_2为腋宽,加腋部位应在平面图中绘制;当有悬挑梁且根部和端部的高度不同时,用斜线分割根部与端部的高度值。即为$b\times h_1/h_2$。

c.梁箍筋(必注)。

箍筋信息包括直径、级别、加密间距、非加密间距、肢数;箍筋加密区与非加密区的不同间距及肢数需用斜线"/"分隔;当抗震设计中的非框架梁、悬挑梁、井字梁,及非抗震设计中的各类梁采用不同箍筋间距及肢数时,也用斜线"/"分隔。注写时,先注写梁支座端部的箍筋(包括箍筋的箍数、钢筋级别、直径、间距与肢数),斜线后注写梁跨中间部分的箍筋间距及肢数。

技术点睛

13A10@150/200(4)，表示箍筋为HPB300的Ⅰ级钢筋，直径为10；梁的两端各有13个箍，间距为150 mm；梁跨中部分箍筋间距为200 mm，四肢箍。

在平面图中，常有设计单位用A表示Ⅰ级钢筋、B表示Ⅱ级钢筋、C表示Ⅲ级钢筋。

d. 梁上部通长筋或架立筋(必注)。

(a)规格及根数应根据结构受力要求及箍筋肢数等构造要求而定。

(b)当同排纵筋中既有通长筋又有架立筋时，应用加号"＋"将通长筋和架立筋相连。注写时需将角部纵筋写在加号的前面，架立筋写在加号后面的括号内，以表示不同直径及与通长筋的区别。

(c)当全部采用架立筋时，则将其写入括号内。

技术点睛

2C22用于双肢箍；2C22＋(4A12)用于六肢箍，其中2C22为通长筋，4A12为架立筋。

e. 梁下部通长筋(选注)。

当梁的上部纵筋和下部纵筋为全跨，且多数跨配筋相同时，此项可加注下部纵筋的配筋值，用分号";"将上部与下部纵筋的配筋值分隔开，少数跨不同者，进行原位标注。

技术点睛

(a)当为梁侧面构造钢筋时，其搭接与锚固长度可取$15d$。

(b)当为梁侧面受扭钢筋时，其搭接长度为L_1或L_{ie}(抗震)；锚固长度为L_a或L_{aE}(抗震)；其锚固方式同框架梁下部纵筋。

3C22,3C20表示梁的上部配置3C22的通长筋，梁的下部配置3C20的通长筋。

f. 梁侧面纵向构造筋或抗扭钢筋配置(必注)。

当梁腹板高度$h_w \geqslant 450$时，需配置纵向构造钢筋，所注规格及根数应符合规范规定。

侧面构造钢筋：代号以大写字母G表示，写在构造钢筋规格的前面，接着注写放置在梁两个侧面的总配筋值，且对称配置。

侧面抗扭钢筋：以大写字母N表示，写在抗扭钢筋规格的前面，接着注写放置在梁两个侧面的总配筋值，且对称配置。

技术点睛

G2C14表示在梁的梁高中部布置构造钢筋，每侧布置1根直径为14 mm的三级钢筋。

g. 梁顶面标高高差(选注)。

系指相对于结构层楼面标高的高差值，对于位于结构夹层的梁，则指相对于结构夹层楼面标高的高差；有高差时，需将其写入"( )"内，无高差时不注。

技术点睛

当某梁的顶面高高于所在结构层的楼面标号时，其标高高差为正值，反之为负值。

KL2(2A) 300×650

ϕ8@100/200(2) 2B25

G2A14

(－0.100)

如图5.16所示表示内容：2号框架梁，两跨，一段悬挑，截面为300 mm×650 mm；箍筋布置形式为直径为8 mm的一级钢筋，加密区为100 mm，非加密区为200 mm，双肢箍；梁上侧第一跨左侧支座处配置2⌀25+2⌀22的钢筋，右侧支座处梁上侧配置6⌀25钢筋，按两排布置，跨中为2⌀25的通过钢筋；底部通长钢筋为2根直径为25 mm的二级钢筋；侧面附加的构造钢筋为2根直径为14 mm的一级钢筋；梁的标高低于结构层楼面100 mm。

②原位标注的内容。

a.梁支座上部纵筋。

该部位含通长筋在内的所有纵筋。

当同排纵筋有两种直径时，用“＋”将两种直径的纵筋相连，将角部纵筋写在加号前面；当梁中间支座梁边的上部纵筋不同时，须在支座两边分别标注；当梁中间支座两边的上部纵筋相同时，可仅在支座的一边标注配筋值，另一边省去不注。

b.梁下部纵筋。

当下部纵筋多于一排时，用斜线“/”将各排筋自上而下分开；当同排纵筋有两种直径时，用加号“＋”将两种直径的纵筋相连，注写时将角部纵筋写在加号前面；当梁下部纵筋不全部伸入支座时，将梁支座下部纵筋减少的数量写在括号内。

技术点睛

梁下部纵筋注写为：6C25 2(－2)/4，表示梁上排纵筋为2C25，且不伸入支座；下排纵筋为4C25，全部伸入支座。

c.附加箍筋或吊筋。

将其直接画在平面图的主梁上，用线引注总配筋值(附加箍筋的肢数注在括号内)，当多数附加箍筋或吊筋相同时，可在梁平法施工图上统一注明，少数与统一注明值不同时，再原位引注。附加箍筋或吊筋的几何尺寸应按照标准构造详图，结合其所在位置的主梁和次梁的截面尺寸而定。

(2)截面注写方式。

截面注写方式系在分标准层绘制的梁平面布置图上，分别在不同编号的梁中各选择一根梁用剖面号引出配筋图，并在其上注写尺寸和配筋具体数值的方式来表达梁平法施工图。

(3)井字梁。

井字梁通常由非框架梁构成，并以框架梁为支座(特殊情况下以专门设置的非框架大梁为支座)。对某根井字梁进行编号时，其跨数为总支座数减1；在该梁的任意两个支座之间，无论有几根同类梁与其相交，均不作为支座。

(4)梁支座上部纵筋的长度规定。

①框架梁所有支座和非框架梁(不包括井字梁)的中间支座上部纵筋的伸出长度L_{a0}值在标准构造详图中统一取值为：

第一排非通长筋及跨中直径不同的通长筋从柱(梁)边起伸出至$l_n/3$位置。

第二排非通长筋伸出至$l_n/4$位置。

l_n的取值规定为：对于端支座，l_n为本跨的净跨值；对于中间支座，l_n为支座两边较大一跨的净跨值。

技术点睛

按照《混凝土施工规范》要求，框架梁配置三排非通长筋时，第三排纵筋延伸至$l_n/5$处；普通非框架梁，第一排非通长纵筋延伸至$l_n/5$处(普通非框架梁端部为取跨中正弯矩配筋的构造配筋，通常不需要配置两排)；当为配置一排纵筋的弧形非框架梁时，该排纵筋延伸至 $l_n/3$ 处。当为配置两排纵筋的弧形非框架梁时，第一排延伸至 $l_n/3$ 处；第二排纵筋延伸至 $l_n/5$ 处。

②悬挑梁（包括其他类型的悬挑部分）。

上部第一排纵筋伸出至梁端头并下弯，第二排伸出至 3/4 位置，l 为自柱(梁)边算起的悬挑净长。其他形式应由设计者另加注明。

(5)伸入支座的梁下部纵筋长度规定。

当梁(不包括框支梁)下部纵筋不全部伸入支座时，不伸入支座的梁下部纵筋截断点距支座的距离，在标准构造中统一取为 $0.1l_n$(l_n 为本跨梁的净跨值)。

(6)其他参见《混凝土结构施工图平面整体表示方法制图规则和构造详图(现浇混凝土框架、剪力墙、梁、板)》(11G101－1)图集第 33 页规定。

3. 板平法施工图表示方法

(1)有梁板结构平面坐标方向规定。

①当两向轴网正交时，图面从左至右为 X 向，从下至上为 Y 向。

②当轴网转折时，局部坐标方向顺轴网转折角度做相应转折。

③当轴网向心布置时，切向为 X 向，径向为 Y 向。

④对于平面布置比较复杂的区域，如轴网转折交界区域、向心布置的核心区域等，其平面坐标方向应由设计者另行规定并在图上明确表示。

(2)有梁板平法施工图表示方法。

板块集中标注：板块编号，板厚，贯通纵筋，以及当板面标高不同时的标高高差。

①板块编号见表 5.11。

表 5.11　板块编号

板类型	代号	序号
楼面板	LB	××
屋面板	WB	××
悬挑板	XB	××

②板厚。

注写为 h=×××(为垂直于板面的厚度)。

当悬挑板的端部改变截面厚度时，用斜线分隔根部与端部的厚度值，注写方式为 h=×××/×××；当设计者已在图注中统一注明板厚时，此项可不注。

③贯通纵筋。

a. 贯通纵筋上部和下部分别注写，以 B 代表下部，以 T 代表上部，B&T 代表下部与上部。

b. X 向贯通纵筋以 X 打头，Y 向贯通纵筋以 Y 打头，两向贯通纵筋配置相同时以 X 和 Y 打头；当为单向板时，分布筋可不必注写，而在图中统一注明；当在某些板内(例如在悬挑板 XB 的下部)配置有构造钢筋时，则 X 向以 Xc，Y 向以 Yc 打头注写。

c. 当 Y 向采用放射配筋时(切向为 X 向，径向为 Y 向)，设计者应注明配筋间距的定位尺寸。

d. 当贯通筋采用两种规格钢筋“隔一布一”方式时，表达式为 Axx/yy@xxx，表示直径为 xx 的钢筋和直径为 yy 的钢筋二者间距为 xxx，直径为 xx 的钢筋间距为 xxx 的 2 倍，直径为 yy 的钢筋间距为 xxx 的 2 倍。

例如，A8/10@200，表示直径为 8 mm 的钢筋和直径为 10 mm 的钢筋二者间距为 200 mm，直径为

8 mm的间距为400 mm，直径为10mm的钢筋间距为400 mm。

④板面标高高差。

板面标高高差系指相对于结构层楼面标高的高差，应将其注写在括号内，且有高差则注，无高差不注。

(3)板支座原位标注。

①板支座上部非贯通纵筋和悬挑板上部受力筋。

②板支座原位标注的钢筋，应在配置相同跨的第一跨表达。

在配置相同跨的第一跨(或悬挑部位)，垂直于板支座(梁或墙)绘制一段适宜长度的中粗实线(当该筋通长设置在悬挑板或短跨板上部时，实线段应画至对边或短跨)，以该线段代表支座上部非贯通纵筋，并在线段上方注写钢筋编号、配筋值、横向连续布置的跨数(注写在括号内，且当一跨时可不注)，以及是否连续布置到梁的悬挑端。

③板支座上部非贯通纵筋自支座中心线向跨内的延伸长度，注写在线段的下方位置。

④当中间支座延伸长度为对称配置时，可在支座一侧标注其长度，另一侧不注；为非对称布置时，应分别在支座的两侧线段下标注。

⑤对线段画至对边贯通全跨或贯通全悬挑长度的上部通长纵筋，贯通全跨或延伸至全悬挑一侧的长度值不注，只注明非贯通纵筋另一侧的伸出长度值。

⑥当板支座为弧形，支座上部非贯通纵筋呈放射状分布时，设计者应注明配筋间距的度量位置并加注“放射分布”四个字，必要时应补绘平面配筋图。

⑦当悬挑板端部厚度不小于150 mm时，设计者应制定板端部封边构造方式，当采用U形钢筋封边时，尚应指定U形钢筋的规格、直径。

⑧在板平面布置图中，不同部位的板支座上部非贯通纵筋及悬挑板上部受力钢筋，可仅在一个部位注写，对其他相同者则仅需在代表钢筋的线段上注写编号及横向连续布置的跨数即可。

⑨与板支座上部非贯通纵筋垂直且绑扎在一起的构造钢筋或分布筋，应由设计者在图中注明。

⑩当板的上部已配置有贯通纵筋，单需增配板支座上部非贯通纵筋时，应结合已配置的同向贯通纵筋的直径与间距采取“隔一布一”方式配置。

“隔一布一”方式，为非贯通纵筋的标准间距与贯通纵筋相同，两者组合后的实际间距为各自标注间距的1/2。当设定贯通纵筋为纵筋总截面积的50%时，两种钢筋应取相同直径；当设定贯通纵筋大于或小于总截面积的50%时，两种钢筋则取不同直径。

(4)无梁板平法施工图表示方法。

①板带集中标注。板带编号，板带厚及板带宽和贯通纵筋。

a.板带编号见表5.12。

表5.12　板带编号

板带类型	代号	序号	跨数及有无悬挑
柱上板带	ZSB	××	(××)、(××A)或(××B)
跨中板带	KZB	××	(××)、(××A)或(××B)

注：跨数按柱网轴线计算(两相邻柱轴线之间为一跨)；(××A)为一端有悬挑，(××B)为两端有悬挑，悬挑不计入跨数

b.板带厚。

板带厚注写为h=×××；板带宽注写为b=×××。

当无梁楼盖整体厚度和板带宽度已在图中注明时，此项可不注。

c. 贯通纵筋。

贯通纵筋按板带下部和板带上部分别注写，并以 B 代表下部，T 代表上部，B&T 代表下部和上部；当采用放射分布配筋时，设计者应注明配筋间距的度量位置，必要时补绘配筋平面图。

②板带支座原位标注。

板带支座上部非贯通纵筋一般采用原位标注。

原位标注原则如下：

a. 以一段与板带同向的中粗实线段代表板带支座上部非贯通纵筋；对柱上板带，实线段贯穿柱上区域绘制；对于跨中板带，实线段横贯柱网线绘制。在线段上注写钢筋编号（如①、②等）、配筋值及在线段的下方注写自支座中线向两侧跨内的伸出长度。

b. 当板带支座非贯通纵筋自支座中线向两侧对称伸出时，其伸出长度可仅在一侧标注；当配置在有悬挑端的边柱上时，该筋伸出到悬挑尽端，设计者不注。当支座上部非贯通纵筋呈放射分布时，设计者应注明配筋间距的定位位置。

c. 不同部位的板带支座上部非贯通纵筋相同者，可仅在一个部位注写，其余则在代表非贯通纵筋的线段上注写编号。

d. 当板带上部已经配有贯通纵筋，但需增加配置板带支座上部非贯通纵筋时，应结合已配同向贯通纵筋的直径与间距，采取“隔一布一”的方式配置。

一、填空题

1. 图纸编号及排列的原则为：从整体到________，按施工顺序从________。

2. 基础图是基础、________、________的主要依据。

3. 常见的基础形式有________、________和________等。

4. 基础详图一般采用较大的比例（如 1∶20）绘制，主要包括________、________和________。

5. 钢筋的保护层为________至混凝土表面的距离。

二、选择题

1. 为提高构件的抗拉强度，在混凝土受（　　）区域引入一定数量的钢筋，使两种材料充分发挥各自优点，协同作用，共同承担外力，就形成了钢筋混凝土构件。

A. 压　　B. 拉　　C. 剪　　D. 冲切

2. 承受上部梁板传来的荷载，柱底部嵌固在基础或地下结构上，并与框架梁刚性连接构成框架，这种柱子称为（　　）。

A. 剪力墙柱　　B. 框支柱　　C. 框架柱　　D. 构造柱

三、简答题

1. 简述各种图线的一般用途。

2. 简述结构施工图的作用与内容。

实训提升

1. 写出钢筋混凝土构件详图的种类及表示方法。

2. 熟练识读各个构件的结构图。

项目6 建筑设备施工图的绘制与识读

项目目标

【知识目标】

1. 能熟练陈述建筑设备施工图的基本知识及图示方法。
2. 能够准确阅读建筑设备施工图。
3. 能熟练陈述制图规则、标注方式以及绘制要求。

【技能目标】

1. 能应用有关制图标准，准确绘制及识读常见建筑设备施工图。
2. 能根据建筑设备施工图，统计设备构件数量，编制采购计划。

【课时建议】

16 课时

6.1　建筑设备施工图制图标准基本规定及应用

6.1.1　线　宽

建筑设备施工图图线宽度 b 应按《建筑给水排水制图标准》(GB/T 50106—2010)中"图线"的规定选用。每个图样应根据复杂程度与比例大小,先选用适当基本线宽度 b,再选用相应的线宽组。其线宽 b 宜为 0.7 mm 或 1.0 mm。

6.1.2　线　型

建筑给水排水专业制图,应选用表 6.1 中的图线。

表 6.1　线 型

名称	线型	线宽	用途
粗实线	——————	b	新设计的各种排水和其他重力流管线
粗虚线	- - - - - -	b	新设计的各种排水和其他重力流管线的不可见轮廓线
中粗实线	——————	$0.7b$	新设计的各种给水和其他压力流管线,原有的各种排水和其他重力流管线
中粗虚线	- - - - - -	$0.7b$	新设计的各种给水和其他压力流管线及原有的各种排水和其他重力流管线的不可见轮廓线
中实线	——————	$0.5b$	给水排水设备,零(附)件的可见轮廓线,总图中新建的建筑物和构筑物的可见轮廓线;原有的各种给水和其他压力流管线
中虚线	- - - - - -	$0.5b$	给水排水设备,零(附)件的不可见轮廓线,总图中新建的建筑物和构筑物的不可见轮廓线;原有的各种给水和其他压力流管线的不可见轮廓线
细实线	——————	$0.25b$	建筑物的可见轮廓线;总图中原有的建筑物和构筑物的可见轮廓线;制图中的各种标注线
细虚线	- - - - - -	$0.25b$	建筑物的不可见轮廓线;总图中原有的建筑物和构筑物的不可见轮廓线
点画线	—·—·—·—	$0.25b$	定位轴线、中心线
折断线	——\/——\/——	$0.25b$	断开界线
波浪线	～～～～～	$0.25b$	平面图中水面线;局部构造层次范围线;保温范围示意线

6.1.3 比　例

建筑给水排水专业制图常用的比例,宜符合表6.2的规定。

表6.2　常用比例

名称	比例	备注
区域规划图、区域位置图	1∶50 000,1∶25 000,1∶10 000,1∶5 000,1∶2 000	宜与总图专业一致
总平面图	1∶1 000,1∶500,1∶300	宜与总图专业一致
管道纵断面图	竖向1∶200,1∶100,1∶50 纵向1∶1 000,1∶500,1∶300	—
水处理厂(站)平面图	1∶500,1∶200,1∶100	—
水处理区构筑物、设备间、卫生间、泵房平、剖面图	1∶100,1∶50,1∶40,1∶30	—
建筑给水排水平面图	1∶200,1∶150,1∶100	宜与总图专业一致
建筑给水排水轴测图	1∶150,1∶100,1∶50	宜与总图专业一致
详图	1∶50,1∶30,1∶20,1∶10,1∶5,1∶2,1∶1,2∶1	—

有关标准规定的其他内容参见项目1的内容。可使用任务单→实施单→检查单→评价单等考核学生对制图标准的掌握和应用情况。

技术点睛

在管道纵断面图中,竖向与纵向可采用不同的组合比例;在建筑给水排水轴测系统图中,如局部表达有困难时,该处可不按比例绘制;水处理工艺流程断面图和建筑给水排水管道展开系统图可不按比例绘制。

6.2 建筑给水排水施工图

建筑给水排水工程包括:给水、排水、热水、消火栓、自动喷淋等常用系统,其管道中流动的是水。

给水排水施工图一般由图纸目录、主要设备材料表、设计说明、图例、平面图、系统图(轴测图)和施工详图等组成。室外小区给水排水工程,根据工程内容还应包括管道断面图、给水排水节点图等。

以下介绍的内容所采用的图纸与项目4、项目5相配套。

6.2.1 给水排水施工图图纸目录

从表6.3中可以看出,图纸目录中包含了图号、图纸名称和图幅等内容。

表6.3　给水排水施工图图纸目录

序号	图号	图纸内容	规格
1	水施－01	设计说明、图纸目录、图例、材料表	A1
2	水施－02	一层给水排水平面图	A2
3	水施－03	二层给水排水平面图	A2
4	水施－04	三～十五层给水排水平面图	A2

续表 6.3

序号	图号	图纸内容	规格
5	水施－05	天面层给水排水平面图	A2
6	水施－06	屋顶构架给水排水平面图	A2
7	水施－07	卫生间、厨房放大平面图	A2
8	水施－08	生活冷、热水系统，消火栓给水系统，消防电梯集水坑大样图	A1
9	水施－09	污水废水排水系统、雨水排水系统、冷凝水排水系统	A1

6.2.2 主要设备材料表

给水排水主要设备材料表见表 6.4。

表 6.4 给水排水主要设备材料表

序号	名称	规格型号	单位	数量	备注
1	闸阀	DN125，公称压力≥2.5 MPa	个	按需	
2	闸阀	DN100，公称压力≥2.5 MPa	个	按需	
3	闸阀	DN70，公称压力≥2.5 MPa	个	按需	
4	蝶阀	DN50，公称压力≥2.0 MPa	个	按需	
5	蝶阀	DN100，公称压力≥2.0 MPa	个	按需	
6	蝶阀	DN80，公称压力≥2.0 MPa	个	按需	
7	截止阀	J11X－10，DN25	个	按需	
8	截止阀	J11X－10，DN32	个	按需	
9	截止阀	J11X－10，DN40	个	按需	
10	截止阀	J11X－10，DN50	个	按需	
11	止回阀	DN32，公称压力≥1.0 MPa	个	按需	
12	止回阀	DN70，公称压力≥1.0 MPa	个	按需	
13	止回阀	DN100，公称压力≥1.0 MPa	个	按需	
14	过滤器	DN80，公称压力≥2.0 MPa	个	按需	
15	过滤器	DN50，公称压力≥2.0 MPa	个	按需	
16	可调式减压阀	DN80，公称压力≥2.0 MPa	个	按需	
17	可调式减压阀	DN50，公称压力≥2.0 MPa	个	按需	
18	IC 卡智能冷水表	DN25	个	按需	
19	IC 卡智能冷水表	DN25	个	按需	
20	网框式地漏	UPVC，DN50	个	按需	厨房内
21	洗衣机地漏	UPVC，DN50	个	按需	
22	高水封地漏	UPVC，DN75	个	按需	设于阳台
23	通气帽	DN100		按需	
24	检查井	700 或 1000	座	按需	
25	清扫口	DN75	个	按需	
26	清扫口	DN100	个	按需	
27	伸缩节	DN75	个	按需	

续表 6.4

序号	名称	规格型号	单位	数量	备注
28	伸缩节	DN100	个	按需	
29	手提式干粉灭火器	MF/ABC3,3 kg	支	按需	
30	手提式干粉灭火器	MF/ABC4,4 kg	支	按需	
31	检查口	DN100	个	按需	
32	侧排雨斗	DN100	个	按需	设于屋面上
33	直排雨斗	DN100	个	按需	设于屋面上
34	柔性接口机排水铸铁管	DN75～DN150	米	按需	设在室内
35	PPR 热水管	DN25～DN70	米	按需	设在室内
36	PPR 冷水管	DN25～DN50	米	按需	用在冷水支管上
37	衬塑钢管	DN50～DN100	米	按需	用在冷水干管、立管上
38	承压塑料排水管	DN100	米	按需	设在屋面雨水系统上
39	镀锌钢管(热镀)	DN70,DN80,DN100,DN125			用在消防系统
40	UPVC 给水管	DN25,DN32		按需	用在空调冷凝水排水系统
41	不锈钢管	DN80,DN100	米	按需	用在集热系统
42	自动排气阀	DN25	个	按需	
43	消火栓箱	SG24A65－P	套	按需	DN65 消火栓(1 个),DN19(1 支),DN65 麻质水带长 25 m(1 套),带破碎玻璃报警按钮和指示灯各一个,屋顶试验消火栓带压力表
44	减压稳压消火栓箱	SG24A65－P	套	按需	DN65 消火栓(1 个),DN19(1 支),DN65 麻质水带长 25 m(1 套),带破碎玻璃报警按钮和指示灯各一个
45	管道泵		个	按需	用在热水系统供水管道上
46	管道泵		个	按需	用在热水系统回水管道上
47	管道泵		个	按需	用在集热系统循环管道上

从表 6.4 中可以看出,主要设备材料表包含设备名称、规格型号、单位、数量及其用途的说明等内容。

6.2.3 给水排水设计说明

与项目 4、项目 5 配套的设施图中,其设计说明如下。

1. 工程概况

本工程为××教育集团有限公司兴建的××经济学院新校区建设(二期)学生公寓 B 栋的给水排水设计。本建筑共十五层,一～十五层均为普通住宅,建筑高度为 45.00 m。本工程属一类高层住宅楼,按规范设置室内消火栓系统、室外消火栓给水系统,每层均设手提式磷酸铵盐干粉灭火器。

2. 设计范围(用地红线以内项目)

室内给水排水、雨水、空调冷凝水排水。

3. 设计依据

①建设单位对本工程的技术要求及提供的有关市政给水、排水资料。

②《高层民用建筑设计防火规范》(GB 50045—1995)(2005 版)。

《建筑给水排水设计规范》(GB 50015—2003)(2009 年版)。

《建筑灭火器配置设计规范》(GB 50140—2005)。

③《建筑排水塑料管道工程技术规程》(CJJ/T 29—2010)。

④《住宅设计规范》(GB 50096—2011)。

⑤《住宅建筑规范》(GB 50368—2005)。

国家现行的有关设计标准和规定。

4. 生活给水系统

①水源为市政水源，从市政道路的给水干管上分别引一条 DN300 给水管，与小区内环状管网连接，供室外消防用水，并从环状管网上引一条 DN300 给水管至地下贮水池，供室内生活、消防用水，市政给水管网压力为 0.1 MPa。

②本建筑生活用水量分配表见表 6.5。

表 6.5 生活用水量分配表

用水单位	用水定额 /(升·人$^{-1}$·天$^{-1}$)	数量 /人	用水时 /h	时变化系数	日用水量 /($m^3 \cdot d^{-1}$)	最大小时用水量 /($m^3 \cdot h^{-1}$)
住宅	250	240	24	2.5	60.0	6.3

③生活给水系统采用变频供水方式,住户入口压力超过 0.35 MPa 采用减压阀减压后供水,住户入口压力小于 0.35 MPa。

5. 消防给水系统

(1)室外消火栓系统。

室外消火栓系统为生活消防合用低压给水系统,室外消防用水量为 15 L/s,室外消火系统详见室外消防给水设计。

(2)室内消火栓系统。

①本建筑属一类高层住宅楼,设室内消火栓系统,室内消火栓用水量为 10 L/s,火灾延续时间按 2 h 计,消防储水量为 108 m^3,由地下消防贮水池保证。

②火灾初期由屋顶消防水箱供水,水箱设于 A3＃楼顶,屋顶水箱储存 18 m^3 消防用水,消防泵的控制由设于消火栓箱内的按钮启动,其信号传至消防控制中心,并能自动启泵,泵房内设有手动启动装置。

③室内消火栓系统设两组室外地上式消防水泵接合器,距室外消火栓 15～40 m。消防水泵接合器应设有明显标志,消防水泵接合器位置由地下室给水排水设计确定。

④单出口消火栓箱内设 DN65 消火栓一个,DN65 长 25 m 衬胶水带一条,DN19 水枪一支，消防按钮和指示灯各一个,屋顶设试验用单出口消火栓一个。

(3)灭火器设置。

本工程属于一类高层住宅,按轻危险级 A 类考虑,配备手提式磷酸铵盐干粉灭火器。其他未加说明者均严格执行规范《建筑灭火器配置设计规范》(GB 50140—2005),灭火器壁挂安装,距地 0.3 m。

6. 排水系统

(1)污废水系统。

室内采用卫生间粪便污水与废水分流系统,室外采用污水、雨水分流系统。污废水经化粪池后排入小区污水管网,化粪池计算依据:污水停流时间24 h,清挖周期360 d,化粪池位置规格由总图设计确定。

(2)雨水系统。

雨水排入雨水边沟,场地雨水排入雨水口,雨水经室外雨水沟汇集后排入市政雨水管。

7. 管材与接口

(1)生活给水管。

①生活给水立管用衬塑钢管,压力等级为1.6 MPa;生活给水支管用冷水型PPR管,压力等级为1.6 MPa,同质热熔连接。

②以丝扣连接的阀门后均应设活接头一个。

(2)消防给水管。

①消火栓系统采用内外壁热镀锌钢管,螺纹或法兰连接,当 $DN<100$ 时,螺纹连接;当 $DN\geqslant100$ 时,沟槽式连接件(卡箍)连接,阀门处用法兰连接,镀锌钢管公称压力为2.0 MPa。

②埋地管需做三油二布防腐处理。

③消火栓给水管应刷红色标志漆。

(3)排水管。

①室内外排水管采用UPVC塑料排水管,屋面雨水管采用承压塑料排水管黏接剂黏接连接,悬吊管采用环型密封柔接。

②UPVC排水管安装时需选用厂方提供的配套专用黏接剂及标准配件。

8. 管道敷设

(1)室内管道。

①给水立管、阀门、水表明装或管井中暗装,管道穿楼、地板、墙、基础处应设防护套管,防护套管比所穿管管径大两级,所有立管每层应设一个固定支架。其PPR冷水管支架的最大间距见表6.6。

表6.6 PPR冷水管支架的最大间距

管径/mm	DN15	DN20	DN25	DN32	DN40	DN50	DN70	DN80	DN100
立管/m	1.0	1.2	1.5	1.7	1.8	2.0	2.0	2.1	2.5
水平管/mm	0.65	0.80	0.95	1.10	1.25	1.40	1.50	1.60	1.90

PPR热水管应设固定支架和活动导向支架,固定支架间距不大于3 m,固定支架之间宜设活动导向支架。暗敷直埋PPR热水管道的支架间距可采用1.0~1.5 m。

②室内排水管除特别说明外,均为明装或管井中暗装,管道穿楼。地板、墙处应设套管。套管内径比穿管外径大10~20 mm,地面处套管高出地面50 mm,做法详《全国通用给水排水标准图集》(96S406/13)。

③排水立管上每层应设伸缩节一个,每隔六层设一立管消能装置,在6,12,18,24层设置,悬吊污水横支(干)上无汇合管件管的直线管段大于2 m时,应设伸缩节,且伸缩节之间最大距离不得大于4 m,做法详96S406/14,28。

④明装的排水立管且管径大于等于DN100时,在立管穿越楼层处应设阻火圈,明装的管径大于或等于横支管与管井内暗设立管相连时,墙体贯穿部位应设置阻火圈或长度不小于300 mm的防火套管,且防火套管的明露部分长度不宜小于200 mm,做法详96S406/29,30。

⑤除特别注明外，立管检查口不大于六层设置一个，且最低层和有卫生设备的最高层必须设置，如有乙字弯时，在乙字弯的上部必须设置检查口，检查口安装高度为离该层地面 1.0 m，未加说明时 UPVC排水管安装详 96S406。

⑥给水管坡度未标注时应以 0.002 的坡度坡向泄水装置。

⑦所有设地漏的地方其地面均应坡向地漏，地漏顶盖比地面低 5～10 mm，卫生间采用直通式地漏排水，屋顶 DN100 雨水斗排雨水，阳台采用 DN75 地漏排雨水。洗衣机排水采用洗衣机地漏排水，厨房地面排水采用网框式地漏排水，做法详 96S406/22。

所有存水弯水封深度不得小于 50 mm，所有高水封地漏水封深度不得小于 50 mm。

⑧排水管道的横管与横管，横管与立管，应采用 45°三通或 45°四通连接；或 90°斜三通或 90°斜四通连接；立管转横管时，用两个 45°弯头连接或用转弯半径大于 4R 的 90°弯头连接，排水横管的排水坡除注明外，按表 6.7 的坡度敷设。

表 6.7　排水横管的排水坡度表

管径	DN200	DN150	DN100	DN75	DN50
坡度	$i=0.008$	$i=0.01$	$i=0.020$	$i=0.025$	$i=0.035$

⑨安装在吊顶、管井内的管道，凡设阀门，检查口处应设检修口、检修门。

(2)室外管道。

①污水管与检查井的连接采用管顶平接。

②管道基础采用砂垫层基础。

③设于车道下的管道，管顶覆土厚度小于 0.70 m 时，需设管沟保护。

④室外管道施工时必须核实接管点位置和实际标高与图纸尺寸无误时再施工，排水管线长度以放线后的实测距离为准，按图中所注坡度确定管道标高后，再进行敷设。

9. 卫生设备安装

(1)除设计图中已注明安装大样图外，一般卫生设备的安装均参照《全国通用给水排水标准图集》(99S304) 中的有关安装图，其余参照 S1，S2，S3 的相关或相似部分。

(2)消防设备安装。

消火栓箱明装，所有消火栓栓口离该层地坪标高为 1.10 m，消火栓开门朝向由喷淋泵供给。

10. 阀门及附件

消防管道上的阀门采用蝶阀或明杆闸阀。

11. 试压

所有的给水排水管道在敷设后，必须按国家建设部颁发的有关施工及验收规范进行水压强度试验，严密性试验及排水管灌水试验，而且必须满足试验要求。

压力管强度试验压力为：生活给水系统 2.0 MPa，消火栓系统 2.0 MPa。

排水主立管及水平干管应做通球试验，通球球径不小于排水管道管径的 2/3，通球率必须达 100%。

12. 标注符号及单位

DN ——公称管径，mm；▽—— ——标高，m；FL—— 废水立管；JL——给水立管；NL——空调冷凝排水立管；WL——污水立管；YL——雨水立管；XL——消火栓立管；F——楼层；i——排水坡度。

13. 其他

(1)图中尺寸单位为 mm，标高以 m 为单位。

(2)给水管标高为管中标高,排水管标高为管内底标高。

(3)本说明与设计图纸有矛盾时,甲方和施工单位应及时提出,并以设计单位解释为准。

(4)图中所示给水管管径为公称直径,其与PPR给水管公称外径对照见表6.8。

表6.8 给水管公称直径与PPR给水管公称外径对照表

公称直径	DN15	DN20	DN25	DN32	DN40	DN50	DN70	DN80	DN100
公称外径	de20	de25	de32	de40	de50	de63	de75	de90	de110

(5)图中所示排水管管径为公称直径,其与UPVC排水管公称外径对照见表6.9。

表6.9 排水管公称直径与UPVC排水管公称外径对照表

公称直径	DN50	DN75	DN100	DN150	DN200
公称外径	de50	de75	de110	de160	de200

(6)图中所示空调冷凝水排水管的管径为公称直径,其与UPVC给水管公称外径对照见表6.10。

表6.10 空调冷凝水排水管的公称直径与UPVC给水管公称外径对照表

公称直径	DN25	DN32	DN50
公称外径	de32	de40	de63

(7)除本设计说明外,还应遵循《建筑给水排水及采暖工程施工质量验收规范》(GB 50242—2002)。

(8)图中未提及的按国家现行有关规范进行施工及验收。

14.节水设计

(1)生活给水管材采用优质管材,如PPR给水管,管材质量保证,并且尽量减少管道渗漏。

(2)采用节水型卫生器具,如冲洗蹲便器采用延时自闭式冲洗阀冲洗以及采用陶瓷芯节水型水龙头等。

(3)给水系统采用变频供水。

(4)小区引入管、住户入户管上设水表。

6.2.4 热水设计说明

1.热水系统

(1)热水用水量(60 ℃)分配表见表6.11。

表6.11 热水用水量分配表

用水单位	用水定额/(升·人$^{-1}$·天$^{-1}$)	数量/人	用水时/h	时变化系数	日用水量/(m^3·d^{-1})	最大小时用水量/(m^3·h^{-1})
住宅	80	240	24	4.2	19.2	3.8

(2)采用集中集热式太阳能热水系统。

(3)热水系统采用全日制循环保证立管和干管中的热水循环。

(4)热水供应温度为60 ℃,回水温度为50 ℃。

(5)热水系统采用水箱—用水点的给水方式,室内采用上行下给式。

2.管材与接口

生活热水管用热水型PPR管,压力等级为2.0 MPa,同质热熔连接。以丝扣连接的阀门后均应设活接头一个。

3. 管道敷设

PPR热水管应设固定支架和活动导向支架，固定支架间距不大于3 m，固定支架之间宜设活动导向支架。PPR热水管支架间距见表6.12。

表6.12　PPR热水管支架间距　m

管径	DN15	DN20	DN25	DN32	DN40	DN50	DN70	DN80	DN100
立管	0.5	0.6	0.7	0.8	0.9	1.0	1.1	1.2	1.5
水平管	0.9	1.0	1.2	1.4	1.6	1.7	1.7	1.8	2.0

注：暗敷直埋PPR热水管道的支架间距可采用1.0～1.5 m

4. 管道保温

(1)管道保温应在管道水压试验合格后进行。

(2)热水干(立)管、回水干(立)管应保温，保护层采用铝箔。

(3)管道保温层厚度按表6.13选用。

表6.13　管道保温层厚度　mm

管径	DN15	DN20	DN25	DN32	DN40	DN50	DN70	DN80	DN100
保温层厚度	20	20	30	30	30	30	40	40	40

5. 热水系统的试验压力为1.6 MPa

6. 太阳能热水系统由厂家设计完善

6.2.5 选用标准图集目录

选用标准图集的目录见表6.14。

表6.14　选用标准图集的目录

序号	图集号	图集内容
1	02S404	防水套管
2	99S304	卫生设备安装
3	02S515	圆形排水检查井
4	S161	管道支架及吊架
5	96S406	建筑排水用硬聚氯乙烯(PVC－U)管道安装
6	99S202	室内消火栓安装
7	89SS175	室内自动喷水灭火设施安装
8	98ZS001	给水阀门井、水表井

6.2.6 图　例

1. 制图标准规定的常见图例

根据《建筑给水排水制图标准》(GB/T 50106—2010)的规定，图中涉及的管道、附件、排水沟以及构筑物等均应使用相关图例进行表示，见表6.15～表6.25。

表 6.15 管道图例

序号	名称	图例	备注
1	生活给水管	——J——	
2	热水给水管	——RJ——	
3	热水回水管	——RH——	
4	中水给水管	——ZJ——	
5	循环给水管	——XJ——	
6	循环回水管	——Xh——	
7	热媒给水管	——RM——	
8	热媒回水管	——RMH——	
9	蒸汽管	——Z——	
10	凝结水管	——N——	
11	废水管	——F——	可与中水源水管合用
12	压力废水管	——YF——	
13	通气管	——T——	
14	污水管	——W——	
15	压力污水管	——YW——	
16	雨水管	——Y——	
17	压力雨水管	——YY——	
18	膨胀管	——PZ——	
19	保温管		
20	多孔管		
21	地沟管		
22	防护套管		
23	管道立管	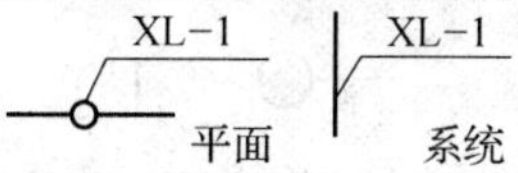 XL-1 平面 XL-1 系统	X:管道类别 L:立管 1:编号
24	伴热管		
25	空调凝结水管	——KN——	
26	排水明沟	坡向 →	
27	排水暗沟	坡向 →	

注:分区管道用加注角标方式表示:如 J_1,J_2,RJ_1,RJ_2,…

表 6.16　管道附件

序号	名称	图例	备注
1	套管伸缩器		
2	方形伸缩器		
3	刚性防水套管		
4	柔性防水套管		
5	波纹管		
6	可曲挠橡胶接头		
7	管道固定支架		
8	管道滑动支架		
9	立管检查口		
10	清扫口	平面　系统	
11	通气帽	成品　铅丝球	
12	雨水斗	YD- 平面　YD- 系统	
13	排水漏斗	平面　系统	
14	圆形地漏		通用。如为无水封，地漏应加存水弯
15	方形地漏		
16	自动冲洗水箱		
17	挡墩		
18	减压孔板		

续表 6.16

序号	名称	图例	备注
19	Y形除污器	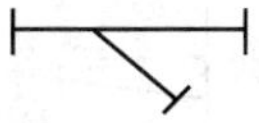	
20	毛发聚集器	 平面　系统	
21	防回流污染止回阀		
22	吸气阀		

表 6.17　管道连接

序号	名称	图例	备注
1	法兰连接	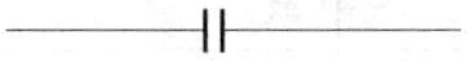	
2	承插连接	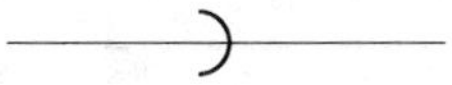	
3	活接头	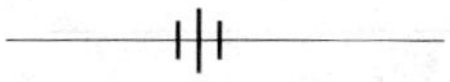	
4	管堵		
5	法兰堵盖		
6	弯折管	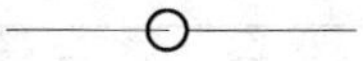	表示管道向后及向下弯转90°
7	三通连接	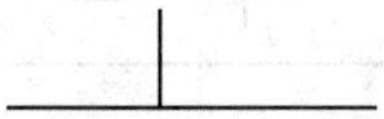	
8	四通连接	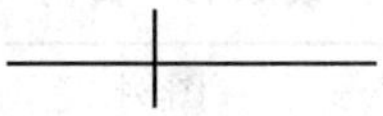	
9	盲板		
10	管道丁字上接	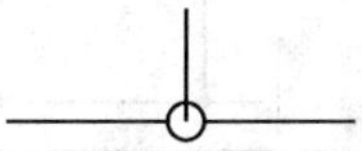	
11	管道丁字下接	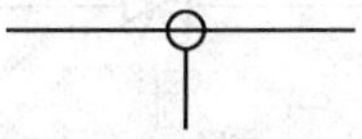	
12	管道交叉	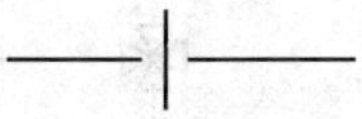	在下方和后面的管道应断开

表 6.18 管件

序号	名称	图例	备注
1	偏心异径管		
2	异径管		
3	乙字管	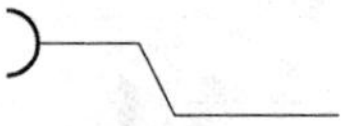	
4	喇叭口	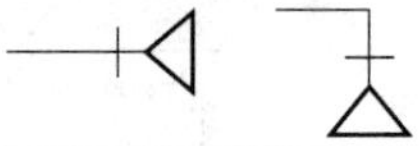	
5	转动接头	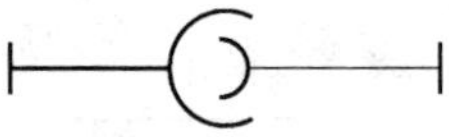	
6	短管	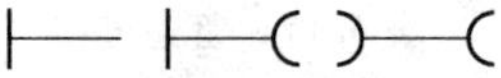	
7	存水弯	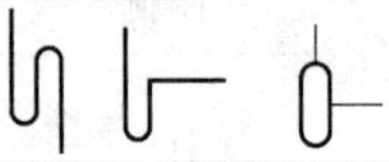	
8	弯头		
9	正三通	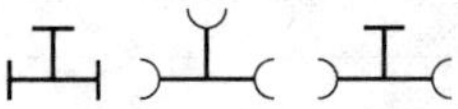	
10	斜三通		
11	正四通		
12	斜四通	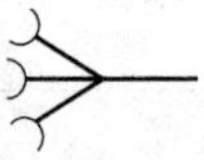	
13	浴盆排水件	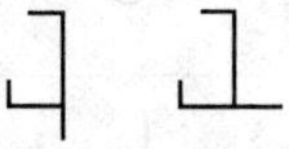	

表 6.19 阀门

序号	名称	图例	备注
1	闸阀		
2	角阀	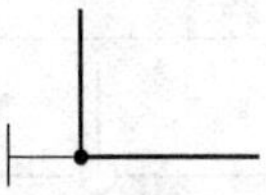	
3	三通阀	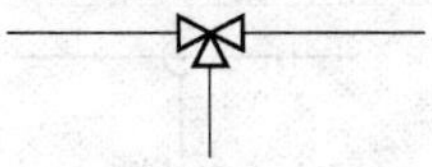	
4	四阀	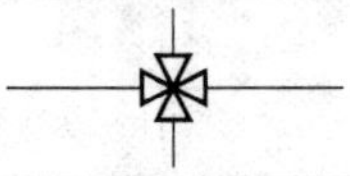	

续表 6.19

序号	名称	图例	备注
5	截止阀	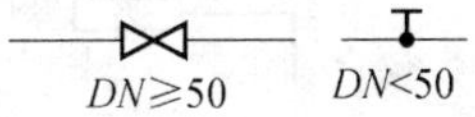 $DN \geq 50$　$DN<50$	
6	电动阀		
7	液动阀	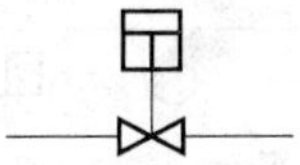	
8	气动阀	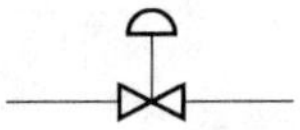	
9	减压阀	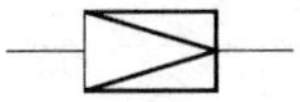	左侧为高压端
10	旋塞阀	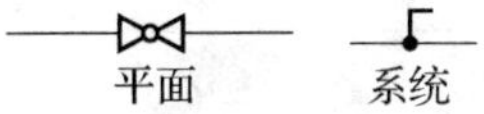 平面　系统	
11	底阀		
12	球阀		
13	隔膜阀	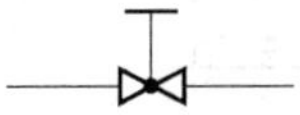	
14	气开隔膜阀	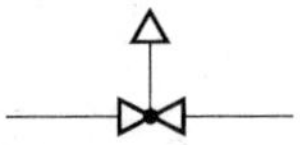	
15	气闭隔膜阀		
16	温度调节阀	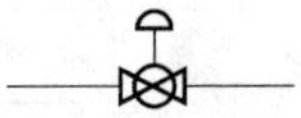	
17	压力调节阀	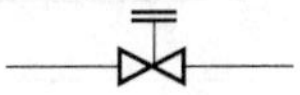	
18	电磁阀	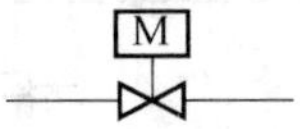 M	
19	止回阀		
20	消声止回阀	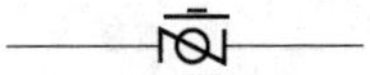	
21	蝶阀	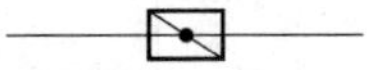	
22	弹簧安全阀	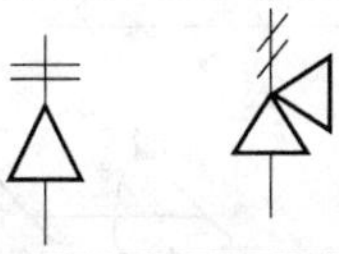	

续表 6.19

序号	名称	图例	备注
23	平衡锤安全阀	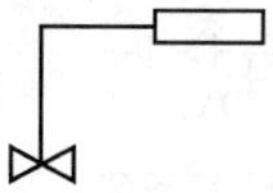	
24	自动排气阀	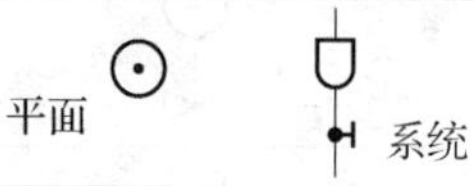 平面　系统	
25	浮球阀	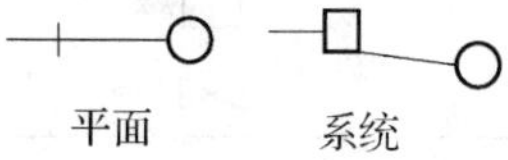 平面　系统	
26	延时自闭冲阀		
27	吸水喇叭口	 平面　系统	
28	疏水器		

表 6.20　给水配件

序号	名称	图例	备注
1	放水龙头	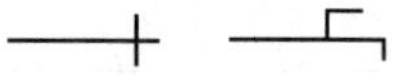	左侧为平面,右侧为系统
2	皮带龙头		左侧为平面,右侧为系统
3	洒水(栓)龙头		
4	化验龙头		
5	肘式龙头	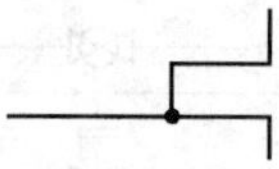	
6	脚踏开关	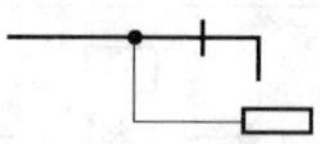	
7	混合水龙头	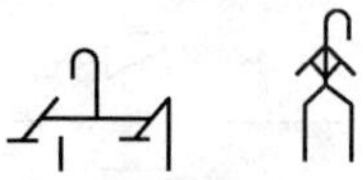	
8	旋转水龙头	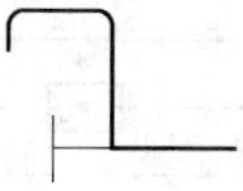	
9	浴盆带喷头混合水龙头	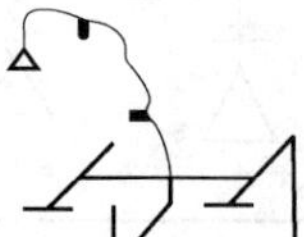	

表 6.21 消防设施

序号	名称	图例	备注
1	消火栓给水管	XH	
2	自动喷水灭火给水管	ZP	
3	室外消火栓		
4	室内消火栓(单口)	平面 系统	白色为开启面
5	室内消火栓(双口)	平面 系统	
6	水泵接合器		
7	自动喷洒头(开式)	平面 系统	
8	自动喷洒头(闭式)	平面 系统	下喷
9	自动喷洒头(闭式)	平面 系统	上喷
10	自动喷洒头(闭式)	平面 系统	上下喷
11	侧墙式自动喷洒头	平面 系统	
12	侧喷式喷洒	平面 系统	
13	雨淋灭火给水管	YL	
14	水幕灭火给水管	SM	
15	水炮灭火给水管	SP	
16	干式报警阀	平面 系统	
17	水炮		
18	湿式报警阀	平面 系统	

续表 6.21

序号	名称	图例	备注
19	预作用报警阀	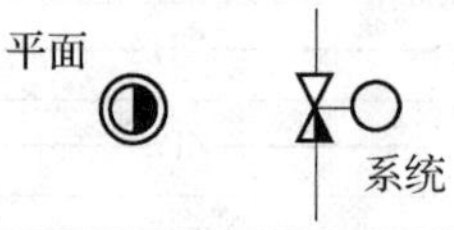 平面　系统	
20	遥控信号阀		
21	水流指示器	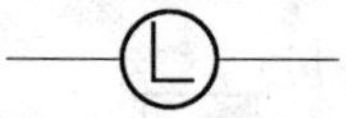	
22	水力警铃	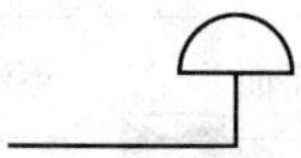	
23	雨淋阀	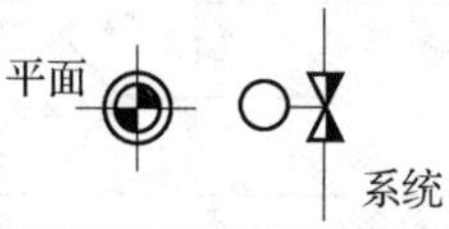 平面　系统	
24	末端测试阀	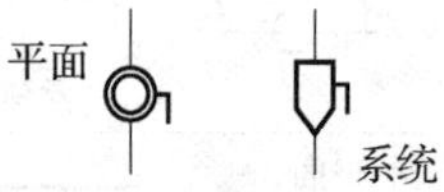 平面　系统	
25	手提式灭火器		
26	推车式灭火器		

注:分区管道用加注角标方式表示:如 XH_1,XH_2,ZP_1,ZP_2,…

表 6.22　卫生设备及水池

序号	名称	图例	备注
1	立式洗脸盆		
2	台式洗脸盆	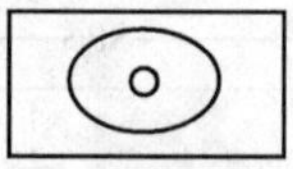	
3	挂式洗脸盆	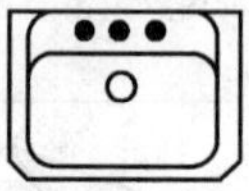	
4	浴盆	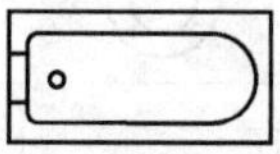	
5	化验盆、洗涤盆	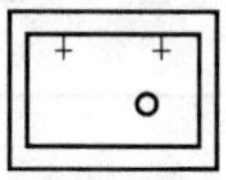	

续表 6.22

序号	名称	图例	备注
6	带沥水板洗涤盆	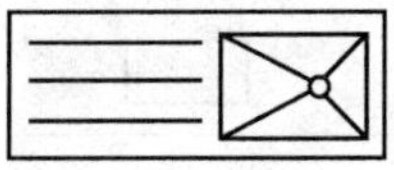	不锈钢制品
7	盥洗槽	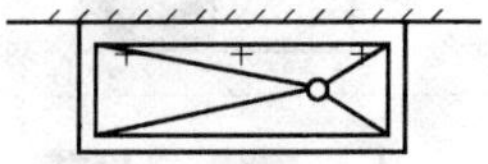	
8	污水池		
9	妇女卫生盆		
10	立式小便器		
11	壁挂式小便器		
12	蹲式大便器	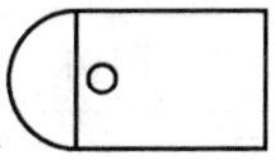	
13	坐式大便器	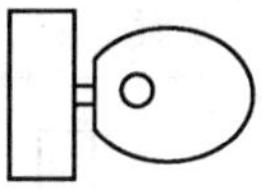	
14	小便槽		
15	淋浴喷头		

表 6.23　小型给水排水构筑物

序号	名称	图例	备注
1	矩形化粪池	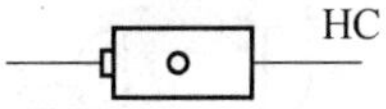 HC	HC 为化粪池代号
2	圆形化粪池	 HC	
3	隔油池	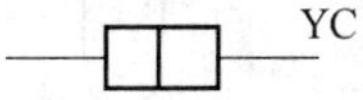 YC	YC 为隔油池代号
4	沉淀池	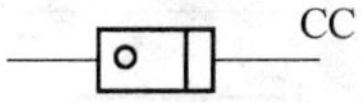 CC	CC 为沉淀池代号
5	降温池	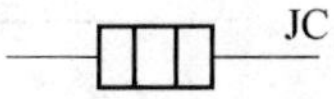 JC	JC 为降温池代号

续表 6.23

序号	名称	图例	备注
6	中和池	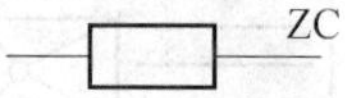 ZC	ZC为中和池代号
7	雨水口		单口
			双口
8	阀门井　检查井	 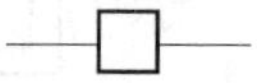	
9	水封井		
10	跌水井		
11	水表井		

表 6.24　给水排水设备

序号	名称	图例	备注
1	水泵	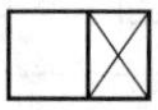 平面 　系统	
2	潜水泵	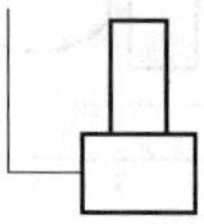	
3	定量泵	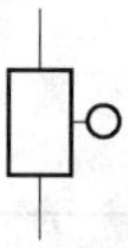	
4	管道泵		
5	卧式热交换器	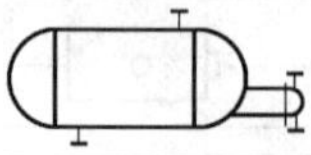	
6	立式热交换器	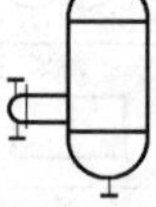	
7	快速管式热交换器	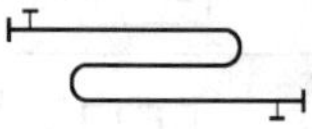	

续表 6.24

序号	名称	图例	备注
8	开水器		
9	喷射器	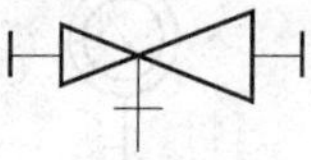	小三角为进水端
10	除垢器	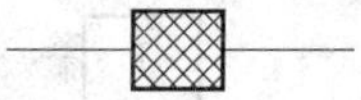	
11	水锤消除器	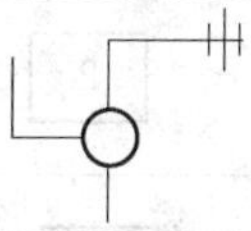	
12	浮球液位器	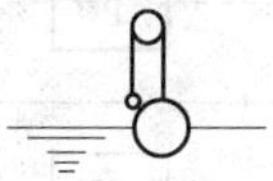	
13	搅拌器	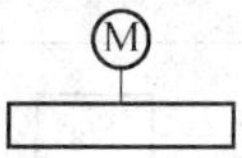 M	

表 6.25　仪表

序号	名称	图例	备注
1	温度计		
2	压力表		
3	自动记录压力表		
4	压力控制器		
5	水表		
6	自动记录流量计	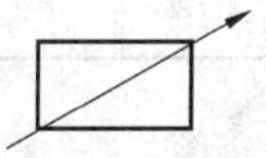	

续表 6.25

序号	名称	图例	备注
7	转子流量计		
8	真空表		
9	温度传感器	T	
10	压力传感器	P	
11	pH 值传感器	pH	
12	酸传感器	H	
13	碱传感器	Na	
14	余氯传感器	Cl	

如果设计单位在进行设计时，没有选用《建筑给水排水制图标准》(GB/T 50106—2010)中的图例，则应在图纸中注明所用符号代表的意义。

2. 与项目 4、项目 5 配套图纸所用给排水图例(表 6.26)

表 6.26 配套图纸所用图例

名称	图例	名称	图例
冷水给水管	—— J1 ——	S(P)型存水弯	
热水给水管	—— RJ ——	通气帽	
热水回水管	—— RH ——	雨水斗	
低区消防给水管	—— X1 ——	直通式地漏	
高区消防给水管	—— X2 ——	高水封地漏	

续表 6.26

名称	图例	名称	图例
生活废水管	—— F ——	网框地漏	
生活粪水管	—— W ——	洗衣机地漏	
专用通气管	—— T ——	坐便器	
雨水管	—— Y ——	蹲式大便器	
空调冷凝排水管	—— N ——	洗脸盆	
止回阀		洗涤盆	菜
闸阀		浴缸	
截止阀		洗涤盆龙头	
蝶阀		放水龙头	
过滤器		检查口	
室内消火栓(单出口)		自动排气阀	
室内消火栓(双出口)		水表	
灭火器		压力表	
伸缩节		检查井	
清洁口		可曲挠橡胶接头	
化粪池		—	—

6.3 建筑给水排水施工图的绘制与识读

与项目 4、项目 5 对应的设备安装图中没有涉及室外给排水施工图部分，所以此处仅介绍室内给排水施工平面图绘制与识读。

6.3.1 室内给水排水施工平面图图示特点与内容

管道是建筑给水排水施工图表达的主要对象，管道细长，纵横交错且管件多。室内给水排水施工图主要表达了：

①建筑用水房间的布置情况与用水设施分布情况。

②管道的布置、标高、坡度、坡向；管径、规格、型号。

③阀门、设备的位置，构筑物的种类和位置。

④图中涉及的管道、附件、阀门、卫生器具及构筑物、设备及仪表采用统一标准。《建筑给水排水制图标准》(GB/T 50106—2010)中，通常用 F 表示废水，W 表示污水，J 表示给水。

6.3.2 室内给水排水施工平面图识读

按照先一层平面图后各层平面图，先卫生器具后管道系统，引入管—立管—干管—支管(给水系统)，器具排水管—横支管—立管—排出管(排水系统)的顺序识读。

如图 6.1 所示，该图表示一层给水排水平面图，其消防用水(X)接自小区消防加压泵(Q=10 L/s，H=0.68 MPa)，生活用水(J)接自小区生活给水管网(Q=4.15 L/s，H=0.58 MPa)，接入厨房和卫生间等用水器具。一～十五层均为住户，每层卫生器具布置一致，管道布置相同。卫生间布置有蹲式大便器、洗脸盆，厨房设有洗菜盆，均设有地漏。

底层沿东侧横墙设一条给水引入管，管径 DN80，一条消防给水引入管，管径 DN100；给水引入管上设总水表、总阀门和止回阀，引入管在西侧进楼处分两支，分别为 JL－1、JL－2。二～十五层由各立管引入各层用水房，连接各用水房(厨房、卫生间)用水设备，各层管道布置一致(图 6.2～图 6.5)。

如图 6.1 所示，一层平面图中图示 WL－1～WL－6 的立管及排出管，均由南侧进入污水检查井。一～十五层平面图中，以 WL－1 为例，污水横管(DN150、i=0.01)分别连接洗脸盆、蹲式大便器、地漏，经立管 WL－1 至排出管，排至室外检查井。

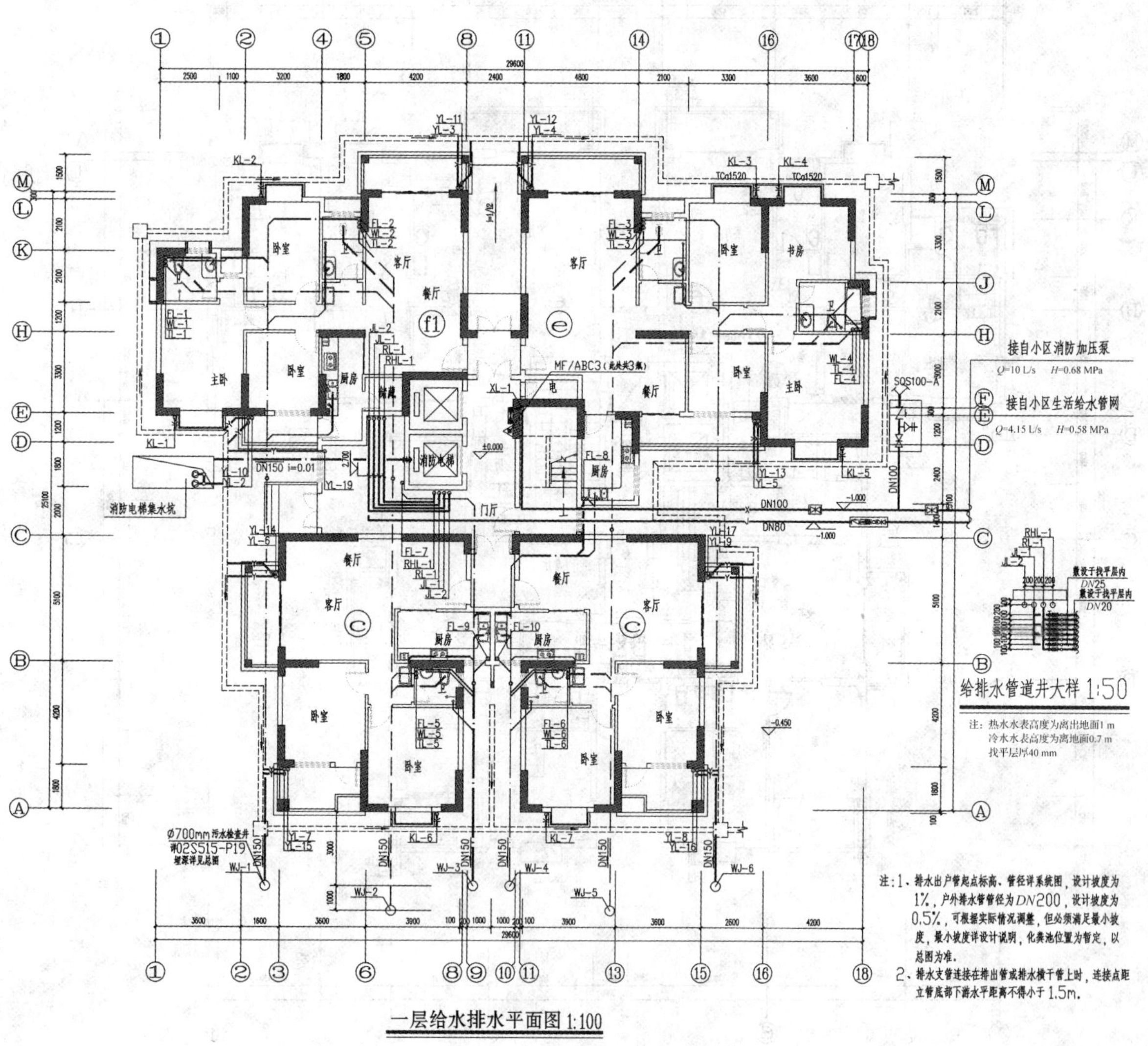

图 6.1　一层给水排水平面图

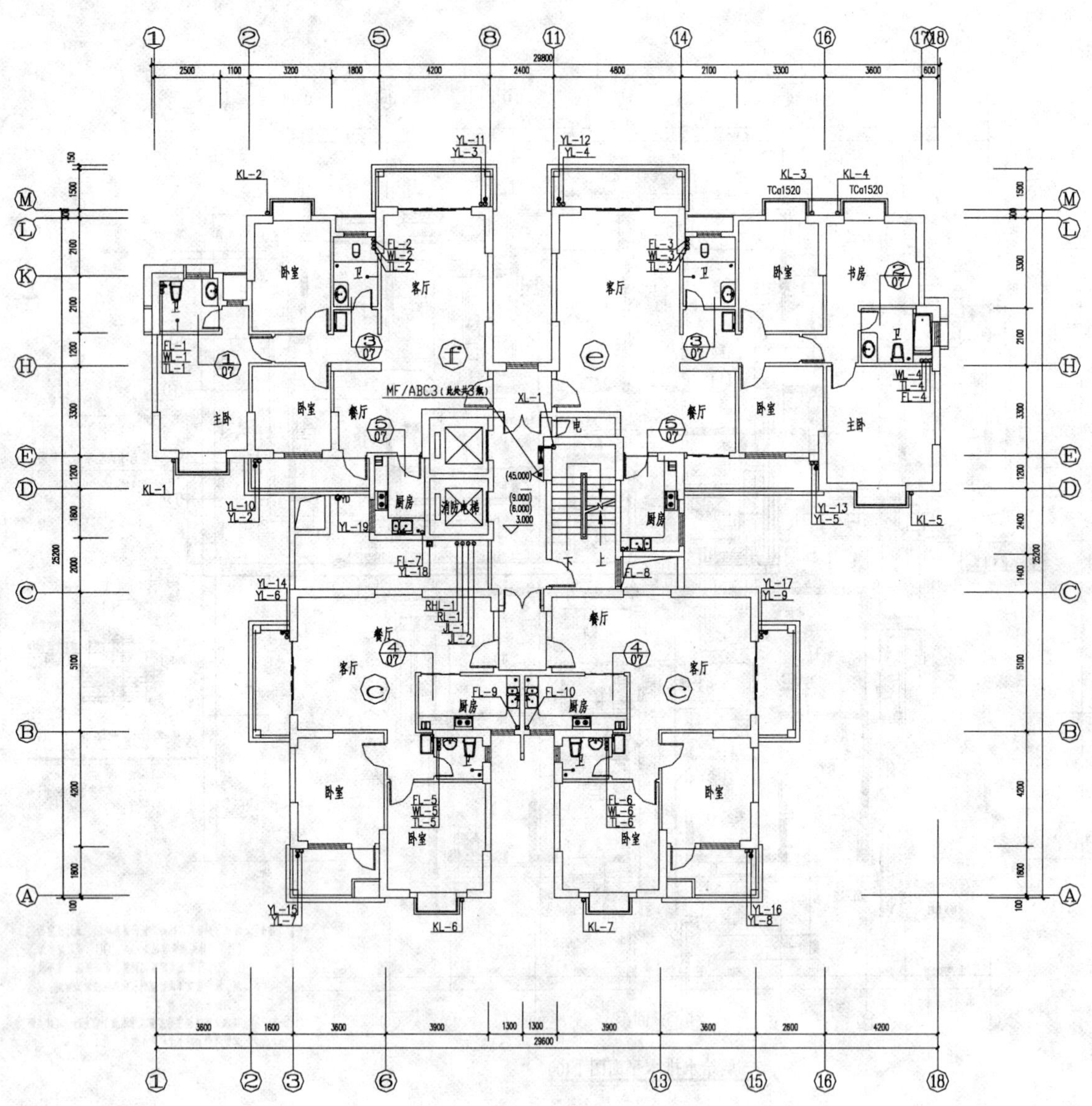

图 6.2　二层给水排水平面图

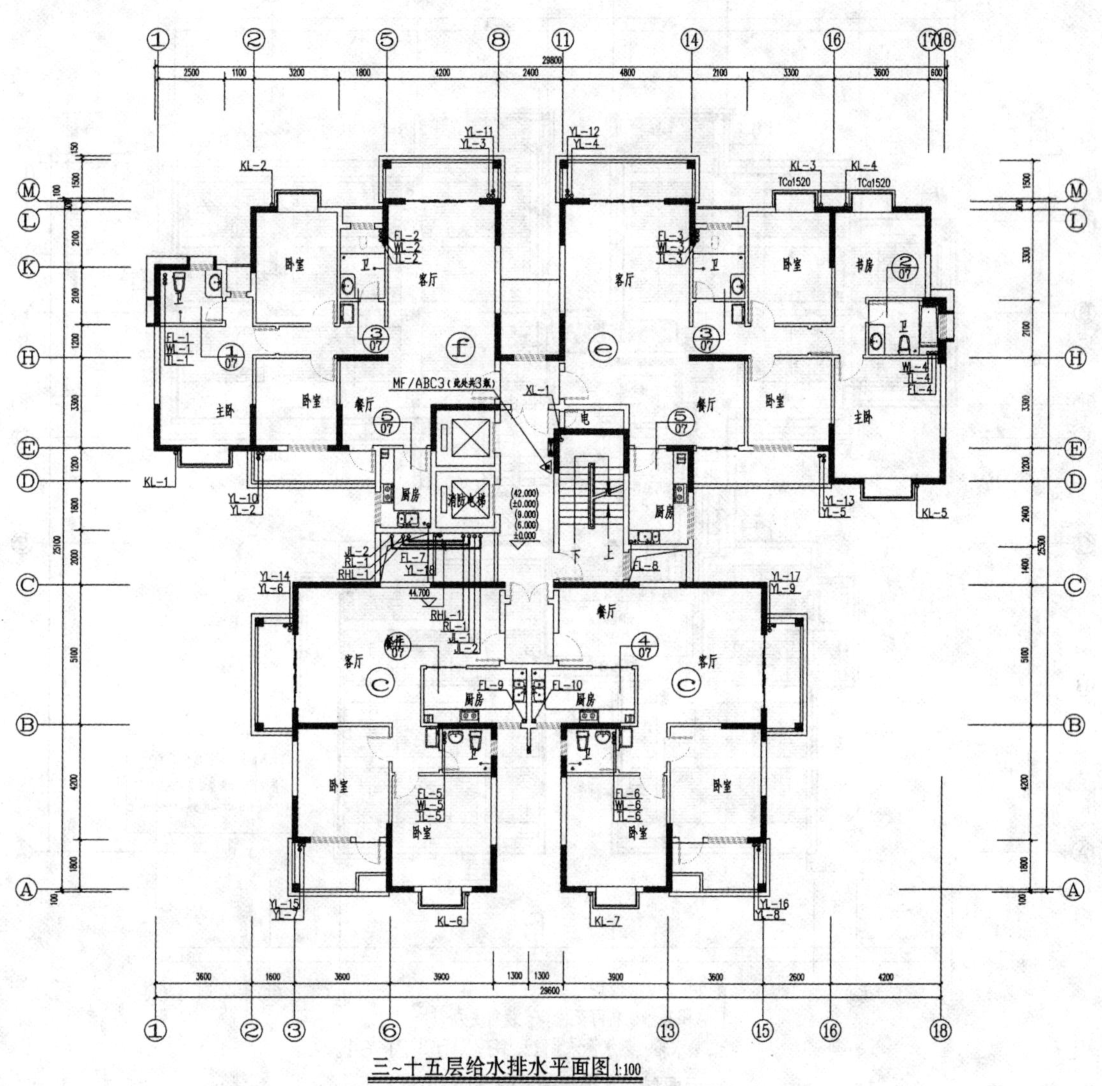

图6.3　三～十五层给水排水平面图

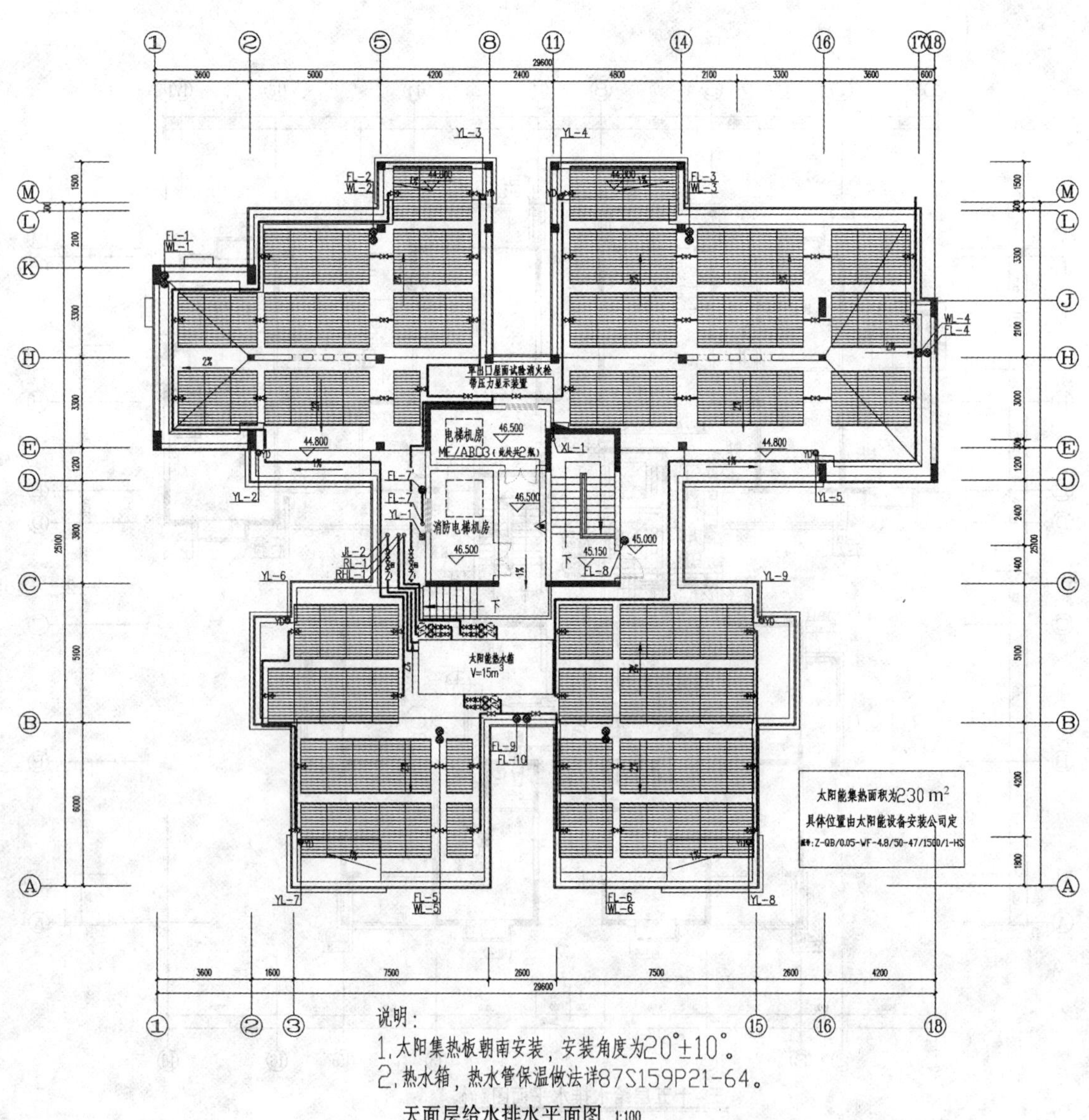

图 6.4 天面层给水排水平面图

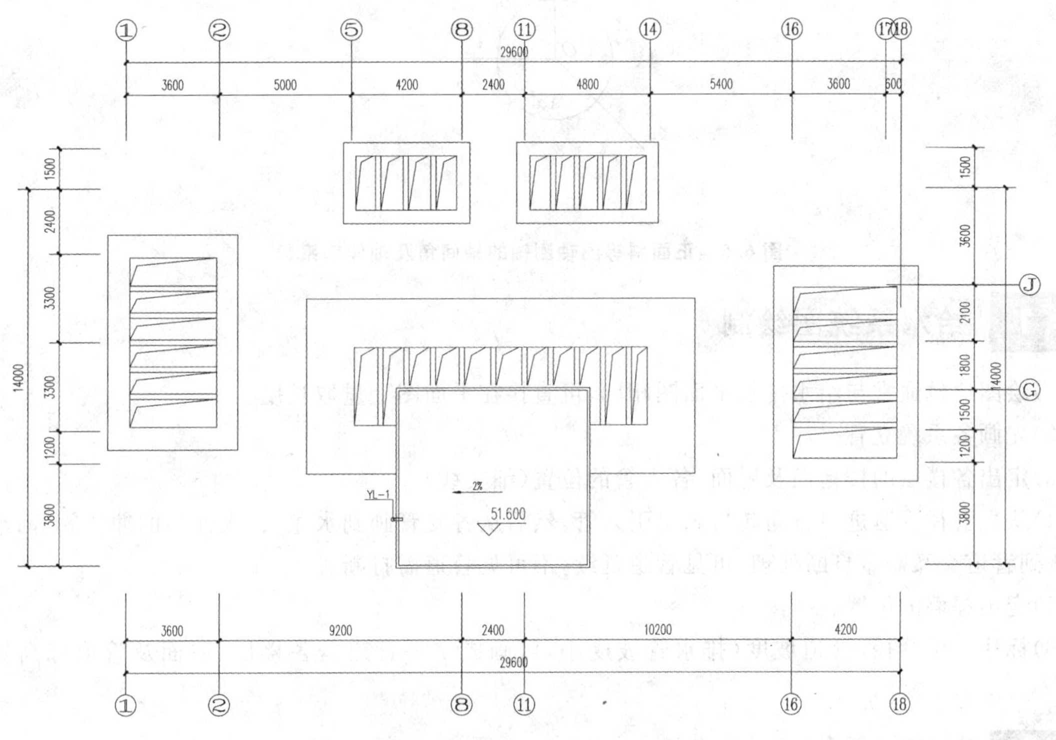

图 6.5 屋顶构架给水排水平面图

6.3.3 室内给水排水施工平面图的绘制步骤

先画一层给水排水平面图，再画各楼层、天面层和屋构架的给水排水平面图。

在画每一层平面图时，先抄绘建筑平面图，因建筑平面图不是主要表达的内容，应用细实线或细虚线表示；然后画卫生设备及水池，应按照图例绘制；接着画管道平面图，因其为主要的表达内容，用粗实线表示，也可自设图例，给水管用粗实线，污水管用粗虚线；最后标注尺寸、符号、标高和注写文字说明。

安装在下一层空间而为本层所用的管道，绘制在本层平面图上。在画管道平面图时，先画立管，然后按照水流方向，画出分支管和附件，对底层平面图则还应画出引入管和排出管。

6.4 建筑给水排水系统图的绘制与识读

根据《建筑给水排水制图标准》(GB/T 50106—2010)规定，给水排水系统图(轴测图)按 45°正面斜轴测投影法绘制，轴间角及轴伸缩系数如图 6.6 所示。

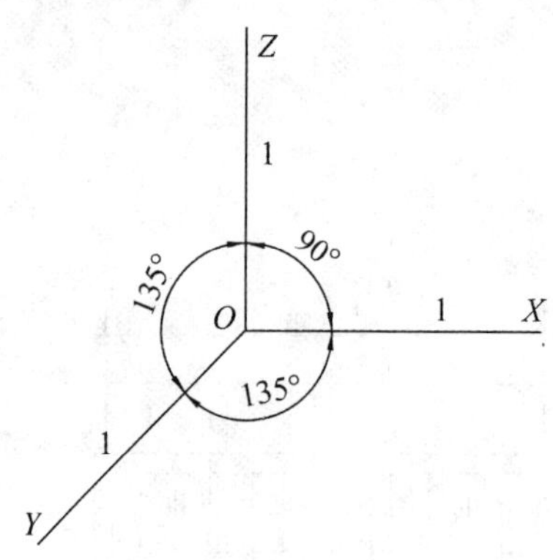

图 6.6　正面斜等测轴测轴的轴间角及轴伸缩系数

6.4.1　给水系统图绘制

(1)绘图比例通常与给水排水平面图相同,可直接在平面图上量取长度。

(2)先画各系统立管。

(3)定出各楼层的楼地面及屋面,各支管的位置(细实线)。

(4)从立管往管道进口方向转折画出引入管,然后从各支管画到水龙头、大便器的冲洗阀等;绘图过程中遇到管道交叉需做打断处理,可见管道延续,不可见管道需打断。

(5)定出穿墙的位置。

(6)标注公称管径,管道坡度(排水管坡度小,可画成水平管道),各楼层、屋面及管道标高等数据说明。

6.4.2　给水系统图的识读

(1)生活冷水系统图的识读。

如图 6.7 所示,室外冷水管接自小区生活给水管网(Q=4.15 L/s,H=0.58 MPa、DN80、埋深−1.000 m),由闸阀、水表和止回阀控制,通过 JL−2 进入屋顶,JL−2 伸出屋顶后,一支在位于 45.200 m 处利用 DN50、闸阀和止回阀接入热水箱,另一支通过 DN25 和截止阀连接 ZP−Ⅱ型自动排气阀;JL−2 于屋顶下利用 DN80,JL−1 自上而下给十五～一层供水,每一楼层用 DN40 支管接入,再利用两趟横管 DN25、截止阀和水表等给每层供水。详图索引符号①代表的给水减压阀组的意义,如图 6.5 所示。

(2)消火栓给水系统图的识读(图 6.8)。

消防用水接自小区消防加压泵(Q=10 L/s、H=0.68 MPa)、DN100,装有前闸阀,分为两趟:一趟延自地上式简易型消防水泵接合器(SQS100−A、离地 700 mm 高)、DN100、接有闸阀和止回阀;另一趟由下向上采用 DN100 供应消防水,接到距楼(地)面高 1 100 mm 处的室内消火栓(双出口)处。

(3)生活热水系统图识读(图 6.9)。

生活热水系统利用太阳能热水器与热水箱(15 m^3)实现水的小循环,热水通过双路供水泵和 DN70 立管(RL−1),由 DN32 干管接入,再通过 DN20、截止阀和水表的横管给每一楼层供应热水,并于一楼处接入 DN32 立管(RHL−1)实现水的大循环。

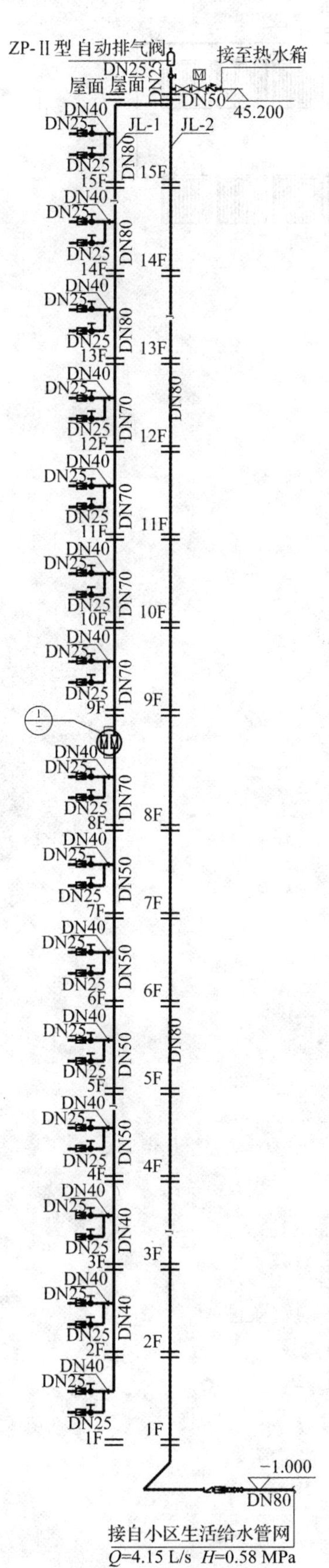

图 6.7　生活冷水系统

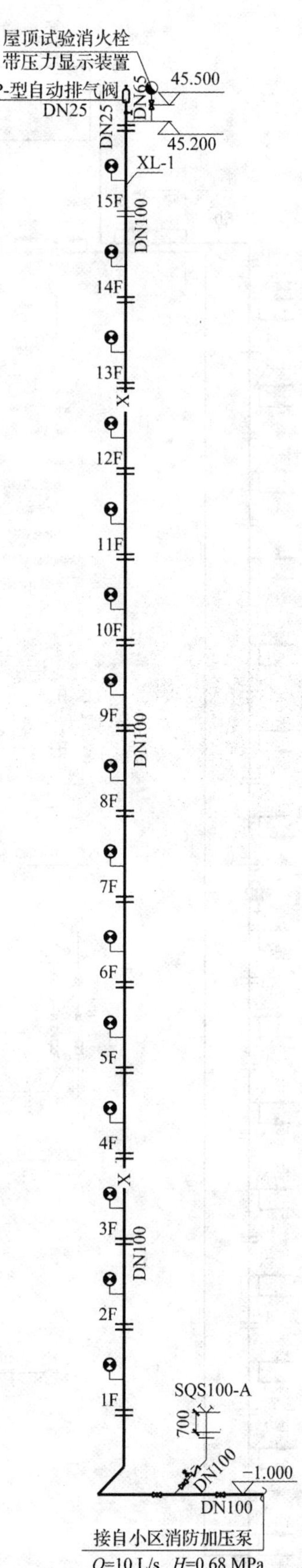

图 6.8　消火栓给水系统

注：一～八层使用稳压消火栓，保证消火栓栓口压力不超过 0.45 MPa

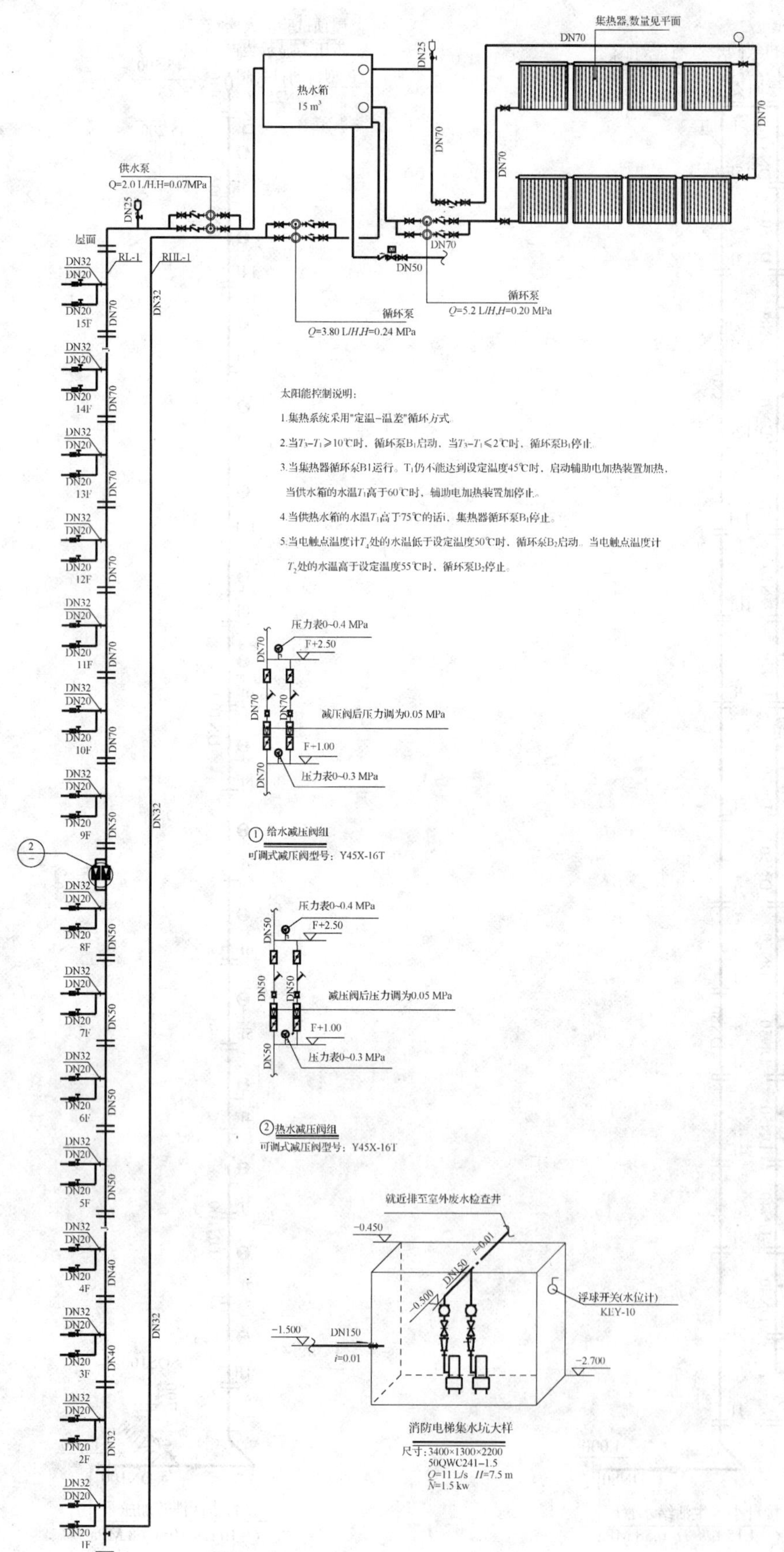
集热器,数量见平面
DN70
DN25
热水箱
15 m³
DN70
供水泵
Q=2.0 L/H,H=0.07MPa
DN25
屋面
DN32
DN20
RL-1
RHL-1
DN70
DN50
循环泵
Q=5.2 L/H,H=0.20 MPa
循环泵
Q=3.80 L/H,H=0.24 MPa
15F
14F
13F
12F
11F
10F
9F
8F
7F
6F
5F
4F
3F
2F
1F
DN40
DN32
太阳能控制说明:
1.集热系统采用"定温–温差"循环方式。
2.当$T_3-T_1 \geqslant 10$℃时，循环泵B_1启动，当$T_3-T_1 \leqslant 2$℃时，循环泵B_1停止。
3.当集热器循环泵B1运行。T_1仍不能达到设定温度45℃时，启动辅助电加热装置加热，
当供水箱的水温T_1高于60℃时，辅助电加热装置加停止。
4.当供热水箱的水温T_1高于75℃的话，集热器循环泵B_1停止。
5.当电触点温度计T_4处的水温低于设定温度50℃时，循环泵B_2启动。当电触点温度计
T_2处的水温高于设定温度55℃时，循环泵B_2停止。
压力表0~0.4 MPa
F+2.50
减压阀后压力调为0.05 MPa
F+1.00
压力表0~0.3 MPa
① 给水减压阀组
可调式减压阀型号：Y45X-16T
压力表0~0.4 MPa
F+2.50
减压阀后压力调为0.05 MPa
F+1.00
压力表0~0.3 MPa
② 热水减压阀组
可调式减压阀型号：Y45X-16T
就近排至室外废水检查井
-0.450
DN150
i=0.01
-0.500
浮球开关(水位计)
KEY-10
-1.500
DN150
i=0.01
-2.700
消防电梯集水坑大样
尺寸:3400×1300×2200
50QWC241-1.5
Q=11 L/s H=7.5 m
N=1.5 kw

图 6.9 生活热水系统

6.4.3 排水系统图的识读

(1)污废水排水系统图的识读。

如图6.10所示,整幢楼通过WL－1～6、FL－1～6等立管实现污废水的排水。所有立管均为DN100,上接通气帽。分别于15,12,6,1等楼层处设置有检查口,进入一层后,分别接至埋深为－1.200 m,－1.300 m,－1.100 m处DN150,i=0.010的地下横管。

(2)雨水排水系统图的识读。

如图6.11所示,整幢楼的雨水排水系统是通过YL－1,YL2～9,YL10～17,YL－18,YL－19等19根DN100立管实现排水,YL－1～18立管上接直通式地漏,YL－19立管上接雨水斗。分别于15,14,12,6,1等楼层处设置有检查口,进入一层后,均接至埋深为－0.600 m处DN100,i=0.010的地下横管。

(3)冷凝水排水系统图识读。

如图6.12所示,整幢的冷凝水排水由KL－1～7等七根DN25的立管实现排水。距楼(地)面2 000 mm处用管堵接入DN15的支管,进入一层后,均接至埋深为－0.600 m处DN32,i=0.010的地下横管。

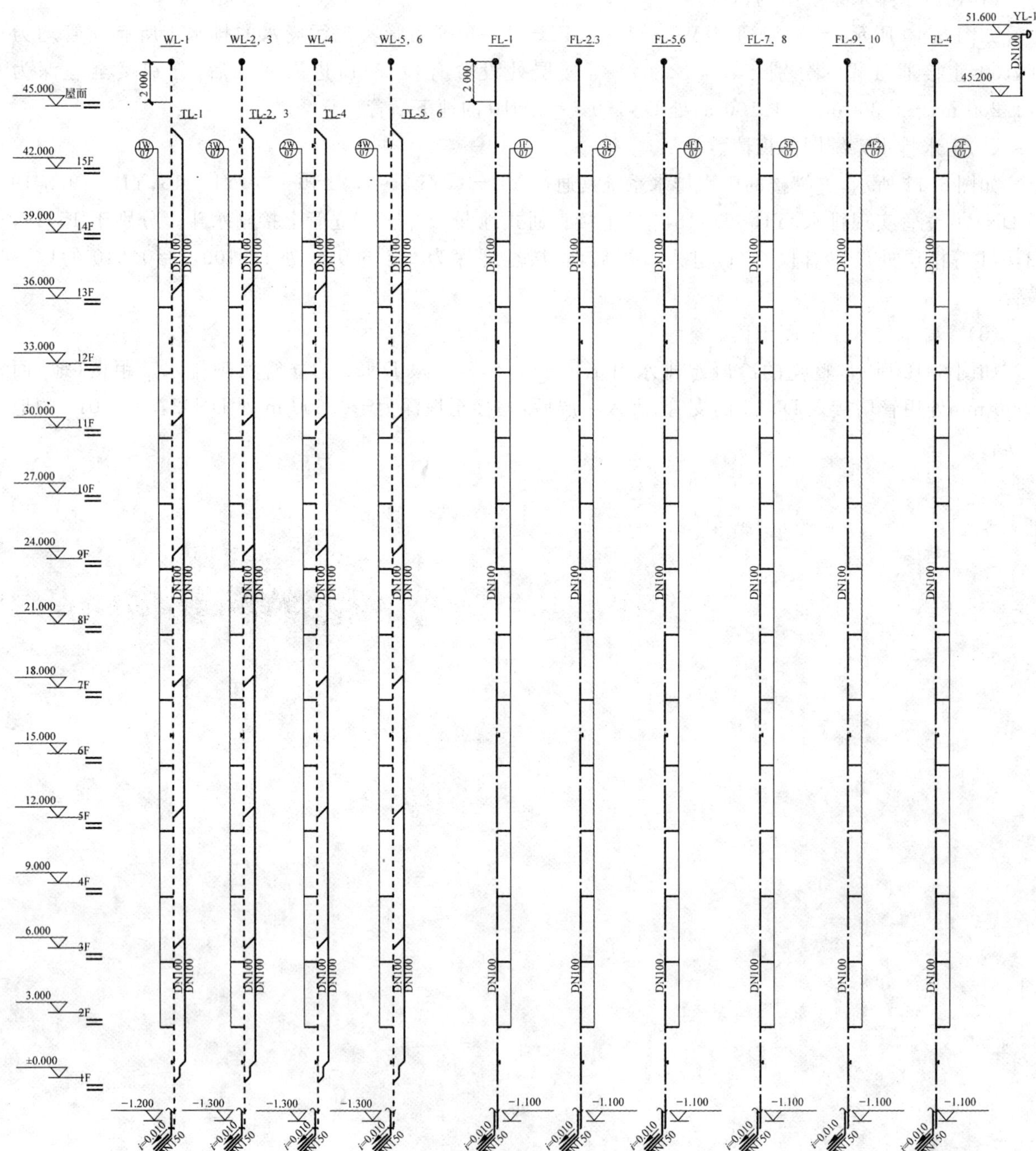

图 6.10　污废水排水系统

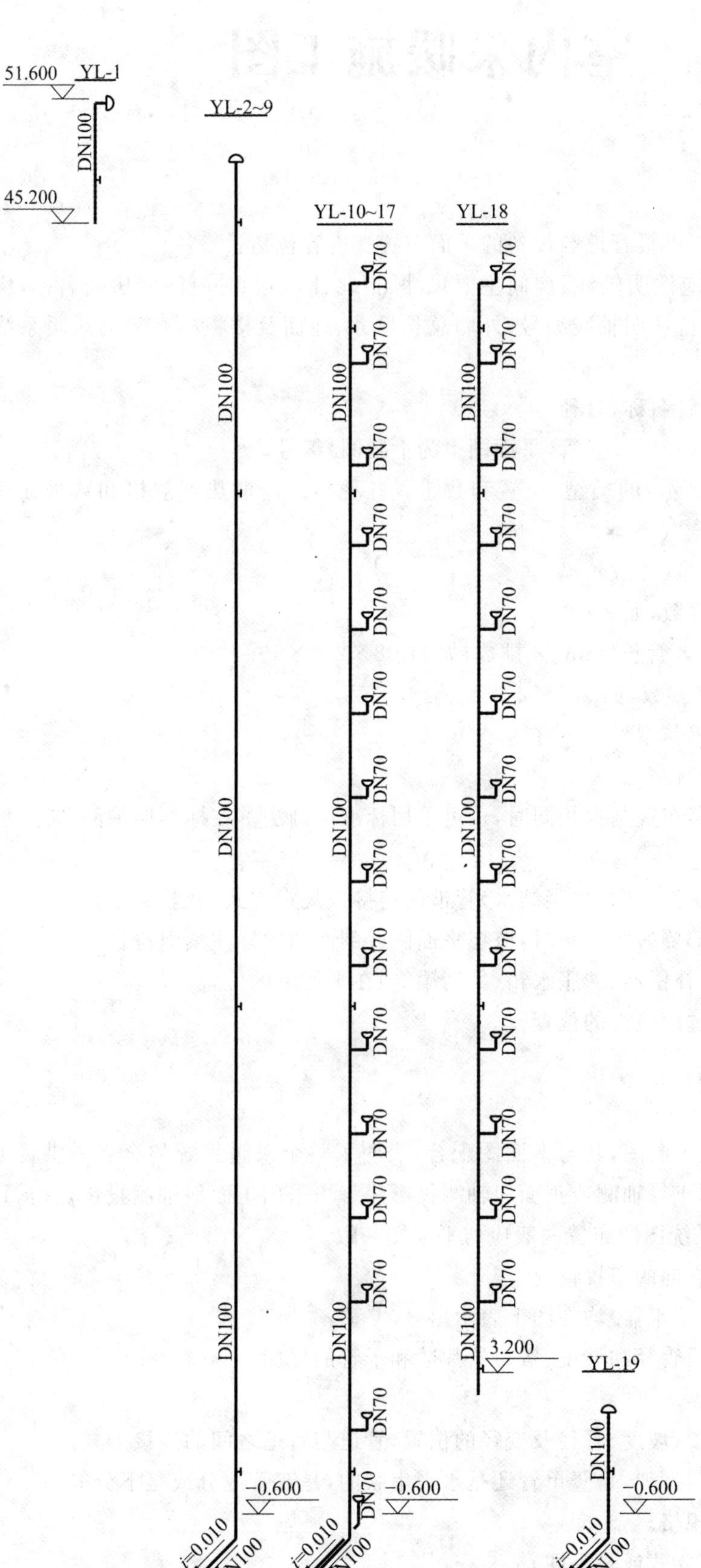

图 6.11　雨水排水系统

KL-1~7
DN15
DN25
2 000
−0.600
i=0.010
DN32

图 6.12　冷凝水排水系统

6.5 室内采暖施工图

6.5.1 平面图

室内供暖平面图表示建筑各层供暖管道与设备的平面布置。内容包括：

(1)建筑物的平面布置，其中应注明轴线、房间主要尺寸、指北针，必要时应注明房间名称，房间分布、门窗和楼梯间位置等。在图上应注明轴线编号、外墙总长尺寸、地面及楼板标高等与采暖系统施工安装有关的尺寸。

(2)热力入口位置，供、回水总管名称、管径。

(3)干、立、支管位置和走向，管径以及立管(平面图上为上圆圈)编号。

(4)散热器(一般用小长方形表示)的类型、位置和数量。各种类型的散热器规格和数量标注方法如下：

①柱型、长翼形散热器只注数量(片数)。

②圆翼型散热器应注根数×排数，如 3×2。

③光管散热器应注管径(mm)×管长(mm)×排数，如 D108×200×4。

④闭式散热器应注长度(m)×排数，如 1.0×2。

⑤膨胀水箱、集气罐、阀门位置与型号。

⑥补偿器型号、位置，固定支架位置。

(5)对于多层建筑，各层散热器布置基本相同时，也可采用标准层画法。在标准层平面图上，散热器要注明层数和各层的数量。

(6)平面图中散热器与供水(供汽)、回水(凝结水)管道的连接按规定方式绘制。

(7)当平面图、剖面图中的局部要另绘详图时，应在平面图或剖面图中标注索引符号。

(8)主要设备或管件(如支架、补偿器、膨胀水箱、集气罐等)在平面上的位置。

(9)用细虚线画出采暖地沟、过门地沟的位置。

6.5.2 系统图

系统图又称流程图，也称系统轴测图，其与平面图配合，表明了整个采暖系统的全貌。供暖工程系统图应以轴测投影法绘制，并宜用正等轴测或正面斜轴测投影法。当采用正面斜轴测投影法时，Y 轴与水平线的夹角可选用 45°或 30°，系统图的布置一般应与平面图一致。

系统图包括水平方向和垂直方向的布置情况。

散热器、管道及其附件(阀门、疏水器)均在图上表示出来。

此外，还标注各立管编号、各段管径和坡度、散热器片数和干管的标高。

供暖系统图应包括如下内容：

(1)采暖管道的走向、空间位置、坡度、管径及变径的位置，管道与管道之间的连接方式。

(2)散热器与管道的连接方式，例如，是竖单管还是水平串联的，是双管上分或是下分等。

(3)管路系统中阀门的位置、规格。

(4)集气罐的规格、安装形式(立式或是卧式)。

(5)蒸汽供暖疏水器和减压阀的位置、规格、类型。

(6)节点详图的索引符号。

(7)按规定对系统图进行编号,并标注散热器的数量。柱型、圆翼型散热器的数量应注在散热器内;光管式、串片式散热器的规格及数量应注在散热器的上方。

(8)采暖系统编号、入口编号由系统代号和顺序号组成。

(9)竖向布置的垂直管道系统,应标注立管号。为避免引起误解,可只标注序号,但应与建筑轴线编号有明显区别。

6.5.3 详 图

在供暖平面图和系统图上表达不清楚、用文字也无法说明的地方,可用详图画出。它包括节点图、大样图和标准图。

1. 节点图

节点图能清楚地表示某一部分采暖管道的详细结构和尺寸,但管道仍然用单线条表示,只是将比例放大,使人能看清楚。

2. 大样图

大样图管道用双线图表示,看上去有真实感。

3. 标准图

标准图是具有通用性质的详图,一般由国家或有关部委出版标准图集,作为国家标准或部标准的一部分颁发。

6.5.4 设计说明

室内供暖系统的设计说明一般包括以下内容:

(1)建筑物的采暖面积、热源种类、热媒参数和系统总热负荷。

(2)采用散热器的型号及安装方式、系统形式。

(3)在安装和调整运转时应遵循的标准和规范。

(4)在施工图上无法表达的内容,如管道保温、油漆等。

(5)管道连接方式,所采用的管道材料。

(6)在施工图上未做表示的管道附件安装情况,如在散热器支管与立管上是否安装阀门等。

6.5.5 主要设备材料表

为了便于施工备料,保证安装质量和避免浪费,使施工单位能按设计要求选用设备和材料,一般的施工图均应附有设备及主要材料表,简单项目的设备材料表可列在主要图纸内。设备材料表的主要内容有编号、名称、型号、规格、单位、数量、质量和附注等。

6.5.6 室内供暖施工图的识读

1. 平面图

识读平面图的目的主要是了解管道、设备及附件的平面位置和规格、数量等。

2. 系统图

阅读供暖系统图时,一般从热力入口起,先弄清干管的走向、再逐一看各立管、支管。

注：与项目4、项目5配套的图纸中，没有涉及供暖施工图部分，有关具体读图内容，可参见建筑采暖施工图等方面的书籍。

6.6 强电(主讲照明电)

6.6.1 建筑电气工程图识读的基本知识

1. 电气工程图的种类

电气工程图是表达电气工程的构成和功能、电气装置的工作原理、提供安装接线和维护使用信息的施工图。由于电气工程的规模不同，反映该项工程电气图的种类和数量也是不同的。通常，一项电气施工工程图由基本图和详图两部分组成。

(1)基本图包括以下内容和图样。

①设计说明。包括供电方式、电压等级、主要线路敷设方式、防雷、接地及施工图中未能表达的各种电气安装高度、工程主要技术数据、施工和验收要求以及有关事项等。

②主要材料设备表。包括工程所需的各种设备、管材、导线等名称、型号、规格、数量等。设备材料表上所列的主要材料的数量，由于与工程量的计算方法和要求不同，不能作为工程量编制预算依据，只能作为参考数量。

③配电系统图。又称电气系统图，用来表示整个工程或其中某一项目的供电方式和电能关系，亦可用于表示某一装置各主要组成部分的电能关系。系统图不表示电气线路中各种设备的具体情况、安装位置和接线方式。系统图有变电系统图、配电系统图、动力系统图、照明系统图和弱电系统图等。

④电气平面图。表示电气线路和电气设备的平面布置图，也是进行电气安装的重要依据。平面图表示电气线路中各种设备的具体情况、安装位置和接线方式，但不表示电气设备的具体形状。平面图分为变电平面图、配电平面图、动力平面图、照明平面图、弱电平面图、室外工程平面图及防雷、接地平面图等。内容包括：建筑物的平面布置、轴线分布、尺寸以及图纸比例；各种变配电设备的编号、名称，各种用电设备的名称、型号，以及它们在平面图上的位置；各种配电线路的起点、敷设方式、型号、规格和根数，以及在建筑物中的走向、平面和垂直位置；建筑物和电气设备防雷、接地的安装方式以及在平面图上的位置。

⑤控制原理图。根据控制电器的工作原理，按规定的图线和图形符号绘制成的电路展开图。

(2)详图包括以下内容和图样。

①电气工程详图。指配电柜(盘)的布置图和某些电气部件的安装大样图，图中对安装部件的各部位注有详细尺寸。一般是在没有标准图可选用并有特殊要求的情况下才绘制电气工程详图。

②标准图。是通用性详图，表示一组设备或部件的具体图形和详细尺寸，以便于制作安装，一般编制成标准图集。

实训：根据附图中所提供的电气工程图，找出哪些图是基本图和详图。

2. 怎样阅读电气施工图

读懂电气施工图，才能对整个电气工程有一个全面的了解，才能在预埋、安装施工中按计划有条不紊地进行，确保工程圆满地完成。

(1)熟悉图例符号，搞清图例符号所代表的内容。

(2)要阅读电气工程的所有施工图和相关资料，尤其要读懂配电系统图和电气平面图。

只有这样，才能了解设计意图和工程全貌。阅读时，首先应阅读设计说明，以了解设计意图和施工要求等；然后阅读配电系统图，初步了解工程全貌；再阅读电气平面图，进一步了解电气工程的全貌和局部细节；最后阅读电气工程详图、加工图及主要材料设备表等。在阅读过程中，各种图纸和资料往往需要结合起来看，从局部到全面，再从全面到局部，反复阅读，直至弄清每个细节。

读图顺序一般为：施工说明→图例→设备材料表→系统图→平面图→接线图和原理图等。

阅读每张图样时，读图的顺序一般是：进线端→变配电所→开关柜、配电屏→各配电线路→住宅配电箱（盘）→室内干线→支线→用电设备。

在阅读过程中理清每条线路的根数、导线截面、敷设方式、各电气设备的安装位置，以及预埋件位置等。

(3)熟悉施工工艺。

室内配线的施工工艺如下：

①根据电气施工图确定电器设备安装位置、导线敷设方式、导线敷设路径及导线穿墙过楼板的位置。

②结合土建施工将各种预埋件、线管、接线盒、保护管等埋设在指定位置（暗敷时），或在抹灰前预埋好各种预埋件、支持构件和保护管等（明敷时）。

③装设绝缘支持物、线夹等，敷设导线。

④安装灯具及电气设备。

⑤测试导线绝缘，自查及试通电。

⑥验收。

(4)结合土建施工图阅读电气施工图。

在阅读电气施工图时，还应该把电气施工图与土建施工图相结合，把强电施工图和弱电施工图相结合，以详细了解各项工程的进度、要求以及它们之间的关系，更合理地安排施工工艺。

6.6.2　照明平面图的文字标注

1. 配电线路的标注方法

配电线路的标注形式为

$$a(b\times c)d-e \text{ 或 } a-b\times c-d-e$$

式中，a 为导线型号；b 为导线根数；c 为导线截面积，mm^2；d 为敷设方式及穿管直径，mm；e 为敷设部位。

例如：BV－3×2.5－SC15－BC，BV 表示铜芯塑料线；3×2.5 表示 3 根、每根导线截面积为 2.5 mm^2；SC15 表示穿直径为 15 mm 的钢管；BC 表示暗敷设在梁内。

当需要标注引入线规格时的标注形式为

$$a\,\frac{b-c}{d(e\times f)-g}$$

式中，a 为设备编号；b 为设备型号；c 为设备功率，kW；d 为导线型号；e 为导线根数；f 为导线截面积；g 为敷设方式及部位。

2. 照明灯具的标注形式（图 6.13）

①类型符号常用拼音字母表示，照明灯具类型符号见表 6.27。

②灯数表明有 n 组这样的灯具。

③灯具安装方式文字符号见表 6.28。

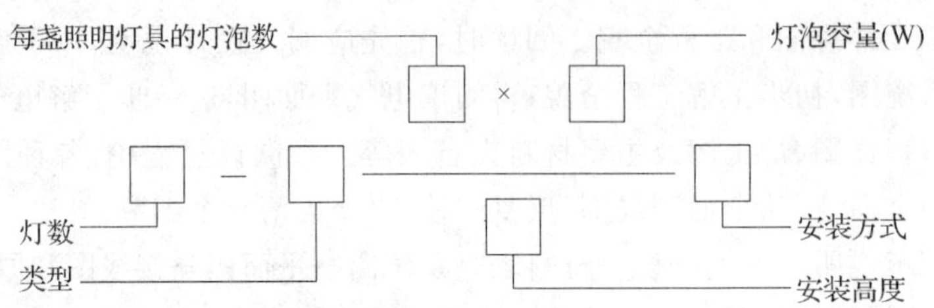

图 6.13　照明灯具的标注形式

表 6.27　照明灯具类型符号表

灯具类型名称	符号	灯具类型名称	符号
普通吊灯	P	无磨砂玻璃罩万能灯	WW
吸顶灯	D	泛光灯	FD
壁灯	B	防爆灯	EX
柱灯	Z	防尘灯、防水灯	FS
花灯	H	圆球灯	YQ
投光灯	T	马路弯灯	MD
荧光灯	Y	探照灯	XD
水晶底罩灯	J	广照灯	GD
搪瓷伞罩灯	S	事故照明灯	SD

表 6.28　灯具安装方式文字符号

灯具安装方式	符号	灯具安装方式	符号
线吊式	CP	嵌入式	R
自在器线吊式	CP	吸顶或直附式	S
固定线吊式	CP1	台上安装	T
防水线吊式	CP2	顶棚内安装	CR
吊线器式	CP3	墙壁内安装	WR
吊链式	CH	支架上安装	SP
吊杆式	P	柱上安装	CL
壁装式	W	座装	HM

④安装高度指从地面到灯具的高度，m，若为吸顶形式安装，安装高度及安装方式可简化为“—”。

例如，在电气照明平面图中标有

$$2-\mathrm{Y}\,\frac{2\times 30}{2.5}\mathrm{CH}$$

表示有两组荧光灯，每组由两根 30 W 的灯管组成，采用吊链式安装，安装高度为 2.5 m。

6.6.3 怎样阅读电气照明图

工程实例：下面以××经济学院新校区建设(二期)照明图为例讲解如何识读电气照明图。了解建筑电气设计说明，设备材料表及图例符号。

1. 图纸目录(表6.29)

表6.29 图纸目录表

序号	名称	图号	图纸张数	图纸规格
1	图纸目录、设备、材料表	电气－01	1	A1
2	电气设计说明书	电气－02	1	A1
3	配电箱系统图、配电干线系统图、弱电系统图	电气－03	1	A1
4	一层电气平面图	电气－04	1	A1
5	一层插座平面图	电气－05	1	A1
6	一层弱电平面图	电气－06	1	A1
7	二～十五层电气平面图	电气－07	1	A1
8	二～十五层插座平面图	电气－08	1	A1
9	二～十五层弱电平面图	电气－09	1	A1
10	屋顶防雷平面图	电气－10	1	A1
11	基础接地平面图	电气－11	1	A1

2. 电气设计说明

(1)设计范围。

本图为××经济学院新校区建设(二期)学生公寓B1～B4栋电气施工图。本工程为二类高层。本次设计范围如下：

①建筑物内供配电。

②建筑物的照明。

③建筑物内的电气管线敷设。

④建筑物内的电气消防设计。

⑤电话系统。

⑥电视系统。

⑦宽带网系统。

⑧建筑物内的防雷、接地系统及安全保护措施。

⑨电源线引自小区变配电室，进户方式为直埋。

(2)设计依据。

①《民用建筑电气设计规范》(JGJ 16—2008)。

②《高层民用建筑设计防火规范》(GB 50045—1995)(2005版)。

③《建筑物防雷设计规范》(GB 50057—2010)。

④《低压配电设计规范》(GB 50054—2011)。

⑤《建筑照明设计标准》(GB 50034—2013)。

⑥《住宅设计规范》(GB 50096—2011)。

⑦《住宅建筑规范》(GB 50368—2005)。

⑧《建筑物电子信息系统防雷技术规范》(GB 50343—2012)。

⑨《有线电视系统工程技术规范》(GB 50200—1994)。

⑩初步设计图纸及各部门审批文件。

其他各专业提供的资料及要求。

(3)供电电源。

本工程消防设备、走廊照明、客梯、生活给水泵、排污泵为二级负荷,其余为三级负荷;从室外管网引来一路 380/220 V 三相四线电源至一层住宅总照明配电箱;消防设备采用专线供电,引自室外管网;单元配电箱至楼层电度表箱采用树干式;配电系统接地形式为 TN－C－S 系统,进户处 NPE 线需重复接地;每户采用单相电子预付费电能表,一户一表。

(4)计算负荷(表 6.30)。

表 6.30　计算负荷表

正常电源	备用电源
$P_e=399$ kW	$P_e=49$ kW
$K_x=0.4$	$K_x=0.7$
$P_j=159.6$ kW	$P_j=34.3$ kW
$\cos\varphi=0.8$	$\cos\varphi=0.8$
$I_j=303.1$ A	$I_j=65.1$ A

(5)照明节能设计。

根据建设单位要求,住宅户内照明仅预留至接线盒,灯具型号由住户装修时确定。装修设计时照明应严格按照下列标准执行。

①各功能房照度值及照明功率密度值(表 6.31)。

表 6.31　各功能房照度值及照明功率密度值

	起居室	厨房、卫生间	餐厅	卧室
照度值/lx　≥	100	100	150	75
照明功率密度值/$(W\cdot m^{-2})\leqslant$	7	7	7	7

②荧光灯灯具效率(表 6.32)。

表 6.32　荧光灯灯具效率表

灯具出光口形式	开敞式	透明保护罩	磨砂、棱镜保护罩	格栅
灯具效率　≥	75%	65%	55%	60%

③照明光源采用三基色 T8 系列直管荧光灯或电子节能灯,配电子镇流器。楼梯间设节能自熄开关。

④各照明器具的安装高度详见主要设备材料表。

⑤电梯采用智能控制,风机、水泵等非消防动力采用变频控制等节能措施。

⑥应急照明灯和灯光疏散指示标志,设玻璃或其他不燃烧材料制作的保护罩。

(6)室内照明线路敷设。

①所有导线均采用铜芯导体。

②室内布线均采用优质阻燃PVC管在墙、楼板板孔(缝)及现浇带内暗装敷设。

③线路敷设必须配管,当管线长度超过15 m有两个转弯时,应增设拉线盒,穿入配管导线的接头应设在接线盒内。

④电线管与热水煤气管之间的平行距离不应小于300 mm,交叉距离不应小于100 mm。

⑤照明管线穿管。

凡图上未注明型号规格的照明支线均为(ZR)BV－3×2.5 mm^2 铜芯线,插座支线均为(ZR)BV－3×4 mm^2 铜芯线。

图上已注明管径的按图配管施工,未注明的按以下原则选用:

a. BV－2.5 mm^2 1～6根选PC20,7～8根选PC25。

b. BV－4 mm^2 1～4根选PC20,5～7根选PC25。

c. 八根以上原则上多管组合,但管内应自成回路,如采用钢管,管径应相应减小。

⑥消防线路暗敷设时,应穿管并敷设在不燃烧体结构内且保护层厚度不应小于30 mm;明敷设时,应穿有防火保护的金属管或有防火保护的封闭式金属线槽。

⑦所有消防设备配电箱柜应用红色做明显标志。

(7)防雷接地及电气安全。

①本工程按二类防雷要求设防,接地电阻不大于1 Ω。基础接地图见地下室图纸。

②低压供电系统接地形式采用TN－C－S系统,要求接地保护线和工作零线分开后应禁止再将二者连接。正常不带电的金属构件及电气设备外露金属部分均应可靠接地,电气竖井内和电缆桥架上的接地干线应与接地装置可靠焊通。电梯金属轨道,竖井敷设的金属管道及金属物顶端及底端与接地装置相连接。

③所有金属管道在进出建筑物处与接地装置连通,电源进线处做总等电位连接。住宅卫生间做局部等电位连接。做法详见《等电位联结安装》(02D501－2)。

④用电设备的金属外壳,所有的灯具,各插座的接地孔均与PE线连接。

⑤金属桥架和金属线槽至少有两处与接地装置连通。

⑥根据规范规程,由具有资质的专业公司对建筑物电子信息系统设置防雷电电磁脉冲电涌保护器。

(8)电梯井道内在距井道最高点和最低点0.5 m以内各装一盏灯,中间每隔不超过7 m的距离应装设一盏灯,并分别在机房和底坑设置控制开关,在底坑应装有电源插座。客梯的轿厢内宜设有与安防控制室及机房的直通电话,消防电梯应设置与消防控制室的直通电话。

(9)本工程电气施工应遵照国家有关电气安装工程的规程规范进行安装施工并按照有关施工验收规范进行检查验收。

(10)本工程所采用的电气设备(包括元件及成套电气装置),必须选用符合现行技术标准的、性能可靠、有生产许可证的产品,不得任意更换或代用,更不能购买安装已明令淘汰的产品,订货中若其性能参数等与本设计选型有较大出入或有所改变,需请设计单位确认。

(11)为方便施工接线和日后维修查找,塑料绝缘导线宜按标准选配颜色,即:L1为黄色,L2为绿色,L3为红色,工作零线N为蓝色,保护零线PE为黄绿双色线。管线敷设应遵照国标86D467图集的有关页次要求进行施工。

(12)各层电缆桥架外表均应涂防火材料,电气管井在管线安装好以后,各层用防火材料将空隙处封堵,并参照90SD180国标图集进行施工。消防线路明敷穿钢管时,钢管外表均应涂防火材料。

(13)电缆桥架的安装支架每隔2 m一个,其安装做法及施工要求详见88SD169图集有关图页,电缆桥架内的电缆必须用塑料扎带或尼龙绳绑扎固定。水平方向绑扎固定为每隔5～10 m固定一次,垂直方向绑扎固定为每隔1.5～2 m固定一次。不同电压,不同用途的电缆;同一路径向二级负荷供电的双路电源电缆;应急照明和其他照明的电缆;消防设备电缆和非消防设备电缆敷设在同一层桥架上时应用金属隔板隔开。

(14) 在下列各处应有每根电缆或同一回路的多根电缆束的标记,标记的内容包括电缆编号,电缆或导线的规格,起点和终点设备的名称或代号,以及电缆长度等。

①电缆井内的电缆在每层处。

②电缆桥架内的电缆在起始端、终端及分支处。

③电缆桥架内电缆每 30 m 处(电缆长度远大于 30 m)。

(15)在建筑物内应将下列导电体做总等电位连接。

①PE、PEN 干线。

②电气装置接地极的接地干线。

③建筑物内的水管、煤气管、采暖和空调管道等金属管道。

④条件许可的建筑物金属构件等导电体。

(16)柴油发电机房和高低压配电房应预留设备吊装口,并需预留相关吊装构件,做法详见相关图集。电气安装应密切配合土建,装修及其他机电安装工程施工,作好预留各孔、洞、预埋各管线及接线盒等工作,并对电气设备进行妥善安装。电气施工人员要熟读本图,了解设计意图,不明之处请与设计单位联系。

(17)本工程所有暗装管线及各种电气装置的一切隐蔽工程部分,在施工过程中应及时检查验收,并做好记录,工程完工后,应编制完整的竣工资料和调试校测报告,以便验收和存查。

(18)消防电梯应在首层设有供消防队员专用的操作按钮;消防电梯轿厢应设有与消防控制室的直通电话;普通电梯宜设有与安防控制室的直通电话。

(19)注意事项。

①施工中如遇重大修改,施工单位必须得到设计单位、建设单位、监理部门三方的认可。

②本图如有不详之处,请多联系解决。

③其他图中的说明如与本图矛盾,原则上以本说明为准。

(20)敷设方式(表 6.33)。

表 6.33 敷设方式统计表

简称	全称	简称	全称
FC	楼板内暗敷	WE	墙上明敷
CE	沿顶板明敷	CT	电缆桥架内敷设
CC	顶板内暗敷	SC	钢管
MR	金属线槽内敷设	PC	阻燃 PVC 管
WC	墙内暗敷	PR	塑料线槽内敷设

3. 设备及材料表(表 6.34)

表 6.34　电气设备及材料表

序号	图例	设备、材料名称	技术资料	单位	数量	安装方式及高度	备注
1		总照明配电箱	非标	个	按需	距地1.5 m墙上明装	
2		楼层电度配电箱	非标	个	按需	距地1.5 m墙上明装	
3		室内照明配电箱		个	按需	距地1.6 m墙上暗装	
4		动力配电箱		个	按需	距地1.5 m墙上明装	
5		电力电缆	YJV22–0.6/1 kV 1(4×120)	米	按需		
			NHYJV22–0.6/1 kV 1(4×35)	米	按需		
			YJV–0.6/1 kV 1(4×95+1×50)	米	按需		
			NHYJV–0.6/1 kV 1(4×25+1×16)	米	按需		
			NHYJV–0.6/1 kV 1(5×16),1(5×10)	米	按需		
			(ZR)YJV–0.6/1 kV 1(5×10),1(5×6)	米	按需		
6		电线	(ZR)BV–500 2.5 mm²,4 mm²,6 mm²,10 mm²	米	按需		
7		阻燃PVC管	PC100,PC80,PC50,PC40,PC32,PC25,PC20	米	按需		
8		钢管	SC100,SC50,SC40,SC32,SC25，SC20	米	按需		
9		预留吸顶灯座	86接线盒	个	按需	吸顶	
10		吸顶灯	220 V,1×22 W 三基色环型荧光灯，配节能电子镇流器	个	按需	吸顶 声控开关控制	楼梯间声控开关控制
11		单相五孔插座	250 V, 10 A	个	按需	墙上暗装底边距地0.3 m	安全型
12		自带蓄电池应急照明灯	220 V,2×8 W要求应急供电时间不小于30 min	个	按需	墙上暗装底边距地2.6 m	消防灯具
13		安全出口标志灯	220V,1W,LED要求应急供电时间不小于30 min	个	按需	疏散口的门梁上单面嵌入安装	
14		壁灯	220 V,1×13 W节能灯	个	按需	电井的门梁上单面嵌入安装	
15		单联单控开关	250 V, 10 A	个	按需	墙上暗装底边距地1.3 m	大面板开关
16		声光控延时开关	250 V, 10 A	个	按需	墙上暗装底边距地1.3 m	大面板开关
17		双联单控开关	250 V, 10 A	个	按需	墙上暗装底边距地1.3 m	大面板开关
18		三联单控开关	250 V, 10 A	个	按需	墙上暗装底边距地1.3 m	大面板开关
19		单相五孔插座	250 V, 10 A		按需		安全型
20		单相三孔插座(带开关)	250 V, 16 A	个	按需	墙上暗装底边距地2.2 m	壁式空调,安全型
21		单相三孔插座(带开关)	250 V, 16 A	个	按需	墙上暗装底边距地0.3 m	柜式空调,安全型
22		防水型单相五孔插座	250 V, 10 A	个	按需	墙上暗装底边距地1.4 m	供厨房,安全型
23		单相三孔插座	250 V, 10 A	个	按需	墙上暗装底边距地2.2 m	供抽油烟机,安全型
24		单相三孔插座(带开关)	250 V, 16 A 防水密闭插座	个	按需	墙上暗装底边距地2.4 m	供电热水器,安全型
25		单相三孔插座(带开关)	250 V, 16 A 防水密闭插座	个	按需	墙上暗装底边距地1.6 m	供洗衣机,安全型
26		双管荧光灯	1×36 W T8三基色 电子镇流器	个	按需	吸顶	
27		双管荧光灯	2×36 W T8三基色 电子镇流器	个	按需	吸顶	
28		电话分线盒	见系统图	个	按需		
29		电视前端箱	见系统图	个	按需		
30		网络配线架	见系统图	个	按需	距地、墙上明装1.5 m	
31		住户弱电箱	见系统图	个	按需	墙上暗装底边距地0.3 m	
32		排气扇	220 V,40 W	个	按需	吸顶 详见建筑	
33		电话插座		个	按需	0.3 m墙上暗装底边距地	
34		电视插座		个	按需	0.3 m墙上暗装底边距地	
35		网络插座		个	按需	0.3 m墙上暗装底边距地	
36		电话电缆	HYA200×2×0.5	米	按需		
			HYA40×2×0.5	米	按需		
37		电话线	RVS 2×0.5	米	按需		
38		电视电缆	SYWV–75–12	米	按需		
			SYWV–75–9	米	按需		
			SYWV–75–5	米	按需		
39		五类对绞电缆	Cat5eUTP	米	按需		
40		大对数五类电缆	CAT5e UTP25	米	按需		
41		总等电位连接板		个	按需	墙上明装底边距地0.3 m	
42		局部等电位连接板		个	按需	墙上明装底边距地0.3 m	
43		编码型消火栓报警按钮	LD–8403	个	按需	详见水施	
44	V	联动四芯控制线	NH BV 4×1.5	米	按需		

4. 阅读系统图

从图 6.14 可以看出，整幢楼由总配电箱引出一～五层电表箱、九～十五层电表箱、电梯控制箱、潜水泵控制箱、太阳能热水器预留和备用等六条配电干线，并配备自带漏电声光报警装置和金属外壳接地干线。其中 YJV22－2(4×120)/FC 代表两趟四根截面为 120 mm^2 的铜芯交联聚乙烯绝缘，钢带铠装聚氯乙烯护套四芯电力电缆。其余各种线缆的敷设方式见表 6.34 的符号意义。

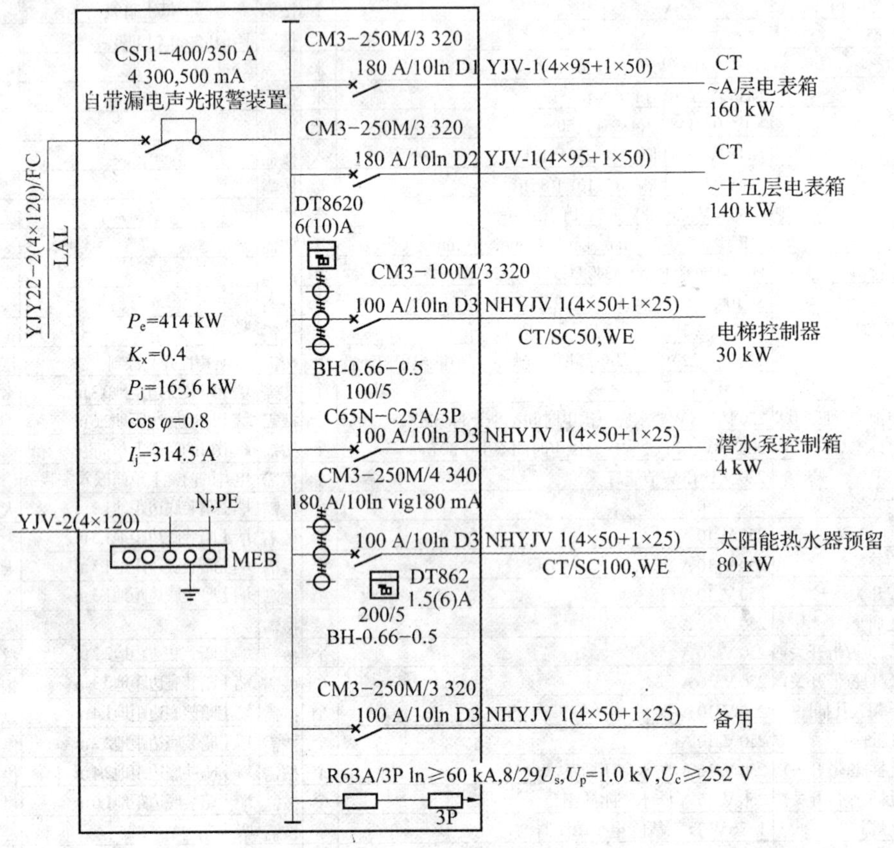

图 6.14　总配电箱系统图

从图 6.15 中可以看出，住宅总配电箱 ZAL，公共设备备用电源总配电箱 BYAL，走廊照明配电箱 CZLAL、走廊应急照明配电箱 CYJAL、电梯配电箱 XTAP、住户电源配电箱 CAL 等于每一楼层所设的配电支线。

如第十五层：CZLAL——走廊照明配电箱；L3——相序；N——交流电源的中性线；PE——保护线。

从图 6.16 中可以看出，每个住户配电箱，从 BV 3×10 /PC32,CC 出线，分为照明、插座、厨房插座、热水器插座、空调插座(2 路)、备用等七条支线，供用户使用。

从图 6.17 中可以看出，消防电梯控制箱由两趟 NHYJV 1(4×50＋1×25)线路供电，分别引至消防电梯和正常电梯。

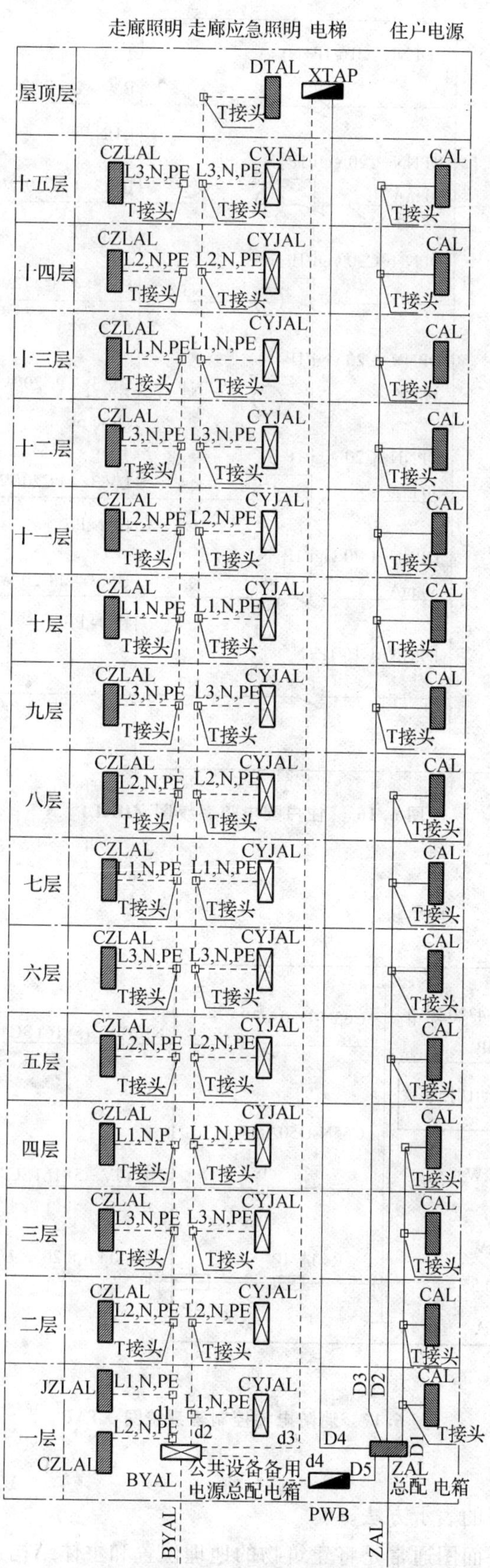

图 6.15　配电干线系统图

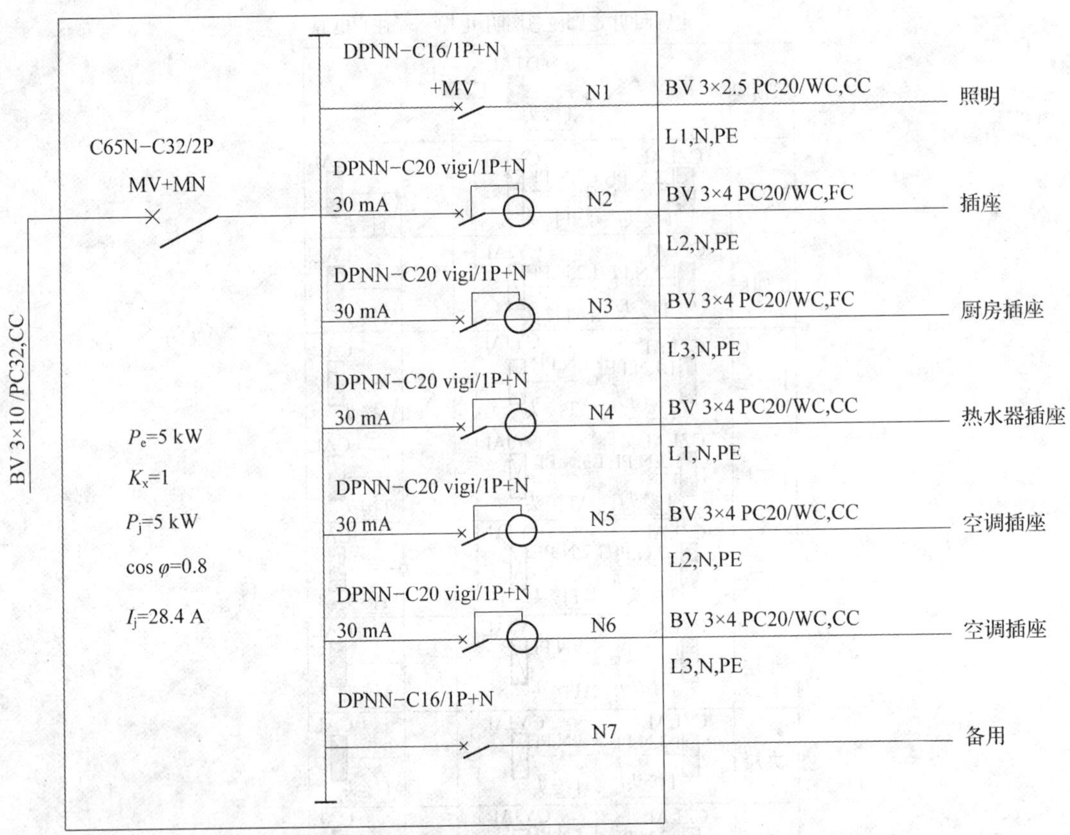

图 6.16　住户配电箱系统图 ZHAL1

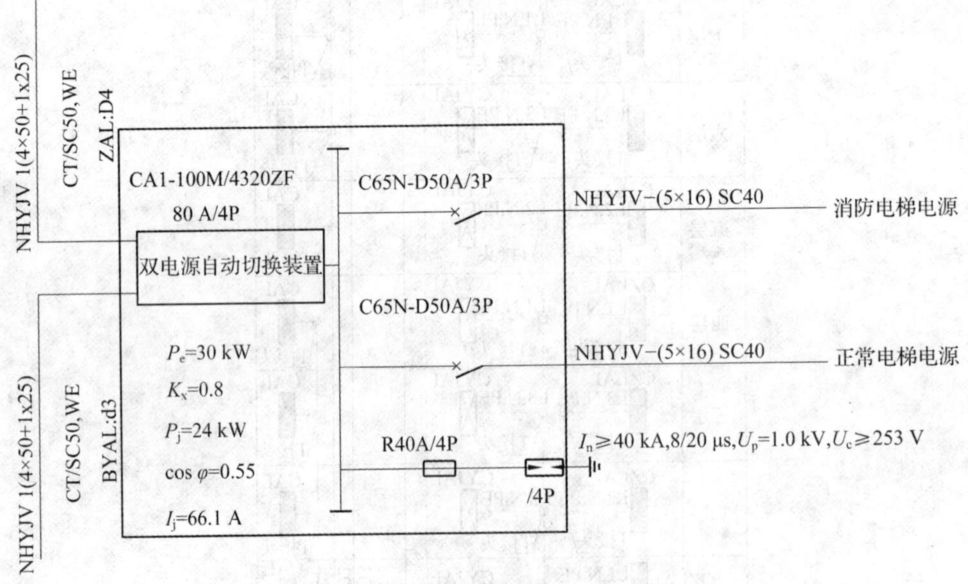

图 6.17　消防电梯控制箱系统图 XTAP

5. 阅读平面图

(1)建筑电气施工平面图的表示方法。

在建筑电气施工图中，平面图通常是将建筑物的地理位置和主体结构进行宏观描述，将墙体、门窗、梁柱等淡化，而电气线路重点描述。其他管线，如水暖、煤气等线路则不出现在电气施工图上。

电气平面图是表示假想经建筑物门、窗沿水平方向将建筑物切开，移去上面部分，从上面向下面看，所看到的建筑物平面形状、大小，墙柱的位置、厚度，门窗的类型以及建筑物内配电设备、照明设备等平面布置、线路走向等情况。根据平面图表示的内容，识读平面图要沿着电源、引入线、配电箱、引出线、用电器这样一个"线"来读。在识读过程中，要注意了解电源进户装置、照明配电箱、灯具、插座、开关等电气设备的数量、型号规格、安装位置、安装高度，表示照明线路的敷设位置、敷设方式、敷设路径、导线的型号规格等。

一层电气平面图如图6.18所示。

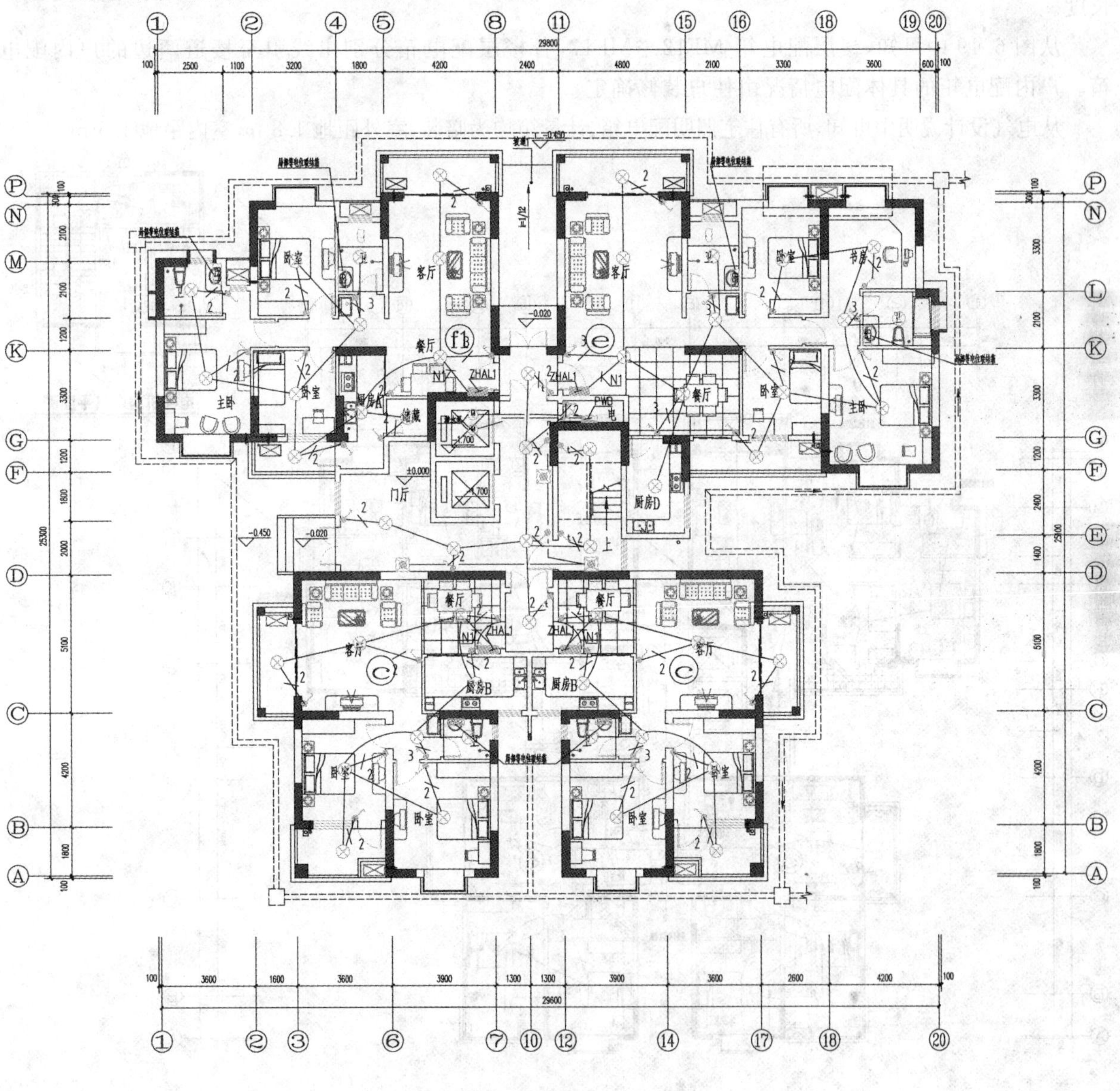

图6.18　一层电气平面图

(2)建筑电气施工平面图的阅读顺序。

①看建筑物概况，楼层、每层房间数目、墙体厚度、门窗位置、承重梁柱的平面结构。

②看各支路用电器的种类、功率及布置。

图中灯具标注的一般内容有：灯具数量，灯具类型，每盏灯的灯泡数，每个灯泡的功率及灯泡的安装高度等。

③看导线的根数和走向。

各条线路导线的根数和走向，是电气平面图主要表现的内容。比较好的阅读方法是：首先了解各用电器的控制接线方式，然后再按配线回路情况将建筑物分成若干单元，按"电源—导线—照明及其他电气设备"的顺序将回路连通。

④看电气设备的安装位置。

由定位轴线和图上标注的有关尺寸可直接确定用电设备、线路管线的安装位置，并可计算管线长度。

从图 6.19 中可知，楼层配电箱 MF12～MF17，各楼层配电箱分别出线引至楼道两边的户内配电箱。户内配电箱的具体配电情况由住户装修确定。

从电气设计说明中可知，所有住宅照明配电箱、计量箱均为暗装，室外距地 1.8 m，室内距地 1.5 m。

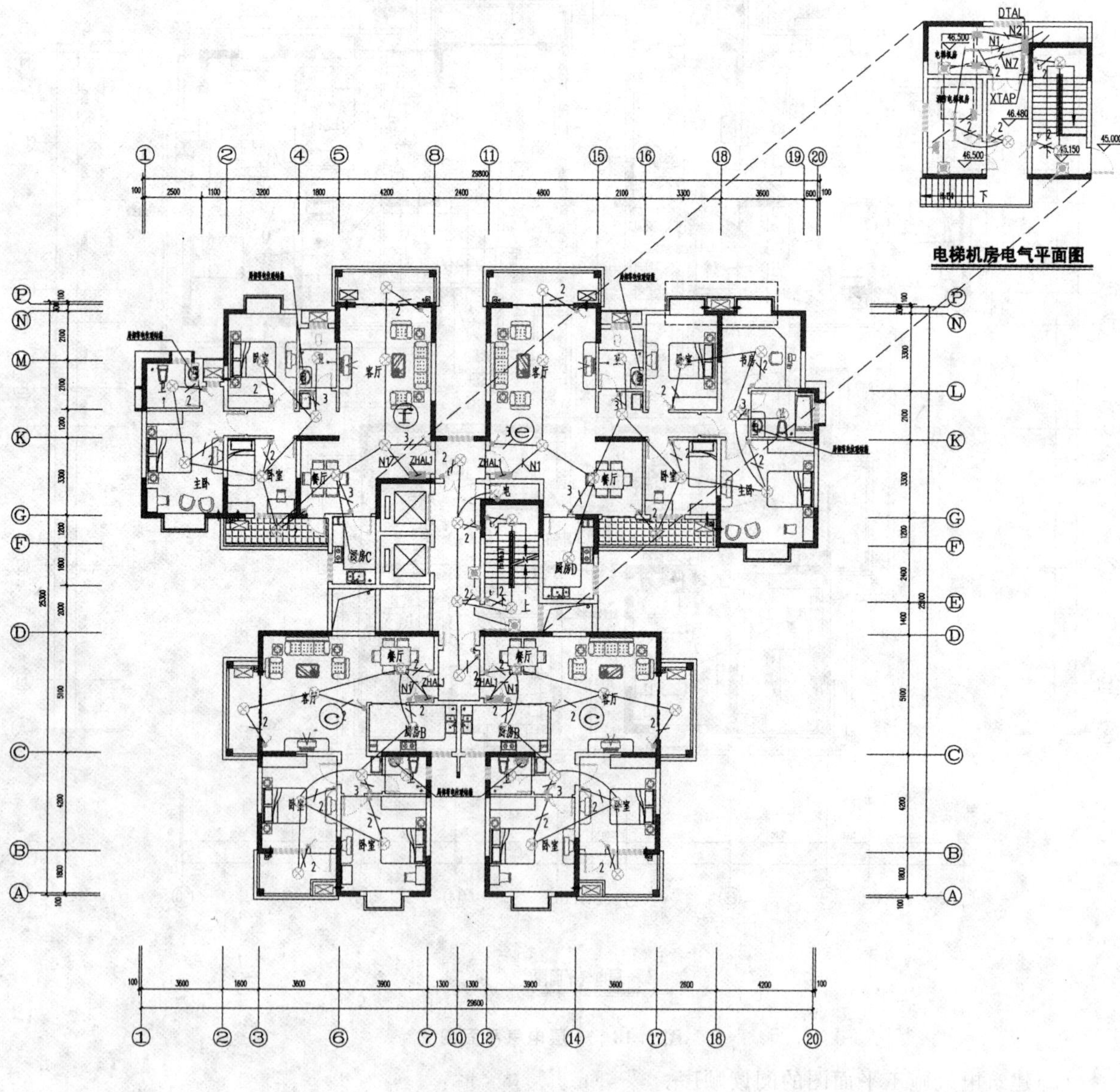

图 6.19　二～十五电气平面图

6.7 弱电、防雷和接地

6.7.1 弱电系统

弱电系统分为有线电视系统、宽带网络系统和电话系统等。

有线电视系统图如图 6.20 所示。

共用电视天线系统是多台电视机共用一组天线设备的电视接收系统。因为工程大多采用射频电缆、光缆或其组合来传输、分配和交换声音、图像及数据信号等,因此也称有线电视系统、电缆电视系统。

共用电视天线系统所包括的范围是:信号输入(接收天线、公共有线电视网等)—前端设备—传输管线—用户终端等。

6.7.2 安全用电与建筑防雷

1. 安全用电基础

电流对人体的伤害是电气事故中最为常见的一种。基本上可以分为电击和电伤两大类。

(1)电击和电伤。

①电击:人体接触带电部分,电流通过人体并使人体内部器官受到损伤的现象,称为电击。

电击可分为:单相触电、两相触电和跨步电压触电。

②电伤:由电弧以熔化、蒸发的金属微粒对人体外表造成的伤害,称为电伤。

(2)安全电压等级。

①发生触电时的危险程度与通过人体电流的大小、电流的频率、通电时间的长短、电流在人体中的路径等多方面因素有关。

②人体的安全电流为 10 mA。

③我国规定的安全电压有三个等级:12 V,24 V,36 V。

(3)影响安全电压的因素。

①因人而异。

②与触电时间长短有关。

③与皮肤接触的面积和压力大小有关。

④与工作环境有关。

2. 建筑电气设备的保护

(1)工作接地与接地电阻的要求和敷设。

①工作接地:在三相四线制的配电系统中,将配电变压器副边中性点通过接地装置与大地直接连接,称为工作接地。工作接地时,可以降低每相电源的对地电压。

②埋入接地体时,应将周围填土夯实,不得回填砖石、灰渣之类的杂土。

③接地体均采用镀锌钢材。

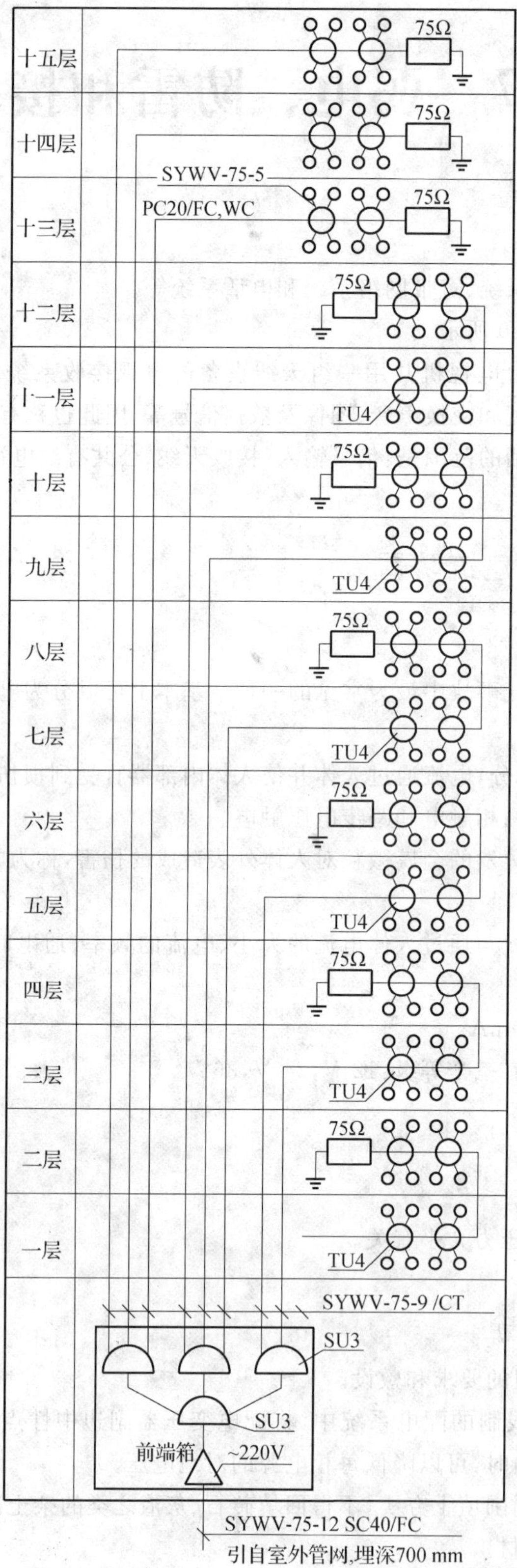

图 6.20　有线电视系统图

(2)保护接地。

①对于中性点不接地的供电系统,可采用保护接地措施。

保护接地是将电动机、家用电器等用电设备的金属外壳通过导体与埋入地下的金属接地连在一起的技术措施。这种方法适用于变压器中性点不接地系统。

②不装保护接地时用电危险;装有保护接地时用电安全。

(3)保护接零。

对于中性点接地的供电系统,可采用保护接零措施。

保护接零是将电动机、家用电器等用电设备的金属外壳通过导线与供电系统的零线连接在一起的技术措施。这种方法适用于变压器中性接地系统。

(4)重复接地。

①在接零的配电系统中,将设备的零线 2 再一次接地,则相对于第一处接地线 1 而言,称为重复接地。

②一旦发生零线断开时,设备外壳因重复接地 2 重新回到零电位,故使熔断器马上熔断,故障设备迅速脱离电源,同时保证系统中其他用电设备的安全。

3.建筑防雷

所谓雷电现象,就是雷云和雷云之间,以及雷云和大地之间的一种放电现象,闪电现象就是放电时产生强烈的光和热,雷声就是巨大的热量使空气在极短的时间内急剧膨胀而产生的爆炸声响。

根据雷电造成危害的形式和作用,一般可以分为直接雷、间接雷两大类。

直接雷是指雷云对地面直接放电。间接雷是雷云的二次作用造成的危害。

(1)防雷原理。

①防直接雷:一般采用避雷针、避雷带和避雷网,优先考虑采用避雷针。当建筑物上不允许装设高出屋顶的避雷针,同时屋顶面积不大时,可采用避雷带,若面积较大时,可采用避雷网。

讨论:建筑物防直接雷,为什么说要优先考虑采用避雷针?

②防间接雷:雷云通过静电感应效应在建筑物上易产生很高的感应高压,可采用将建筑物的金属屋顶、房屋中的大型金属物品全部加以良好的接地处理来消除。雷电流通过电磁效应在周围空间产生的强大电磁场,使金属间隙因感应电动势而产生火花放电,金属回路因感应电流而产生发热现象,可通过将相互靠近的金属物体全部可靠地连成一体并加以接地的办法来消除。

(2)防雷设计。

①防雷设计的目的。

a.保护建筑物内部的人身安全。

b.保护建筑物不遭破坏和烧毁。

c.保护建筑物内部存放的危险物品不被损坏、燃烧和爆炸。

d.保护建筑物内部的电气设备和系统不被损坏。

②防雷保护的对象。设置防雷装置需要一定数量的钢材,这样会增加建筑物的造价。根据建筑投资,不可能对所有建筑物都采用防雷措施。同时,在不发生雷击现象和极少发生雷击现象的地区,也没有必要考虑建筑防雷的问题。应根据当地的雷电活动情况,建筑物本身的重要性和周围环境特点,综合考虑确定是否安装防雷装置及安装何种类型的防雷装置。

③形成雷击的因素。

a.地质条件:是形成雷击的主要因素。

b.地形条件:建筑群中高耸建筑和空旷的孤立建筑易遭雷击。

c. 建筑物的构造及其附属构件条件：建筑物本身积蓄的电荷越多，越容易接闪雷电。

d. 建筑物外部设备的条件：建筑物外部的金属管道设备越多，越容易遭雷击。

讨论：发生雷电时，我们应在何处躲避雷击？应注意什么？

④防雷的主要装置。

a. 接闪器：避雷针、避雷带、避雷网。

b. 引下线：又称引流器，接闪器通过引下线与接地装置相连。引下线的作用是将接闪器“接”来的雷电流引入大地，它能保证雷电流通过而不被熔化。

c. 接地体：人工接地体、自然接地体和基础接地体。

(3)屋面防雷平面图(图 6.21)。

(4)基础接地平面图(图 6.22)。

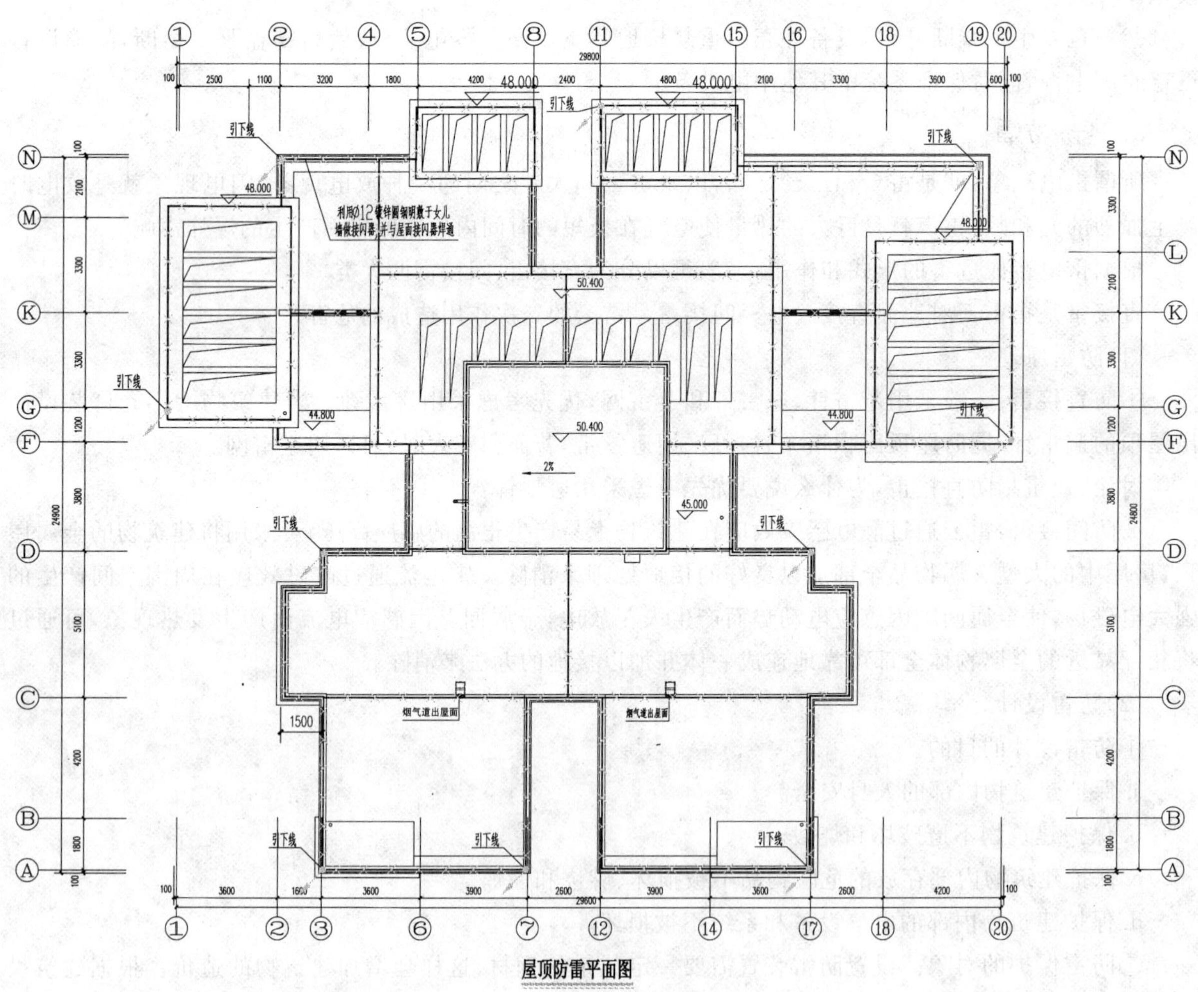

图 6.21　屋面防雷平面图

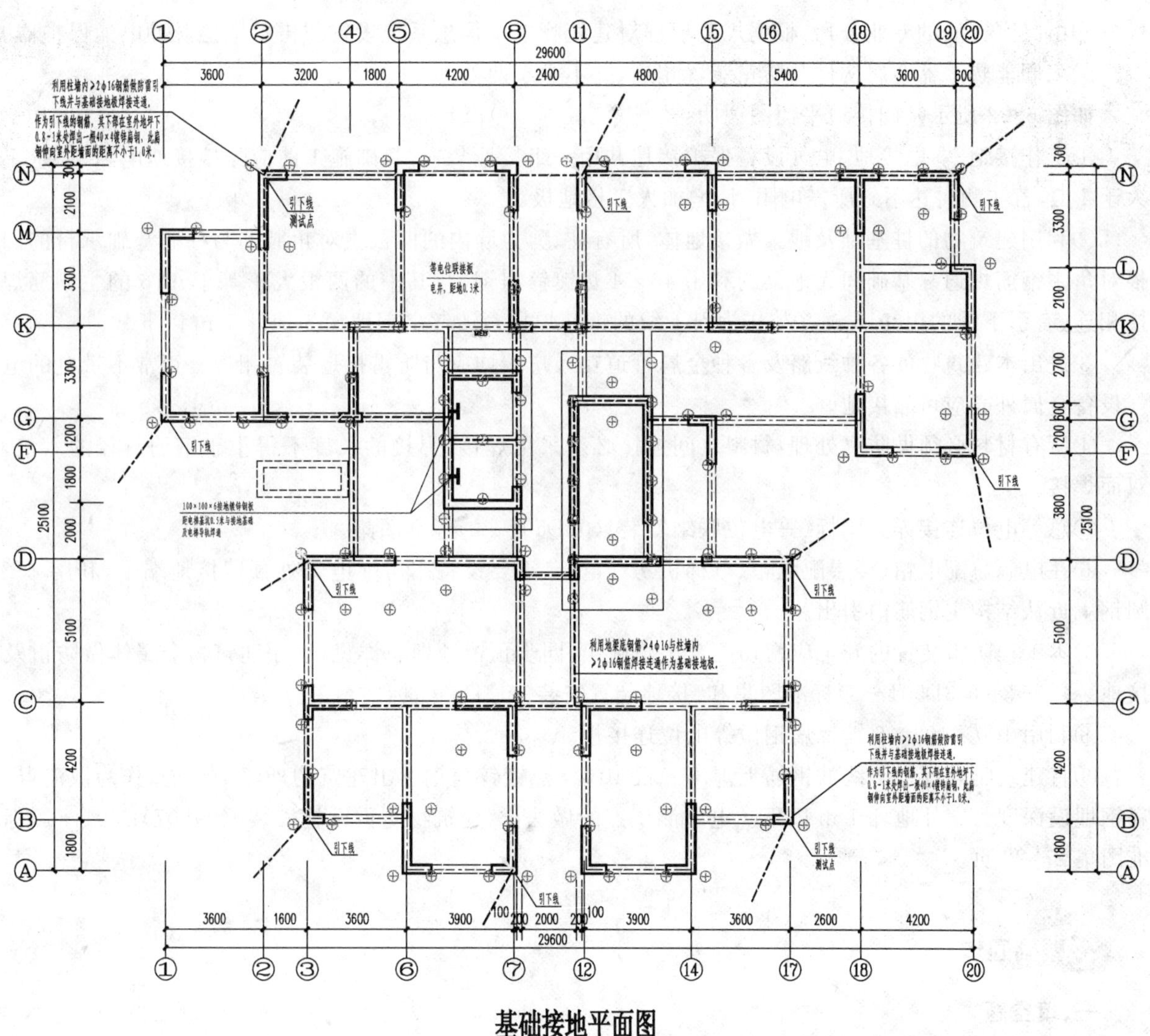

图 6.22 基础接地平面图

屋顶防雷平面图说明：

①根据计算，本建筑年预计雷击次数为 0.43，本工程按二类防雷要求设防，利用 Φ12 圆钢沿建筑物屋顶及女儿墙明敷，形成不大于 10 m×10 m 或 12 m×8 m 的避雷网格，作为建筑的接闪装置。屋面板内钢筋网、圈梁、金属构件及正常情况下不带电金属外壳就近与防雷装置相连。屋面避雷带做法详《利用建筑物金属体做防雷及接地装置安装》(03D501－3)标准图集和《接地装置安装》(14D504)标准图集。

②利用建筑物构造柱内主钢筋做防雷装置的引下线，各层构造柱内作为引下线的主钢筋应焊接连通，上与接闪装置相连，下与接地装置相连，引下线钢筋不小于两根 Φ16，如小于 Φ16 需四根不小于 Φ10 的钢筋。

③将建筑物内的各种竖向金属管道、电梯轨道、电井内接地干线顶端及底端与接地装置连通，并且每三层与圈梁的钢筋连接一次。

④45 m 及以上部分每隔一层将圈梁钢筋环焊一次，并与引下线焊通作为均压环。将 45 m 及以上外墙上的栏杆、门窗等较大的金属物与防雷装置连接。

⑤防雷装置中金属材料及部件均应采用热镀锌，焊接处做防锈处理。材料之间连接必须采用焊接，焊接的长度不得小于钢筋直径的六倍，双面焊接。

⑥由具有资质的专业公司，根据规范规程对建筑物电子信息系统设置防雷电电磁脉冲电涌保护器。

⑦太阳能热水器金属构件与防雷装置相连，并不少于两处。

如图 6.22 所示基础接地平面图说明：

①工作接地、弱电接地、电气设备保护接地共用一组接地装置，基础施工前应先接接地电阻，要求不大于 1 Ω，若实测时达不到所需电阻，请增加人工接地极。

②利用建筑物的桩基础及地梁做接地体，所有柱、剪力墙内的四根主对角肢筋与柱墙基础承台的四根对角主钢筋焊通。基础间无地梁的利用 40×4 热镀锌扁钢，与其中的两根大于等于 Φ16 的主钢筋焊接相连（有引下线的用 Φ16 钢筋与作为引下线的钢筋焊接），镀锌扁钢埋深为地坪 1 m 以下。

③进出本建筑物的各种线路及各种金属管道在入户端均应与防雷接地装置相连。正常不带电的电气设备金属外壳应可靠接地。

④所有材料必须做防腐处理，材料之间连接必须采用焊接，焊接的长度不得小于钢筋直径的六倍，双面焊接。

⑤总等电位连接详见国标《等电位联结安装》(02D501－2)标准图集。

⑥在电源总配电箱、楼层配电箱、电梯机房配电箱、重要设备用房配电箱处预留接地端子，利用 ϕ12 圆钢就近从结构主钢筋内引出。

⑦本工程防雷装置的施工应密切配合土建施工，同步预留预埋。详见《利用建筑物金属体做防雷及接地装置安装》(03D501－3)标准图集和《接地装置安装》(14D504)标准图集。

⑧利用 100×100×6 镀锌扁钢做等电位连接板。

⑨将建筑物外围引下线的钢筋上焊出一根 40×4 热镀锌扁钢引出建筑物外墙 1 m 处，作为散流点，扁钢埋设深度为室外地坪 1 m 以下。电阻测试点的做法详《建筑物防雷设施安装》(99(07)D501－1)标准图集 2～22 页。

一、填空题

1. 建筑给水排水工程包括：给水、________、________、消火栓、________等常用系统。

2. 室内供暖平面图表示建筑各层________与设备的平面布置。

3. 弱电系统分为：________系统、________系统和电话系统等。

4. 防直接雷：一般采用避雷针、避雷带和避雷网，优先考虑采用________。

二、简答题

1. 给水排水施工图一般由哪几部分图纸组成？

2. 建筑电气施工平面图的阅读顺序是什么？

实训提升

1. 正确画出下列管道及附件的图例。

保温管　减压阀　方形伸缩器　固定支架　法兰连接

清扫口　止回阀　管道交叉　蝶阀　闸阀

2. 某电气施工图中标注的 BV－(3×25＋2×16)－PVC32－WC 表示什么意思？

项目7 施工图编排顺序和审核

项目目标

【知识目标】

1. 熟悉建筑工程施工图的分类。

2. 能正确对施工图进行顺序编排和审核。

【技能目标】

1. 能正确对施工图进行顺序编排和审核。

2. 能熟悉施工图审核的方法原则。

【课时建议】

2 课时

7.1 施工图分类及编排顺序

7.1.1 建筑工程图的概念和作用

房屋设计时需要把想象中的建筑物用图形表示出来，这种图形统称为建筑工程图。建筑工程图是用来反映房屋的功能组合、房屋内外貌和设计意图的图样。为施工服务的图样称为房屋施工图，简称施工图，是进行施工的依据。正确地识读施工图是正确反映和实施设计意图的第一步，也是进行施工及工程管理的前提和必要条件。

施工图是根据正投影原理和相关的专业知识绘制的工程图样，施工图主要用来作为施工放线、砌筑基础及墙身、钢筋绑扎、模板支撑、混凝土浇筑、铺设楼板、楼梯、屋顶、安装门窗、室内外设备、室内装饰及编制预算和施工组织计划等的依据。

技术点睛

为提高设计、施工速度和质量，把各种常见的多用的建筑物以及它们的构件、配件，按照统一的模数，根据不同的标准、规格，设计并绘制出成套的施工图，经国家相应部门批准后，供设计和施工选用，这种图样称为标准图或通用图。把它们编号后装订成册，即为标准图集。

7.1.2 施工图分类

按图纸的内容和作用不同，一套完整的房屋施工图通常应包括如下内容。

1. 图纸目录

通常包括图纸目录和设计总说明两部分内容。其中图纸目录应先列新绘制图纸，后列选用的标准图或重复利用图。设计总说明一般应包含：施工图的设计依据、本工程项目的设计规模和建筑面积、本项目的相对标高与总图绝对标高的对应关系、室内室外的做法说明、门窗表等内容。

2. 总图

总图通常包括一项工程的总体布置图。

3. 建筑施工图（简称“建施”）

建施图一般包括总平面图、建筑平面图、建筑立面图、建筑剖面图及建筑详图。

4. 结构施工图（简称“结施”）

结施图一般包括基础图、结构平面图及结构构造详图。

5. 设备施工图（简称“设施”）

设施图一般包括给水排水、采暖通风、电气设备、通信监控等的平面布置图、系统图和详图。

6. 装饰施工图

装饰施工图一般包括装饰平面图、装饰立面图、装饰详图、装饰电气布置图和家具图。

7.1.3　施工图编排顺序

一套建筑工程施工图按图样目录、总说明、总平面、建筑、结构、水、暖、电等施工图顺序编排。各种图样的编排，一般是全局性图样在前，表明局部的图样在后；先施工的在前，后施工的在后；重要图样在前，次要图样在后。为了图样的保存和查阅，必须对每张图样进行编号。如在建筑施工图中分别编出“建施1”“建施2”……

7.2　施工图审核

工程管理人员，要熟悉工程图的基本情况，才能确定工程规模，制订合理的工程管理措施，所以在学习和审核施工图时，要通过施工图来了解工程的总体情况。在审核和识读建筑工程施工图时，要掌握正确的识读方法和步骤。

在识读整套建筑工程施工图样时，应按照“了解总体、顺序看图、前后对照、重点细读”的原则来看图。

1. 了解总体

拿到建筑工程施工图后首先根据目录、总平面图和施工总说明，大致了解工程概况；对照目录检查图样是否齐全，采用哪些标准图集，并准备齐标准图集。然后，根据建筑平、立、剖面图，大体上想象一下建筑物的立体效果及内部布置。

2. 顺序看图

在总体了解建筑物的情况后，根据施工的先后顺序，从基础到墙体（或柱），结构的平面布置以及各专业的相互联系和制约，建筑构造及装修的顺序等都要仔细阅读有关图样。

3. 前后对照

在看建筑工程施工图时，要注意平面图与立面图和剖面图对照着看，建筑施工图与结构施工图对照着看，土建施工图与设备施工图对照着看，以便对整个工程施工情况及技术要求做到心中有数。

4. 重点细读

在对整个工程情况了解之后，根据不同的专业、分工细读；各个专业有各自的重点，在对专业重点细读时，要将遇到的问题一一记录下来及时向设计部门反映，必要时可形成文字发给设计部门。在熟悉各专业施工图的基础上，工程开工前，一般安排设计、施工及建设单位技术人员统一进行图纸会审。

总之，要想熟练地识读建筑工程施工图，除了掌握投影原理外，还要熟悉国家有关部门规定的建筑制图统一标准，并且必须掌握各专业施工图的用途、图示内容和表达方法。此外，还要经常深入施工现场，对照图样，观察实物，这是提高识图能力的最好方法。

参考文献

[1] 游普元.建筑工程图识读与绘制[M].2版.天津:天津大学出版社,2012.
[2] 陆叔华.建筑制图与识图[M].2版.北京:高等教育出版社,2013.
[3] 闫培明.建筑识图与建筑构造[M].大连:大连理工大学出版社,2011.
[4] 薛奕忠.土木工程制图[M].北京:北京理工大学出版社,2009.
[5] 朱永杰,吴舒琛.建筑识图与构造[M].北京:高等教育出版社,2014.
[6] 白丽红.建筑识图与构造[M].北京:机械工业出版社,2009.
[7] 乐荷卿,陈美华.土木建筑制图[M].4版.武汉:武汉理工大学出版社,2012.
[8] 郭清燕,崔荣荣.建筑制图[M].北京:北京理工大学出版社,2011.

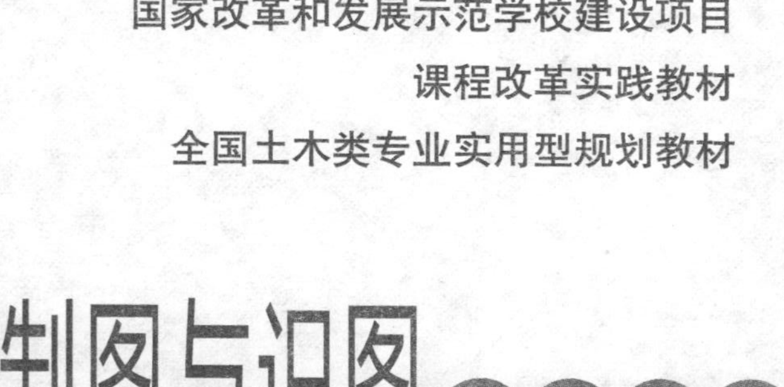

国家改革和发展示范学校建设项目

课程改革实践教材

全国土木类专业实用型规划教材

建筑工程制图与识图实训手册

JIANZHU GONGCHENG ZHITU YU SHITU SHIXUN SHOUCE

主　编　关惠君

副主编　卢慧姬　姜海丽　陈　曦
　　　　刘善华　李国昌　管　涛

编　者　邱海丽　霍莉芳　王丹丹
　　　　王丛敏　郝增锁　张　杰

哈爾濱工業大學出版社

HARBIN INSTITUTE OF TECHNOLOGY PRESS

目　录

项目 1　国家制图标准基本规定及应用(图线练习)	班级		姓名		成绩		日期	

1.1　按 1∶1 的比例在下方图纸上抄画下列图线。

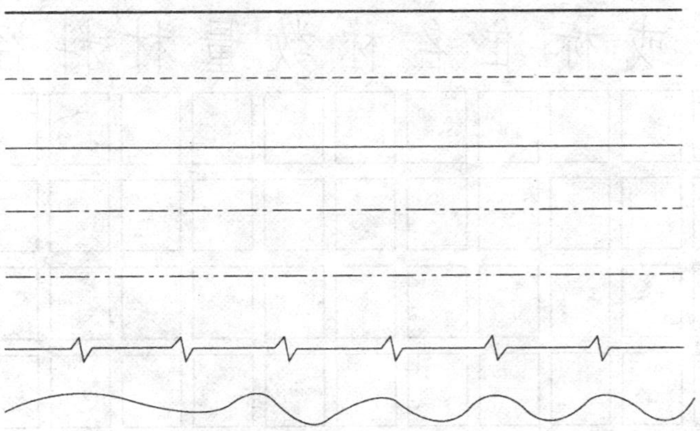

1.2　在下方位置按 1∶1 的比例抄画图样。

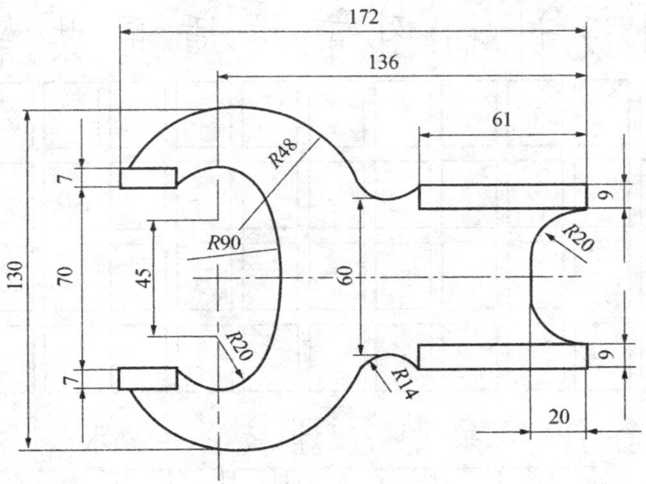

1.3　汉字练习。

制图设计描图审核质量共第张序号或标准名称数量材料径

比例备注其余热处理技术要求轴承齿轮零件硬度均布肋板螺纹栓母钉柱

平键齿轮轴带轮凸轮滚动轴承双头螺柱六角头螺栓开口销垫圈密封盖定

项目1　国家制图标准基本规定及应用(字体练习)	班级		姓名		成绩		日期	

1.4　英文字母和数字练习。

ABCDEFGHIJKLMNOPQRSTUVWXYZ

abcdefghijklmnopqrstuvwxyzabcdsxy

1234567890ΦR　1234567890ΦR

1234567890ΦR　1234567890ΦR

1234567890ΦR　1234567890ΦR　1234567890ΦR

项目1　国家制图标准基本规定及应用(尺寸标注)	班级		姓名		成绩		日期	

1.5　角度数字标注。

1.6　完成下面图形的尺寸标注。

1.7　(b)图中尺寸标注有错误,请在(a)图中正确标注尺寸。

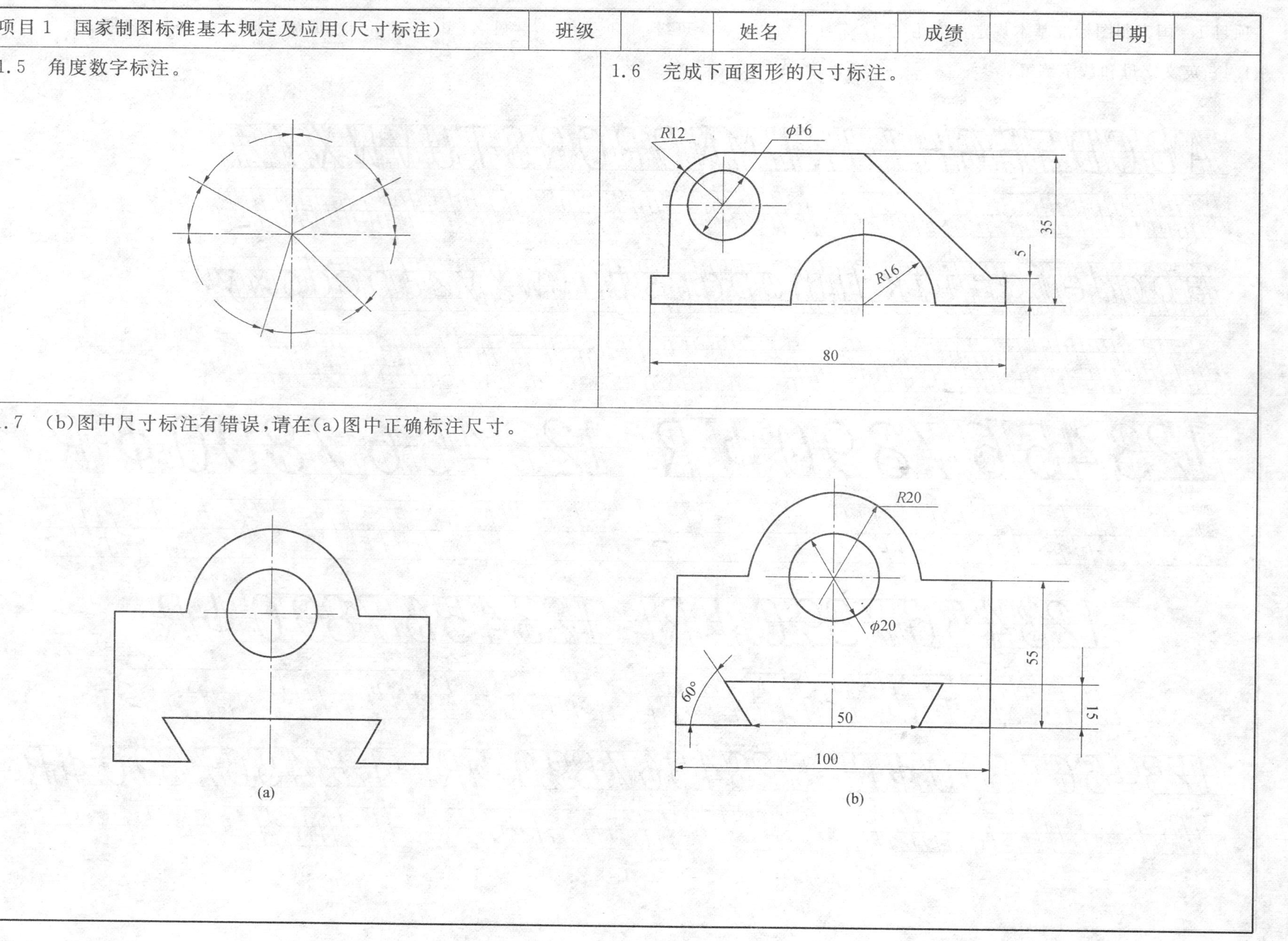

(a)
(b)

项目1　国家制图标准基本规定及应用(尺寸标注)	班级		姓名		成绩		日期	

1.8　改正(a)图中尺寸标注，在(b)图中正确标注尺寸。

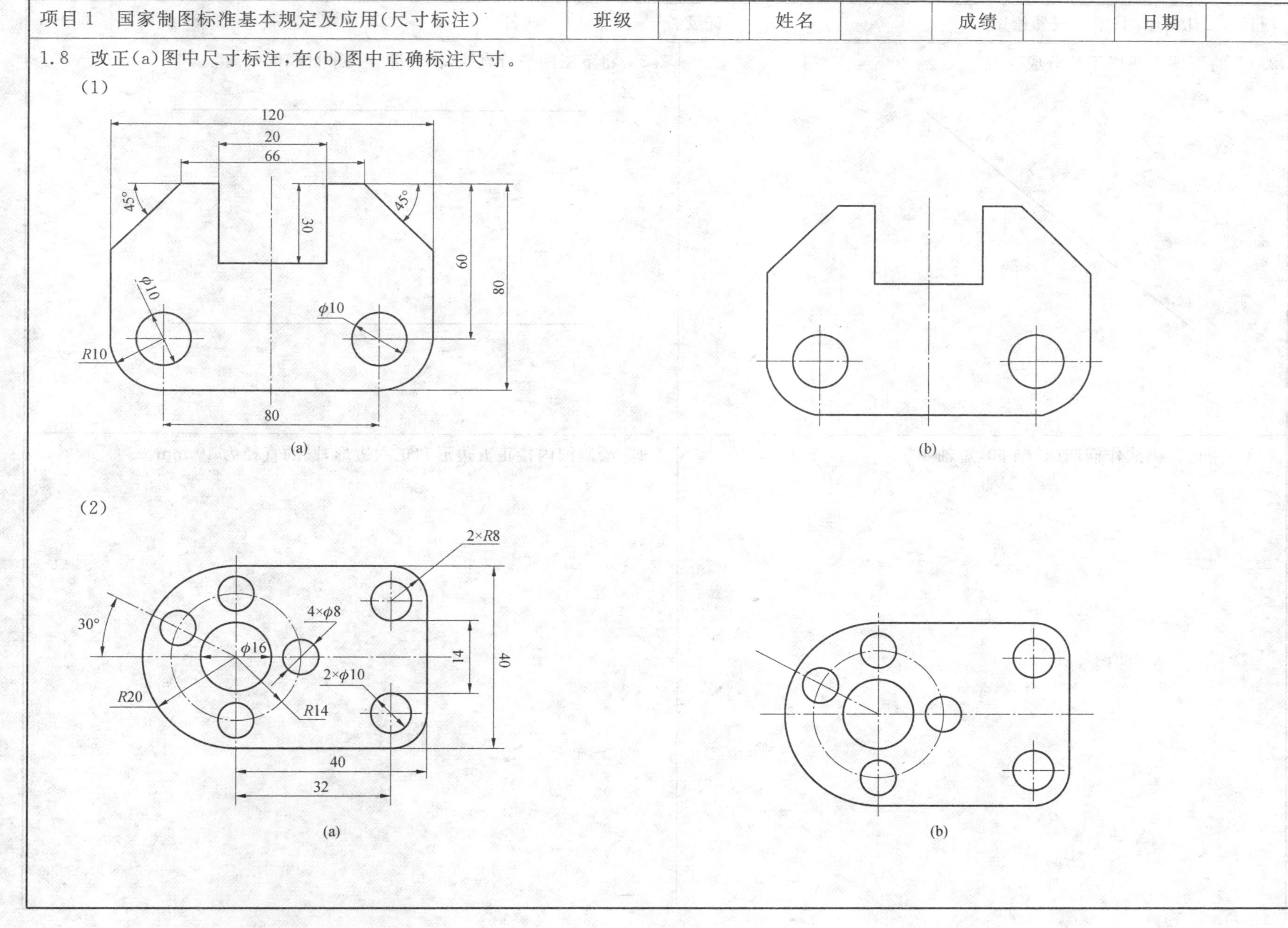

项目 2　几何绘图(手工仪器绘图)	班级		姓名		成绩		日期	

2.1　将下图直线段平均分成 5 段。

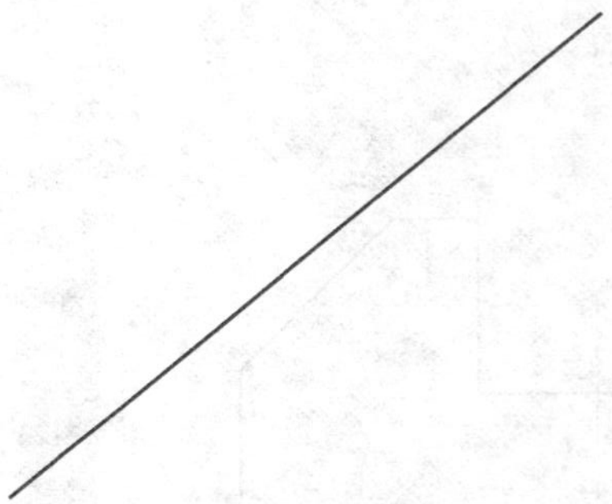

2.2　将下图两平行直线，作五等分两平行线的距离。

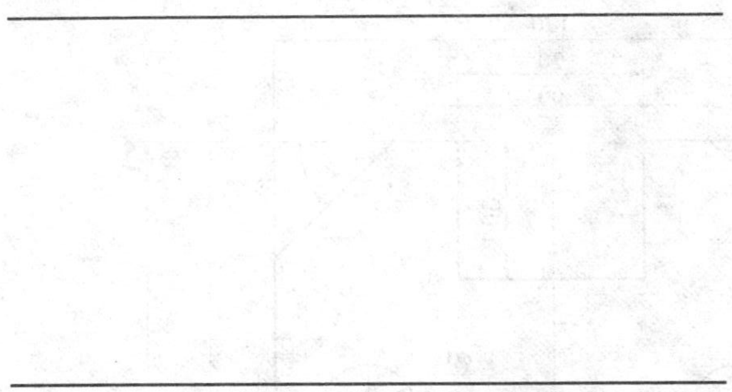

2.3　用近似画法作椭圆(长轴 60，短轴 40)。

2.4　绘制圆内接正五边形和正六边形，圆的直径为 40 mm。

项目 2　几何绘图(手工仪器绘图)	班级		姓名		成绩		日期	

2.5　以适当比例在 A4 图纸上画出下图。

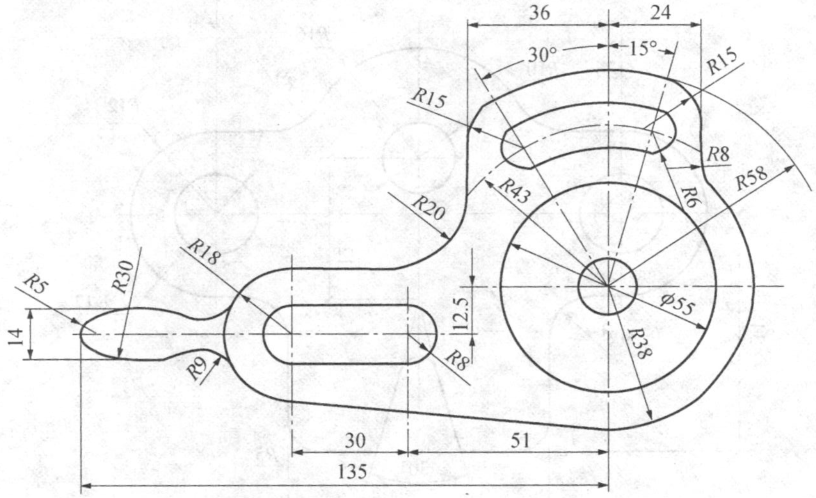

项目 2　几何绘图(手工仪器绘图)	班级		姓名		成绩		日期	

2.6　按规定比例在 A3 图幅上抄绘以下平面图形。

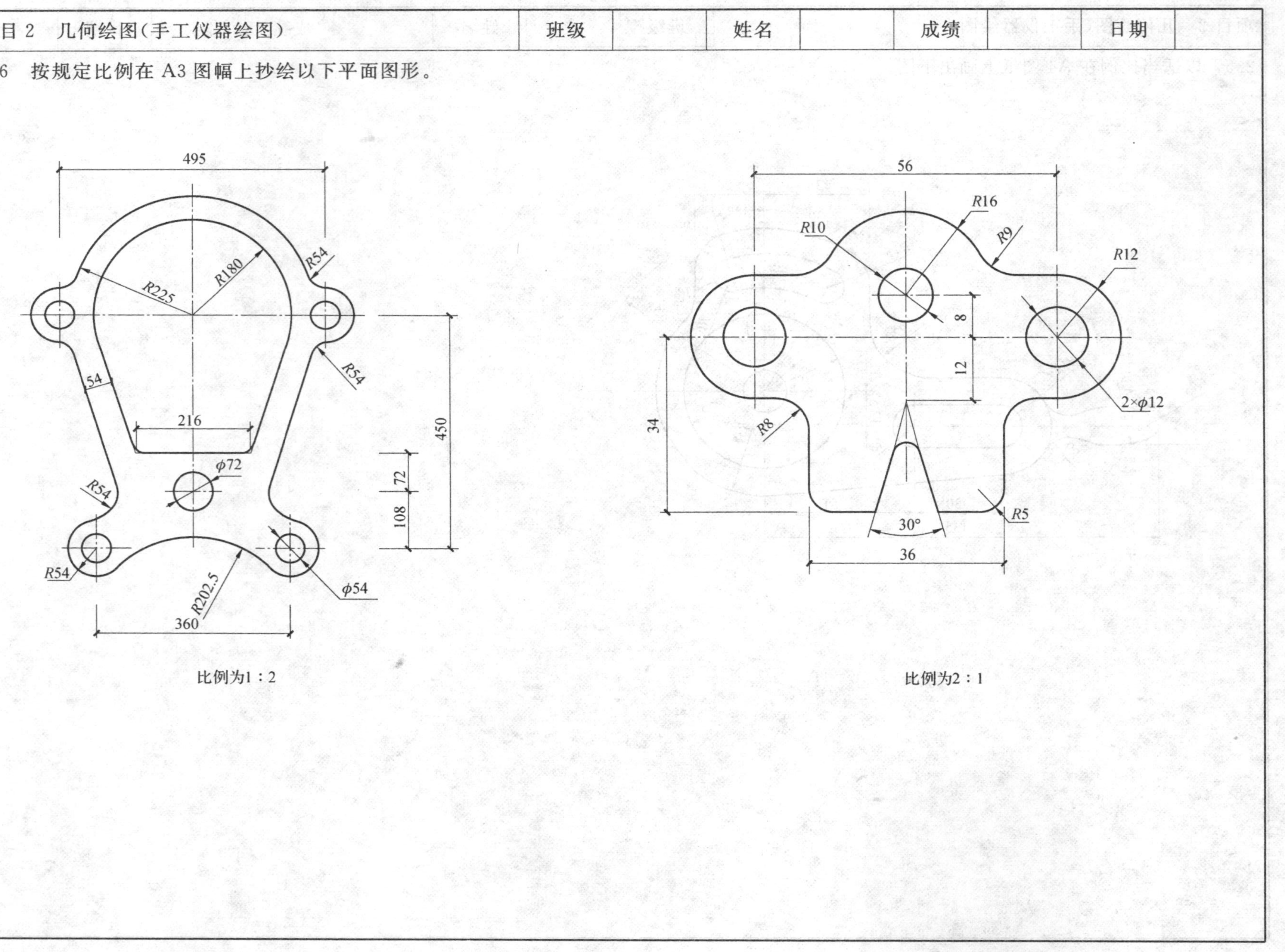

项目 3　形体投影图的绘制与识读(点的投影)	班级		姓名		成绩		日期	

3.1　根据 A,B,C 三点的立体图作出它们的投影图。

3.2　作出直线 AB 的三面投影，已知端点 $A(28,8,5)$，$B(6,18,20)$。

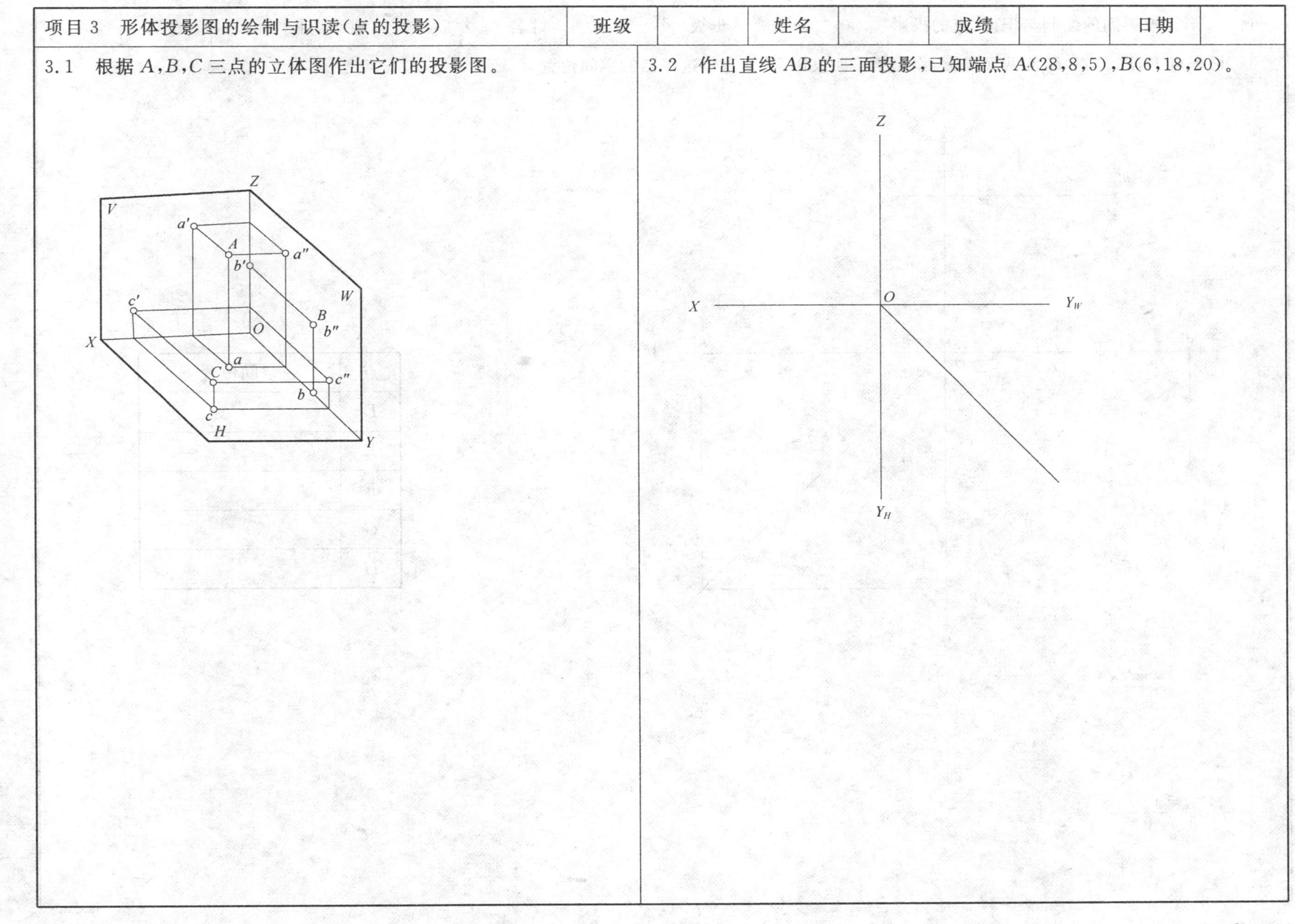

3.3　根据点 D, E, F, G, H 的两面投影，作出第三面投影，并填写出这些点的空间位置。

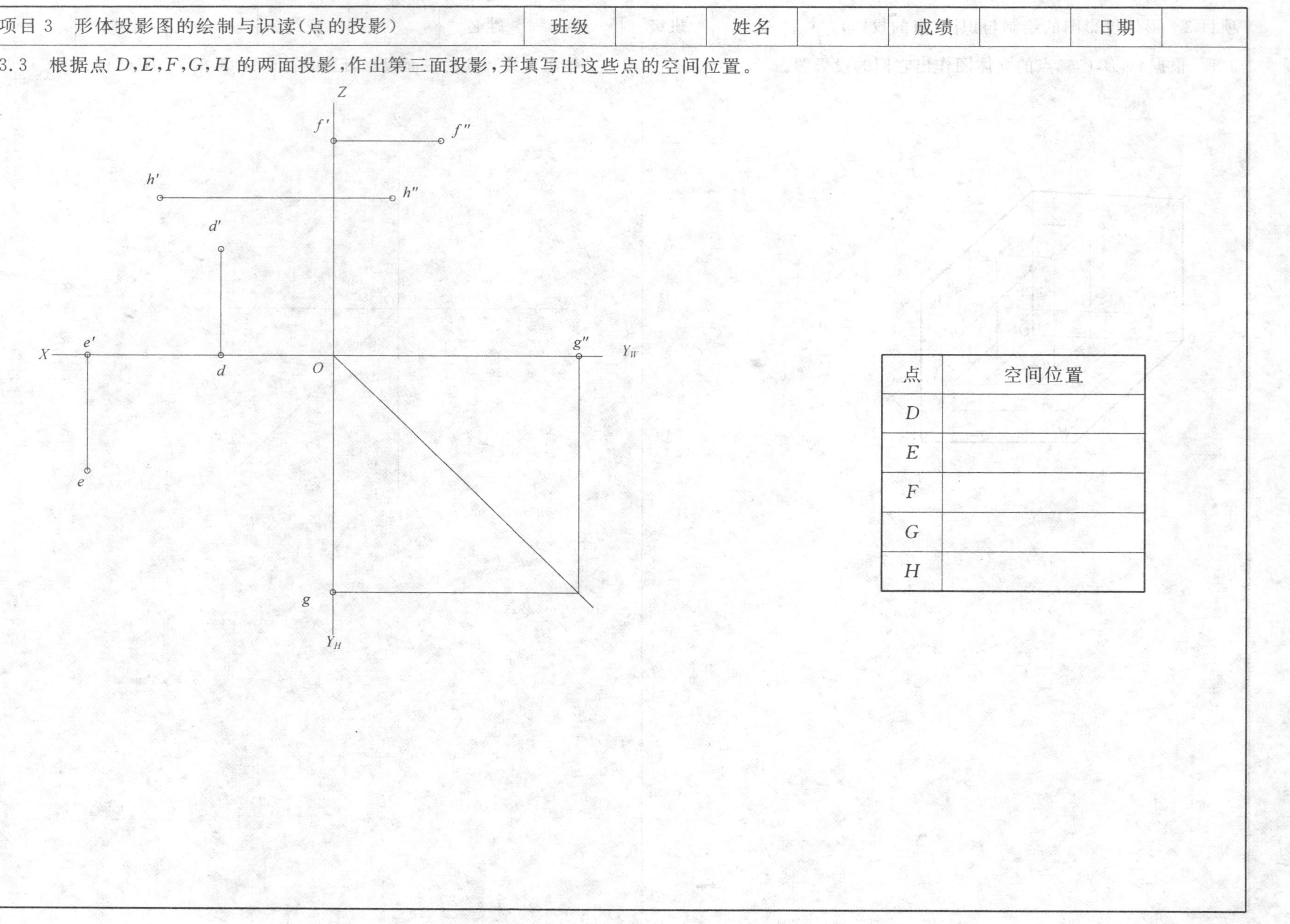

点	空间位置
D	
E	
F	
G	
H	

项目 3　形体投影图的绘制与识读(线的投影)	班级		姓名		成绩		日期	

3.4　作出下列各线段的第三投影，并判断各直线相对投影面的位置。

3.5　已知 A 点的投影，B 点在 A 点左方 15、前方 25、上方 13，求作 B 点的三面投影。

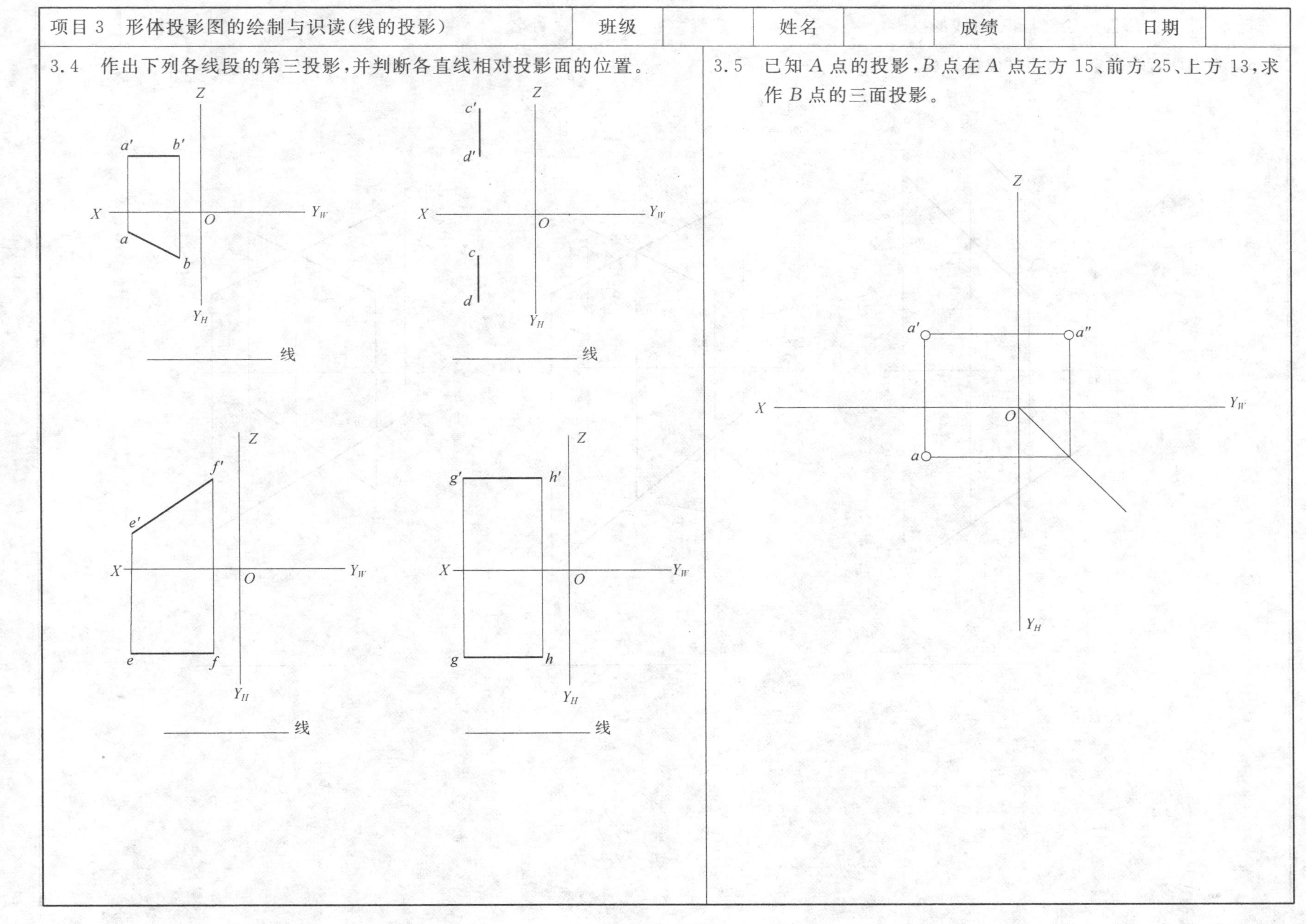

3.6　判别两直线在空间的相对位置关系。

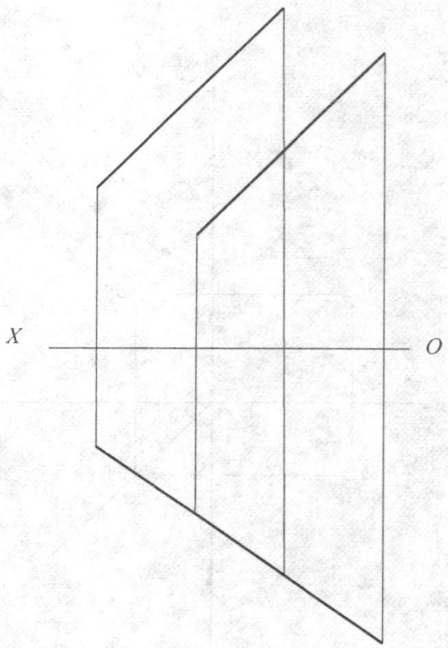

X　O

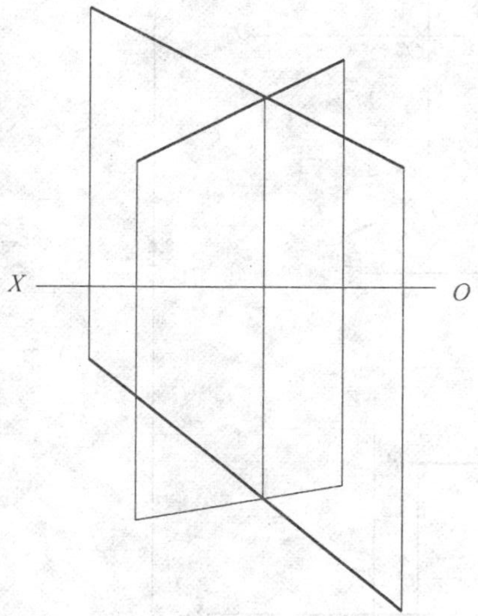

X　O

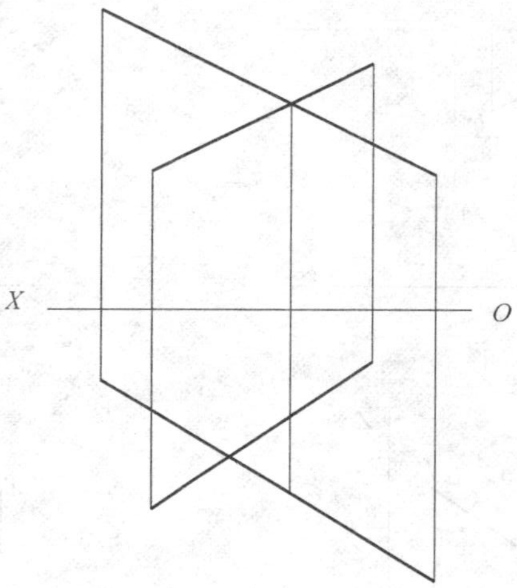

X　O

项目3　形体投影图的绘制与识读(线的投影)	班级		姓名		成绩		日期	

3.7　在直线 AB 上求一 K 点，使 $AK:KB=3:2$。

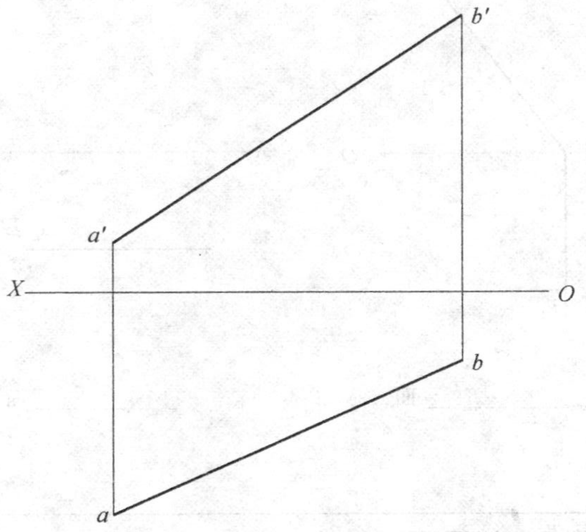

X　O　a′　b′　a　b

3.8　在直线 EF 上求作点 K，使 K 点与 H 面、V 面的距离相等。

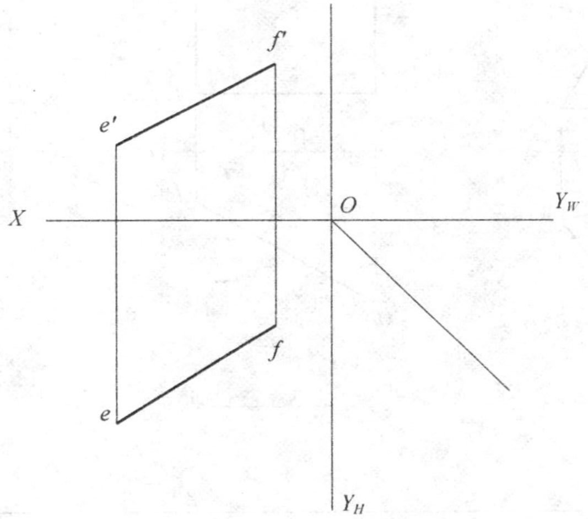

X　O　Y_W　Y_H　e′　f′　e　f

项目 3　形体投影图的绘制与识读(线的投影)	班级		姓名		成绩		日期	

3.9　判别下列平面属于投影面倾斜面，还是六种特殊位置平面中的一种。

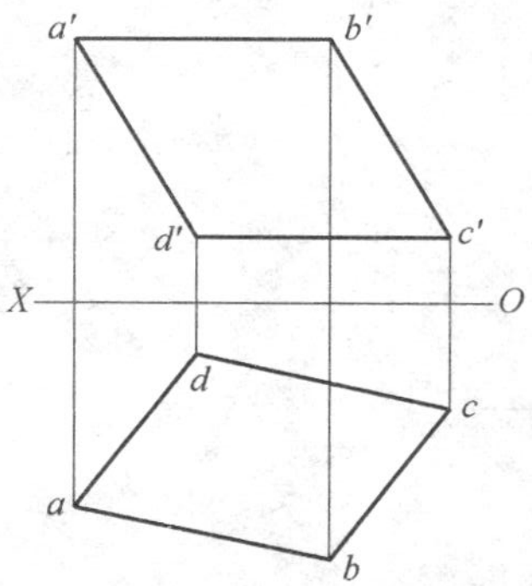

________ 面 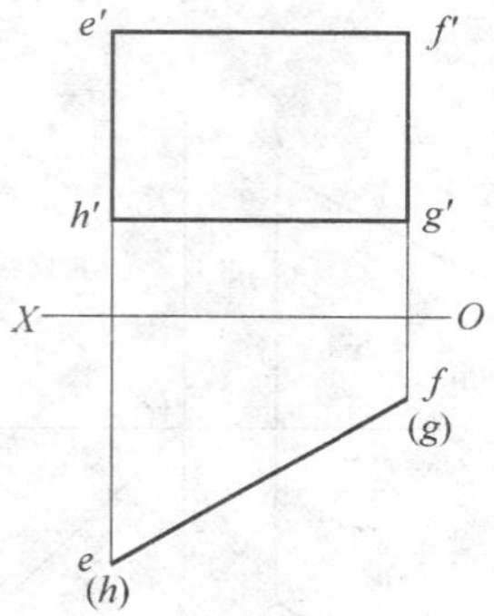　________ 面 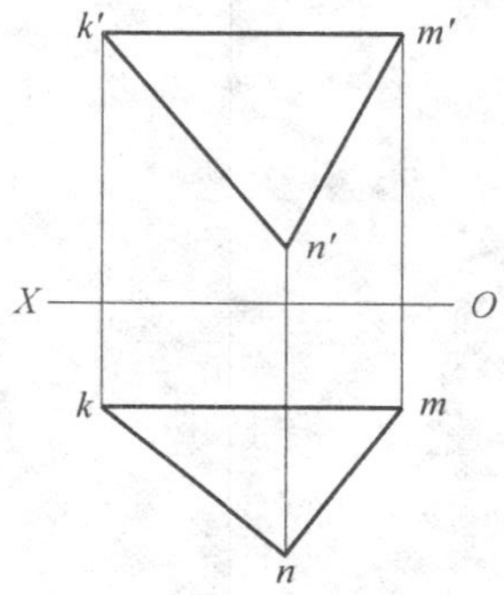　________ 面 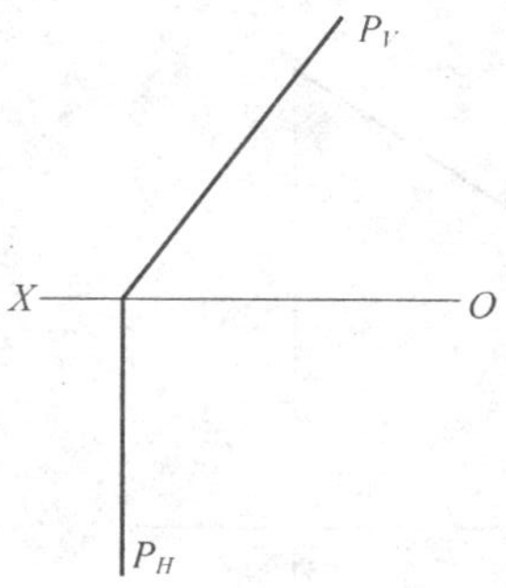　________ 面 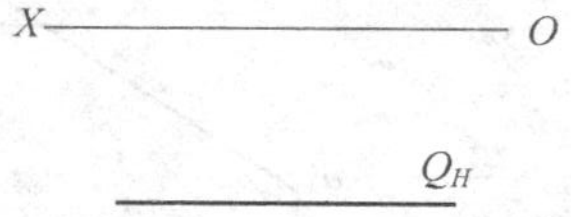　________ 面

3.10　求下列平面图形的第三投影，然后以投影图形中的平面图形作为一完整视图，完成该形体的三视图(厚度为 12 mm)。

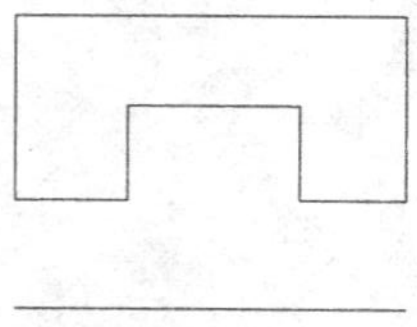

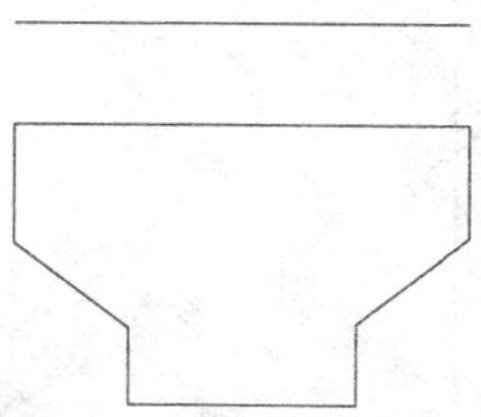

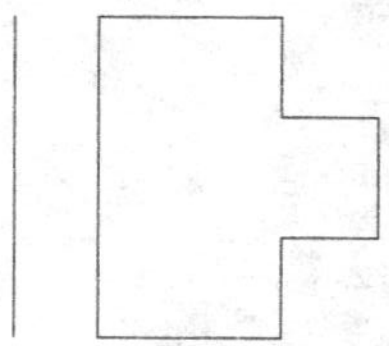

项目 3　形体投影图的绘制与识读(面的投影)	班级		姓名		成绩		日期	

3.11　根据平面图形的两面投影,求作它的第三面投影,并判断平面处于什么空间位置。

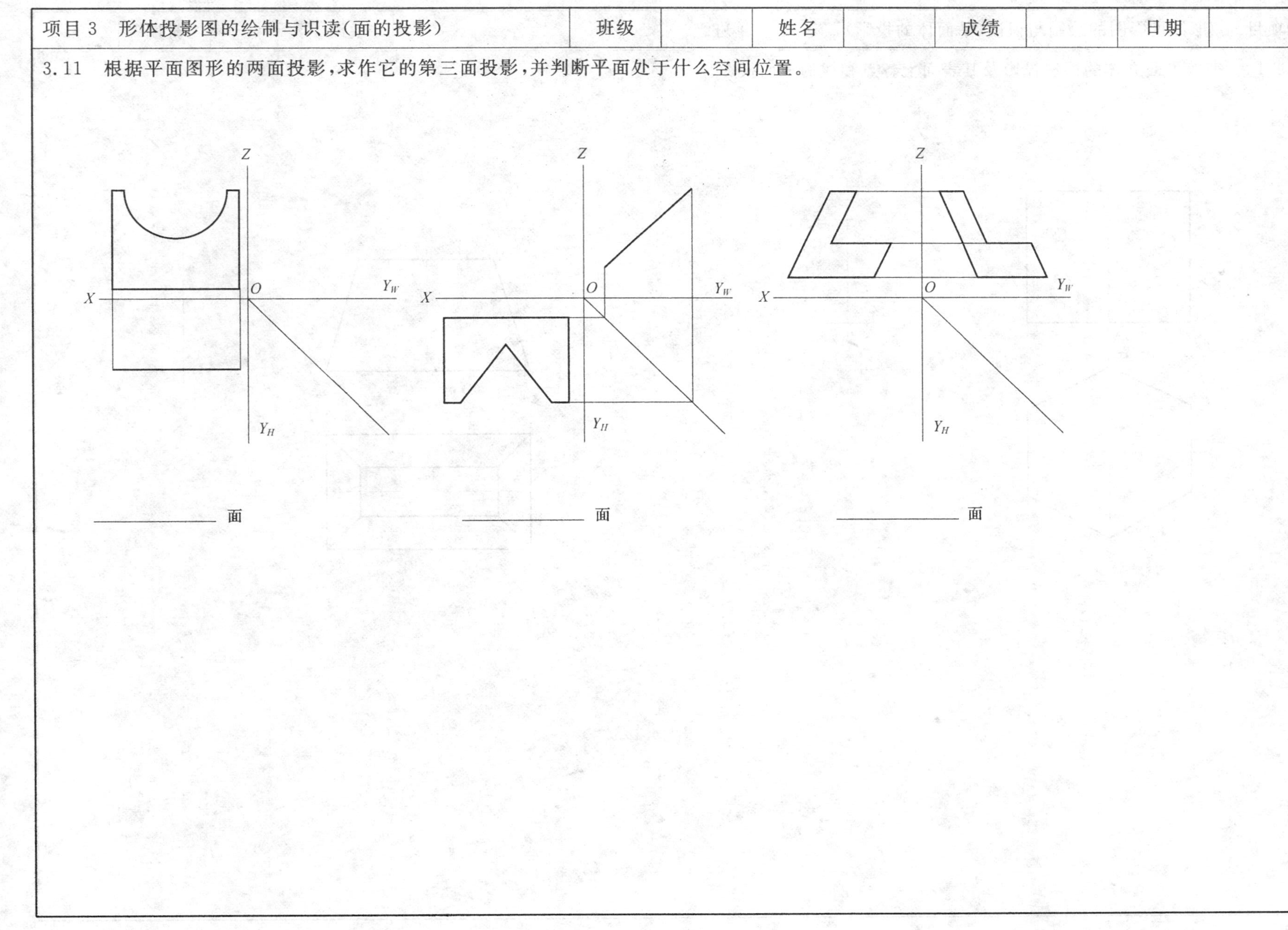

3.12　完成平面立体的第三投影及其表面上各点和线的三面投影。

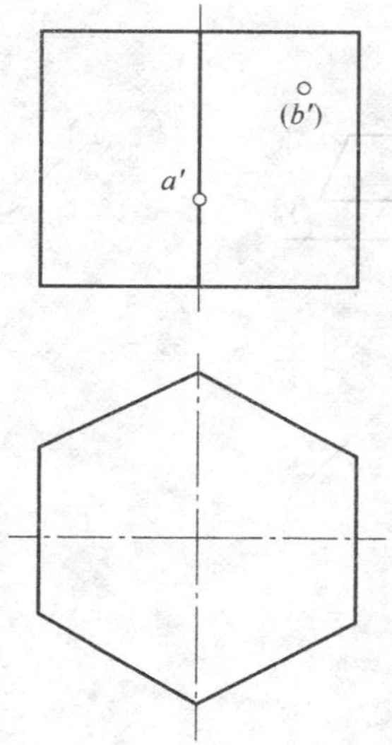

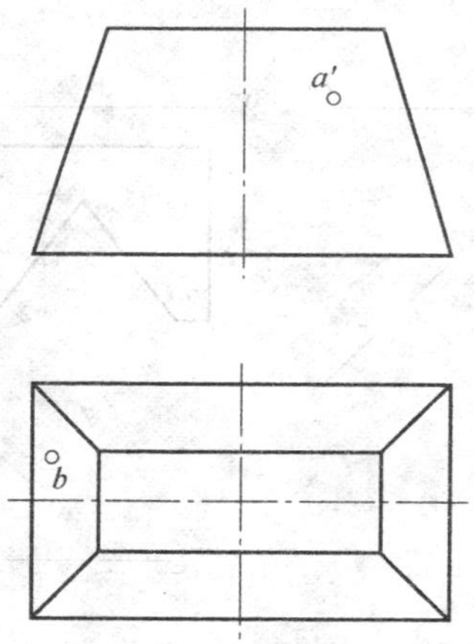

a′ (b′)

a′ b

3.13　完成平面立体的第三投影及其表面上各点和线的三面投影。

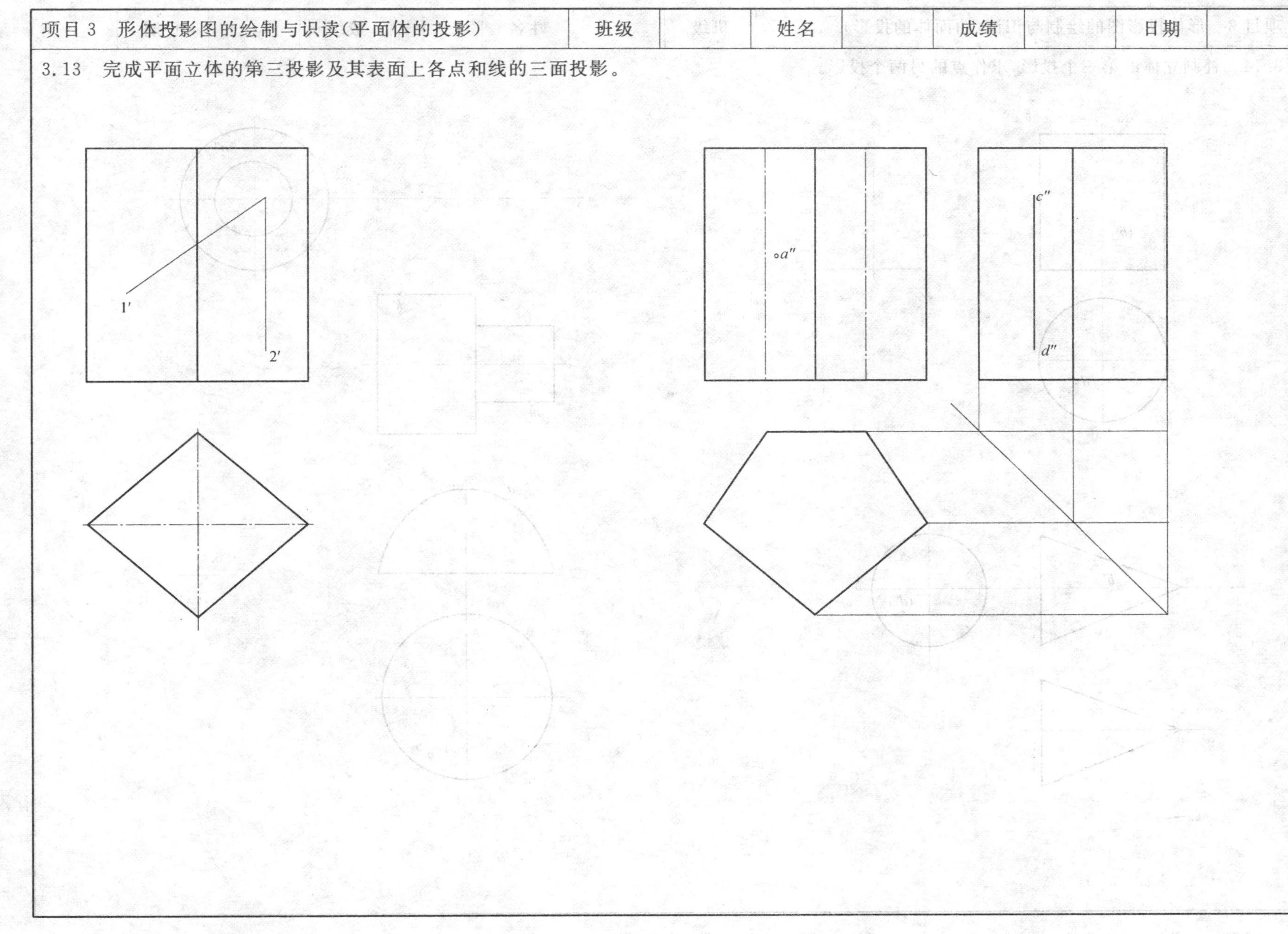

项目 3　形体投影图的绘制与识读(曲面体的投影)	班级		姓名		成绩		日期	

3.14　补画立体的第三个投影，求作点的另两个投影。

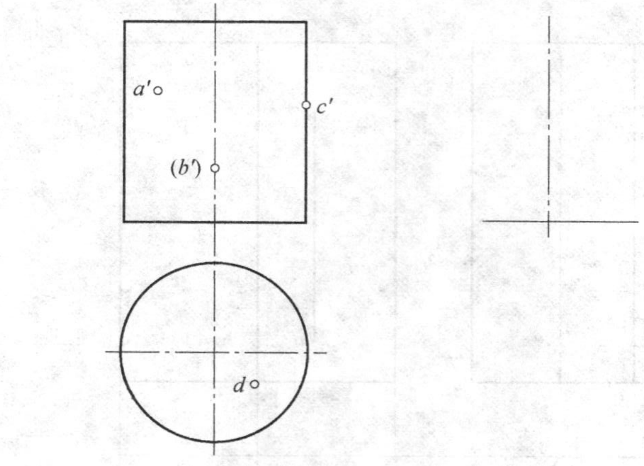

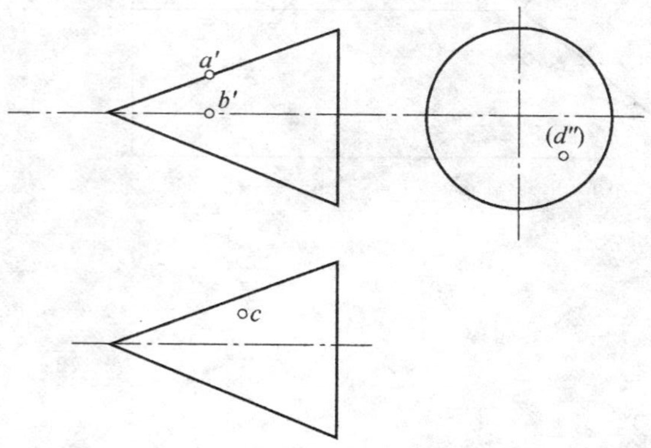

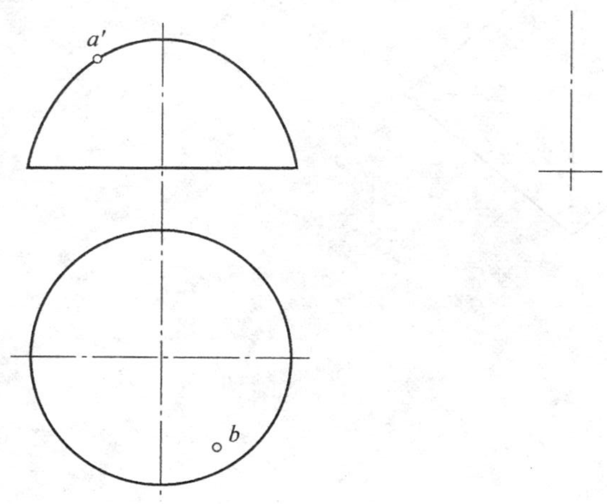

a′ c′ (b′) d

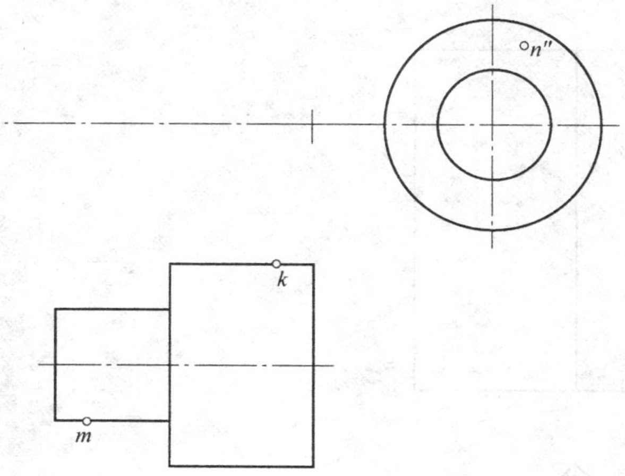

a′ b′ (d″)

c

n″

k m

a′

b

项目 3　形体投影图的绘制与识读(组合体投影)	班级		姓名		成绩		日期	

3.15　画出组合体的投影图(尺寸从图中直接量取)。

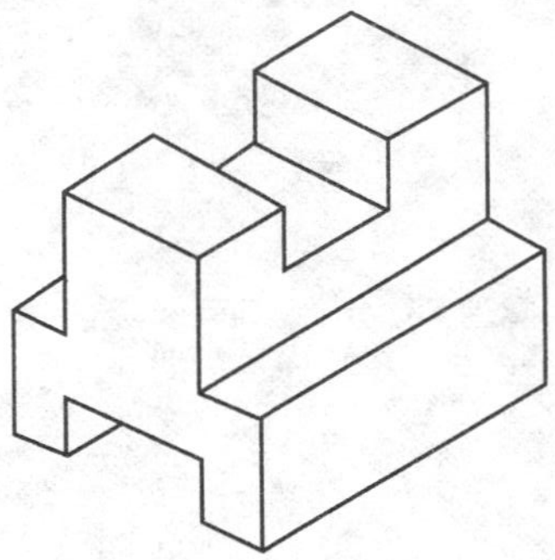

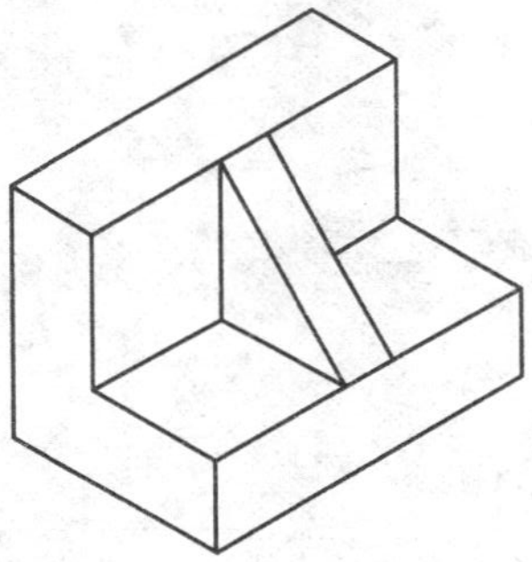

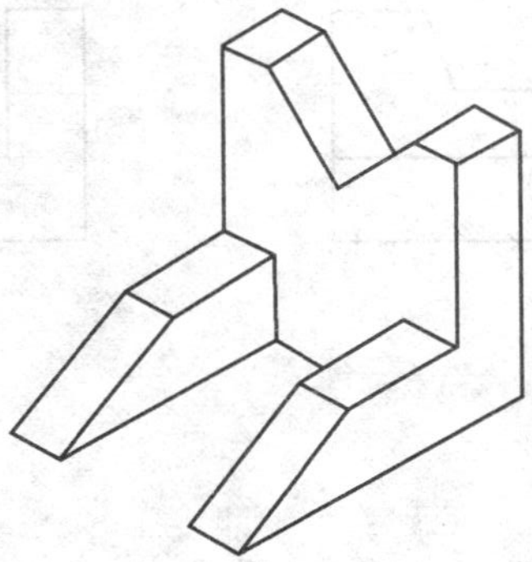

3.16　根据物体的立体图及给出的视图,画全其三视图。

项目 3　形体投影图的绘制与识读(组合体投影)	班级		姓名		成绩		日期	

3.17　补绘形体的第三投影。

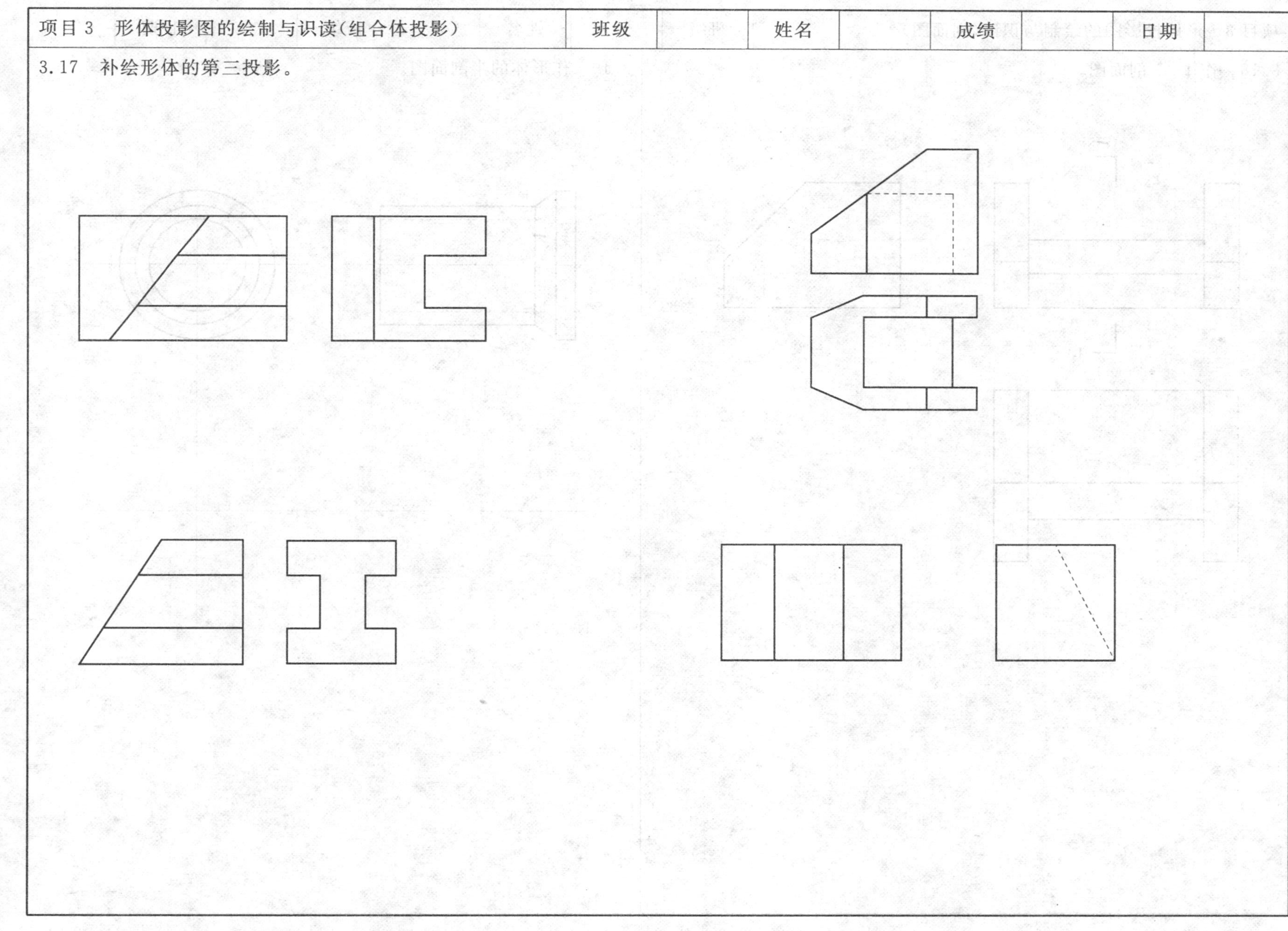

班级		姓名		成绩		日期	

3.18　作 1—1 剖面图。

3.19　作形体的半剖面图。

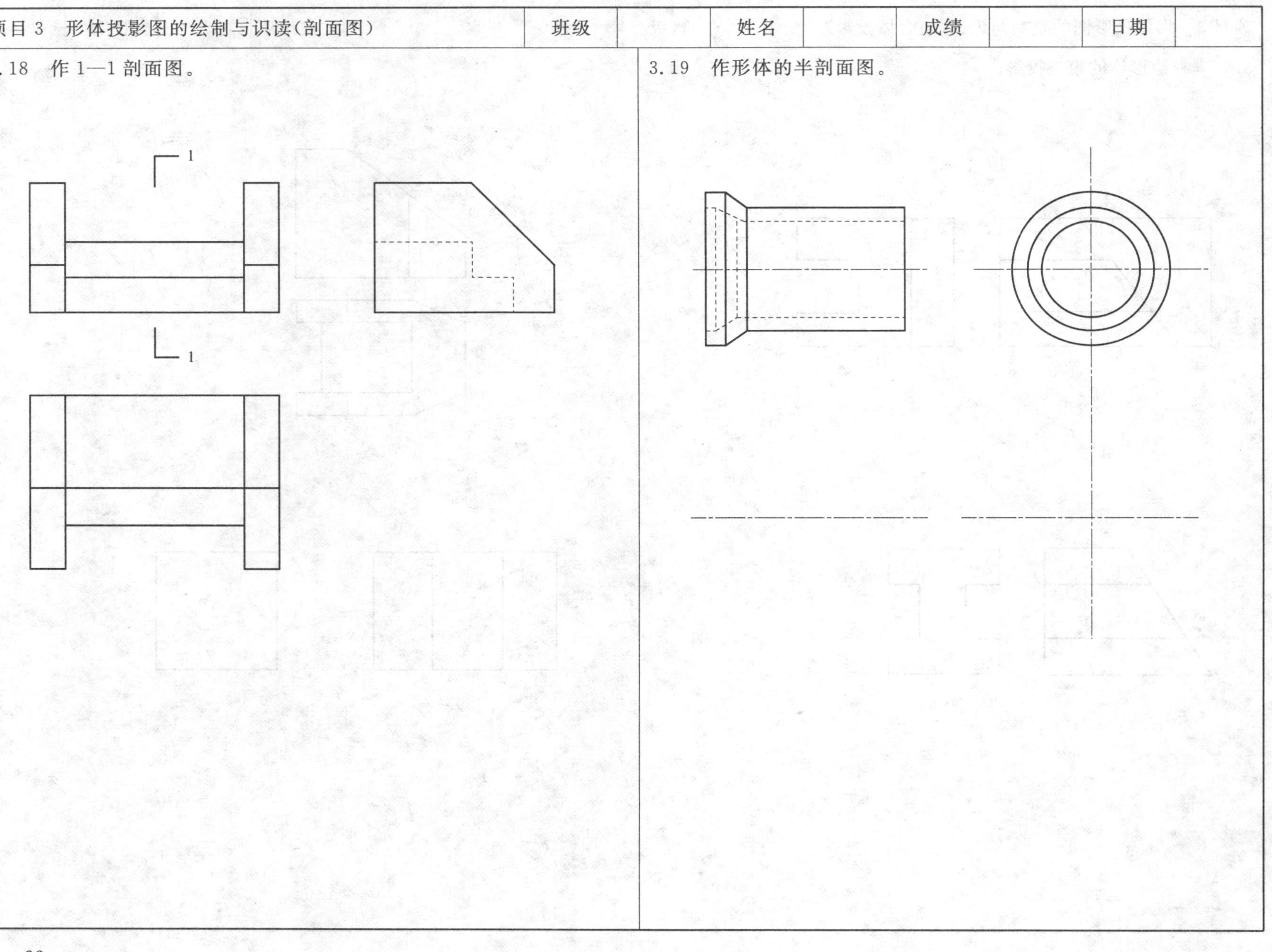

项目 3　形体投影图的绘制与识读(剖面图)	班级		姓名		成绩		日期	

3.20　将钢柱座的正立面图作成 1—1 半剖面图。

3.21　用合适的剖面图作出形体的 W 面投影(材料:金属)。

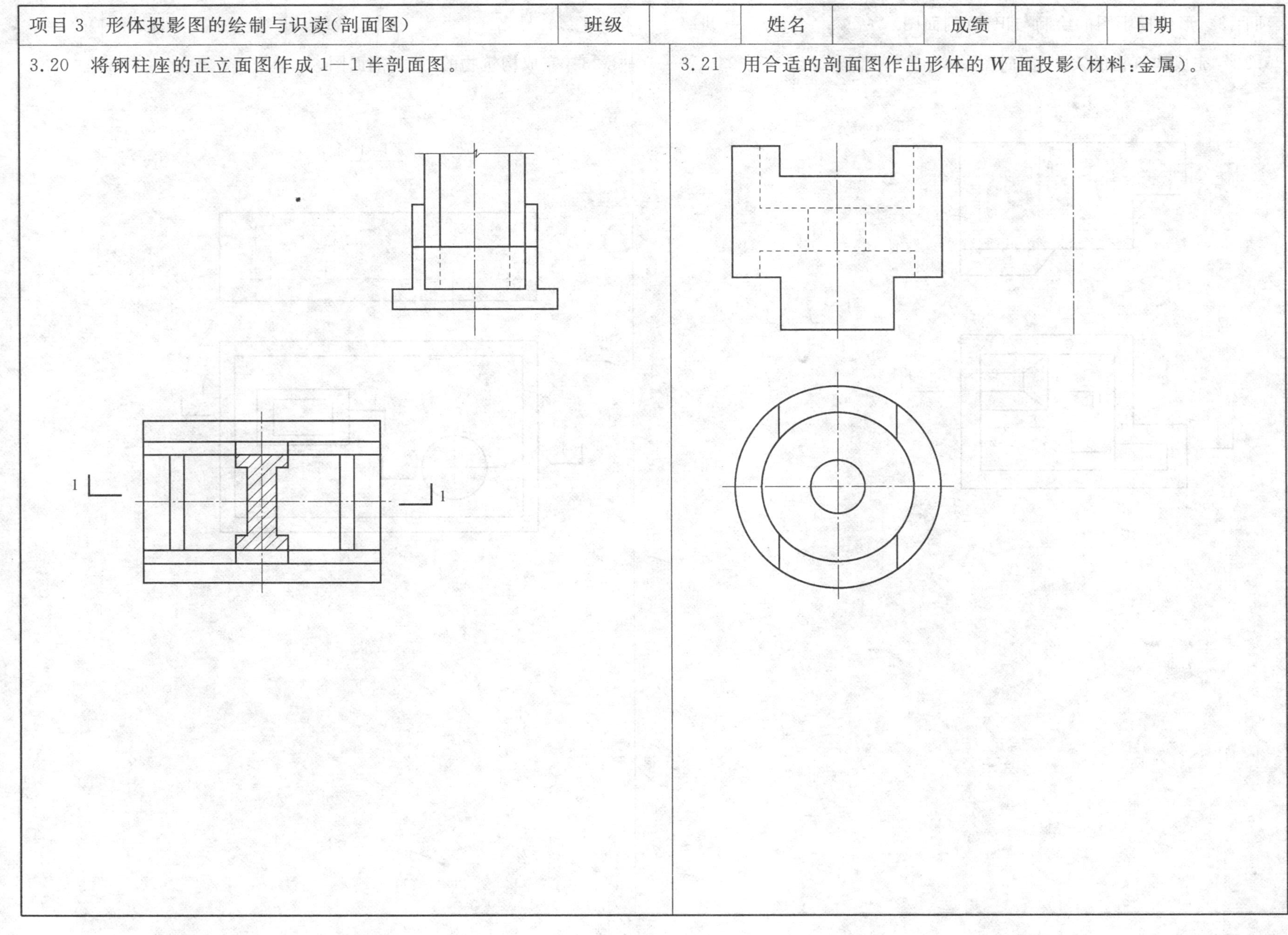

3.22　完成构筑物的 1—1 剖面图。

3.23　完成构筑物的 1—1 剖面图。

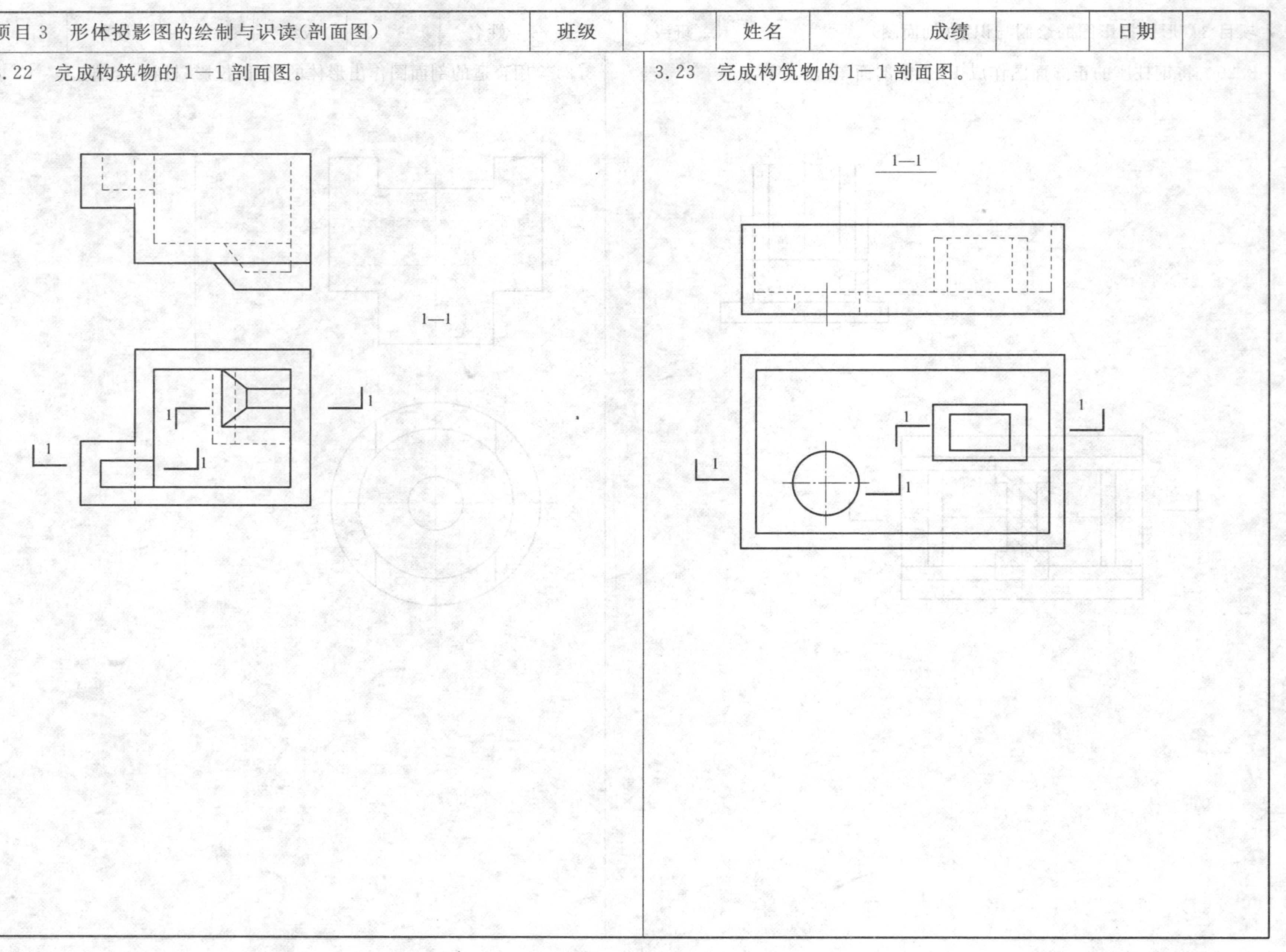

项目 3　形体投影图的绘制与识读(断面图)	班级		姓名		成绩		日期	

3.24　画出柱的 1—1,2—2,3—3 断面图(材料:钢筋混凝土)。

3.25　作梁的 1—1 剖面图和 2—2 断面图(材料:钢筋混凝土)。

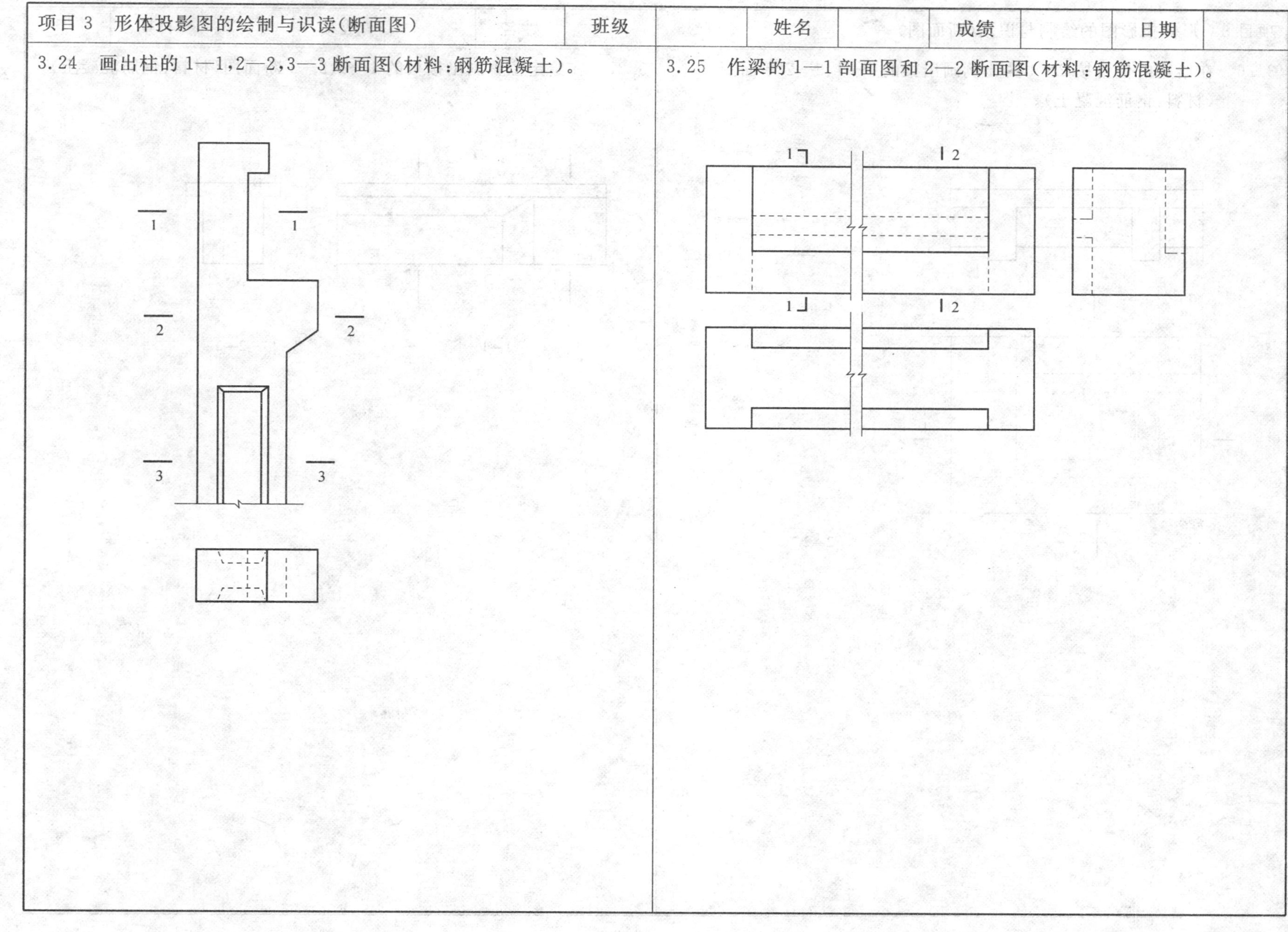

3.26　在给定的位置按 2∶1 的比例画出梁的 1—1、2—2 断面图(材料:钢筋混凝土)。

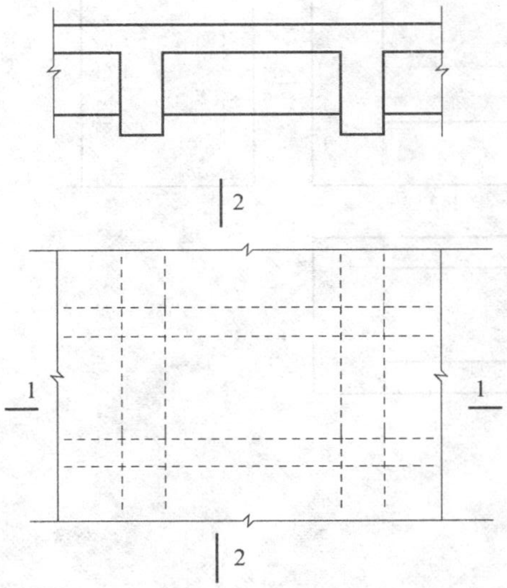

1—1

2—2

3.27　在给定位置画出楼板的 1—1、2—2 断面图(材料:钢筋混凝土)。

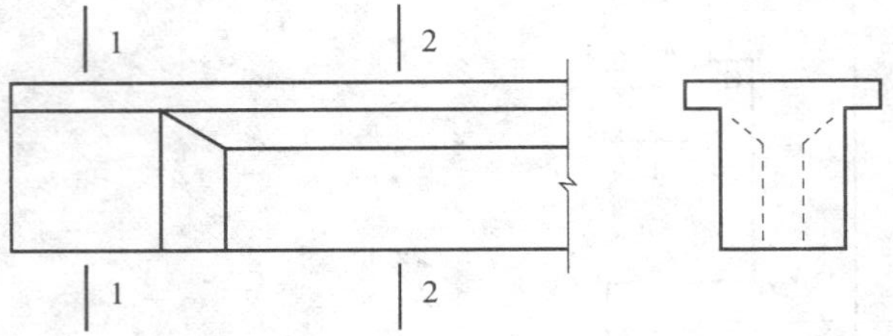

1—1

2—2

3.28　完成同坡屋面的三面投影(屋面倾角 $\alpha=30°$),并作正等轴测图。

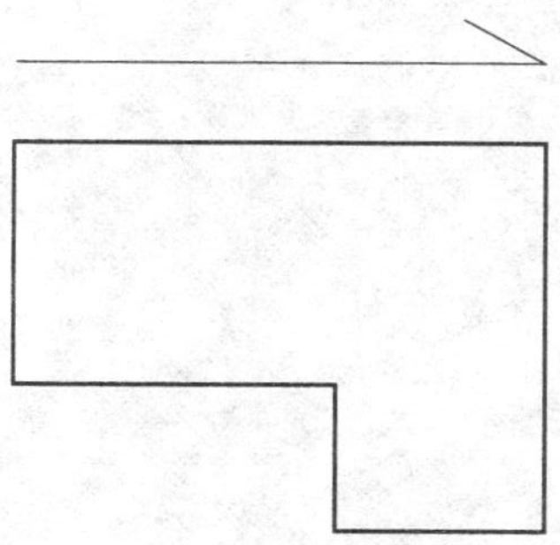

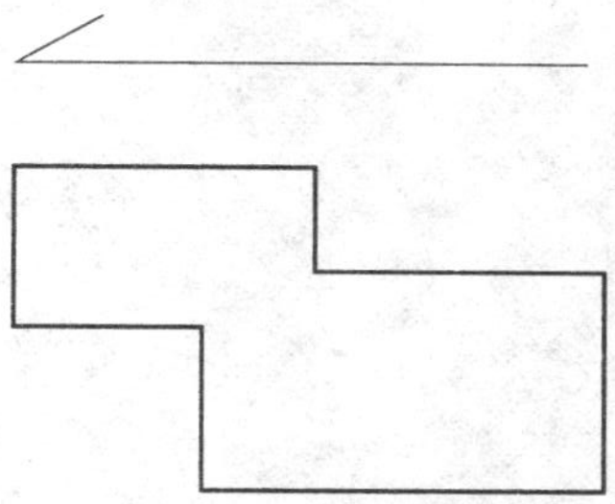

班级		姓名		成绩		日期	

3.29　根据已给视图,画出正等轴测图。

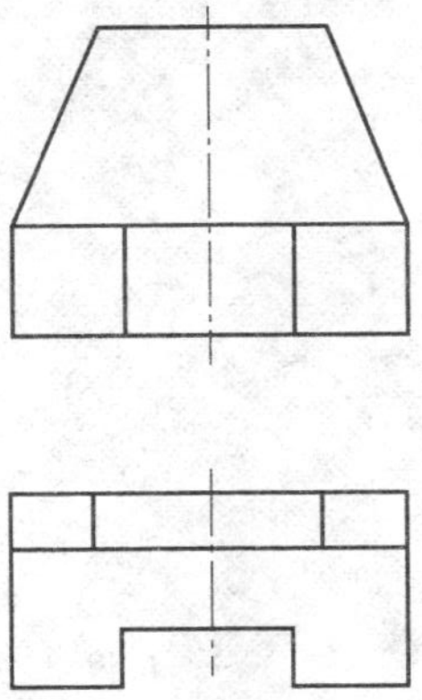

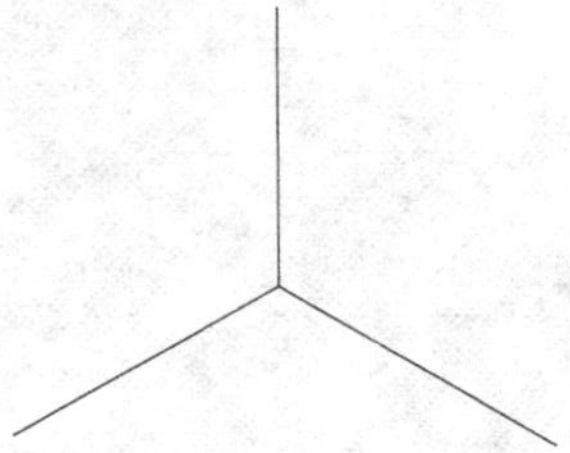

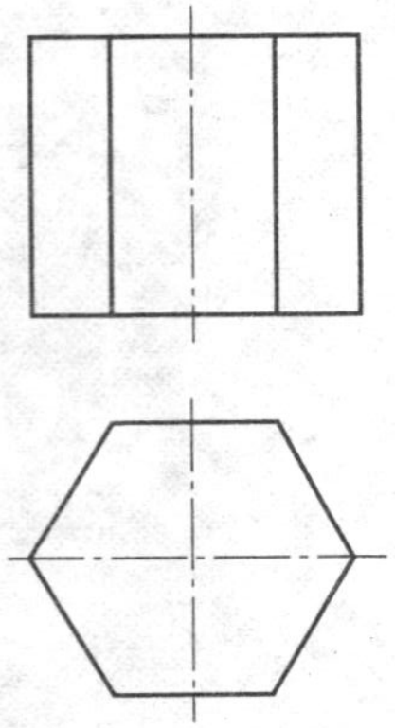

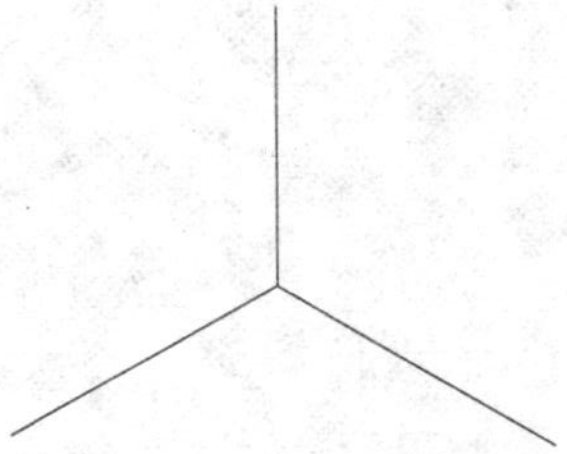

3.30　完成形体三面投影图的正等轴测图。

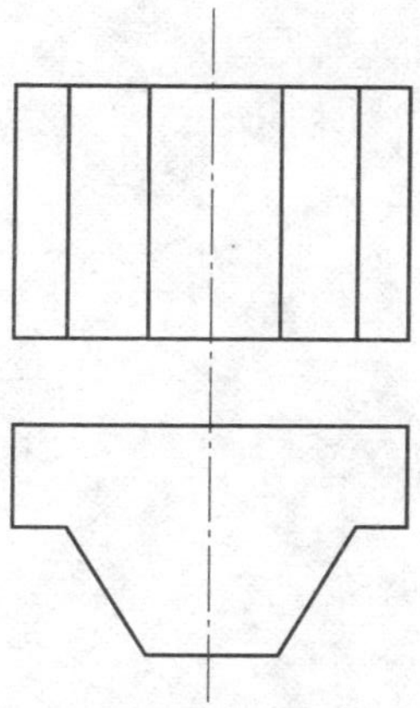

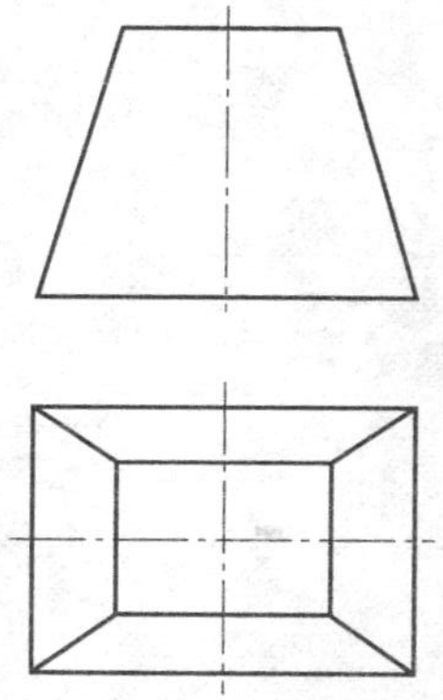

3.31　完成曲面体的三面投影图和正等轴测图。

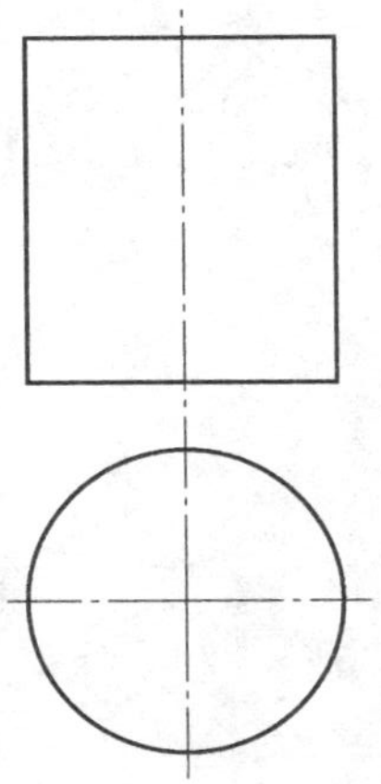

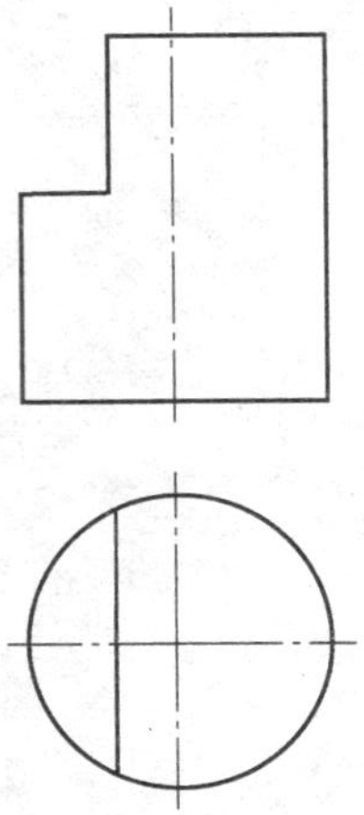

3.32　完成形体的正面斜二轴测图。

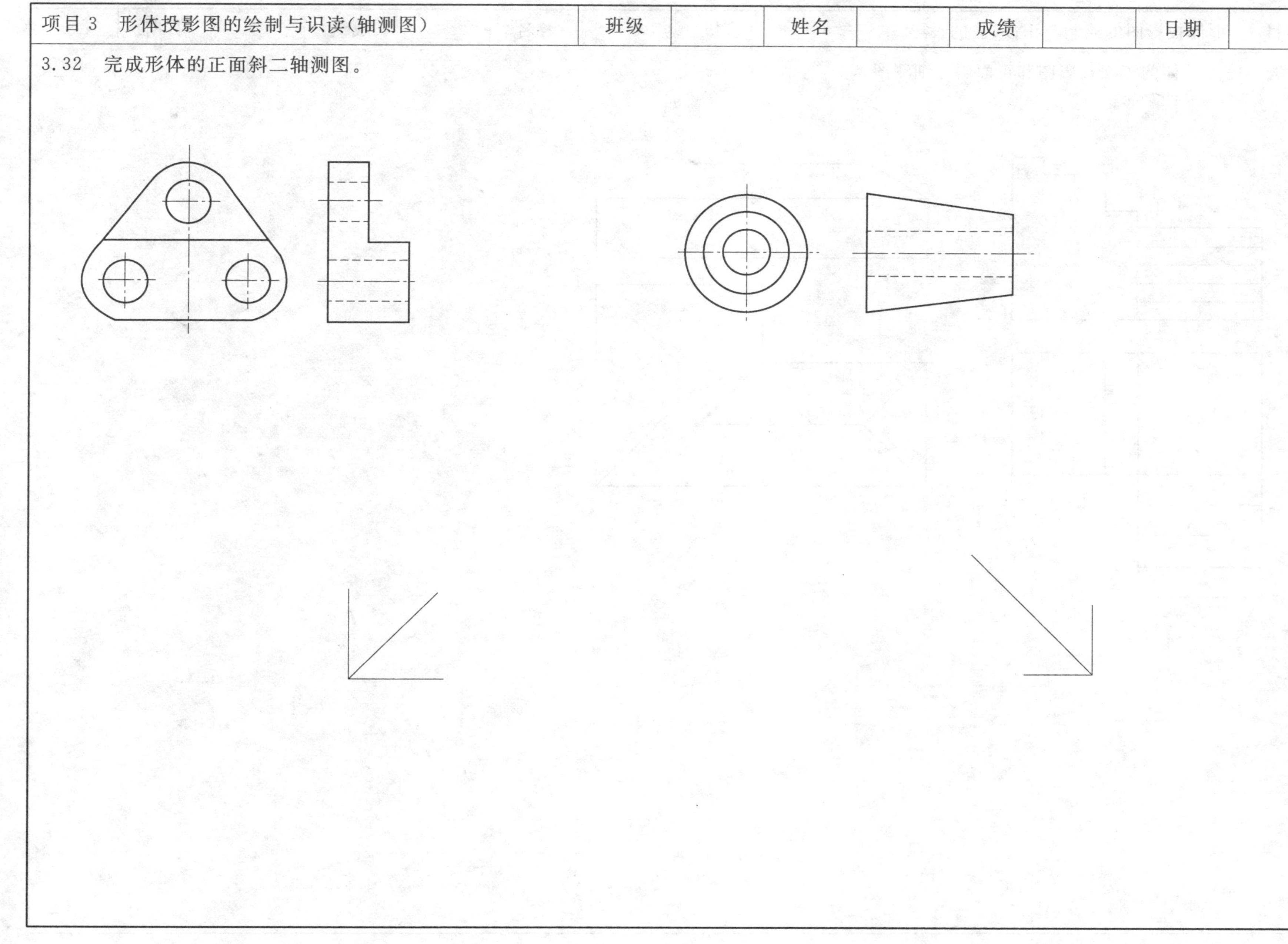

3.33　完成形体的三面投影图和正面斜二轴测图。

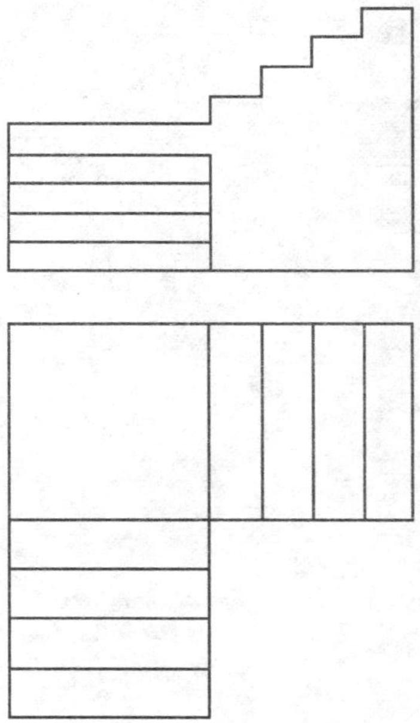

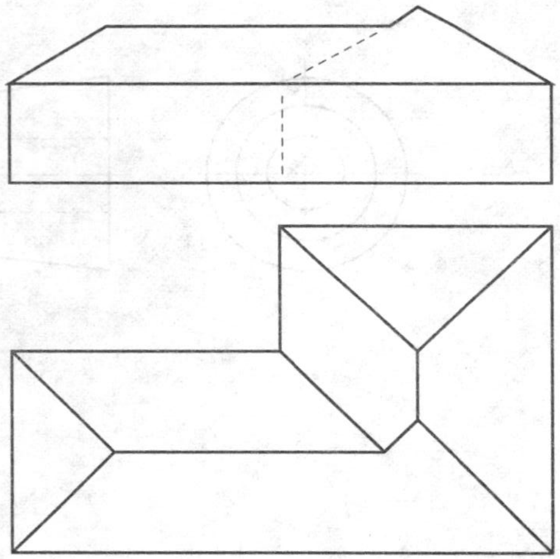

项目4　建筑施工图的绘制与识读(首层平面图)	班级		姓名		成绩		日期	

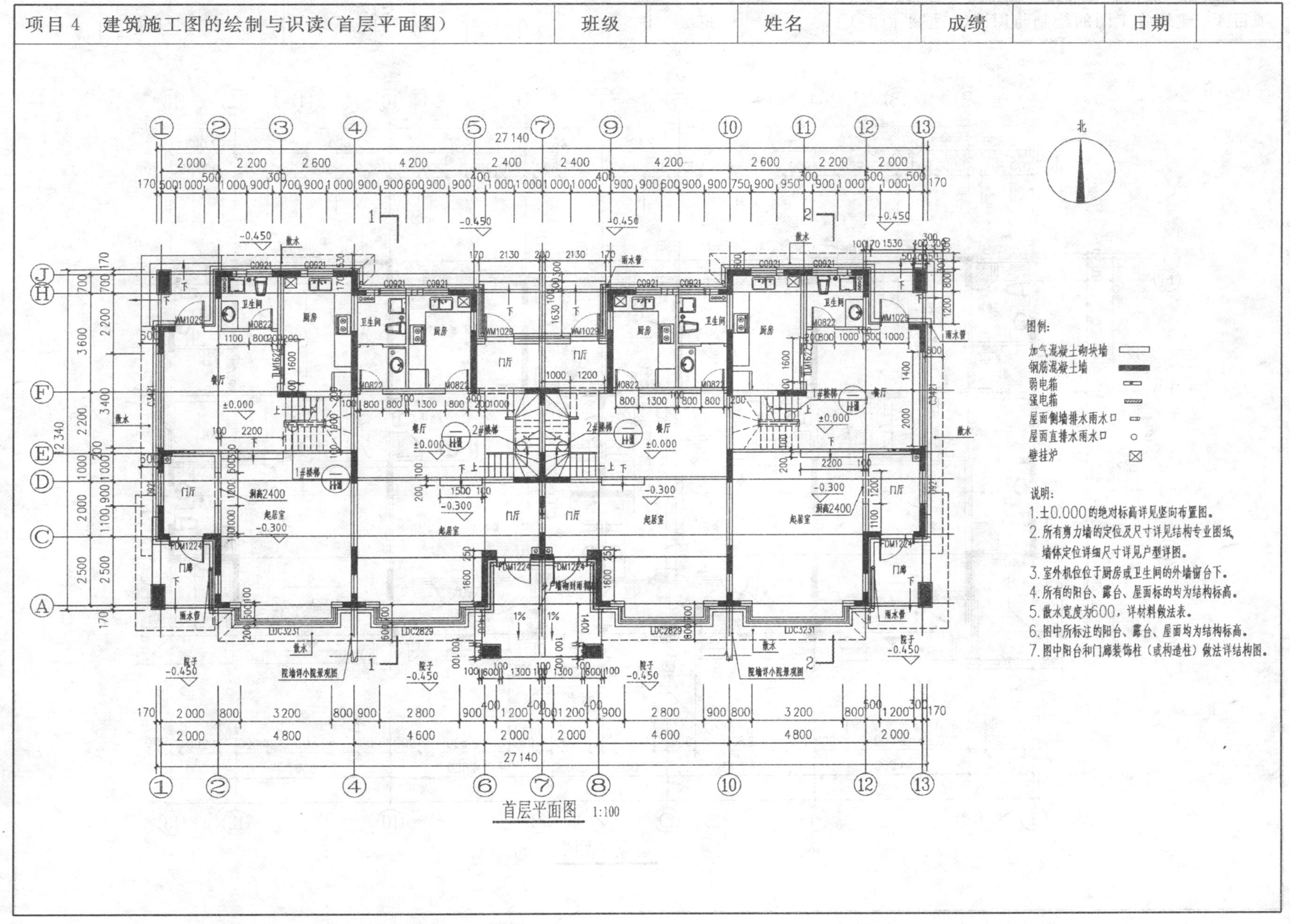

项目4　建筑施工图的绘制与识读(二层平面图)	班级		姓名		成绩		日期	

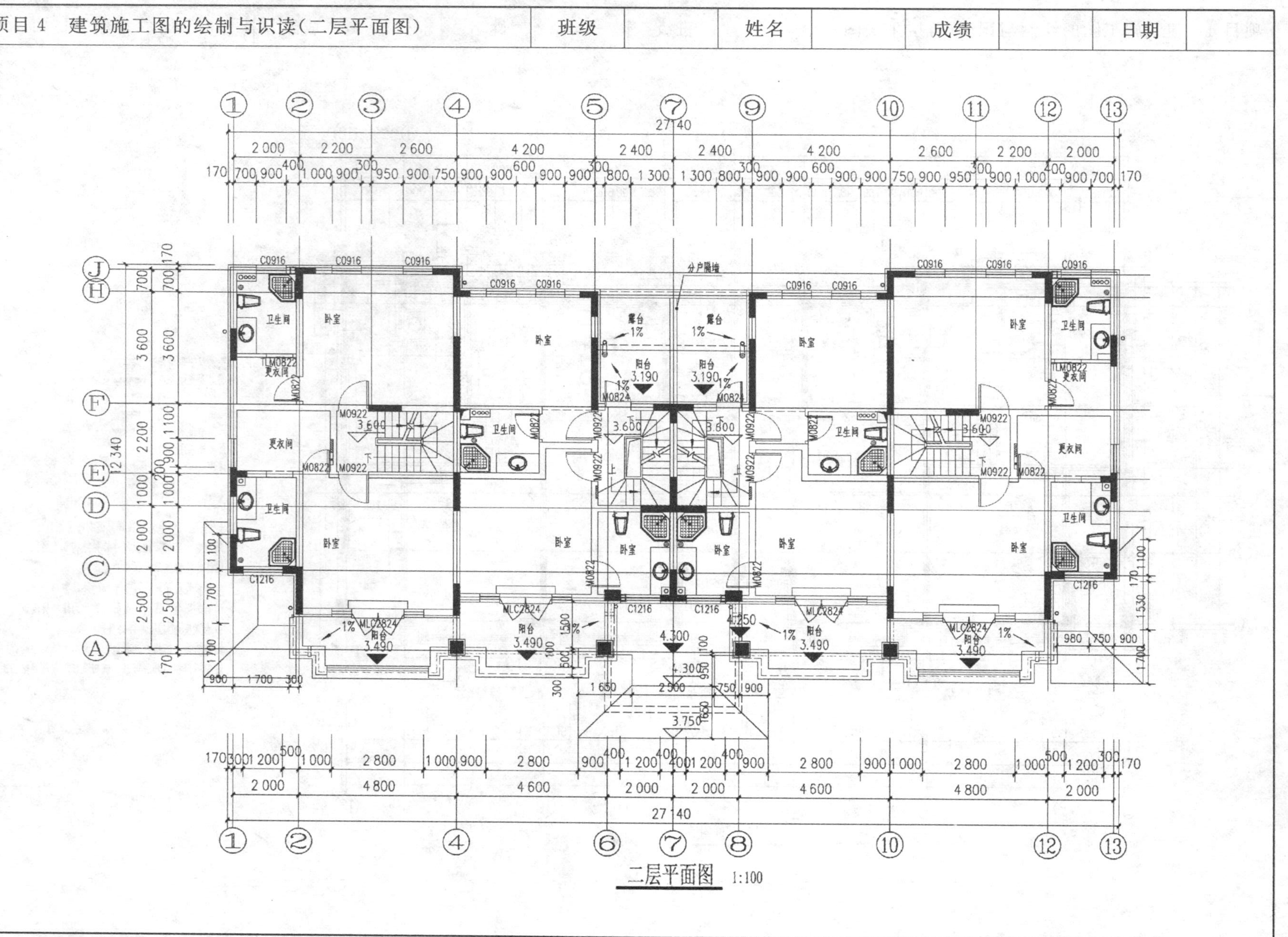

二层平面图 1:100

项目 4 建筑施工图的绘制与识读(三层平面图)	班级		姓名		成绩		日期	

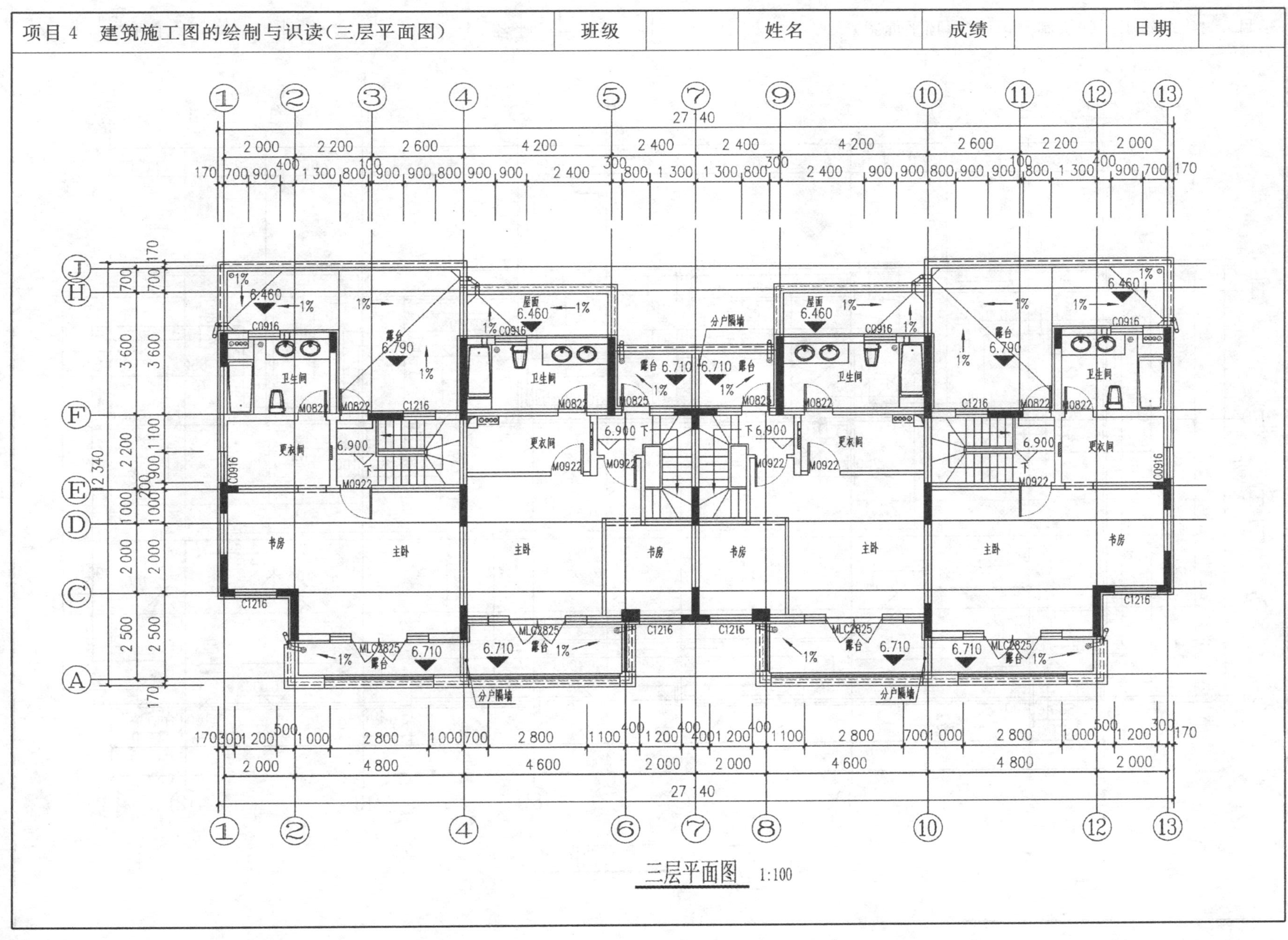

三层平面图 1:100

项目 4　建筑施工图的绘制与识读(屋顶平面图)	班级		姓名		成绩		日期	

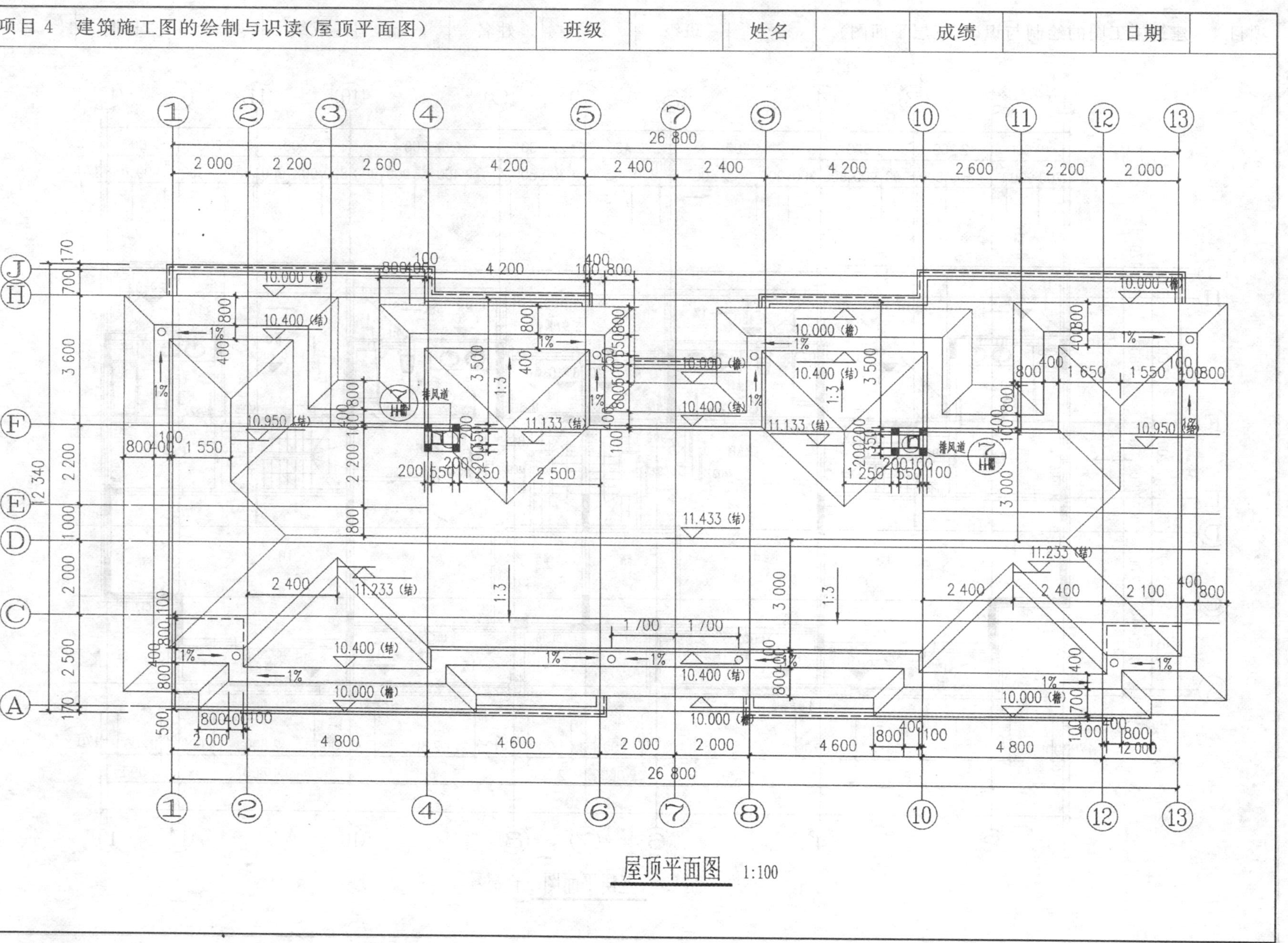

屋顶平面图 1:100

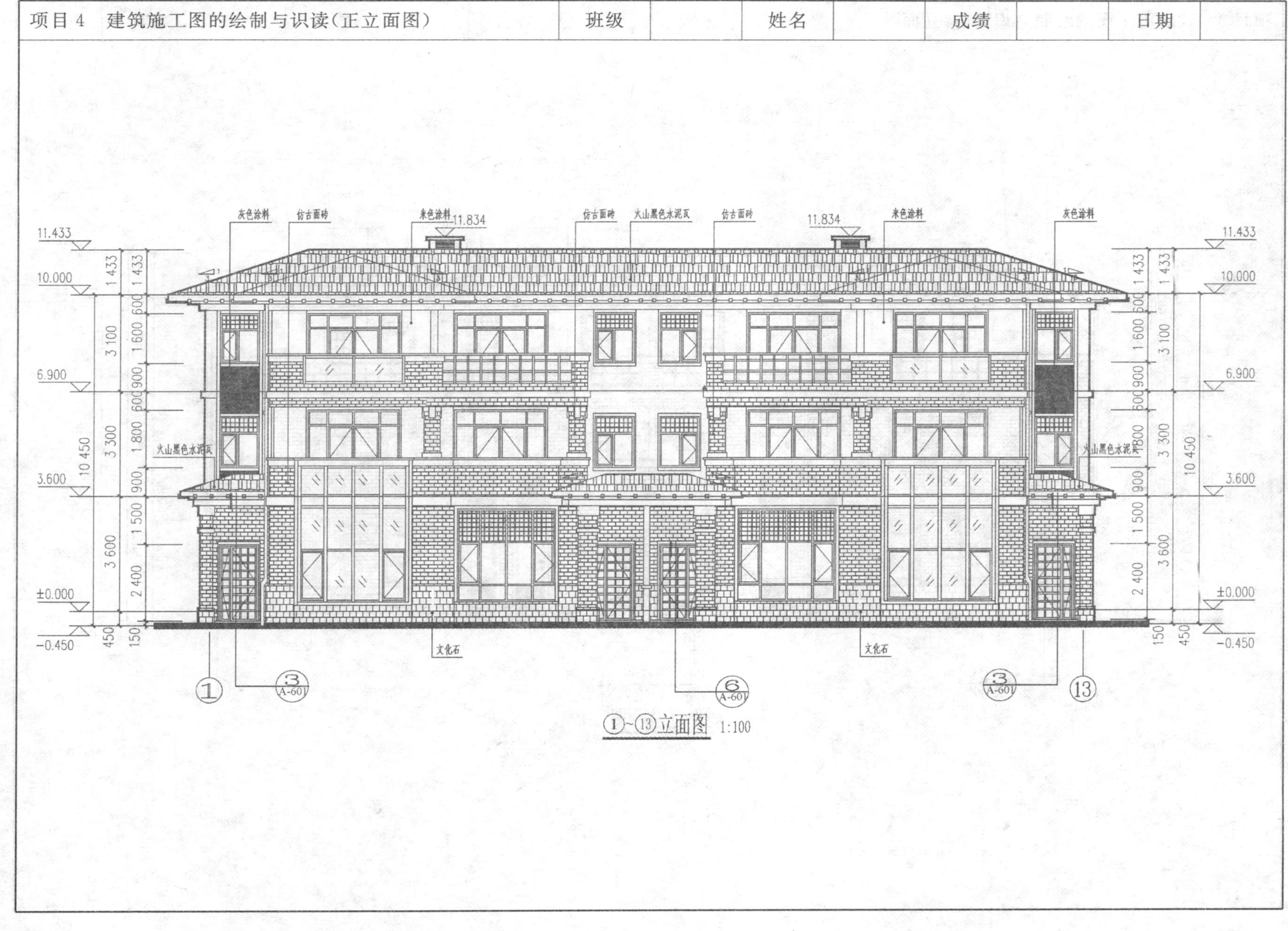

灰色涂料
仿古面砖
米色涂料
11.834
仿古面砖
火山黑色水泥瓦
仿古面砖
11.834
米色涂料
灰色涂料
11.433
10.000
6.900
3.600
±0.000
-0.450
1 433
3 100
3 300
3 600
10 450
600
1 600
900
1 800
1 500
2 400
450
150
火山黑色水泥瓦
文化石

①~⑬立面图 1:100

项目 4　建筑施工图的绘制与识读(背立面图)	班级		姓名		成绩		日期	

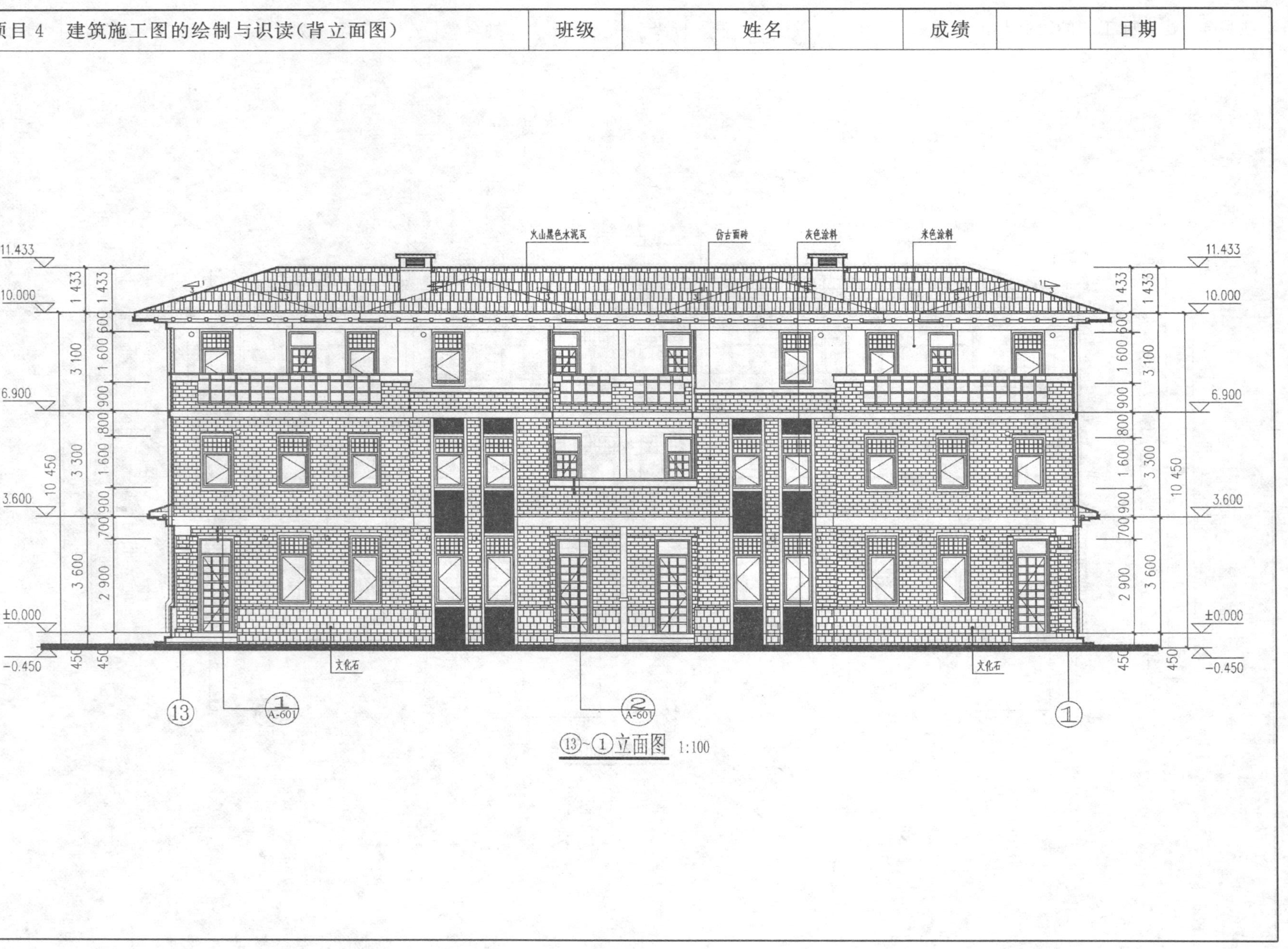

⑬~①立面图 1:100

项目 4　建筑施工图的绘制与识读(侧立面图)	班级		姓名		成绩		日期	

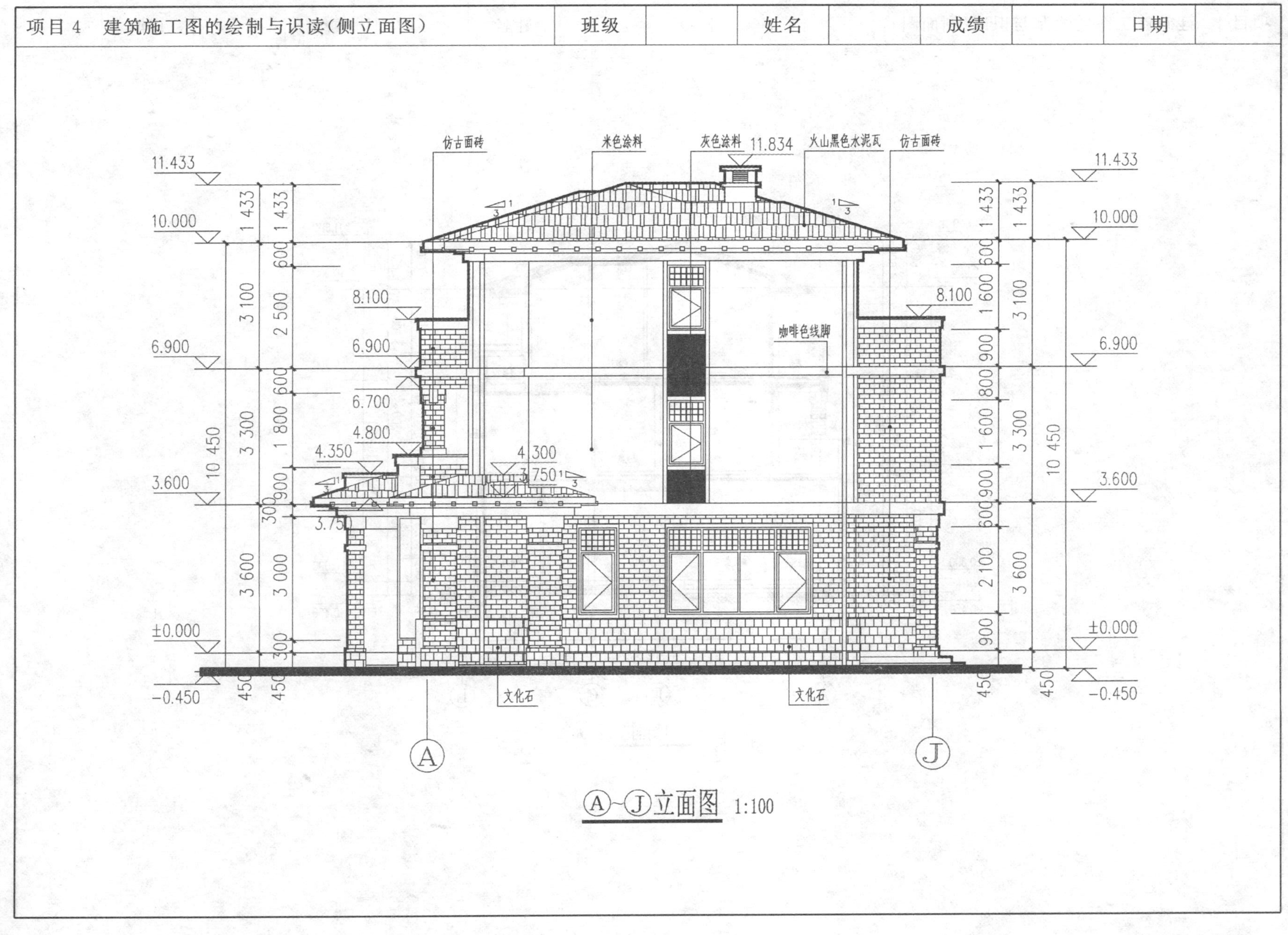

Ⓐ~Ⓙ立面图　1:100

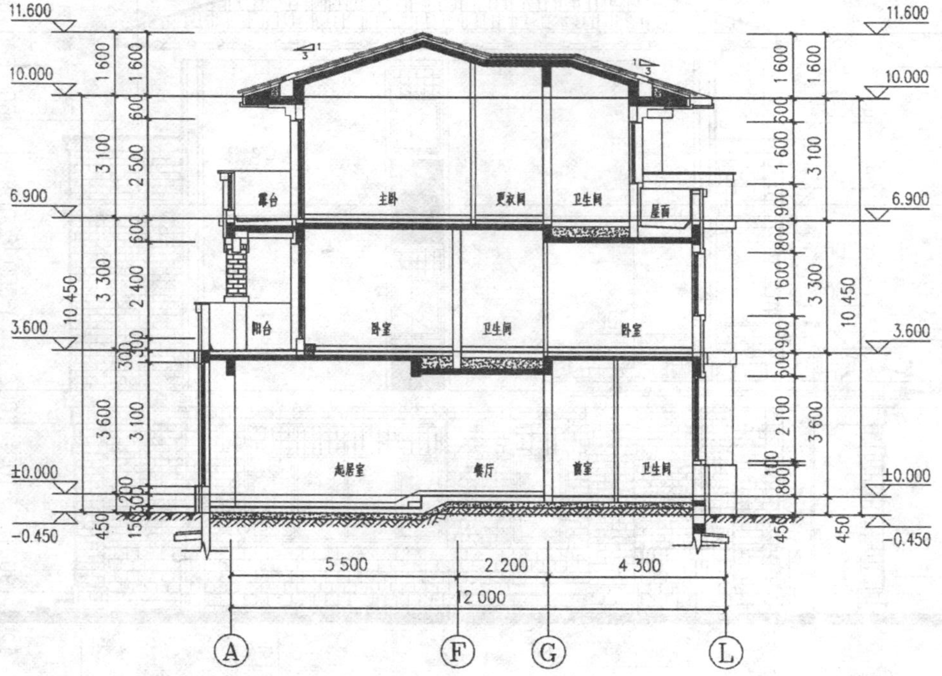

项目 4　建筑施工图的绘制与识读(剖面图)	班级		姓名		成绩		日期	

1—1剖面图 1:100

项目 4　建筑施工图的绘制与识读(剖面图)	班级		姓名		成绩		日期	

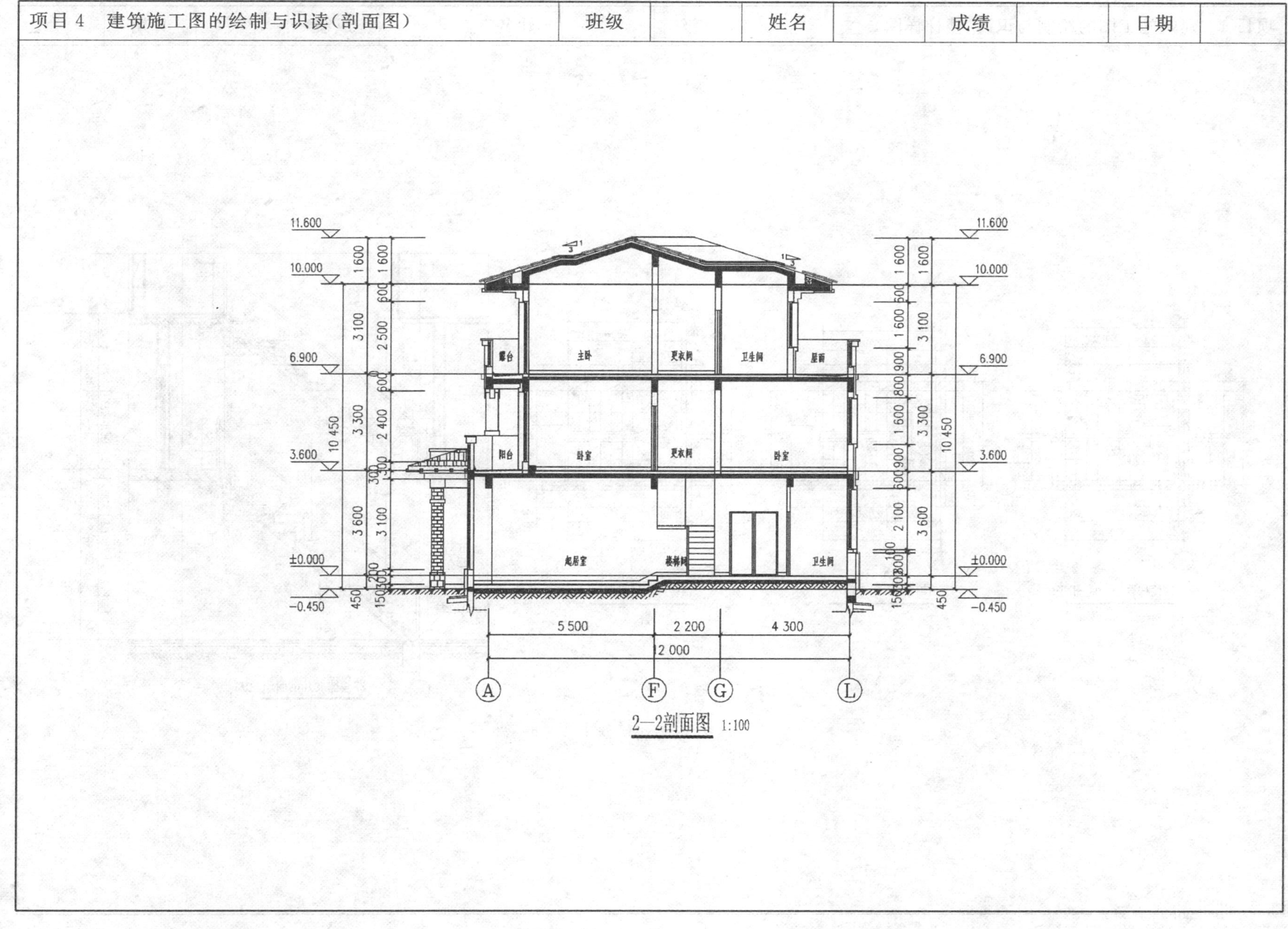

2—2剖面图 1:100

项目 4　建筑施工图的绘制与识读(楼梯详图)	班级		姓名		成绩		日期	

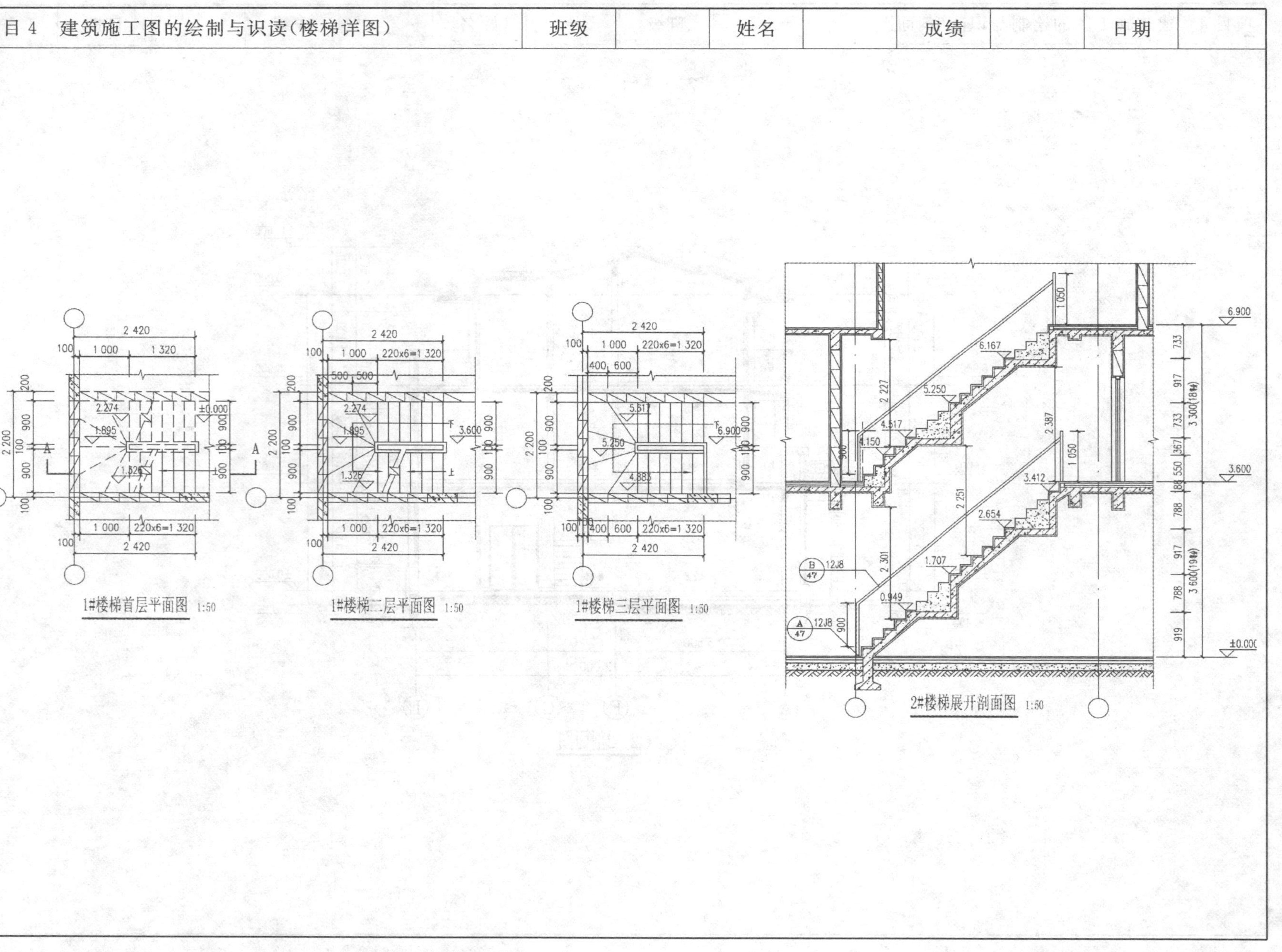

1#楼梯首层平面图 1:50

1#楼梯二层平面图 1:50

1#楼梯三层平面图 1:50

2#楼梯展开剖面图 1:50

项目 4　建筑施工图的绘制与识读(楼梯详图)	班级		姓名		成绩		日期	

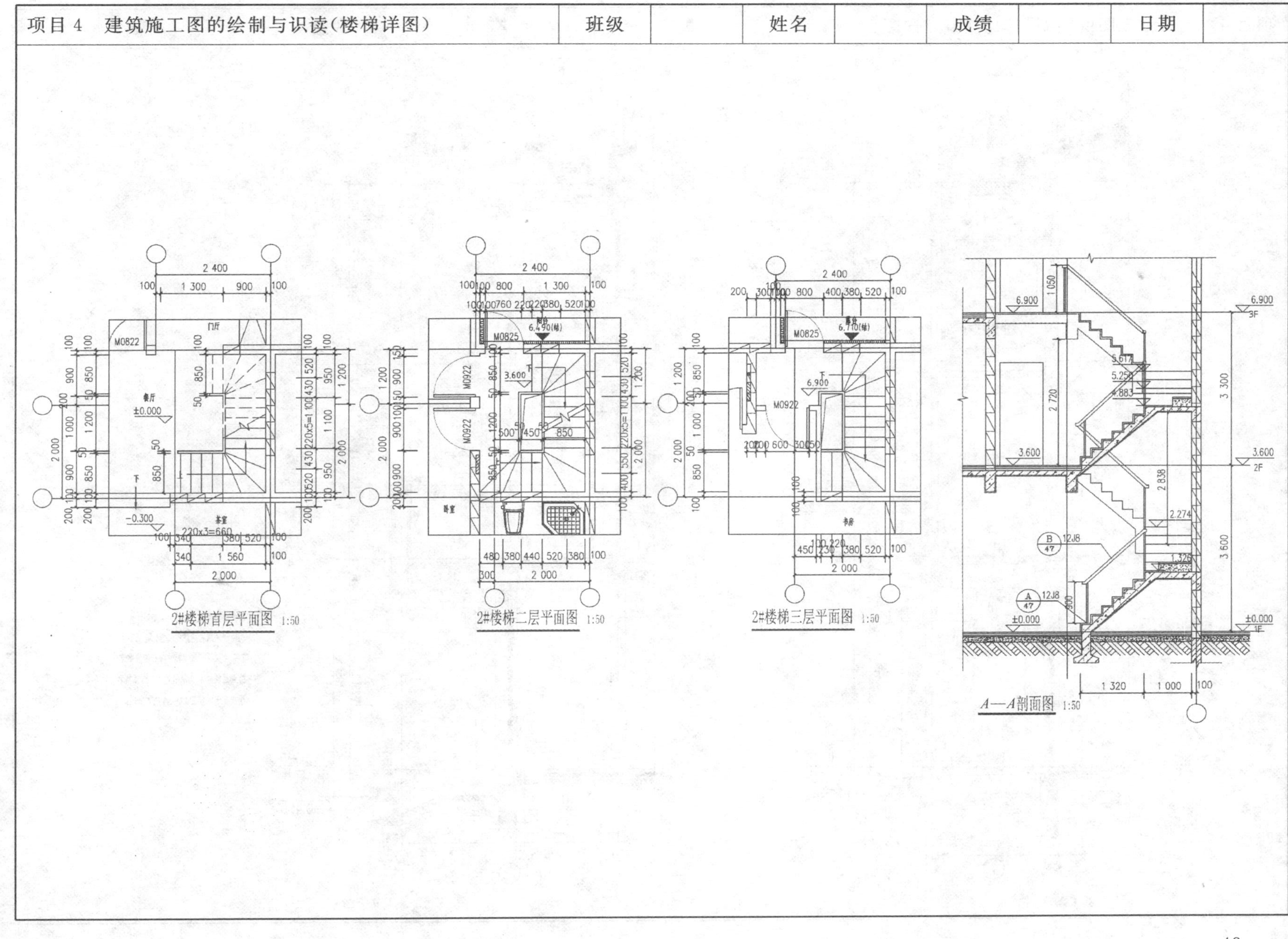

2#楼梯首层平面图 1:50

2#楼梯二层平面图 1:50

2#楼梯三层平面图 1:50

A—A剖面图 1:50

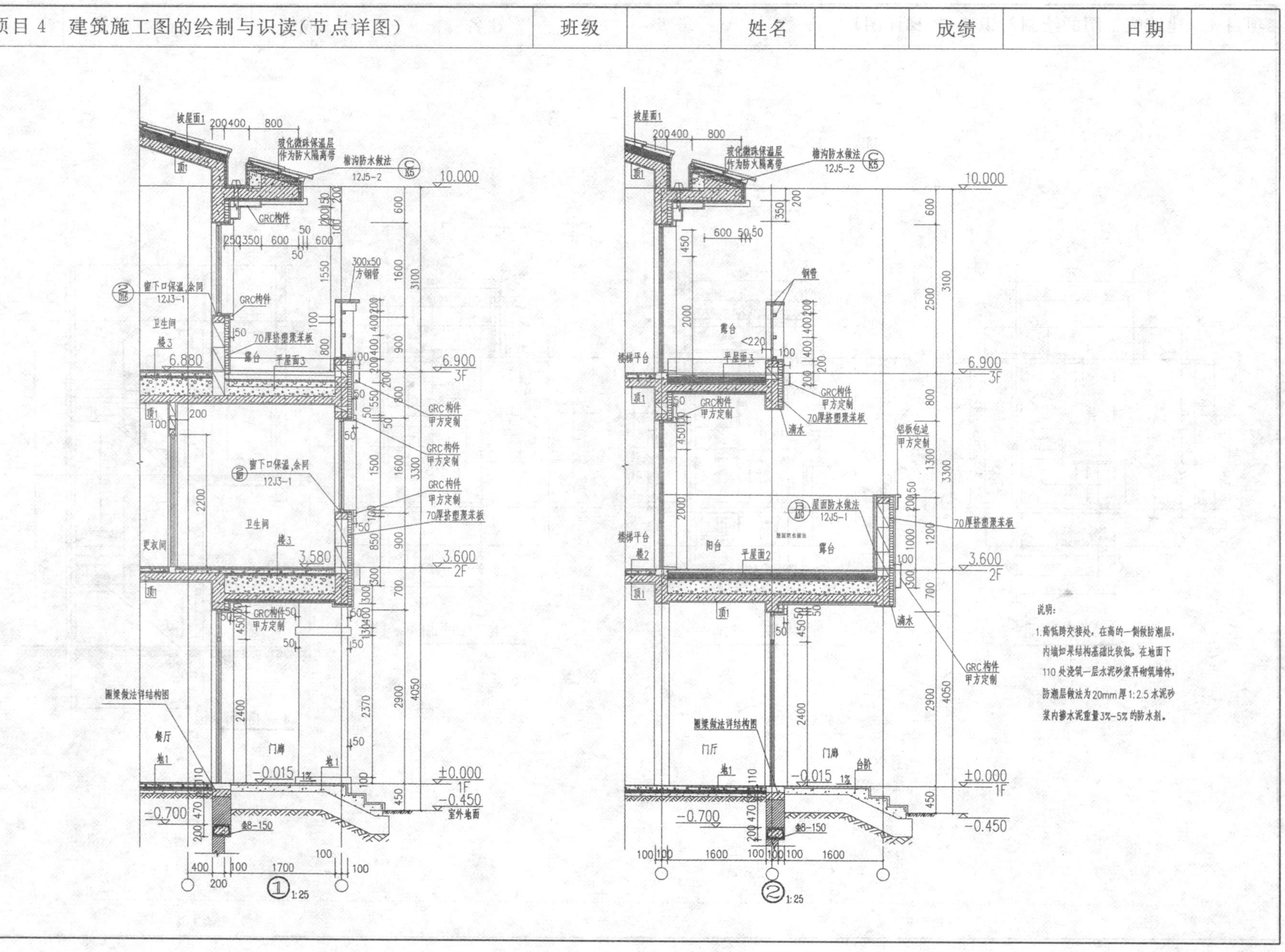

坡屋面1
玻化微珠保温层
作为防火隔离带
檐沟防水做法
12J5-2
10.000
GRC构件
300x50
方钢管
窗下口保温,余同
12J3-1
卫生间
楼3
6.880
70厚挤塑聚苯板
露台
平屋面3
6.900
3F
GRC构件
甲方定制
更衣间
3.580
3.600
2F
圈梁做法详结构图
餐厅
地1
门廊
-0.015
±0.000
1F
-0.450
室外地面
-0.700
⌀8-150
① 1:25
钢管
楼梯平台
滴水
铝板包边
甲方定制
屋面防水做法
12J5-1
阳台
平屋面2
楼2
门厅
台阶
② 1:25
说明:
1.高低跨交接处，在高的一侧做防潮层，
内墙如果结构基础比较低，在地面下
110 处浇筑一层水泥砂浆再砌筑墙体，
防潮层做法为20mm厚1:2.5水泥砂
浆内掺水泥重量3%-5%的防水剂。

项目 4　建筑施工图的绘制与识读(节点详图)	班级		姓名		成绩		日期	

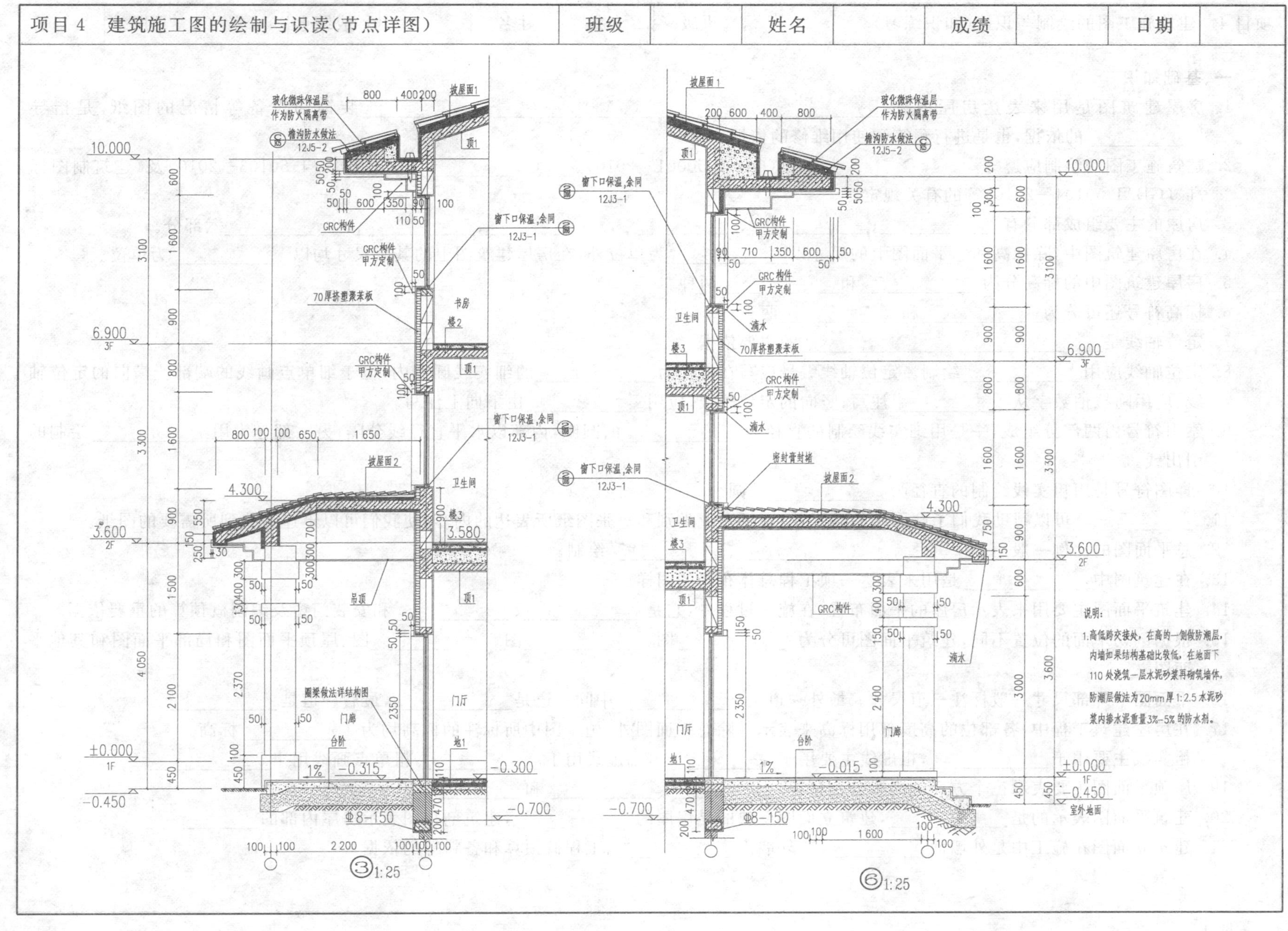

项目 4 建筑施工图的绘制与识读(知识练习)	班级		姓名		成绩		日期	

一、基础知识

1. 房屋建筑图是用来表达房屋内外______、______、______、______装饰和设备等情况的图纸，是指导______的依据，也是进行预算和使用维修的依据。
2. 建筑施工图的绘制应遵守______(GB/T 50001—2010)、______、(GB/T 50103—2010)及《建筑制图标准》(GB/T 50104—2010)等的有关规定。
3. 房屋的主要组成部分有______、______、______、______、______、______六部分。
4. 在房屋建筑图中，除标高和总平面图上的尺寸以______为单位外，在房屋建筑图上的其余尺寸均以______为单位。
5. 房屋建筑图中的标高分为______和______两种。
6. 标高符号还可分为______和______两类。
7. 定位轴线是______的主要依据。
8. 定位轴线应用______绘制。定位轴线编号应写在直径为______的细实线圆圈内，位于细单点画线的端部。横向的定位轴线，应用阿拉伯数字从______注写；竖向的定位轴线，应用______由下向上注写。
9. 索引符号由两部分组成，一是用细实线绘制的直径为______的圆圈，内部以水平直径线分隔；另一部分为用______绘制的引出线。
10. 详图符号是用粗实线绘制的直径为______的圆。
11. ______可以帮助我们了解图纸的总张数、图纸专业类别和每张图纸所表达的内容，使我们可以迅速地找到所需要的图纸。
12. 总平面图的比例一般用______、______、______绘制。
13. 在建筑图中，______是用来表达一项工程总体布局的图样。
14. 建筑平面图主要用来表示房屋的平面布置，在施工过程中，它是______、______和安装门窗及编制概预算的重要依据。
15. 根据剖切平面的位置不同，建筑平面图可分为______图、______图、______图、屋顶平面图和局部平面图和其他平面图。
16. 平面图中外部尺寸一般标注三道尺寸。最外一道是______，中间一道是______，最后一道是______。
17. 在房屋建筑工程中，各部位的高度都用标高来表示。除总平面图外，施工图中所标注的标高均为______标高。
18. 粗实线主要用于______，粗虚线主要用于______，细虚线用于______，粗单点画线用于______。
19. 屋顶平面图主要表示三个方面的内容分别是：______、______和______。
20. 建筑平面图表示的是______，建筑立面图反映的是房屋的______，建筑剖视图表示房屋内部的______。
21. 建筑立面图在施工中是外墙面______、外墙面______、工程概预算和备料等的依据。

22. 在建筑施工图中，立面图的命名方式较多，常用的有按立面的主次命名、________和________。

23. 立面图中的尺寸是表示建筑物高度方向的尺寸，一般用三道尺寸。最外面一道为建筑物的总高，即从建筑物________到________的距离。中间一道尺寸线为层高，即上、下相邻两层________之间的距离。最里面一道为细部尺寸，表示室内外地面高差、防潮层位置、窗下墙的高度、门窗洞口高度、洞口顶面到________高度。

24. 建筑剖面图就是用来表示建筑物内部垂直方向的结构形式、________、________以及各部位高度的图样。

25. 房屋施工图通常需绘制以下几种详图：________、楼梯详图、________、厨卫详图及室内外一些构配件的详图。

26. 楼梯一般由________、________、栏杆(栏板)和扶手三部分组成。

27. 楼梯详图包括________、________、________详图等。

28. 外墙身详图的剖切位置一般设在________部位。它实际上是建筑剖面图的局部放大图样，一般按________的比例绘制。

29. 建筑标高是指________尺寸，它已将构件粉饰层的厚度包括在内。

30. 建筑按使用功能不同分为________、________和________三大类。

二、根据建筑施工图回答下列问题

1. 建筑平面图包括哪些图？
2. 请指出习题集 33 页首层平面图建筑物的形状、总长、总宽；建筑物的内部布置和朝向；墙的厚度；散水的宽度。
3. 请指出习题集 33 页首层平面图 1—1 剖切面经过建筑物哪些部位？
4. 指出习题集 36 页屋顶平面图的排水坡度及排水方向如何？
5. 指出习题集 37 页正立面图中建筑物总高、层高的尺寸？
6. 计算习题集 33 页首层平面图中各个房间的建筑面积、套内面积和使用面积。
7. 请描述建筑立面图是如何形成的？
8. 指出各楼层之间楼梯的形式及楼梯间的开间和进深。

项目 5　结构施工图的绘制与识读(板配筋图)	班级		姓名		成绩		日期	

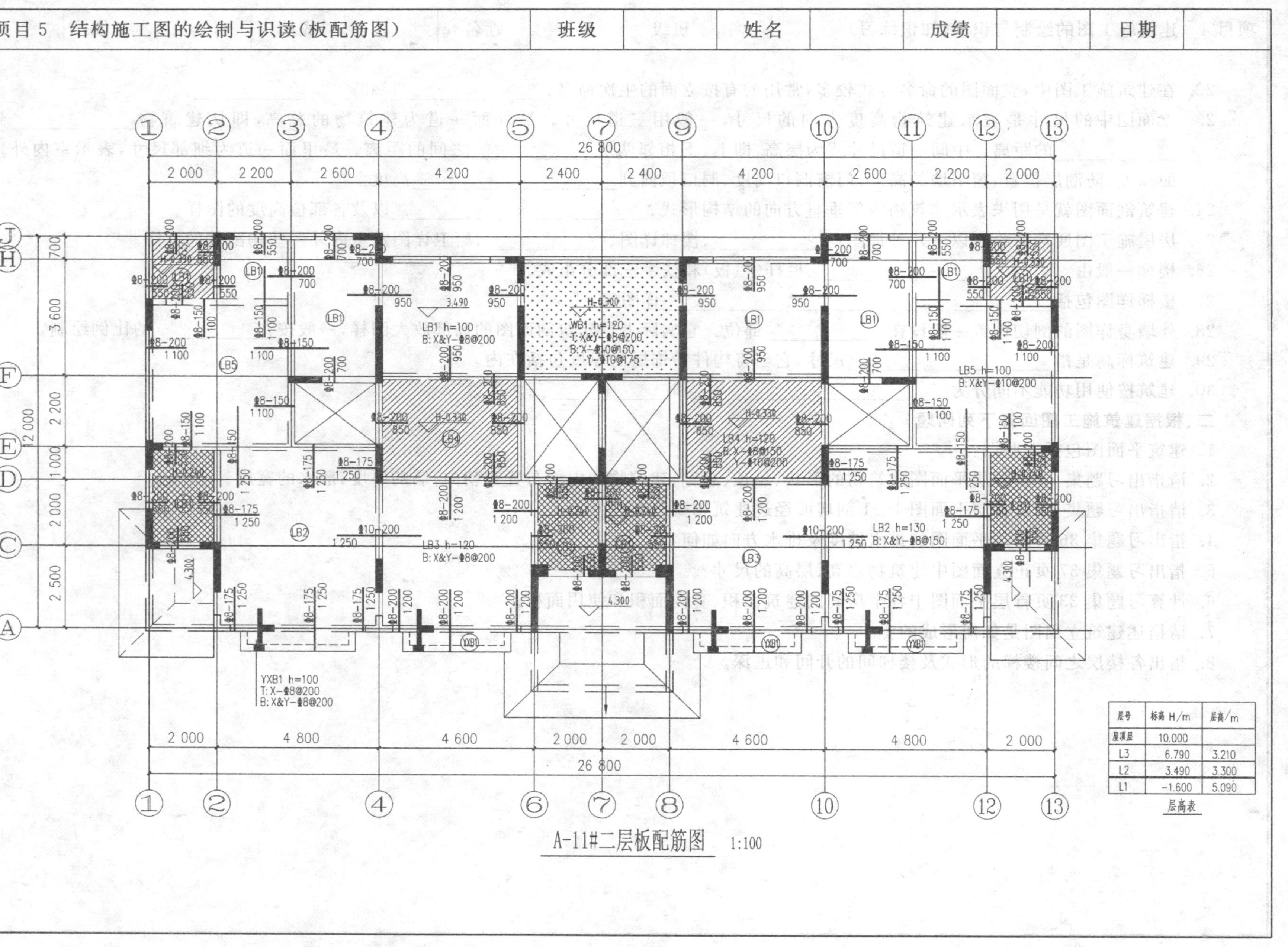

层号	标高 H/m	层高/m
屋顶层	10.000	
L3	6.790	3.210
L2	3.490	3.300
L1	-1.600	5.090

层高表

A-11#二层板配筋图　1:100

项目 5　结构施工图的绘制与识读(首层墙柱定位及配筋图)	班级		姓名		成绩		日期	

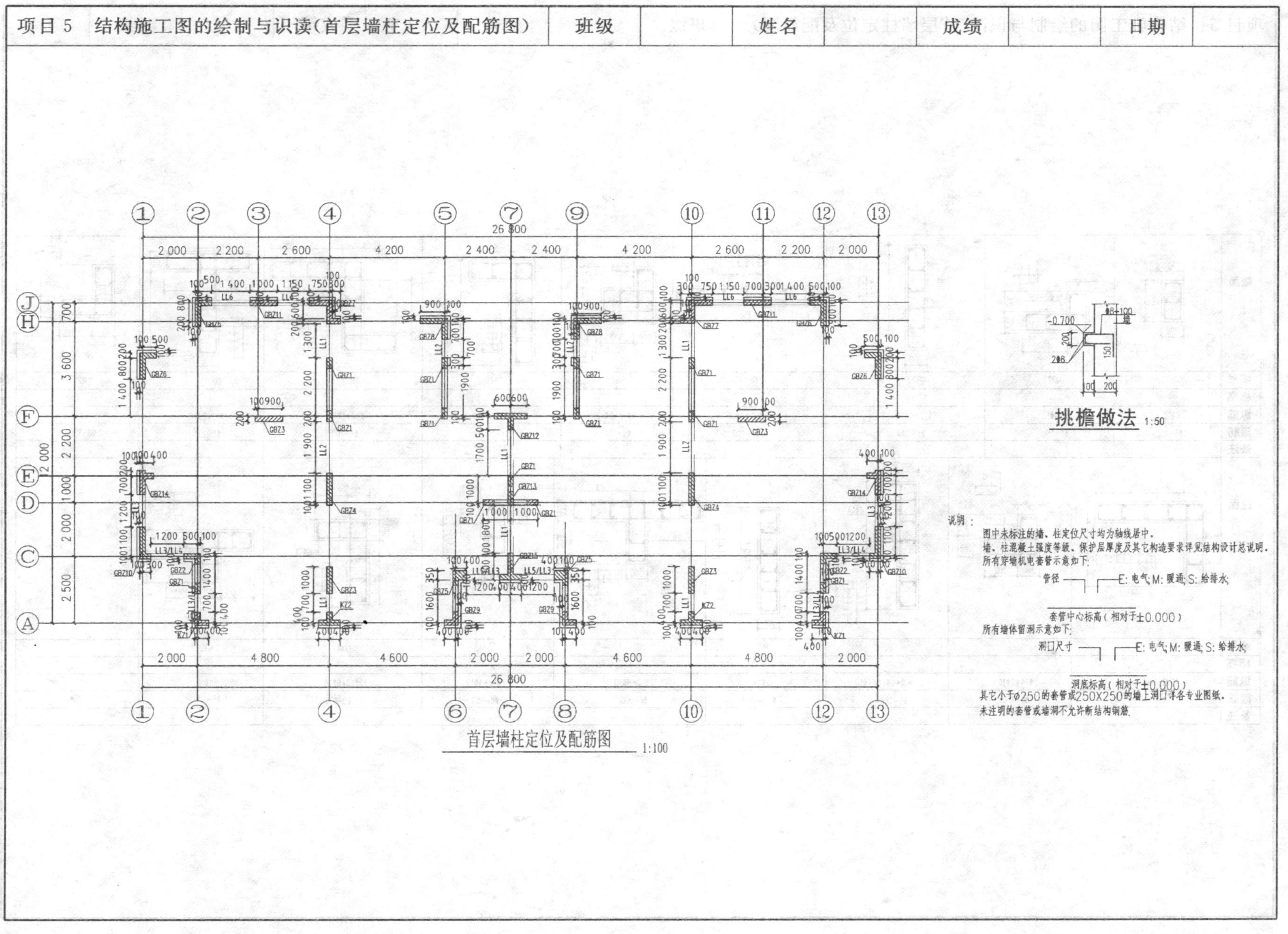

首层墙柱定位及配筋图 1:100

挑檐做法 1:50

说明：

图中未标注的墙、柱定位尺寸均为轴线居中。

墙、柱混凝土强度等级、保护层厚度及其它构造要求详见结构设计总说明。

所有穿墙机电套管示意如下:

管径 E:电气;M:暖通;S:给排水;

套管中心标高(相对于±0.000)

所有墙体留洞示意如下:

洞口尺寸 E:电气;M:暖通;S:给排水;

洞底标高(相对于±0.000)

其它小于φ250的套管或250X250的墙上洞口详各专业图纸。

未注明的套管或墙洞不允许断结构钢筋.

截面	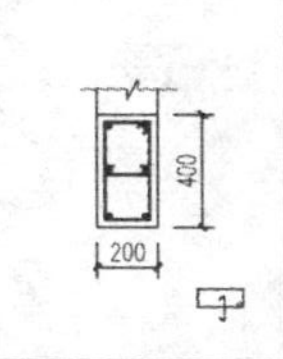	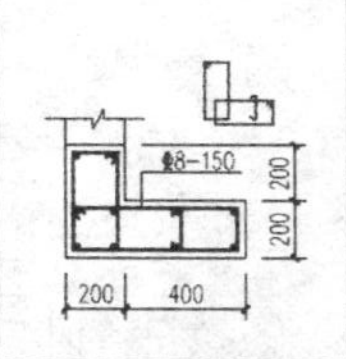	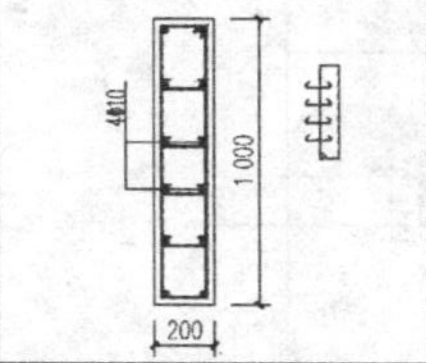	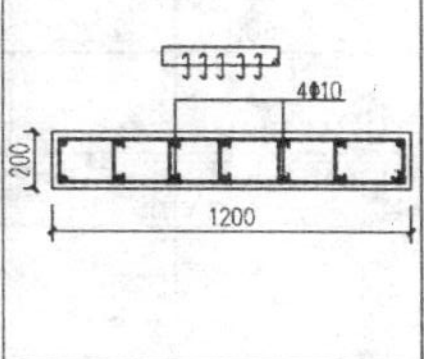	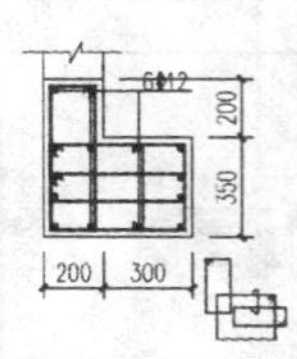	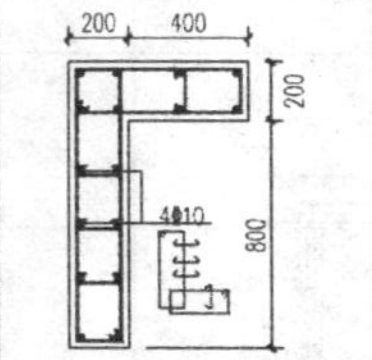	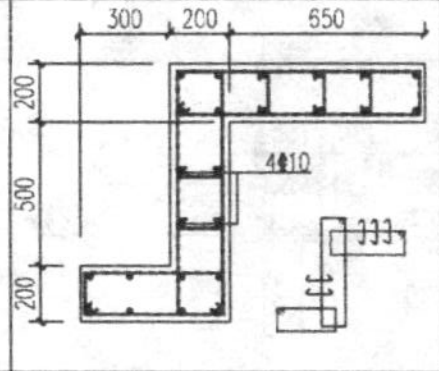	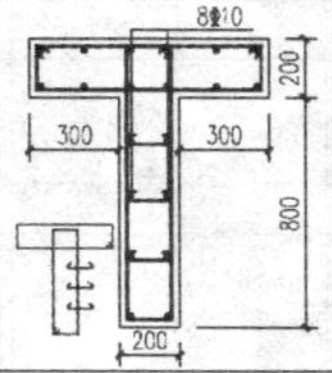	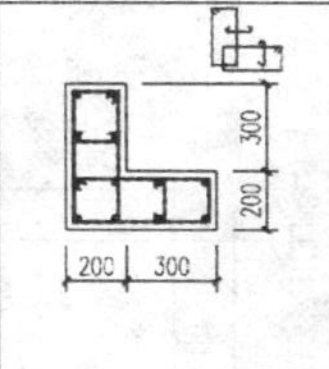
编号	GBZ1	GBZ2	GBZ3	GBZ4	GBZ5	GBZ6	GBZ7	GBZ15	KZ1
标高									
纵筋	6Φ12	10Φ12	8Φ12+4Φ10	10Φ12+4Φ10	8Φ18+6Φ12	12Φ12+4Φ10	20Φ12+4Φ10	12Φ12+8Φ10	12Φ14
箍筋	Φ6-150	Φ6-150	Φ6-100	Φ6-100	Φ6-150	Φ6-100	Φ6-100	Φ6-100	Φ8-100
备注									

截面	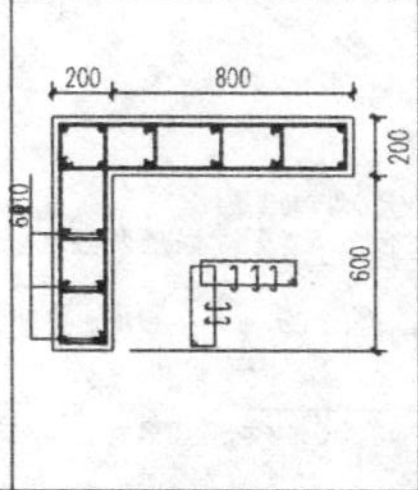	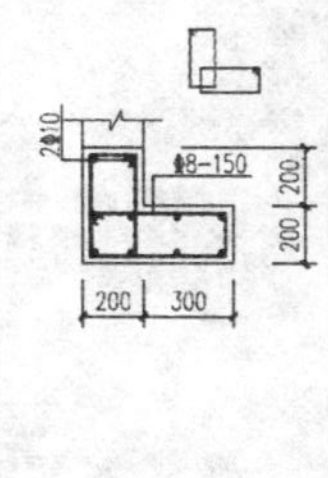	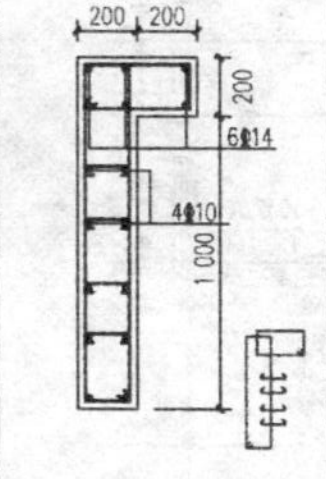	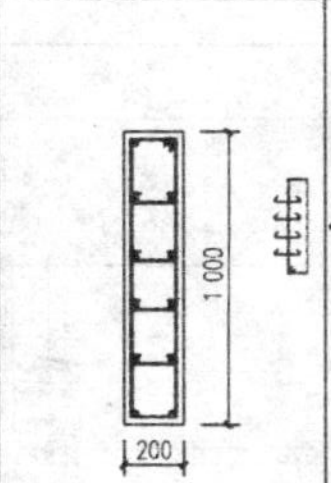	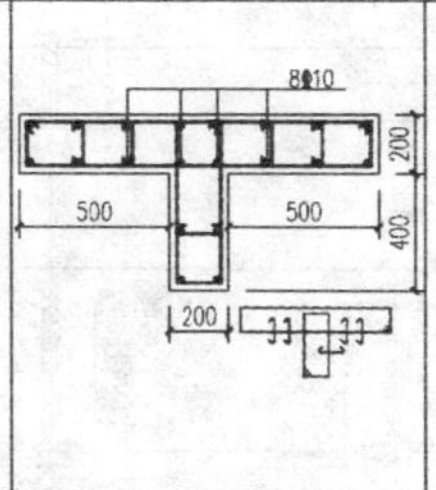	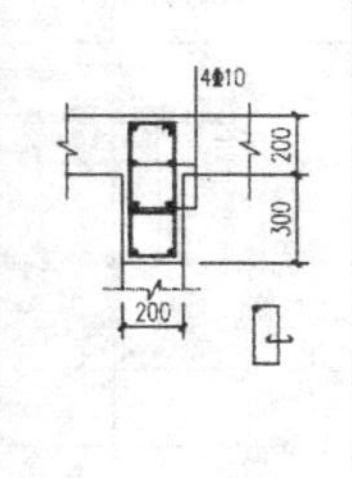	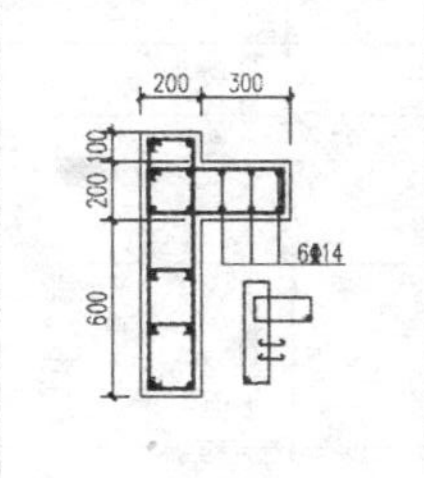	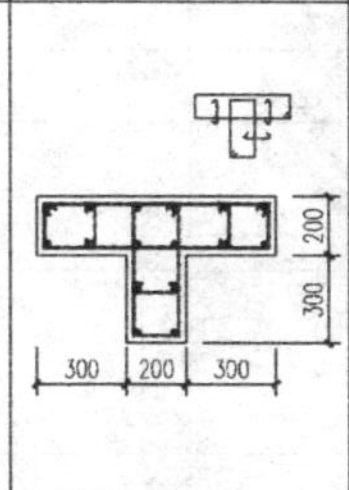	
编号	GBZ8	GBZ9	GBZ10	GBZ11	GBZ12	GBZ13	GBZ14	KZ2	
标高									
纵筋	12Φ14+6Φ10	8Φ14+2Φ10	6Φ12+6Φ14+4Φ10	12Φ14	12Φ12+8Φ10	4Φ12+4Φ10	12Φ12+6Φ14	16Φ12	
箍筋	Φ6-100	Φ6-150	Φ6-100	Φ6-100	Φ6-100	Φ6-150	Φ6-100	Φ8-100	
备注									

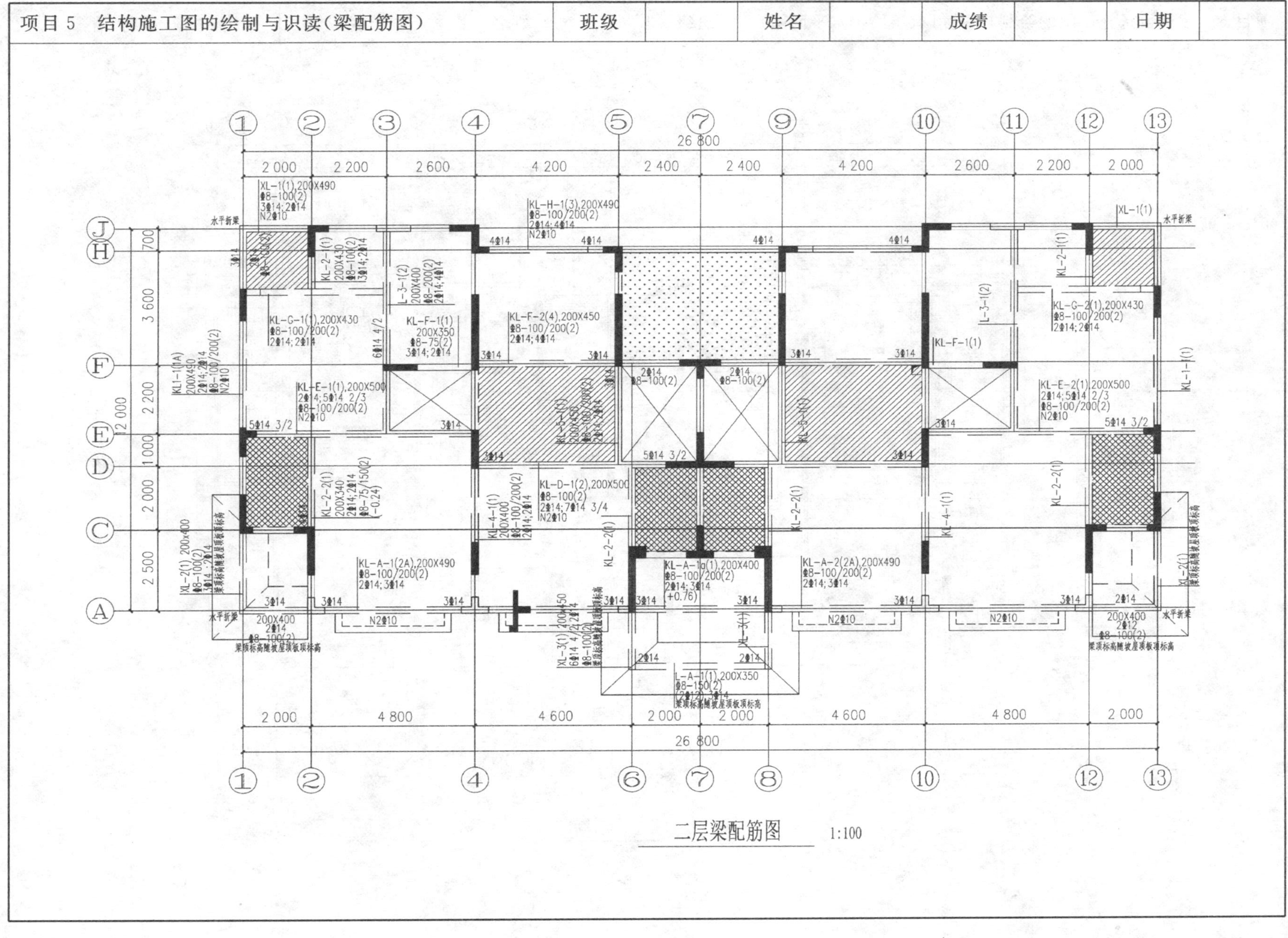

26 800
2 000
2 200
2 600
4 200
2 400
4 800
4 600
12 000
3 600
1 000
2 500
700
XL-1(1),200X490
KL-H-1(3),200X490
KL-2-1(1)
L-3-1(2)
KL-G-1(1),200X430
KL-F-1(1)
KL-F-2(4),200X450
KL-G-2(1),200X430
KL1-1(1A)
KL-E-1(1),200X500
KL-E-2(1),200X500
KL-5-1(1)
KL-1-1(1)
KL-2-2(1)
KL-4-1(1)
KL-D-1(2),200X500
KL-A-1(2A),200X490
KL-A-1a(1),200X400
KL-A-2(2A),200X490
XL-2(1) 200x400
XL-3(1) 200X450
L-A-1(1),200X350
XL-2(1)
XL-3(1)
N2Φ10
水平折梁

二层梁配筋图　1:100

项目 6　建筑设备施工图的绘制与识读(首层给排水平面图)	班级		姓名		成绩		日期	

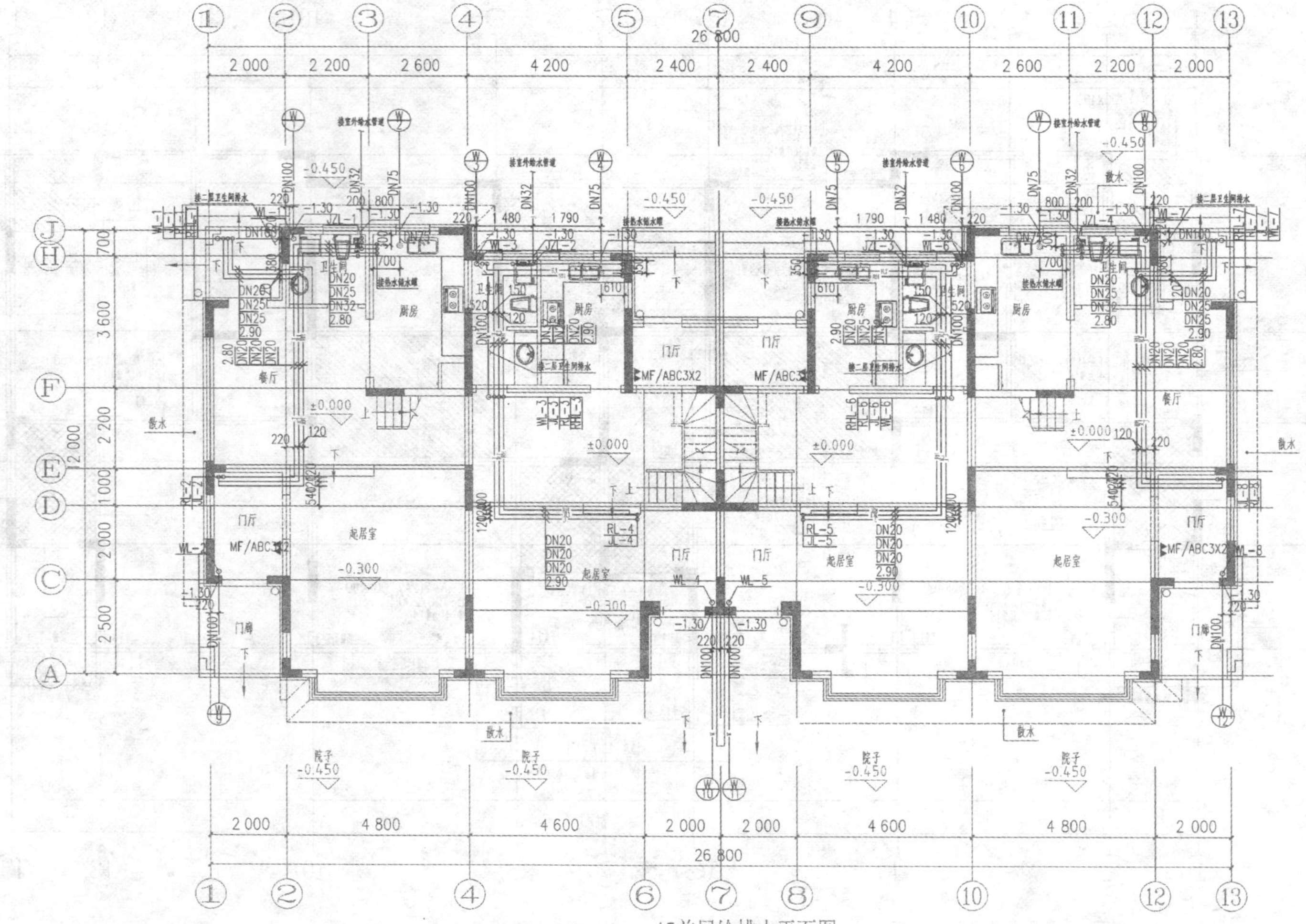

A5首层给排水平面图 1:100

项目 6　建筑设备施工图的绘制与识读(二层给排水平面图)	班级		姓名		成绩		日期	

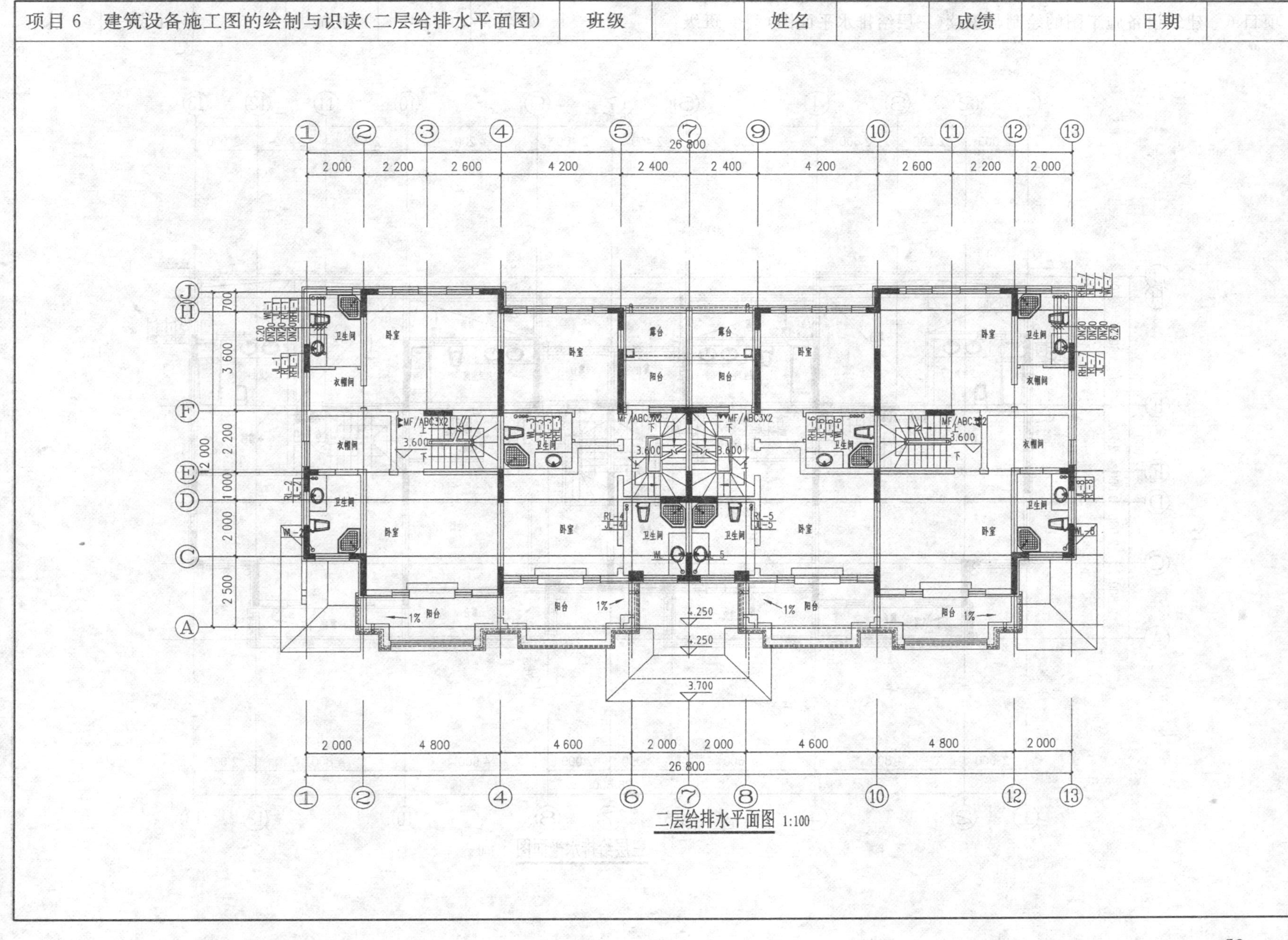

二层给排水平面图 1:100

项目 6　建筑设备施工图的绘制与识读（三层给排水平面图）	班级		姓名		成绩		日期	

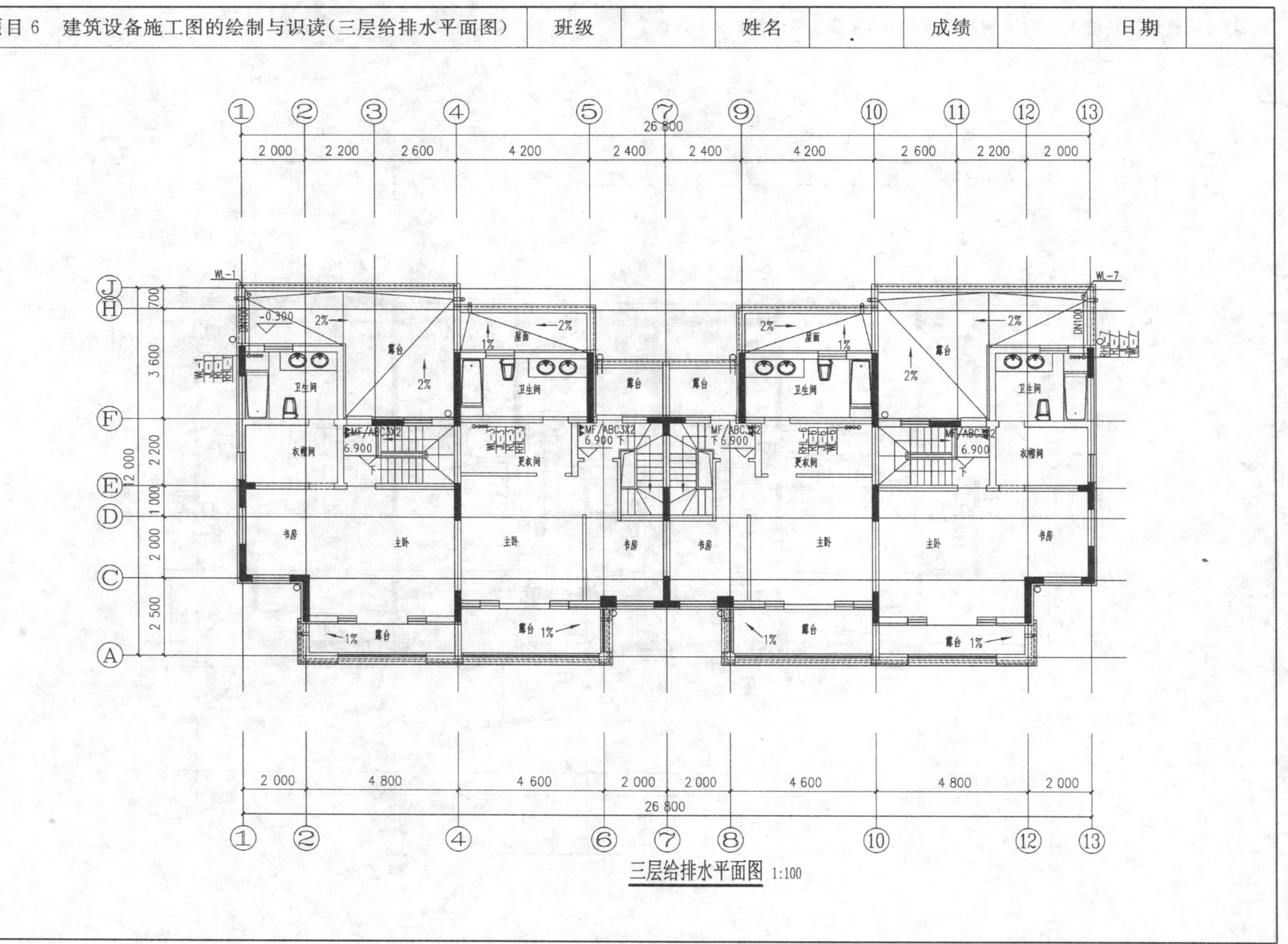

三层给排水平面图 1:100

项目 6　建筑设备施工图的绘制与识读(屋顶给排水平面图)	班级		姓名		成绩		日期	

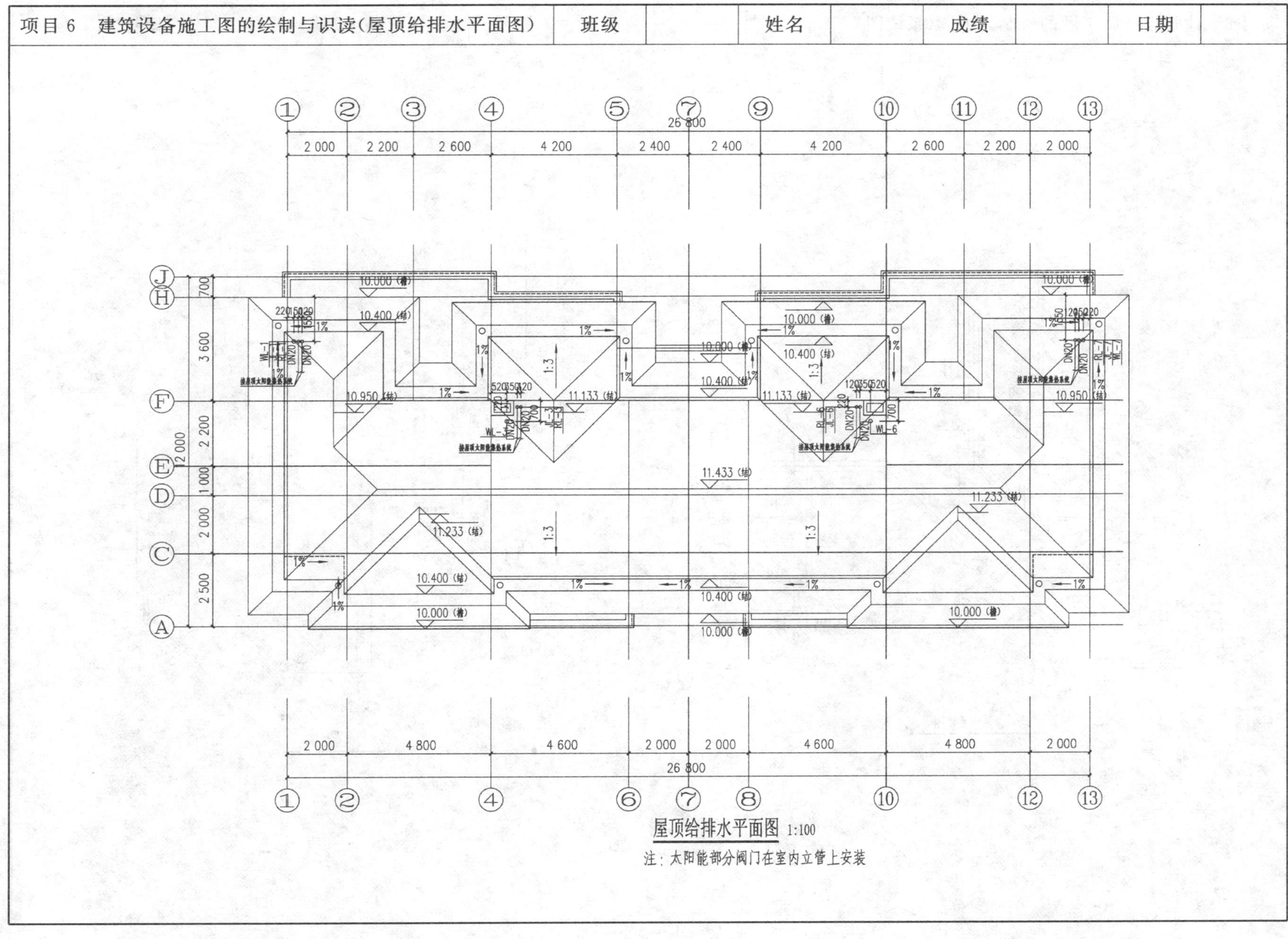

屋顶给排水平面图 1:100

注：太阳能部分阀门在室内立管上安装

项目 6　建筑设备施工图的绘制与识读（系统图）	班级		姓名		成绩		日期	

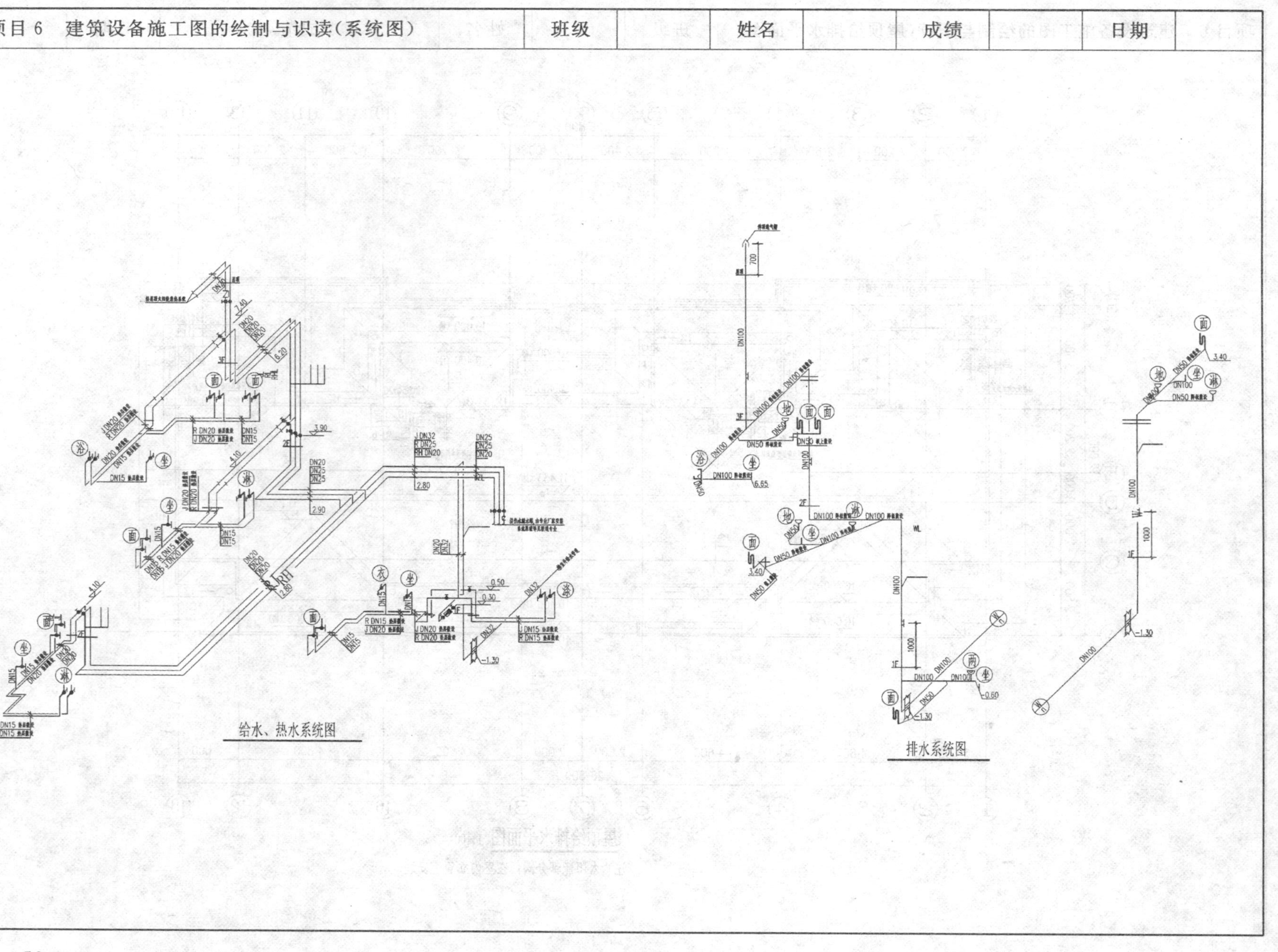

给水、热水系统图

排水系统图

项目 7　施工图编排顺序和审核	班级		姓名		成绩		日期	

一、基础知识

1. ________________是承重构件以及其他受力构件施工的依据。

2. 构件详图一般包括：________________及基础结构详图，________________，屋面结构详图等。

3. 一套完整的房屋施工图通常应包括内容：____________、____________、____________、____________、____________、____________。

4. 一套建筑工程施工图按图样目录、____________、____________、____________、____________、____________、____________、电等施工图顺序编排。

5. 在识读整套建筑工程施工图样时，应按照“____________、____________、____________、____________”的原则来看图。

二、问答

1. 建筑施工图（简称“建施”）一般包括哪几部分图纸？

2. 结构施工图（简称“结施”）一般包括哪几部分图纸？

3. 设备施工图（简称“设施”）一般包括哪几部分图纸？

参考文献

[1] 游普元.建筑工程图识读与绘制习题集[M].天津:天津大学出版社,2012.

[2] 何铭新,郎宝敏,陈星铭.建筑工程制图习题集[M].北京:高等教育出版社,2010.

[3] 庞璐.土木工程制图习题集[M].武汉:武汉理工大学出版社,2012.

[4] 夏文杰,王强.建筑制图习题集[M].北京:人民交通出版社,2012.

[5] 陆叔华.建筑制图与识图习题集[M].北京:高等教育出版社,2013.

[6] 吴舒琛.建筑识图与构造习题集[M].北京:高等教育出版社,2010.